Digital Wave
Advanced Technology of
Industrial Internet

U0231429

数 字 浪 潮 丛书
工业互联网先进技术

编 委 会

名誉主任： 柴天佑 院士

桂卫华 院士

主　　任： 钱　锋 院士

副 主 任： 陈　杰 院士

管晓宏 院士

段广仁 院士

王耀南 院士

委　　员： 杜文莉　顾幸生　关新平　和望利　鲁仁全　牛玉刚

侍洪波　苏宏业　唐　漾　汪小帆　王　喆　吴立刚

徐胜元　严怀成　杨　文　曾志刚　钟伟民

"十四五"时期国家重点出版物
出版专项规划项目

国家出版基金项目
NATIONAL PUBLICATION FOUNDATION

Digital Wave
Advanced Technology of
Industrial Internet

数字浪潮

工业互联网先进技术 丛书

Key Technologies and Applications
of Machine Learning

机器学习
关键技术及应用

王喆　李冬冬　著

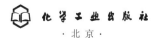

化学工业出版社

·北京·

内容简介

本书详细讨论工业背景下机器学习的各个分支及其实现技术，包括矩阵型分类学习技术、多视角学习技术、不平衡数据分类学习技术、集成学习技术和深度学习技术，并在此基础上，对机器学习在脑电情感识别、声纹识别和图像分类等领域的应用做了介绍。

本书主要面向对机器学习、人工智能等方向感兴趣的学者和从事该方面研究的技术人员、博士、硕士研究生等。

图书在版编目（CIP）数据

机器学习关键技术及应用/王喆，李冬冬著. —北京：
化学工业出版社，2023.6
（"数字浪潮：工业互联网先进技术"丛书）
ISBN 978-7-122-42940-7

Ⅰ.①机⋯　Ⅱ.①王⋯②李⋯　Ⅲ.①机器学习
Ⅳ.①TP181

中国国家版本馆CIP数据核字（2023）第023288号

责任编辑：宋　辉
文字编辑：毛亚囡
责任校对：宋　夏
装帧设计：王晓宇

出版发行：化学工业出版社
　　　　　（北京市东城区青年湖南街13号　邮政编码100011）
印　　装：中煤（北京）印务有限公司
710mm×1000mm　1/16　印张28½　字数477千字
2023年6月北京第1版第1次印刷

购书咨询：010-64518888
售后服务：010-64518899
网　　址：http://www.cip.com.cn
凡购买本书，如有缺损质量问题，本社销售中心负责调换。

定　　价：168.00元　　　　　　　　　版权所有　违者必究

当前，人类社会来到第四次工业革命的十字路口。数字化、网络化、智能化是新一轮工业革命的核心特征与必然趋势。工业互联网是新一代信息通信技术与工业经济深度融合的新型基础设施、应用模式和工业生态，通过对人、机、物、系统等的全面连接，构建起覆盖全产业链、全价值链的全新制造和服务体系，为工业乃至产业数字化、网络化、智能化发展提供了实现途径，是第四次工业革命的重要基石。目前，我国经济社会发展处于新旧动能转换的关键时期，作为在国民经济中占据绝对主体地位的工业经济同样面临着全新的挑战与机遇。在此背景下，我国将工业互联网纳入新型基础设施建设范畴，相关部门相继出台《"十四五"规划和2035年远景目标纲要》《"十四五"智能制造发展规划》《"十四五"信息化和工业化深度融合发展规划》等一系列与工业互联网紧密相关的政策，希望把握住新一轮的科技革命和产业革命，推进工业领域实体经济数字化、网络化、智能化转型，赋能中国工业经济实现高质量发展，通过全面推进工业互联网的发展和应用来进一步促进我国工业经济规模的增长。

因此，我牵头组织了"数字浪潮：工业互联网先进技术"丛书的编写。本丛书是一套全面、系统、专门研究面向工业互联网新一代信息技术的丛书，是"十四五"时期国家重点出版物出版专项规划项目和国家出版基金项目。丛书从不同的视角出发，兼顾理论、技术与应用的各方面知识需求，构建了全面的、跨层次、跨学科的工业互联网技术知识体系。本套丛书着力创新、注重发展、体现特色，既有基础知识的介绍，更有应用和探索中的新概念、新方法与新技术，可以启迪人们的创新思维，为运用新一代信息技术推动我国工业互联网发展做出重要贡献。

为了确保"数字浪潮：工业互联网先进技术"丛书的前沿性，我邀请杜文莉、侍洪波、顾幸生、牛玉刚、唐漾、严怀成、杨文、和望利、王喆等20余位专家参与编写。丛书编写人员均为工业互联网、自动化、人工智能领域的领军人物，包含多名国家级高层次人才、国家杰出青年基金获得者、国家优秀青年基金获得者，以及各类省部级人才计划入选者。多年来，这些专家对工业互联网关键理论和技术进行了系统深入的研究，取得了丰硕的理论与技术成果，并积累了丰富的实践经验，由他们编写的这套丛书，系统全面、结构严谨、条理清晰、文字流畅，具有较高的理论水平和技术水平。

这套丛书内容非常丰富，涉及工业互联网系统的平台、控制、调度、安全等。丛书不仅面向实际工业场景，如《工业互联网关键技术》《面向工业网络系统的分布式协同控制》《工业互联网信息融合与安全》《工业混杂系统智能调度》《数据驱动的工业过程在线监测与故障诊断》，也介绍了工业互联网相关前沿技术和概念，如《信息物理系统安全控制设计与分析》《网络化系统智能控制与滤波》《自主智能系统控制》和《机器学习关键技术及应用》。通过本套丛书，读者可以了解到信息物理系统、网络化系统、多智能体系统、多刚体系统等常用和新型工业互联网系统的概念表述，也可掌握网络化控制、智能控制、分布式协同控制、信息物理安全控制、安全检测技术、在线监测技术、故障诊断技术、智能调度技术、信息融合技术、机器学习技术以及工业互联网边缘技术等最新方法与技术。丛书立足于国内技术现状，突出新理论、新技术和新应用，提供了国内外最新研究进展和重要研究成果，包含工业互联网相关落地应用，使丛书与同类书籍相比具有较高的学术水平和实际应用价值。本套丛书将工业互联网相关先进技术涉及到的方方面面进行引申和总结，可作为高等院校、科研院所电子信息领域相关专业的研究生教材，也可作为工业互联网相关企业研发人员的参考学习资料。

工业互联网的全面实现是一个长期的过程，当前仅仅是开篇。"数字浪潮：工业互联网先进技术"丛书的编写是一次勇敢的探索，系统论述国内外工业互联网发展现状、工业互联网应用特点、工业互联网基础理论和关键技术，希望本套丛书能够对读者全面了解工业互联网并全面提升科学技术水平起到推进作用，促进我国工业互联网相关理论和技术的发展。也希望有更多的有志之士和一线技术人员投身到工业互联网技术和应用的创新实践中，在工业互联网技术创新和落地应用中发挥重要作用。

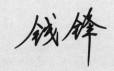

前言
PREFACE

    作为过去十年里最重要的人工智能技术之一，机器学习技术深刻影响了工业生产的方方面面，无论是工业生产设备的故障检出、工厂智能化的流程监控和管理，还是工业产品缺陷的分析，都无时无刻不在使用各种机器学习技术。在工业生产过程不断复杂化、规模化的新工业时代，如何实现工业的信息化和智能化对提高我国整体工业生产水平有很重要的现实意义，也是各界持续关注和广泛研究的重要课题。机器学习正在为工业生产制造开创一个新时代。

    机器学习技术主要研究如何让计算机模拟人类的学习行为，在复杂数据中学习规律，以预测未来的行为结果和趋势。其所处理的数据特点也不尽相同，如根据数据模态不同，有文本数据、图像数据、语音数据、视频数据等；根据数据的分布不同，有平衡数据和不平衡数据；根据数据的类型不同，有向量型数据和矩阵型数据。根据所处理的数据对象的特点，机器学习技术也被细分成不同的分支，有针对性地学习不同数据的表示和规律。

    本书从工业背景下的机器学习技术的需求出发，详细讨论机器学习的各个分支技术，包括矩阵型分类学习技术、多视角学习技术、不平衡数据分类学习技术、集成学习技术和深度学习技术等，并在此基础上，对机器学习相关的应用系统进行了分析。

    本书采取理论与实践并重的方式介绍机器学习技术。在理论层面，力求覆盖面广，涵盖机器学习技术的所有重要分支。在具体技术层面，力求深入浅出，重点介绍技术产生的应用背景，以及该技术解决应用中痛点问题的基本原理。对技术实现细节感兴趣的读者，可以通过书中列出的引文，从原始文献中获取相关信息。在实践层面，本书介绍了机器学习技术如何应用于实际的应用场景，如脑电情感识别、声纹识别和图像分类等领域。希望这样的安排，能够满足不同层面的读者对机器学习技术的研习需求。

本书主要面向对机器学习、人工智能等方向感兴趣的学者和从事该方面研究的技术人员、博士、硕士研究生等。本书要求读者具有一定的计算机基础和高等数学相关知识。希望本书在帮助读者了解机器学习发展的同时，能够为相关领域的工作者在进行机器学习开发时提供借鉴。

本书由华东理工大学信息科学与工程学院王喆教授、李冬冬副教授著，华东理工大学信息科学与工程学院研究生张琮昊、俞成威、张禹、巩佳义、冯伟、冷悦、王欣茹、黄楠、雷博浩、张延冰、唐芮琪等同学参与本书的校对以及插图绘制等工作，在此，表示深深的感谢。

由于作者水平有限，书中难免会有疏漏之处，敬请同行和读者不吝赐教，我们当深表感谢。

著者

目录
CONTENTS

Digital Wave
Advanced Technology of
Industrial Internet

key technologies and applications
of machine learning

机器学习关键技术及应用

第 1 章

绪论

1.1
工业发展与机器学习

　　智能化工业是未来制造业发展的重要趋势和核心内容。加快智能化转型、推送工业向中高端迈进、发展智能制造是强国的重要举措，也是我国新常态下打造新的国际竞争优势的必然选择。工业数据的分析与使用是实现智能工业的关键，因此，结合机器学习的工业智造与工业大数据行业应运而生。

　　工业生产过程一般包括选材、加工、质检等多个环节，每一个环节都会积累大量的数据，而这些数据通常反映了工业过程。通过机器学习方法对工业数据进行挖掘分析，有利于更好地发现工业中的异常、增强工业过程的控制，这对于优化生产和提高产能有着至关重要的意义。智能工业是信息化和工业化高度融合的成果，其目的是研究如何充分挖掘数据中的信息来促进工业发展，通过准确预测工业过程信息可以提高生产结果的及时性和全面性，及时做出决策，有效提高工业过程的质量，其本质是通过对已有的训练数据进行建模学习，得到能适用于新的未知数据的分类或回归模型。在实际应用中，包含但不限于制造生产监控、采油作业、机器视觉、指纹识别、人脸识别等。

　　许多工业背景下的数据是图像形式，依照其数据特点也可被称为矩阵模式的数据，然而，对很多机器学习算法来说，其输入模式只能是向量型的。如果要处理矩阵模式的数据集，例如图像数据，向量型算法需要将原始图像拉成一个向量模式的数据集。同样也存在直接使用矩阵型输入模式的算法，此类分类算法被称为矩阵型分类算法。随着矩阵型分类算法研究的不断深入，其逐渐被应用到特征提取、异常监测、天气预报等领域。可以预见，矩阵化学习还可以取得更好的发展，在实际应用中有更好的性能表现。

　　同样，在工业场景下，一些数据具有多元化的结构和多视角的特性。相对于单视角数据来说，多视角数据具有更全面的信息描述能力，在各个场景中发挥着更重要的作用。并且不同视角的数据之间满足一致性和互补性原则，这样的特性有利于通过挖掘多视角数据训练出更适宜的模型。基于多视角数据的算法称为多视角学习，它是近年来机器学习领域的一个热门研究方向。多视角学习方法利用事物的两个独立或不相关的视角以特定的训练方式来进行。许多理论和实验都能证明多视角学习能够大大提高分类器的分类性能。例如在生物信息识别领域中，多视角数据分析已取得重大成果。

在工业大数据背景下，数据常常呈现出不平衡的特征。数据的不平衡性表现为数据集中某类样本的数量远多于或少于其他类样本的数量，给数据的特征提取、分类和数据挖掘带来了更大难度。例如在故障分类中，故障数据样本占比很低时容易被多数类样本所忽略，但少数样本往往包含着决定有无故障的重要信息，因此需要设计合适的算法处理具有不平衡特性的数据。

在机器学习中发挥重要作用的算法之一是集成学习，它是机器学习领域很热门的一个研究方向，通过建立多个基学习器，融合多个基学习器的结果实现最终决策。集成学习分类器已经被证明无论是在分类准确率上还是模型泛化能力上均优于单一分类器。它在工业领域被广泛应用，例如产品分类、异常检测、入侵检测等。

深度学习算法在工业大数据背景下同样发挥着重要作用，深度学习的一大特点在于学习器的特征都不是人工设计的，而是使用一种通用的学习过程从数据中得来。深度学习能学习到样本数据的内在规律和表示层次，对文字、图像和声音等数据有显著效果。在工业的图像数据处理中，图像通常包含大量的信息，其信息通常用于表示对象或是对图像内容的语义注释等。例如一幅待分析主板生产过程图中包含芯片组、接口等标签信息，而"如何准确地甄别出上述有效信息并加以识别"这一实际问题激发了人们对理解这些图像的兴趣。由于对这一现实问题的需求，人们逐渐将注意力转向了多标签分类领域。同时在工业生产中会不可避免地产生噪声图像，生成的对抗神经网络可以很好地运用于诸如图像去噪、图像修复等领域。

从上文所述的例子中可见，机器学习在工业大数据应用中发挥着举足轻重的作用，本章后续将介绍在工业大数据中几类经典算法的发展现状。

1.2
矩阵型分类学习

现存的分类器大部分都是基于向量模式的，故而这些分类器可以直接处理向量模式，例如支持向量机（Support Vector Machine, SVM）。它们以向量来表示数据，每个维度都关联着一个特征。由于面向向量模式的分类器设计（Vector-pattern-oriented Classifier Design, VecCD）在进行训练和预测时，需要将模式转换为向量模式，这不仅需要较高的存储和计算复杂度，而且还在一定程度上损失了单个模式内部的结构信息。后来有学者提出了矩阵型分类器设计（Matrix-based Classifier Design, MatCD），MatCD 可以直接处理矩阵模式。在实践中发现，MatCD 可以提高VecCD 的性能。MatCD 主要有三个方面的优势，第一点，MatCD 可以抓取单个模式内部的结构信息，且需要较小的存储空间。为了控制矩阵模式，MatCD 使用了两个权重向量（而不像 VecCD 使用一个权重向量），这就使得存储权重向量的空间减小很多。第二点，因为 MatCD 可以直接处理矩阵模式，这就避免了将矩阵模式转换为向量模式引发的维度灾难，进而也降低了计算复杂度。第三点，MatCD 可以退化为 VecCD，这就意味着 MatCD 理论上可以处理向量模式。

实践中，矩阵化技术首先被应用到特征提取，且被称为面向矩阵模式的特征提取（Matrix-pattern-oriented Feature Extraction, MatFE）。例如 Yang 等人首先提出了二维主成分分析（Two-Dimensional Principle Component Analysis, 2DPCA），可以直接提取图像的特征。2DPCA 不仅提高了 PCA 的降维性能，而且还降低了计算复杂度。Li 等人提出二维线性判别分析（Two-Dimensional Linear Discriminant Analysis, 2DLDA）。2DLDA 有较高的分类性能和较小的计算复杂度。Chen 等人将矩阵化技术应用于局部保持投影（Locality Preserving Projections, LPP），称为二维拓展的局部保持投影（Two-dimensional Extension of Locality Preserving Projections, 2DLPP）。2DLPP 具有计算速度快、识别率高和应用范围广的特点。Zhang 等人和 Noushath 等人分别提出了 $(2D)^2$PCA 和 $(2D)^2$LDA。

$(2D)^2PCA$ 和 $(2D)^2LDA$ 提高了原始模型在人脸图像上的分类能力和表现能力。主要原因在于 2DPCA 和 2DLDA 只能工作于人脸图像的列元素，而 $(2D)^2PCA$ 和 $(2D)^2LDA$ 可以在人脸图像的行元素和列元素上工作。

近几年，矩阵化技术被应用于分类问题上。Hua 等人提出了基于类内散布矩阵的矩阵模式投影双支持向量机（Matrix Pattern Based Within-class Scatter Matrix into Projection Twin Support Vector Machine, MPPTSVM）。MPPTSVM 不仅可以直接处理矩阵模式，而且还获得了较低的类内散布矩阵的存储复杂度。Tao 等人提出了一种监督的张量学习框架，这个框架不仅扩展了面向向量模式的学习框架，而且还可以直接处理张量模式。Wang 等人将矩阵模式的局部信息引入最小平方支持向量机中，从而提高了其原始模型的分类性能。

随着矩阵化学习研究的不断深入，矩阵化学习逐渐被应用到人脸识别、特征提取、疾病监测、天气预报等领域。

1.3
多视角学习

多视角学习中一个典型的例子就是网页分类，每个网页都能用网页上的任何一个单词或者是超链接中包含的相关词条来表示。有学者为有标签和无标签网页模式集设计了一个联合算法。在有标签的网页模式集上，两个联合训练算法的基分类器随着相应的视角是逐渐增加的，因此，在每轮循环中，每个基分类器将没有标签的网页加上标签，然后将那些有着最高保密性的加入标签集。这个循环过程一直重复直到以下的终止条件满足时：

① 充分性：每个基分类器必须充分地将数据正确地分类；

② 独立性假设：不同视角的类标签是条件独立的；

③ 兼容性假设：每个视角的基分类器最大限度地和网页模式的标签一致。

但是在大多数情况下，因为不存在自然分开的属性集，所以独立性假设很难满足。Nigam 和 Ghani 等人又进一步研究了联合算法的独立性假设，并通过实验证明了具有一个自然分开的属性集的联合算法要比没有自然分开的属性集的要好。同时，也提出了一个概率多视角算法 Co-EM。另外，Muslea 等人将积极学习添加到 Co-EM 算法中，提出了一个新的方法 Co-EMT。Co-EMT 在性能上比联合学习方法和 Co-EM 算法更好，并且在某种程度上，在与视角相关的例子中，具有较好的鲁棒性。尽管 Co-EMT 和 Co-EM 比联合学习有更好的泛化能力，但是这些算法都不能很好地运用在没有非自然分开的属性集的情况下，例如单视角模型。

现有的多视角学习主要都是在半监督学习、有标签和无标签的模型中。众所周知，在实际情况下，我们比较容易获得无标签模型。因此，一些研究人员对无标签模型进行了研究。Brefeld 等人提出无标签数据，能够显著地提高算法的分类性能，更进一步提出了一个有效的最小二乘回归的半监督算法，通过半参数的变化，线性地缩放无标签模型的大小。Zhou 在文献中对于无标签模型给出了一个更综合的结论，揭示了无标签模型在具有少量标签样本或者有许多样本的模型上能取得很好成绩的原因。与此相反，这里提出的多视角学习是监督学习而不是半监督学习，因此焦点就放在了标签模型上。同时，将重点放在数据的一致性上是很容易被理解的。例如，来自两个不同视角（可能使用了两种不同的照相机）的人脸应该分享相同的标签，意味着这两个视角输入的脸必须是同一个人。

进一步来说，由于提出的基于单视角数据的多视角学习能够从多矩阵形式中产生不同的子分类器，它可以自然地与集成学习有关。多视角学习通常通过一种学习过程将产生的子分类器结合起来，使得所有子分类器的输出结果能够具有最大的一致性。与此相反，通过分别多次训练一个基本的子分类器再让子分类器集成起来，将独立的子分类器的输出结果结合起来形成一个最后的结果，这些独立的子分类器的输出结果预期能得到最大的预测误差。

通过实验，Wang 等人发现，如果核与核之间的联系越少，它们所提学习算法的性能就越好，通过基于核的 MHKS 方法加入多视角学习策略，在单视角数据上形成了一种学习方法，称为 MultiV-KMHKS。但是在现实生活中，其实存在最多的是单一信息源的数据，在这种情况下，多视角学习方法又该怎么处理呢？Wang 等人提出了一个基于单视角模型的正则化学习方法。对于给出的单一信息源的数据，首先通过 M 个经验核将这些数据映射到 M 个特征空间中，然后将这些映射后的 M 个特征空间通过区别正则化方法（Discriminative Regularization, DR）联系起来，最后将形成的 M 个区别正则化方法结合起来，形成了一个新的多视角区别正则化（Multi-View Discriminative Regularization, MVDR）。通过这种方法，为单一信息源数据提出了一个新的监督的多视角学习方法，将多视角学习方法和正则化学习结合起来，能够提高分类性能。标准相关分析（Canonical Correlation Analysis, CCA）在处理成对的多视角数据上具有很好的降维效果。但是在现实生活中的很多问题中，当遇到半配对和半监督的多视角数据时，CCA 方法要求在不同视角中的数据也是配对的并且是非监督的，因此 CCA 方法的效果就下降了。Chen 等人为半配对和半监督的多视角数据提出了一个一般的降维框架，通过运用不同类别的先验信息就能很自然地概括存在的相关信息。基于这个框架，Chen 等人提出了一个新的降维方法，叫作 S2GCA。他们通过实验也验证了这个新的降维方法在人工数据集上和四个现实的数据上具有很好的降维效果。Zhang 等人将多视角学习运用到人脸识别上。多视角学习在矩阵型学习上具有很好的效果。

1.4
不平衡数据分类学习

在处理这些不平衡数据时，这些数据量较小的或者可以说我们重点关注的数据和剩余大量的数据构成了不平衡问题。通常规模较小的类别称为少数类或者正类，规模较大的类别称为多数类或负类。实际上，在面对这些问题时我们主要关注正类数据。比如在疾病检测中，能够根据疾病的特点在所有检测者中精准判别出真正的病患是至关重要的。还有在门禁控制系统中，将一个陌生人判别成一个家庭成员的危害要远比将一个家庭成员判别为一个陌生人的大。所以在解决不平衡问题时，不同的类别需要给予不同的关注程度。通常保证这些正类样本的分类准确率是至关重要的。

为了克服传统分类针对不平衡数据集时的缺陷，研究者提出了许多方法。这些方法大致可以分为三类。第一类为采样方法，这类方法通过对数据集在数据上进行改造，包括增加或删除样本，使得不平衡数据集的少数类和多数类样本在数量或是分布上再次达到平衡。然后再使用分类方法在采样的数据集上进行分类学习，以期望在改造平衡的数据集上获得良好的分类结果。第二类方法是代价敏感的学习（Cost-Sensitive Learning），这类方法通过增加不平衡数据中少数类样本的权重来平衡误分代价。通常这类方法会在经验误差函数中对少数类样本对应的误差进行加权，从而使得不平衡数据集中不同类样本在误分代价上达到平衡。第三类为集成学习（Ensemble Learning），通过构造多个基分类器，并对基分类器的参数、优化过程以及基分类器权重进行修正，使之能够在均衡的情况下学习基分类器，并将这些基分类器组合在一起，以获得更好的分类效果。具体来说，基于采样的方法可以进一步分为过采样（Over-Sampling）、欠采样（Under-Sampling）和混合采样（Hybrid-Sampling）。过采样通过增加不平衡数据中的正类样本使数据达到平衡。其中，最简单的方法是随机过采样（Random Over-Sampling, ROS），但是由于其随机性，往往不能为分类器带来良好的分类结果。代表技术便是人工少数类过采样（Synthetic Minority Over-Sampling Technique, SMOTE），该技术通过在少数类样本近邻之间产生新的少数类，更加符合少数类的样本分布。许多算法都基于 SMOTE 进行改进，如边界样本过采样（Borderline SMOTE）倾向于在少数列边界生成虚拟样本。更进一步地，带多数类权重的少数类样本过采样（Majority Weighted Minority Over-sampling Technique, MWMOTE）不仅考虑了多数类样本，还考虑了边界样本，从而获得了在不平衡数据集上更好的分类结果。欠采样方法中最简单的便是随机欠采样（Random Under-Sampling, RUS），但是随机欠采样会导致一些重要的多数类样本丢失，从而使得结果对多数类样本极其不利。针对此问题，研究者提出了一些欠采样方法，如基于压缩近邻（Condensed Nearest Neighbor, CNN）的单边欠采样（One Side Selection, OSS）方法、Tomek Link 点对样本删除的方法，以及用于删除噪声样本的剪辑近邻方法（Edited Nearest Neighbor, ENN）。混合采样期望将过采样方法与欠采样方法的优点结合起来为分类器提供平衡的数据分布，常用的方式有 SMOTE 与 Tomek Link 或是 ENN 联合使用，可以产生有利于不平衡数据集分类的样本。

代价敏感的学习也有很多种不同的方法，可以进一步分为以下三大类。

① 对样本加权，即通过对错分少数类样本的行为做出惩罚以提高少数类的分类正确率。其中，最简单的加权方式便是根据数据的不平衡率加权，如代价敏感的支持向量机（Cost-sensitive SVM）中，对少数类样本所对应的损失项增加与不平衡率相等的权重。虽然代价敏感的方法容易嵌入分类方法之中，这种方法的主要问题是大多数数据库中的代价矩阵是未知的，一些方法借助信息熵来确定代价矩阵，但是由于数据分布的复杂性，往往很难保证其有效性。

② 修改特征或模型使之适应于不平衡数据，如在目标检测领域，焦点损失（Focal Loss）通过对交叉熵损失函数中正负类样本进行权重修正，解决了 one-stage 中正负样本比例严重失衡的问题。但是，这种模型并没有统一的框架，所以扩展应用上往往比较困难。

③ 与集成算法相结合，如元代价（MetaCost），将 Meta 计算框架与数据空间加权和自适应 Boosting 相结合，以获得更强的分类结果。集成学习是能有效解决不平衡问题的策略，通常集成学习中经典的 Boosting 策略可以与采样方法或代价敏感的方法相结合，从而可以在平衡条件下训练基分类器。通过与采样方法相结合，如合成少数类过采样的 AdaBoost（Synthetic Minority Over-sampling with AdaBoost, SMOTEBoost）便是将 SMOTE 方法引入提升方法（Boosting），利用 SMOTE 来增加对少数类样本的预测性能，利用 Boosting 来提高整体分类精度。还有一些方法利用与聚类算法相结合的集成算法取代 Bagging 方法，并在聚类的子空间中使用采样或是代价敏感的方法训练基分类，这类方法也被证明是有效的。

1.5
集成学习

集成学习（Ensemble Learning）是一种被广泛应用的机器学习策略。它通过组合多个基分类器的结果来提高最终的算法性能。集成学习在数据挖掘和机器学习中均占有重要的地位。然而值得一提的是，集成学习本身只能单纯地提高准确率，在面对不平衡问题时无法提供有效帮助。因此它必须和至少一种上述方法混合使用，才能在不平衡问题中发挥作用，而采样或者代价敏感单独结合集成学习同样能够提升最终的分类性能。

集成学习方法可分为两类：

① 序列集成方法：序列集成方法以顺序生成的方式来产生参与训练的基础学习器，例如 AdaBoost。为了提高整体预测效果，这类方法利用基础学习器之间的依赖关系，对之前训练中错误标记的样本赋予较高权重。

② 并行集成方法：并行集成方法同时生成参与训练的基础学习器，例如 Random Forest。这类方法利用基础学习器间的独立性，通过求平均可以显著降低错误率。

集成学习法聚集多个分类方法，从而提高分类的正确率。以训练数据为基础构建一组基分类器，通过对每个基分类器的预测结果进行投票来进行分类。通常，一个集成分类器的分类性能优于单个分类器。

1.6
深度学习

深度学习就是一种特征学习方法，将原始数据通过一些简单的但是非线性的模型转变成为更高层次的、更加抽象的表达。通过足够多的转换的组合，非常复杂的函数也可以被学习。在工业场景下，例如材料的分类，材料可能属于优品、可能属于铜制品等多个类别，需要进行多标签分类。而特定场景下以图像数据为主，有些实际原因导致样本量少，这种情况下适合使用生成对抗神经网络算法来生成更多的样本。本节主要围绕多标签学习和生成对抗神经网络（Generative Adversarial Networks, GAN）展开。

多标签学习是一种特殊的机器学习方法，旨在处理具有多个标签的数据。与传统的单标签学习不同，多标签学习关注的是一个样本可以被分配多个标签的情况，在处理现实生活中的问题时，它往往比传统的单标签学习更具优势。其灵感来源于文档分类中存在的歧义性，即在文档分类中，每篇文档按照不同的标准可以属于不同的主题。在现实生活中，多标签学习应用广泛，除经典的文档分类问题之外，还有许多其他的应用，如图像分类、社交媒体分析等。例如，在图像分类任务中，一张图片可能包含多个对象，而每个对象都可以被视为一个标签。

近年来，多标签分类问题引起了人们的极大关注。由于深度神经网络在单标签图像分类任务中取得巨大成功，许多工作已经将其引入多标签领域，但仍存在着一些问题。首先，与单标签图像不同，多标签图像通常包含多个物体，因此，在单标签图像和多标签图像之间，物体的数量和位置存在差异。其次，目前的模型通常在单标签数据集（如ImageNet）上进行训练的。因此，预训练的深度神经网络可能更倾向于识别单一物体。另外，对于单标签图像来说，被识别的物体通常位于图像的中心，并且是清晰可见的。然而，多标签图像的内容通常是多样的、复杂的和含糊的。此外，多标签图像中的标签属性不仅可能与一个物体相关，也可能与多个物体相关，甚至与整个图像相关。因此，多标签分类任务存在一定的难度。

多标签学习的挑战在于如何处理标签之间的相关性和复杂性，标签之间可能存在相互依赖、相互排斥或相互独立的关系。例如，在电影分类中，一部电影既可以是"喜剧"又可以是"爱情"，这两个标签之间可能存在正相关性。然而，一部电影可能不会同时是"喜剧"和"恐怖"，这两个标签之间可能存在负相关性。多标签学习需要考虑这些关联性，以便更准确地预测样本的多个标签。针对多标签学习问题，研究人员提出了各种方法和技术，如基于决策树的方法、基于神经网络的方法、基于支持向量机的方法等。这些算法可以根据具体的问题和数据的特点选择合适的模型来进行训练和预测。

　　近些年来，多标签领域发展迅速，许多工作中提出了新算法，以提高多标签分类的效率和准确性。Yang 等人将多标签图像分类问题表述为多类多实例学习问题，以纳入局部信息，并通过对标签信息编码以提高特征的判别能力。Ji 等人提出了一种新的注意力卷积二元神经树，用于细粒度视觉分类。He 等人引入了一个两阶段深度强化学习网络，来分层定位判别性区域，并提高了细粒度分类的性能。Peng 等人提出了一个物体部分的注意模型，该模型整合了两个层次的注意力，用于弱监督的细粒度的图像分类。Wen 等人提出了一种用于多标签图像分类的共投射方法。该方法同时识别标签和标签的相关性，以捕捉人类如何执行这一任务。Zhang 等人引入了一个递归的新类检测器，通过对图像编码来检测新类。Ji 等人通过嵌入视觉特征到语义空间，将多标签分类引入到零点学习中。

　　近几年，人工智能在计算机视觉领域有许多突破性的发展，越来越多的深度学习算法被应用在图像处理上。2008 年，Viren Jain 和 H. Sebastian Seung 提出了一种使用 CNN 对图像进行去噪的方法。通过采用深度学习的方式，避免了传统去噪算法中遇到的马尔可夫模型学习和计算的困难，从而获得了与传统去噪算法相似的效果。在 2008 年由于深度学习应用较少，当时的模型设计和训练受限于计算机硬件和软件技术，并没有取得非常优异的成果。2012 年，Junyuan Xie 等人提出了一种使用栈式自编码器对图像进行去噪处理的方法，该方法利用了多层全连接网络，显著提升了去噪效果。进一步地，2018 年，MinSu 等人采用生成对抗网络对图像进行去噪处理。这种方法利用了残差结构和全卷积处理，增强了对低信噪比图像的处理效果。GAN 在深度学习领域引起了极大关注，它通过估计生成模型，从而逐渐逼近真实分布。

　　生成对抗网络模型主要由生成模型和判别模型组成，核心思想在于通过二者的持续性对抗训练，使得其中的判别模型能够准确地辨别输入样本的真实性。生成模型经过训练后，能够不断缩小生成数据与真实数据之间的差距，同时增大判别模型在训练中的损失。在整个模型的训练过程中，GAN 的两个模型不断地竞争和训练，最终使得生成的数据分布逐渐接近真实数据分布。

　　GAN 被广泛应用于与图像相关的任务，如图像超分辨率、图像修复、图像绘制和图像去噪等。尽管 GAN 在各个任务中都表现出色，并取得了优异的成果，但它仍存在一些缺陷，比如生成的样本具有不稳定性，以及训练过程中收敛速度慢等问题。为此，Mao 等人在 GAN 中引入最小二乘损失函数，从而在训练过程中缓解 GAN 的不稳定情况，同时提升生成结果的多样性。另外，Martin Arjovsky 等人使用 Wasserstein 距离替代了 GAN 原有的交叉熵损失函数，提出了相对稳定的 GAN，从而提升了训练模型的合理性，由此，GAN 的不稳定性问题在理论上得以解决。

参考文献

[1] SAUNDERS C, STITSON M O, WESTON J, et al. Support Vector Machine[J]. Computer Science, 2002, 1(4):1-28.

[2] 卫凤林，董建，张群 .《工业大数据白皮书（2017 版）》解读 [J]. 信息技术与标准化，2017 (04): 13-17.

[3] HE H, GARCIA E. Learning from imbalanced data[J]. IEEE Transactions on Knowledge and Data Engineering, 2009, 21(9): 1263-1284.

[4] NIGAM K, MCCALLUM A K, THRUN S, et al. Text classification from labeled and unlabeled documents using em[J]. Machine Learning, 2000, 39(2):103-134.

[5] CORTES C, VAPNIK V. Support-vector networks[J]. Machine Learning, 1995, 20(3): 273-297.

[6] DUDA R O, HART P E, STORK D G. Pattern classification[M]. Hoboken, New Jersey: John Wiley and Sons, 2000.

[7] GIRSHICK R, DONAHUE J, DARRELL T, et al. Rich feature hierarchies for accurate object detection and semantic segmentation[C]//IEEE Conference on Computer Vision and Pattern Recognition. Columbus, OH, USA: IEEE, 2014. 580-587.

[8] LIU W, ANGUELOV D, ERHAN D, et al. SSD: single shot multi-box detector[C]//European Conference on Computer Vision. Cham: Springer 2016. 21-37.

[9] ZHANG K, LAN L, KWOK J T, et al. Scaling up graph-based semisupervised learning via prototype vector machines[J]. IEEE Transactions on Neural Networks and Learning Systems, 2014, 26(3):444-457.

[10] LI S, SONG W, FANG L, et al. Deep learning for hyperspectral image classification: an overview[J]. IEEE Transactions on Geoscience and Remote Sensing, 2019, 57(9): 6690-6709.

[11] WANG Z, LI S, ZHOU G, et al. Imbalanced sentiment classification with multi-strategy ensemble learning[C]//International Conference on Asian Language Processing. Penang, Malaysia: IEEE, 2011. 15-17.

[12] LI S, JU S, ZHOU G, et al. Active learning for imbalanced sentiment classification[C]//Joint Conference on Empirical Methods in Natural Language Processing and Computational Natural Language Learning. Jeju Island, Korea: ACL, 2012. 139-148.

[13] LI Q, LI Y, GAO J, et al. A confidence-aware approach for truth discovery on long-tail data[J]. Proceedings of the Vldb Endowment, 2014, 8(4): 425-436.

[14] FERGUSON A R, NIELSON J L, CRAGIN M H, et al. Big data from small data: data-sharing in the 'long tail' of neuroscience[J]. Nature Neuroscience, 2014, 17(11): 1442-1447.

[15] OUYANG W, WANG X, ZHANG C, et al. Factors in finetuning deep model for object detection with long-tail distribution[C]//IEEE Conference on Computer Vision and Pattern Recognition. Las Vegas, NV, USA: IEEE, 2016. 864-873.

[16] WAGNER R, THOM M, SCHWEIGER R, et al. Learning convolutional neural networks from few samples[C]//International Joint Conference on Neural Networks. Dallas, TX, USA: IEEE, 2013: 1-7.

[17] WANG F, JIANG M, QIAN C, et al. Residual attention network for image classification[C]//IEEE Conference on Computer Vision and Pattern Recognition. Honolulu, HI, USA: IEEE, 2017: 3156-3164.

[18] WANG Y, YAO Q, KWOK J T, et al. Generalizing from a few examples: a survey on few-shot learning[J]. ACM Computing Surveys, 2020, 53(3): 1-34.

[19] HE K, ZHANG X, REN S, et al. Deep residual learning for image recognition[C]//Computer Vision and Pattern Recognition. Las Vegas, NV, USA: IEEE, 2016: 770-778.

[20] DENG J, DONG W, SOCHER R, et al. Imagenet: a large-scale hierarchical image database[C]//2009 IEEE Conference on Computer Vision and Pattern Recognition. Miami, FL, USA: IEEE, 2009: 248-255.

[21] CHUA T S, TANG J, HONG R, et al. Nus-wide: a real-world web image database from national university of singapore[C]//ACM International Conference on Image And Video Retrieval. New York: ACM, 2009: 1-9.

[22] MEDJAHED S A, SAADI T A, BENYETTOU A, et al. Kernel-based learning and feature selection analysis for cancer diagnosis[J]. Applied Soft Computing, 2017, 51: 39-48.

[23] FIERIMONTE R, SCARDAPANE S, UNCINI A, et al. Fully decentralized semi-supervised learning via privacy-preserving matrix completion[J]. IEEE Transactions on Neural Networks and Learning Systems, 2016, 28(11): 2699-2711.

[24] Mao X, Li Q, Xie H, et al. Least squares generative adversarial networks[C]. Proceedings of the IEEE international conference on computer vision. 2017: 2794-2802.

Digital Wave
Advanced Technology of
Industrial Internet

Key Technologies and Applications
of Machine Learning

机器学习关键技术及应用

第 2 章

矩阵型分类学习

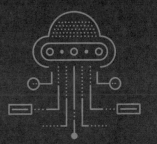

2.1

矩阵型方法概述

在计算机领域，常常使用特定顺序将二维图像转化为向量表示，其中向量的元素代表图像的特征。然而，这种方法的高维度导致计算复杂度和计算量呈指数级增长，给数据存储带来了巨大困扰。为了有效解决高维度问题，可以采用矩阵分解技术。矩阵分解作为一种经典的数据处理方法，在多个行业都得到了广泛应用。广大研究者也将矩阵分解技术用于图像表示中，以此来实现数据降维。矩阵降维是将数据从高维空间投影到低维空间的过程，可以通过线性或非线性映射来实现。其目的是提取出高维数据中携带原始信息的低维嵌入表示。然而面向向量模式分类器设计（Vector-pattern-oriented Classifier Design, VecCD）在训练和预测的时候，需要将模式转换为向量，导致存储和计算复杂度增加，同时丢失了模式内部的结构信息。为解决这一问题，提出了面向矩阵型分类器设计（Matrix-based Classifier Design, MatCD）。MatCD 主要具有三个方面的显著优势。首先，MatCD 能够捕捉到单个模式内部的结构信息，并且需要较小的存储空间。在 VecCD 中，将模式转换为向量形式可能会导致结构信息的丢失。而 MatCD 直接处理矩阵模式，能够更好地保留图像的空间布局和相关性。此外，MatCD 使用两个权重向量来控制矩阵模式，相较于 VecCD 使用一个权重向量，使得存储权重向量所需的空间大大减少。其次，MatCD 直接处理矩阵模式，避免了将矩阵转换为向量时可能引发的维度灾难，从而降低了计算复杂度。将矩阵转换为向量形式可能导致高维度和指数级增长的计算量，给计算带来很大的负担。通过直接处理矩阵模式，MatCD 能够有效地处理高维数据，并减少计算的复杂度。第三，MatCD 具备退化为 VecCD 的能力，也就是说，MatCD 理论上可以处理向量模式。这使得 MatCD 具有与 VecCD 相似的功能，并为使用向量模式的情况提供了灵活性。

矩阵化学习的目标是在处理原始数据的同时，保留其结构信息。因此矩阵化学习已经得到了广泛关注，在特征提取领域目前已经有一系列算法被提出。二维主成分分析（2DPCA）是一个直接的图片映射技术，用于降低数据维度并识别数据集中的主要模式和变异性，而且它是基于矩阵而不是向量的。与传统的主成分分析相比，2DPCA 更容易估算协方差矩阵且花费较少的时间来决定特征向量。另外，张量学习也可以算作是矩阵化学习，张量学习是图像处理和计算机视觉探索领域一个重要的话题，它是在张量数据内部结构的提取基础上建立的。有监督的张量学习框架（Supervised Tensor Learning, STL）是基于有监督学习技术，目的是将凸优化应用到由矩阵或者高阶张量表示的张量数据上。矩阵化学习的思想已经成功应用到很多经典算法，更重要的是，已经证明矩阵线性学习模型比对应的向量分类模型的低维更低。

针对 MatCD 没有考虑到模式先验的结构判别信息的不足，本章第 2 小节分别从两个维度来为 MatCD 引入先验的结构判别信息，期望以此来提高 MatCD 的分类性能和学习性能，从而可以设计出性能更好的分类器，并通过实验来验证提出的为 MatCD 引入结构判别信息的正则化项的有效性和可行性。首先，期望为 MatCD 引入局部敏感判别信息，通过从局部敏感判别分析（Locality Sensitive Discriminant Analysis, LSDA）获取灵感，把 LSDA 的目标函数转化为基于矩阵模式的正则化项，并把这个正则化项引入到双边线性分类器（Matrix-pattern-oriented Ho-Kashyap Classifier, MatMHKS），然后提出了局部敏感判别矩阵学习机（Locality Sensitive Discriminant Matrixized Learning Machine, LSDMatMHKS）。

从分类方法来看，目前还没有提出针对矩阵模式的直接多类学习方法。因此本章第 3 小节为面向矩阵模式的学习机提出了一个直接多类分类技术，既继承了基于向量的直接多类学习思想的优点，又新增以下四点优势：首先，直接多类矩阵化目标函数是基于向量的直接多类分类技术的自然扩展，而且已被理论证明基于向量的直接多类分类模型是本文模型的一个特例。其次，多类矩阵化目标函数有很多表示形式，例如，在矩阵模式上同时进行的左右映射。第三，矩阵样本也可以转化成其他矩阵形式来切合问题的特性，进而影响学习的效率。第四，在矩阵模式上作用的左右向量可以使得学习机的学习和泛化推广能力达到平衡。在实现过程中，基于原始的二类分类器 MatMHKS，本节设计了直接矩阵多类分类学习机（Direct Matrixized Multi-class MatMHKS Learning Machine, McMatMHKS）。通过理论分析，面向向量模式的分类模型是 McMatMHKS 的一个特例。同时，在基准数据集上的实验证明，McMatMHKS 可以与使用分解法"一对一"（One-vs-One, OVO）和"一对多"（One-vs-All, OVA）的 MatMHKS 达到相当的性能。还有，使用直接法的学习机有一个共同的特点就是可以在训练和测试过程中花费较少的时间来直接给出预测结果而不是把子分类器的结果进行组合来判别。

对矩阵型分类器来说，如果输入数据维度过高，那么分类算法将会面对维数灾难所带来的问题，不仅训练速度慢，而且极易出现过拟合现象。针对训练速度慢的问题，在本章第 4 小节中，提出了基于向量分离策略的高效矩阵型分类器（Efficient Matrixized Ho-Kashyap Classifier, EMatMHKS），它设计了双边向量分离的求导策略，整个迭代过程只需要进行两次矩阵求逆操作，极大地提高了算法的训练速度。为了解决不平衡问题，引入了代价敏感的思想并设计了权重矩阵，通过为少数类样本分配更高的误分代价，平衡了少数类于多数类样本的经验误差。

2.2
局部敏感判别矩阵学习机

2.2.1 LSDMatMHKS 算法

2.2.1.1 正则化项 R_{LSD}

为了获取局部敏感判别信息，将 LSDA 的目标函数转换为 MatCD 的正则化项。这个正则化项可以表示为：

$$R_{LSD} = \eta \tilde{S}_w - (1-\eta) \tilde{S}_b \tag{2-1}$$

式中，$\tilde{S}_w$ 和 $\tilde{S}_b$ 分别为类内图和类间图在矩阵模式下的目标函数，且 $\tilde{S}_w$ 和 $\tilde{S}_b$ 包含着局部敏感判别信息；$\eta \in [0, 1]$ 为平衡 $\tilde{S}_w$ 和 $\tilde{S}_b$ 之间关

系的参数。

假设有 N 个矩阵模式，其中每一个矩阵模式为 $\tilde{A}_i \in \mathbb{R}^{d_1 \times d_2}$，且每个模式的类别为 $\varphi_i \in \{+1, -1\}$ ($i=1,2,3,\cdots,N$)，可以知道，带有权重的矩阵 $W \in \mathbb{R}^{N \times N}$ 的最近邻图 G 可以反映出矩阵模式下的局部敏感判别信息。但是仅仅只有一个权重矩阵 $W \in \mathbb{R}^{N \times N}$，不能够充分反映出模式之间的局部敏感判别信息，因此权重矩阵 $W \in \mathbb{R}^{N \times N}$ 被拆分为两个互不重叠类内图 G_w 的权重矩阵 $W_w \in \mathbb{R}^{N \times N}$ 和类间图 G_b 的权重矩阵 $W_b \in \mathbb{R}^{N \times N}$。现在，定义权重矩阵 $W_w \in \mathbb{R}^{N \times N}$ 和 $W_b \in \mathbb{R}^{N \times N}$ 中的每一个元素：

$$W_{w,ij} = \begin{cases} 1, & \tilde{A}_i \in N_w(\tilde{A}_j) \text{ 或 } \tilde{A}_j \in N_w(\tilde{A}_i) \\ 0, & \text{其他} \end{cases} \tag{2-2}$$

$$W_{b,ij} = \begin{cases} 1, & \tilde{A}_i \in N_b(\tilde{A}_j) \text{ 或 } \tilde{A}_j \in N_b(\tilde{A}_i) \\ 0, & \text{其他} \end{cases} \tag{2-3}$$

式中，$N_w(\tilde{A}_i)$ 为 k 个最近邻模式且属于同一类，$N_b(\tilde{A}_i)$ 为 k 个最近邻模式且属于不同类。显然，$N_w(\tilde{A}_i) \bigcap N_b(\tilde{A}_i) = \varnothing$ 且 $N_w(\tilde{A}_i) \bigcup N_b(\tilde{A}_i) = N(\tilde{A}_i)$。进一步，类内图 G_w 和类间图 G_b 的目标函数可以定义为：

$$\tilde{S}_w = \min \sum_i^N \sum_j^N (f(\tilde{A}_i) - f(\tilde{A}_j))^2 W_{w,ij} \tag{2-4}$$

$$\tilde{S}_b = \max \sum_i^N \sum_j^N (f(\tilde{A}_i) - f(\tilde{A}_j))^2 W_{b,ij} \tag{2-5}$$

式中，$f(\tilde{A}_i)$ 的展开式为 $\tilde{u}^T \tilde{A}_i \tilde{v} + v_0$，且 $\tilde{A}_i \in \mathbb{R}^{d_1 \times d_2}$ 为矩阵模式。将式 (2-4) 和式 (2-5) 代入式 (2-1)，并将新的正则化项 R_{LSD} 重写为：

$$\begin{aligned} R_{LSD} &= \eta \tilde{S}_w - (1-\eta) \tilde{S}_b \\ &= \eta \sum_i^N \sum_j^N (f(\tilde{A}_i) - f(\tilde{A}_j))^2 W_{w,ij} - (1-\eta) \sum_i^N \sum_j^N (f(\tilde{A}_i) - f(\tilde{A}_j))^2 W_{b,ij} \\ &= \eta \sum_i^N \sum_j^N (\tilde{u}^T \tilde{A}_i \tilde{v} - \tilde{u}^T \tilde{A}_j \tilde{v})^2 W_{w,ij} - (1-\eta) \sum_i^N \sum_j^N (\tilde{u}^T \tilde{A}_i \tilde{v} - \tilde{u}^T \tilde{A}_j \tilde{v})^2 W_{b,ij} \end{aligned} \tag{2-6}$$

2.2.1.2 LSDMatMHKS 算法模型

由上文可知，MatMHKS 的目标函数如下：

$$\min \boldsymbol{J} = \boldsymbol{R}_{\text{emp}} + c\boldsymbol{R}_{\text{reg}} \qquad (2\text{-}7)$$

将新的正则化项 $\boldsymbol{R}_{\text{LSD}}$ 引入 MatMHKS 中可得：

$$\min \boldsymbol{J} = \boldsymbol{R}_{\text{emp}} + c\boldsymbol{R}_{\text{reg}} + \boldsymbol{R}_{\text{LSD}} \qquad (2\text{-}8)$$

式中，$\boldsymbol{R}_{\text{emp}}$ 为经验风险项；$\boldsymbol{R}_{\text{reg}}$ 为正则化项，用于控制整个模型的光滑度和复杂度；正则化项 $\boldsymbol{R}_{\text{LSD}}$ 用于引入局部敏感判别信息；c 为正则化参数。图 2-1 给出了 LSDMatMHKS 算法具体的构造方法及流程框架。

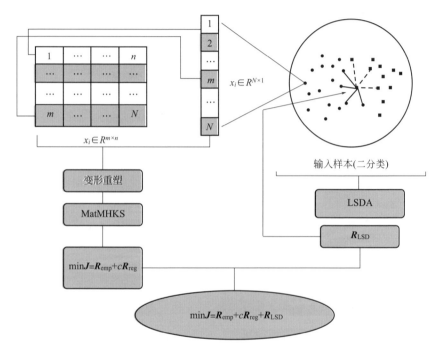

图 2-1　LSDMatMHKS 算法具体的构造方法及流程框架

根据式 (2-8)，可以得到 LSDMatMHKS 的目标函数如下：

$$\min L\left(\tilde{\boldsymbol{u}}, \tilde{\boldsymbol{v}}, v_0, b_i\right) = \frac{1}{2}\left(\sum_{i=1}^{N}\left(\varphi_i\left(\tilde{\boldsymbol{u}}^{\mathrm{T}}\tilde{\boldsymbol{A}}_i\tilde{\boldsymbol{v}} + v_0\right) - b_i\right)^2 + c\left(\tilde{\boldsymbol{u}}^{\mathrm{T}}\tilde{\boldsymbol{S}}_1\tilde{\boldsymbol{u}} + \tilde{\boldsymbol{v}}^{\mathrm{T}}\tilde{\boldsymbol{S}}_2\tilde{\boldsymbol{v}}\right) \right.$$
$$\left. + \eta\sum_{i}^{N}\sum_{j}^{N}\left(\tilde{\boldsymbol{u}}^{\mathrm{T}}\tilde{\boldsymbol{A}}_i\tilde{\boldsymbol{v}} - \tilde{\boldsymbol{u}}^{\mathrm{T}}\tilde{\boldsymbol{A}}_j\tilde{\boldsymbol{v}}\right)^2 W_{\text{w},ij} - \left(1 - \eta\right)\sum_{i}^{N}\sum_{j}^{N}\left(\left(\tilde{\boldsymbol{u}}^{\mathrm{T}}\tilde{\boldsymbol{A}}_i\tilde{\boldsymbol{v}} - \tilde{\boldsymbol{u}}^{\mathrm{T}}\tilde{\boldsymbol{A}}_j\tilde{\boldsymbol{v}}\right)\right)^2 W_{\text{b},ij} \right) \qquad (2\text{-}9)$$

式中，系数 $\frac{1}{2}$ 是为了降低模型的计算复杂度；$\tilde{\boldsymbol{S}}_1 = d_1\boldsymbol{I}_{d_1 \times d_1}$、$\tilde{\boldsymbol{S}}_2 = d_2\boldsymbol{I}_{d_2 \times d_2}$ 为正则化项的权重矩阵；$\boldsymbol{I}$ 为单位矩阵。

因为不能通过式 (2-9) 直接获得模型的最优解 $\tilde{u} \in \mathbb{R}^{d_1}$、$\tilde{v} \in \mathbb{R}^{d_2}$ 和 $v_0 \in \mathbb{R}$，所以使用梯度下降法来迭代求出模型的最优解。为了能够简便地求出 $\tilde{u} \in \mathbb{R}^{d_1}$、$\tilde{v} \in \mathbb{R}^{d_2}$ 和 $v_0 \in \mathbb{R}$ 的最优解，使用不同的等式简化方法。

首先，为了能够简便地展开式 (2-9)，设 $A_i = \varphi_i \begin{bmatrix} \tilde{A}_i & 0 \\ 0 & 1 \end{bmatrix} \in \mathbb{R}^{(d_1+1) \times (d_2+1)}$，

$\boldsymbol{u} = \begin{bmatrix} \tilde{\boldsymbol{u}}^{\mathrm{T}} & 1 \end{bmatrix}^{\mathrm{T}} \in \mathbb{R}^{d_1+1}$，　　$\boldsymbol{v} = \begin{bmatrix} \tilde{\boldsymbol{v}}^{\mathrm{T}} & v_0 \end{bmatrix}^{\mathrm{T}} \in \mathbb{R}^{d_2+1}$，　　$\boldsymbol{b} = \begin{bmatrix} b_1, b_2, b_3, \cdots, b_N \end{bmatrix} \in \mathbb{R}^N$，

$\boldsymbol{S}_1 = \begin{bmatrix} \tilde{\boldsymbol{S}}_1 & 0 \\ 0 & 1 \end{bmatrix} \in \mathbb{R}^{(d_1+1) \times (d_1+1)}$，　　$\boldsymbol{S}_2 = \begin{bmatrix} \tilde{\boldsymbol{S}}_2 & 0 \\ 0 & 1 \end{bmatrix} \in \mathbb{R}^{(d_2+1) \times (d_2+1)}$。

其次，为了求解 $\tilde{v} \in \mathbb{R}^{d_2}$ 和 $v_0 \in \mathbb{R}$ 的解，设置 $\boldsymbol{Y} = [\boldsymbol{y}_1, \boldsymbol{y}_2, \boldsymbol{y}_3, \cdots, \boldsymbol{y}_N]^{\mathrm{T}} \in \mathbb{R}^{N \times (d_2+1)}$，其中 $\boldsymbol{y}_i = \boldsymbol{u}^{\mathrm{T}} A_i \in \mathbb{R}^{d_2+1}$。因此，可以将式 (2-8) 展开为：

$$\min L^v (\boldsymbol{v}, \boldsymbol{b}) = \frac{1}{2} \left(\boldsymbol{Y}\boldsymbol{v} - \boldsymbol{1}_{N \times 1} - \boldsymbol{b}_{N \times 1} \right)^{\mathrm{T}} \left(\boldsymbol{Y}\boldsymbol{v} - \boldsymbol{1}_{N \times 1} - \boldsymbol{b}_{N \times 1} \right)$$
$$+ \frac{1}{2} c \left(\boldsymbol{u}^{\mathrm{T}} \boldsymbol{S}_1 \boldsymbol{u} + \boldsymbol{v}^{\mathrm{T}} \boldsymbol{S}_2 \boldsymbol{v} \right) + \frac{1}{2} \boldsymbol{R}_{\mathrm{LSD}}^v \tag{2-10}$$

式中：

$$\boldsymbol{R}_{\mathrm{LSD}}^v = \eta \sum_i^N \sum_j^N \boldsymbol{v}^{\mathrm{T}} \left(\varphi_i \tilde{A}_i - \varphi_i \tilde{A}_j \right)^{\mathrm{T}} \boldsymbol{u}\boldsymbol{u}^{\mathrm{T}} \left(\varphi_i \tilde{A}_i - \varphi_i \tilde{A}_j \right) \boldsymbol{v} W_{\mathrm{w},ij}$$
$$- (1 - \eta) \sum_i^N \sum_j^N \boldsymbol{v}^{\mathrm{T}} \left(\varphi_i \tilde{A}_i - \varphi_i \tilde{A}_j \right)^{\mathrm{T}} \boldsymbol{u}\boldsymbol{u}^{\mathrm{T}} \left(\varphi_i \tilde{A}_i - \varphi_i \tilde{A}_j \right) \boldsymbol{v} W_{\mathrm{b},ij}$$

现在，对式 (2-9) 求 $\boldsymbol{v}$ 的偏导，可得：

$$\frac{\partial L^v}{\partial \boldsymbol{v}} = \boldsymbol{Y}^{\mathrm{T}} \left(\boldsymbol{Y}\boldsymbol{v} - \boldsymbol{1}_{N \times 1} - \boldsymbol{b}_{N \times 1} \right) + c\boldsymbol{S}_2 \boldsymbol{v} +$$
$$\eta \sum_i^N \sum_j^N \left(\varphi_i \tilde{A}_i - \varphi_i \tilde{A}_j \right)^{\mathrm{T}} \boldsymbol{u}\boldsymbol{u}^{\mathrm{T}} \left(\varphi_i \tilde{A}_i - \varphi_i \tilde{A}_j \right) \boldsymbol{v} W_{\mathrm{w},ij} - \tag{2-11}$$
$$(1 - \eta) \sum_i^N \sum_j^N \left(\varphi_i \tilde{A}_i - \varphi_i \tilde{A}_j \right)^{\mathrm{T}} \boldsymbol{u}\boldsymbol{u}^{\mathrm{T}} \left(\varphi_i \tilde{A}_i - \varphi_i \tilde{A}_j \right) \boldsymbol{v} W_{\mathrm{b},ij}$$

令 $\dfrac{\partial L^v}{\partial \boldsymbol{v}} = 0$ 可得：

$$\boldsymbol{v} = \left(\boldsymbol{Y}^{\mathrm{T}} \boldsymbol{Y} + c\boldsymbol{S}_2 + \boldsymbol{H} \right) \boldsymbol{Y}^{\mathrm{T}} \left(\boldsymbol{1}_{N \times 1} + \boldsymbol{b}_{N \times 1} \right) \tag{2-12}$$

式中：

$$H = \eta \sum_{i}^{N} \sum_{j}^{N} \left(\varphi_i \tilde{A}_i - \varphi_i \tilde{A}_j \right)^{\mathrm{T}} \boldsymbol{u} \boldsymbol{u}^{\mathrm{T}} \left(\varphi_i \tilde{A}_i - \varphi_i \tilde{A}_j \right) \boldsymbol{v} W_{\mathrm{w},ij} -$$
$$(1-\eta) \sum_{i}^{N} \sum_{j}^{N} \left(\varphi_i \tilde{A}_i - \varphi_i \tilde{A}_j \right)^{\mathrm{T}} \boldsymbol{u} \boldsymbol{u}^{\mathrm{T}} \left(\varphi_i \tilde{A}_i - \varphi_i \tilde{A}_j \right) \boldsymbol{v} W_{\mathrm{b},ij}$$

为了求得 $\tilde{\boldsymbol{u}} \in \mathbb{R}^{d_1}$ 的最优解，相似地，通过设置 $F = \left[\boldsymbol{f}_1, \boldsymbol{f}_2, \boldsymbol{f}_3, \cdots, \boldsymbol{f}_N \right]^{\mathrm{T}} \in$ $\mathbb{R}^{N \times (d_1+1)}$，其中 $\boldsymbol{f}_i = A_i \boldsymbol{v} \in \mathbb{R}^{d_1+1}$，可得：

$$\min L^u \left(\boldsymbol{u}, \boldsymbol{b} \right) = \frac{1}{2} \left(F\boldsymbol{v} - 1_{N \times 1} - \boldsymbol{b}_{N \times 1} \right)^{\mathrm{T}} \left(F\boldsymbol{v} - 1_{N \times 1} - \boldsymbol{b}_{N \times 1} \right) +$$
$$\frac{1}{2} c \left(\boldsymbol{u}^{\mathrm{T}} S_1 \boldsymbol{u} + \boldsymbol{v}^{\mathrm{T}} S_2 \boldsymbol{v} \right) + \frac{1}{2} R^u_{\mathrm{LSD}} \tag{2-13}$$

式中：

$$R^u_{\mathrm{LSD}} = \eta \sum_{i}^{N} \sum_{j}^{N} \boldsymbol{u}^{\mathrm{T}} \left(\varphi_i \tilde{A}_i - \varphi_i \tilde{A}_j \right)^{\mathrm{T}} \boldsymbol{v} \boldsymbol{v}^{\mathrm{T}} \left(\varphi_i \tilde{A}_i - \varphi_i \tilde{A}_j \right) \boldsymbol{u} W_{\mathrm{w},ij} -$$
$$(1-\eta) \sum_{i}^{N} \sum_{j}^{N} \boldsymbol{u}^{\mathrm{T}} \left(\varphi_i \tilde{A}_i - \varphi_i \tilde{A}_j \right)^{\mathrm{T}} \boldsymbol{v} \boldsymbol{v}^{\mathrm{T}} \left(\varphi_i \tilde{A}_i - \varphi_i \tilde{A}_j \right) \boldsymbol{u} W_{\mathrm{b},ij}$$

计算 $\boldsymbol{u}$ 的梯度：

$$\frac{\partial L^u}{\partial \boldsymbol{u}} = F^{\mathrm{T}} \left(F\boldsymbol{u} - 1_{N \times 1} - \boldsymbol{b}_{N \times 1} \right) + c S_1 \boldsymbol{u} +$$
$$\eta \sum_{i}^{N} \sum_{j}^{N} \left(\varphi_i \tilde{A}_i - \varphi_i \tilde{A}_j \right)^{\mathrm{T}} \boldsymbol{v} \boldsymbol{v}^{\mathrm{T}} \left(\varphi_i \tilde{A}_i - \tilde{A}_j \right) \boldsymbol{u} W_{\mathrm{w},ij} - \tag{2-14}$$
$$(1-\eta) \sum_{i}^{N} \sum_{j}^{N} \left(\varphi_i \tilde{A}_i - \varphi_i \tilde{A}_j \right)^{\mathrm{T}} \boldsymbol{v} \boldsymbol{v}^{\mathrm{T}} \left(\varphi_i \tilde{A}_i - \varphi_i \tilde{A}_j \right) \boldsymbol{u} W_{\mathrm{b},ij}$$

令 $\dfrac{\partial L^u}{\partial \boldsymbol{u}} = 0$，可得：

$$\boldsymbol{u} = \left(F^{\mathrm{T}} F + c S_1 + G \right) F^{\mathrm{T}} \left(1_{N \times 1} + \boldsymbol{b}_{N \times 1} \right) \tag{2-15}$$

式中，$G = \eta \sum_{i}^{N} \sum_{j}^{N} \left(\varphi_i \tilde{A}_i - \varphi_i \tilde{A}_j \right)^{\mathrm{T}} \boldsymbol{v} \boldsymbol{v}^{\mathrm{T}} \left(\varphi_i \tilde{A}_i - \varphi_i \tilde{A}_j \right) W_{\mathrm{w},ij} - (1-\eta) \sum_{i}^{N} \sum_{j}^{N}$ $\left(\varphi_i \tilde{A}_i - \varphi_i \tilde{A}_j \right)^{\mathrm{T}} \boldsymbol{v} \boldsymbol{v}^{\mathrm{T}} \left(\varphi_i \tilde{A}_i - \varphi_i \tilde{A}_j \right) W_{\mathrm{b},ij}$。

类似于 MatMHKS，$\boldsymbol{b}$ 是一个边界向量，其作用在于保证同类的模式处在分类超平面的同侧。由式 (2-11) 和式 (2-14) 可以知道，权重向量

u 和 v 是相互依赖的。因此，在初始化 b 时需要 u 和 v。表 2-1 展示了 LSDMatMHKS 的算法步骤。在表 2-1 中，等式 $b(k_{iter}+1)=b(k_{iter})+\rho(e(k_{iter})+\|e(k_{iter})\|)(\rho>0)$ 用于保证 $b_i \geqslant 0$, $i=1, 2, 3, \cdots, N$。最后，LSDMatMHKS 的决策函数如下所示：

$$f(\tilde{A}_i) = \tilde{u}^{\mathrm{T}} \tilde{A}_i \tilde{v} + v_0 \begin{cases} \geqslant 0, \ \varphi_i = 1 \\ < 0, \ \varphi_i = -1 \end{cases} \tag{2-16}$$

式中，φ_i 为每一个矩阵模式 $\tilde{A}_i \in \mathbb{R}^{d_1 \times d_2}$ 的类别。算法 LSDMatMHKS 是针对二分类问题的，对于多类问题同样可以处理，因为采用一对一和投票的方法来处理多分类和二分类问题，故可以将多分类的问题转化为二分类问题。例如对于一个多分类的数据集，其类别数为 M，可以将其转换为 $\frac{M(M-1)}{2}$ 个二分类问题。随后，采用投票的方法来获取模式的类别。因此，LSDMatMHKS 可以处理多分类问题。

表2-1　LSDMatMHKS算法步骤

设置二分类训练模式：$Tr = \{(\tilde{A}_1, \varphi_1), \cdots, (\tilde{A}_n, \varphi_n)\}$。
输出权重向量：u，v。

1. 确定 $c \geqslant 0$, $0 \leqslant \eta \leqslant 1$, $0 < \rho < 1$，初始化 $b(1) \geqslant 0$，$u(1)$ 和近邻数目 k，设置迭代开始迭代次数 $k_{iter}=1$ 且 $k_{iter} \leqslant 100$；
2. 获取权重矩阵 W_w 和 W_b；
3. 计算 $u(k_{iter})$ 和 $v(k_{iter})$，如果 $k_{iter}=1$，则 $v(k_{iter})=v(1)$；
4. 计算 $e(k_{iter})=Yv(k_{iter})-\mathbf{1}_{N \times 1}-b_{N \times 1}(k_{iter})$，如果 $k_{iter}=1$，则 $b_{N \times 1}(k_{iter})=b_{N \times 1}(1)$；
5. 计算 $b(k_{iter+1})=b(k_{iter})+\rho(e(k_{iter})+\|e(k_{iter})\|)$；
6. 如果 $\|b_{N \times 1}(k_{iter}+1)-b_{N \times 1}(k_{iter})\|>\varepsilon$，则跳转到步骤 3，否则跳转到步骤 7；
7. 记录最优的 u 和 v；
8. 使用验证集来验证并记录最优的 u 和 v。

2.2.1.3　LSDMatMHKS 模型计算复杂度

LSDMatMHKS 首先获取类内权重矩阵 $W_w \in \mathbb{R}^{N \times N}$ 和类间权重矩阵 $W_b \in \mathbb{R}^{N \times N}$，随后获取权重向量 u 和 v 的解。因此，LSDMatMHKS 模型的计算复杂度可以拆分为两部分，一部分是获取类内权重矩阵 $W_w \in \mathbb{R}^{N \times N}$ 和类间权重矩阵 $W_b \in \mathbb{R}^{N \times N}$ 的计算复杂度，另一部分是获取权重向量 u 和 v 的计算复杂度。

根据式 (2-2) 和式 (2-3)，可以知道获取 W_w 和 W_b 的方法是拆分模式之间的距离矩阵，而这个距离矩阵是通过计算每一个模式的 k 个最近邻获取的。此外，如果需要计算每个模式的 k 个最近邻，那么就需要计算每一个模式与剩下 $N-1$ 个模式之间的距离。由此，获取类内权重矩阵 $W_w \in \mathbb{R}^{N \times N}$ 和类间权重矩阵 $W_b \in \mathbb{R}^{N \times N}$ 的计算复杂度为 $O(N^2)$。

下面计算获取权重向量 u 和 v 的计算复杂度。为了分析权重向量 v 的计算复杂度，分析式 (2-12) 中每一个元素的计算复杂度。为了清楚地分析和探寻式 (2-12) 的计算复杂度，表 2-2 列出了式 (2-12) 中每一个元素的计算复杂度。根据表 2-2，可以知道权重向量 v 的计算复杂度为 $O(N^2)$。类似地，对于权重向量 u，通过式 (2-15) 可以得到 u 中每一个元素的计算复杂度。表 2-3 展示了 u 中每一个元素的计算复杂度。由表 2-3 可知，u 的计算复杂度为 $O(N^2)$。

根据以上内容，由类内权重矩阵 W_w、类间权重矩阵 W_b、权重向量 u 和权重向量 v 的计算复杂度可知，LSDMatMHKS 的计算复杂度为 $O(N^2)+O(N^2)+O(N^2)=O(N^2)$。

表2-2 v的计算复杂度

元素	维度	计算复杂度
H	$(d_2+1) \times (d_2+1)$	$O(N^2)$
$Y^{\mathrm{T}}Y$	$((d_2+1) \times N) \times (N \times (d_2+1))$	$O(N)$
$Y^{\mathrm{T}}Y+cS_2+H=\Delta_1$	$(d_2+1) \times (d_2+1)+(d_2+1) \times (d_2+1)+(d_2+1)$	$O(N)+O(N^2)=O(N^2)$
$\Delta_1 Y^{\mathrm{T}}=\Delta_2$	$((d_2+1) \times (d_2+1)) \times ((d_2+1) \times N)$	$O(N^2)+O(N)=O(N^2)$
$\Delta_2(I_{N \times 1}+b_{N \times 1})$	$((d_2+1) \times N) \times (N \times 1)$	$O(N^2)+O(N)=O(N^2)$

表2-3 u的计算复杂度

元素	维度	计算复杂度
G	$(d_1+1) \times (d_1+1)$	$O(N^2)$
$Y^{\mathrm{T}}Y$	$((d_1+1) \times N) \times (N \times (d_1+1))$	$O(N)$
$Y^{\mathrm{T}}Y+cS_1+H=\Delta_1$	$(d_1+1) \times (d_1+1)+(d_1+1) \times (d_1+1)+(d_1+1)$	$O(N)+O(N^2)=O(N^2)$
$\Delta_1 Y^{\mathrm{T}}=\Delta_2$	$((d_1+1) \times (d_1+1)) \times ((d_1+1) \times N)$	$O(N^2)+O(N)=O(N^2)$
$\Delta_2(I_{N \times 1}+b_{N \times 1})$	$((d_1+1) \times N) \times (N \times 1)$	$O(N^2)+O(N)=O(N^2)$

2.2.2 实验与分析

2.2.2.1 实验设置

在实验中，衡量算法性能的主要方法是分类正确率和分类正确率的标准差。除了算法 LSDMatMHKS，选择对比算法 MatMHKS、MHKS、SVM 和 DRLSC。此外，SVM 使用三个核，这三个核分别为线性（Linear）核、多项式（Poly）核和高斯径向基核函数（Gaussian Radial Basis Function, RBF）。假设有 N 个模式，且每个模式为 $x_i(i=1,2,\cdots,N)$，则这三个核可以表示为：

$$Ker_{\text{Linear}}\left(x_i, x_j\right) = x_i x_j^{\text{T}} \tag{2-17}$$

$$Ker_{\text{Poly}}\left(x_i, x_j\right) = \left(x_i x_j^{\text{T}} + 1\right)^d \tag{2-18}$$

$$Ker_{\text{RBF}}\left(x_i, x_j\right) = \text{e}^{\frac{-\|x_i - x_j\|_2^2}{\sigma^2}}, \sigma = \frac{1}{N^2}\sum_{i,j=1}^{N}\|x_i - x_j\|^2 \tag{2-19}$$

表 2-4 展示了所有使用算法的参数设置。c 是 LSDMatMHKS、MatMHKS、MHKS 和 SVM 的正则化参数，其值属于集合 {0.01,0.1, 1,10,100}。η 是 LSDMatMHKS 和 DRLSC 的正则化参数，它的作用在于平衡类内图和类间图的关系，其值属于集合 {0,0.2,0.4,0.6,0.8,1}。对于算法 LSDMatMHKS 和 DRLSC 都需要去找到最近邻的模式数 k，且 k 的值属于集合 {1,3,5,7,9}。ρ 和 ε 分别是算法 LSDMatMHKS、MatMHKS 和 MHKS 的迭代步长和迭代终止条件，它们的值设置为 0.99 和 0.0001。σ 是 RBF 核的参数。d 是 Poly 核的参数，其值设置为 2。算法 LSDMatMHKS、MatMHKS 和 MHKS 的边界向量 $b_{N\times 1}(1)$ 初始化设置为 $10^{-6}\mathbf{1}_{N\times 1}$。算法 LSDMatMHKS、MatMHKS 和 MHKS 的权重向量 $u(1)$ 初始化为 $[0.5_{1\times d_1}, \mathbf{1}]^{\text{T}}$。

使用投票方法和蒙特卡洛交叉验证（Monte Carlo Cross Validation, MCCV）的方法来获取算法的分类正确率。MCCV 可以随机地将数据集划分为训练集和验证集，且这两部分互不重叠，其可以有效地训练大规模的数据集和降低模型的过拟合风险。本实验所有使用到的数据集被划分为训练集和验证集的规模占原数据集规模的比分别为 0.5 和 0.5。实验中采用一对一和投票的方法来处理二分类和多分类情况。实验中的所有算法均是针对二分类问题的，对于多分类问题，则可将其转化为二分类问题。

表 2-5 展示了所使用的数据集，其数目一共为 22 个。另外，表 2-5 给出了所有数据集的原名、缩写、维度、类别数、模式规模、训练集规模、验证集规模。上述所提到的 7 个算法运行的环境为主频为 2.20GHz 的英特尔至强 CPU E5-2407，运行内存 16G RAM DDR3，操作系统为 Windows Server 2012，算法代码使用 MATLAB 实现。

表2-4　实验参数设置

参数	算法	值
c	LSDMatMHKS, MatMHKS, MHKS, SVM	0.01, 0.1, 1, 10, 100
η	LSDMatMHKS, DRLSC	0, 0.2, 0.4, 0.6, 0.8, 1
k	LSDMatMHKS, DRLSC	1, 3, 5, 7, 9
ρ	LSDMatMHKS, MatMHKS, MHKS	0.99
ε	LSDMatMHKS, MatMHKS, MHKS	0.0001
σ	SVM (RBF)	式 (2-19)
d	SVM (Poly)	2
$\boldsymbol{b}(1)$	LSDMatMHKS, MatMHKS, MHKS	$10^{-6}\boldsymbol{1}_{N\times1}$
$\boldsymbol{u}(1)$	LSDMatMHKS, MatMHKS, MHKS	$[0.5_{1\times d_1},1]^{\mathrm{T}}$

2.2.2.2　图像数据集分类比较

（1）图像数据集

表 2-5 中，前 18 个数据集为基础数据集，后 4 个数据集为图像数据集。这 4 个图像数据集的规模为 32×32、28×23、24×18、32×32。对 2.2.1 节所讲述的算法，本小节首先将图像数据集拉伸为向量模式。例如，假设矩阵模式被拉伸为向量模式的特征数为 n。对于 MatCD，将向量模式 $\boldsymbol{x}\in\mathbb{R}^n$ 转换为矩阵模式 $\boldsymbol{A}\in\mathbb{R}^{d_1\times d_2}$（$d_1$ 和 d_2 是 n 的因子且 $d_1\times d_2=n$）。为了详细地展示图像数据集，我们从每个图像数据集中分别随机选择了 10 个图像，在图 2-2 中展示出来。

表2-5　实验数据集

数据集	维度	类别数	模式规模	训练集规模	验证集规模
Abalone(Aba)	8	3	4174	2087	2087
Bands	19	2	365	183	182
Bupa	6	2	345	173	172
Cleveland(Cle)	13	5	297	149	148
Haberman(Hab)	3	2	306	153	153
Heart-c-new(Hea)	13	5	303	152	151
Horse-colic(Hoc)	16	2	435	218	217
House-votes(Hov)	27	2	366	183	183
Led7digit(Led)	7	10	500	250	250
Lenses	4	3	24	12	12
Mammographicmas(Mam)	6	2	961	481	480
Movement-libras(Mov)	90	15	360	180	180
Newthyroid(New)	5	3	215	108	107
Pima	8	2	768	384	384
Transfusion(Tra)	4	2	748	374	374
VertebralColumn(Ver)	6	2	310	155	155
Waveform(Wav)	21	3	5000	2500	2500
Zoo	16	7	101	51	50
Coil-20	1024	20	1440	720	720
Letter	432	10	500	250	250
ORL	644	40	400	200	200
Yale	1024	15	165	83	82

（2）图像数据集分类性能

从表2-6中可以知道，在这7个算法中，LSDMatMHKS的分类正确率是最高的。虽然LSDMatMHKS的分类正确率没有比MatMHKS高出很多，但是这并不意味着LSDMatMHKS的性能不优于MatMHKS。一方面，在一些矩阵模式上LSDMatMHKS的分类正确率也好于MatMHKS，例如Coil-20数据集的矩阵模式256×4，Letter数据集的矩阵模式16×27和48×9，ORL数据集的矩阵模式161×4和92×7。另一方面，在大部分

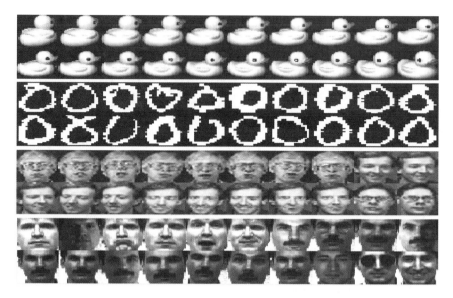

图 2-2　Coil-20、Letter、ORL、Yale 数据集展示

的数据集上，LSDMatMHKS 算法分类正确率的标准差是小于 MatMHKS 的分类正确率的标准差的。在验证的时候采用五折交叉验证方法，即将所有数据集分为 5 份，不重复地每次取其中 1 份做测试集，用其他 4 份做训练集训练模型，之后计算该模型在测试集上的分类正确率，以及在 5 个测试集上的平均分类正确率。从结果中可以看出，LSDMatMHKS 的 5 轮分类正确率更加接近于 5 轮平均分类正确率，这也就意味着 LSDMatMHKS 的分类稳定性好于 MatMHKS，即 LSDMatMHKS 的学习能力要好于 MatMHKS。换句话说，向算法 MatMHKS 中引入的局部敏感判别信息是有效可行的。

（3）正则化项参数对分类结果的影响

算法 LSDMatMHKS 有三个正则化参数 c、k 和 η。参数 c 控制着正则化项 $\boldsymbol{R}_{\mathrm{reg}}$，且其值从集合 $\{0.01,0.1,1,10,100\}$ 中选出。另外两个正则化参数 k 和 η 控制着正则化项 $\boldsymbol{R}_{\mathrm{LSD}}$，它们的值分别来自于 $\{1,3,5,7,9\}$ 和 $\{0,0.2,0.4,0.6,0.8,1\}$。图 2-3 给出了这三个正则化参数变化对算法 LSDMatMHKS 分类正确率的影响。从图 2-3 中可以发现，随着正则化参数 c 的增加，LSDMatMHKS 在数据集 Letter 和 ORL 上的分类正确率几乎没有发生变化。随着 c 的增

表2-6 LSDMatMHKS、MatMHKS、MHKS、DRLSC、SVM(Linear)、SVM(Poly)、SVM(RBF)在图像数据集上的分类正确率（ACC,%）和标准差（Std）

数据集	LSDMatMHKS ACC±Std	MatMHKS ACC±Std	MHKS ACC±Std	DRLSC ACC±Std	SVM(Linear) ACC±Std	SVM(Poly) ACC±Std	SVM(RBF) ACC±Std
Coil-20	73.22±3.27(256×4)	72.11±3.77(256×4)	99.03±0.43	99.03±0.39	98.44±0.41	96.36±0.41	98.71±0.70
	99.75±0.30(4×256)	99.56±0.25(4×256)					
Letter	76.48±3.60(216×2)	73.76±4.17(216×2)	91.12±0.77	87.92±1.95	92.40±0.49	67.92±3.42	93.12±1.15
	78.00±1.58(144×3)	75.12±3.68(144×3)					
	79.68±1.51(72×6)	77.12±3.98(72×6)					
	82.32±3.36(48×9)	79.44±2.49(48×9)					
	84.72±2.92(36×12)	82.72±3.36(36×12)					
	79.52±1.66(27×16)	77.76±1.76(27×16)					
	88.08±0.96(16×27)	86.00±1.50(16×27)					
	92.08±0.77(1×432)	92.00±1.41(1×432)					
ORL	58.20±2.75(322×2)	53.60±2.88(322×2)	96.00±1.23	92.70±1.30	96.60±0.65	51.40±2.38	96.50±0.71
	84.40±2.97(161×4)	81.40±2.16(161×4)					
	90.60±3.07(92×7)	87.10±2.90(92×7)					
	97.00±0.94(2×322)	96.90±0.82(2×322)					
Yale	54.40±6.42(128×8)	51.73±5.11(128×8)	70.67±5.25	65.60±4.26	73.33±3.58	32.27±3.58	72.80±4.86
	73.33±5.08(1×1024)	72.80±5.63(1×1024)					

注：表中每个数据集最优的结果以粗体表示。

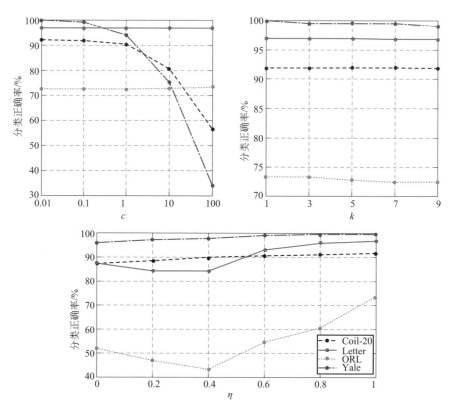

图 2-3　正则化参数 c、k 和 η 的增长对四个图像数据集分类正确率的影响

加，LSDMatMHKS 在数据集 Coil-20 和 Yale 上的分类正确率降低。对于正则化参数 k，当 k 增加时，LSDMatMHKS 在所有数据集上的分类正确率都保持在相对稳定的水平。对于正则化参数 η，除了 LSDMatMHKS 在数据集 Letter 和 ORL 上的分类正确率在 η=0.2 和 η=0.4 时是降低的，其他的情况下所有图像数据集的分类正确率都是增加的。

2.2.2.3　基础向量数据集分类比较

（1）基础向量数据集分类表现

由表 2-7 可知，LSDMatMHKS 在一定程度上提高了 MatMHKS 的分类性能。具体来说，可以发现 LSDMatMHKS 在数据集 Hov 的矩阵模式 16×1 下的分类正确率优于 MatMHKS。在数据集 Wav 的矩阵模式

21×1 下，LSDMatMHKS 仍然提高了 MatMHKS 的分类正确率。此外，在大多数的基础向量数据集上，LSDMatMHKS 的分类正确率要好于算法 MHKS、DRLSC 和 SVM。对于分类正确率的标准差，类似于在图像数据集上，LSDMatMHKS 的分类正确率的标准差也基本小于 MatMHKS 的分类正确率的标准差。这就表明我们提出的算法 LSDMatMHKS 是有效可行的。从表 2-7 中可知，LSDMatMHKS 最好的分类正确率是在向量模式下取得的，而不是在矩阵模式下取得的。这似乎看起来面向矩阵模式的样本是没有必要的。但是面向向量模式的分类器比面向矩阵模式的分类器有好的分类正确率的主要原因在于，面向向量模式（$1×d_1 d_2$）可以获得更高的自由度。面向向量模式的分类器相比于面向矩阵模式的分类器不能很好利用空间相关性的优势，例如，MHKS 只有一个权重向量，这也就是说，面向向量的分类器只有一个权重矩阵，因此其不具有考虑单个模式下的结构信息的优势。对于面向矩阵模式的分类器，就可以考虑到单个模式下的结构信息，因为面向矩阵模式的分类器具有两个权重来保持单个模式的结构信息。由表 2-7 可知，对于提高分类器的分类性能，面向矩阵模式是一个不错的方法。

（2）统计学分析

这里采用两种统计学分析的方法来衡量所使用算法的相似度。第一种方法是 t-test，它是基于 0 假设的，通过 t-test 来计算两个算法之间的 p-value 值，该值是假设检验推断统计中的一项重要内容，用于判断原始假设是否正确，且 p-value 值的范围为 [0,1]。当 p-value 的值接近 0 时，意味着两个算法之间有很大的不同。相反地，如果 p-value 的值接近 1，这就表明两个算法之间的相似度很高。在实现中，如果 p-value 的值小于 0.0001，则设置为 0。另外，将 p-value 的值分为三个部分，这三个部分分别为 p-value$\in[0,0.05)$，p-value$\in[0.05,0.5)$，p-value$\in[0.5,1]$，分别表示非常不同、比较不同、几乎没有不同。第二种方法是非参数检验方法 Friedman 检验，它是一个非参数统计实验测试方法。该检验方法利用秩来区分多个总体分布是否存在显著差异，其原理假设是：多个配对样本的总体分布无显著差异。根据 Friedman 检验，r_i^j 是第 i 个实验数据集在 k 个算法下的第 j 个排序序号。此外，Friedman 检验的 χ_F^2 表示如下所示：

表2-7 LSDMatMHKS、MatMHKS、MHKS、DRLSC、SVM(Linear)、SVM(Poly)、SVM(RBF)在基础向量数据集上的分类正确率(ACC, %)和分类正确率的标准差(Std)

数据集	LSDMatMHKS ACC±Std -/Rank	MatMHKS ACC±Std p-value/Rank	MHKS ACC±Std p-value/Rank	DRLSC ACC±Std p-value/Rank	SVM(Linear) ACC±Std p-value/Rank	SVM(Poly) ACC±Std p-value/Rank	SVM(RBF) ACC±Std p-value/Rank
Aba	**55.59±0.79**(1×8) -/1	55.41±0.78(1×8) 0.8203/3	55.48±0.74 0.9000/2	55.34±0.68 0.6986/4	55.19±0.31 0.4249/7	55.28±0.41 0.5716/5.5	55.28±0.75 0.4938/5.5
Bands	**67.14±1.71**(1×19) -/2	66.04±2.03(1×19) 0.3824/5	67.14±2.79 0.9998/2	66.92±3.55 0.9040/4	61.43±1.71 0.0005*/7	63.63±2.68 0.0383*/6	67.14±2.14 0.9997/2
Bupa	69.54±4.16(1×6) -/2	68.26±2.92(1×6) 0.5894/3	65.58±2.27 0.0992/5	65.00±3.27 0.0919/6	64.77±2.42 0.0577/7	66.86±2.57 0.2563/4	**69.65±1.61** 0.9550/1
Cle	**59.18±3.23**(1×13) -/1	58.50±4.30(1×13) 0.7845/2	58.23±4.48 0.7096/3.5	58.23±3.42 0.6628/3.5	53.88±4.42 0.0620/7	54.56±2.82 0.0423*/6	56.05±2.66 0.1329/5
Hab	**75.66±1.92**(1×3) -/1	74.74±0.75(1×3) 0.3466/3	73.68±1.23 0.0888/7	74.08±1.52 0.1866/5	74.61±2.06 0.4273/4	73.81±2.85 0.26434/6	74.87±1.77 0.5174/2
Hea	**59.60±1.12**(1×13) -/1	59.07±3.58(1×13) 0.7584/4	59.20±2.47 0.7498/3	58.93±5.41 0.6085/5	57.6±1.61 0.0514/6	55.87±4.09 0.0847/7	59.47±1.28 0.8650/2
Hoc	79.56±1.99(1×13) -/2	79.01±2.80(1×27) 0.9573/4	76.94±2.60 0.2134/6	78.25±2.17 0.0931/5	79.45±2.72 0.0000*/3	69.73±2.10 0.0026*/7	**79.78±2.1** 0.0511/1
Hov	91.52±2.08(16×1) **93.73±1.25**(1×16) -/1	83.32±4.53(16×1) 92.35±2.61(1×16) 0.2046/5.5	92.35±1.25 0.1172/5.5	92.81±1.29 0.2830/3.5	91.52±1.58 0.2346/3.5	92.81±2.72 0.0396/7	93.64±1.36 0.9137/2
Led	**73.90±1.69**(1×7) -/1	73.66±1.60(1×7) 0.7838/3	73.74±0.62 0.8444/2	66.18±1.89 0.0001*/6	71.87±2.69 0.0028*/5	65.20±2.75 0.0003*/7	72.11±1.21 0.0898/4
Lenses	**83.64±4.07**(1×4) -/1.5	80.00±7.61(1×4) 0.3972/3.5	78.18±8.13 0.6811/5	76.36±4.98 1.0000/6	80.00±13.48 0.0000*/3.5	74.55±4.07 0.7600/7	83.64±7.61 0.1114/1.5

数据集	LSDMatMHKS ACC±Std / -Rank	MatMHKS ACC±Std / p-value/Rank	MHKS ACC±Std / p-value/Rank	DRLSC ACC±Std / p-value/Rank	SVM(Linear) ACC±Std / p-value/Rank	SVM(Poly) ACC±Std / p-value/Rank	SVM(RBF) ACC±Std / p-value/Rank
Mam	**59.00±2.19**(2×3)	57.84±3.37(2×3)	56.92±2.35	55.88±3.10	53.08±0.99	55.63±1.58	57.71±3.10
	-/1	0.4270/2	0.1848/4	0.1026/5	0.0008*/7	0.0234*/6	0.4687/3
Mov	70.44±2.27(3×30)	66.67±2.75(3×30)	74.78±4.40	64.22±4.02	71.89±3.16	67.11±2.17	**81.33±2.50**
	-/4	0.0596/6	0.0001*/2	0.7768/7	0.0007*/3	0.0164*/5	0.0000*/1
New	96.08±1.80(1×5)	94.77±1.07(1×5)	94.58±1.22	89.53±8.37	96.82±1.42	95.51±0.42	**97.01±1.54**
	-/3	0.1991/5	0.1623/6	0.1259/7	0.4861/2	0.5160/4	0.4025/1
Pima	**65.20±0.30**(1×8)	65.10±0.00(8×1)	64.64±0.65	65.17±0.12	47.14±3.66	49.38±2.36	50.729±4.70
	-/1	0.4544/3	0.1101/4	0.7240/2	0.0000*/7	0.0000*/6	0.0001*/5
Tra	76.85±0.75(2×2); **78.13±1.54**(1×4)	75.67±2.70(2×2); 78.08±3.68(1×4)	77.11±0.67	76.79±0.29	58.13±1.85	68.02±5.029	76.10±1.25
	-/1; -/1	0.9573/2; 0.1527/4	0.2134/3	0.0931/4	0.0000*/7	0.0026*/6	0.0511/5
Ver	**86.20±2.22**(2×3)	85.16±3.32(2×3)	81.42±2.60	81.94±2.54	81.94±3.16	83.10±1.90	83.48±2.61
	-/1	0.0539/2	0.2483/7	0.1992/5.5	0.0004*/5.5	0.1123/4	0.1018/3
Wav	60.34±9.85(21×1); **87.04±0.41**(1×21)	55.15±6.00(21×1); 86.56±0.54(1×21)	85.36±0.78	85.14±0.61	87.02±0.52	83.71±0.83	87.04±0.59
	-/1.5; -/1.5	0.0028*/5	0.0028*/5	0.0004*/6	0.9374/3	0.0000*/7	0.9806/1.5
Zoo	**95.51±0.91**(1×16)	94.29±1.71(1×16)	93.47±2.66	91.02±3.71	95.10±2.04	91.84±2.04	95.10±3.10
	-/1	0.1950/4	0.1434/5	0.0302*/7	0.1411/2.5	0.0063*/6	0.7844/2.5
平均排名	1.5000	3.5556	4.2778	5.0833	5.0000	5.9167	2.4444

注：加粗字体标注的分类正确率是最好的正确率。标注为斜体和 * 的 p-value 值是小于 0.05 的值，斜体标注的 p-value 值是属于 [0.05.05) 的。

$$F_F = \frac{(N-1)\chi_F^2}{N(k-1)-\chi_F^2} \tag{2-20}$$

式中，$\chi_F^2 = \frac{12N}{k(k+1)}\left[\sum_j R_j^2 - \frac{k(k+1)^2}{4}\right]$，$R_j = \frac{1}{N}\sum_i r_i^j$。基于 0 假

设的 Friedman 检验表示算法之间没有很大不同。如果 F_F 的值大于在 $\alpha=0.05$ 下具有 $k-1$ 和 $(k-1)(N-1)$ 自由度的 F 分布的值，可以知道 0 假设是被拒绝的。这也就意味着算法之间有很大不同。计算 F_F 的值如下所示：

$$\sum_j R_j^2 = 1.5000^2 + 3.5556^2 + 4.2778^2 + 5.0833^2 + 5.0000^2 \\ + 5.9167^2 + 2.4444^2 = 125.0142 \tag{2-21}$$

$$\chi_F^2 = \frac{12 \times 18}{7 \times (7+1)} \times \left(125.0142 - \frac{7 \times (7+1)^2}{4}\right) = 50.1976 \tag{2-22}$$

$$F_F = \frac{17 \times 50.1976}{18 \times 6 - 50.1976} = 14.7634 \tag{2-23}$$

此外，在 $\alpha=0.05$ 下具有 $k-1$ 和 $(k-1)(N-1)$ 自由度的 F 分布的临界值为 $F(0.05,6,108)=2.1837<14.7634$，其拒绝 0 假设。Bonferroni-Dunn 检验用于 LSDMatMHKS 与使用到的其他算法进行比较。7 个算法的临界值 $q_{0.05}$ 为 2.638，因此关键性的差异（Critical Difference, CD）值如下所示：

$$CD = q_p\sqrt{\frac{k(k+1)}{6N}} = 2.638\sqrt{\frac{7 \times (7+1)}{6 \times 18}} = 1.8996 \tag{2-24}$$

最后，可以发现 3.5556−1.50000=2.0556>1.8996。但是对于算法 SVM（RBF），虽然 2.4444−1.5000=0.9444<1.8996，但是这并不意味着 LSDMatMHKS 对于 MatMHKS 没有性能上的提高。这好似一个正常现象，因为算法 SVM（RBF）的结构与 LSDMatMHKS 不同。MatMHKS 的平均排序值是小于 MHKS、DRLSC、SVM（Linear）、SVM（Poly）的。可以得到的结论是 LSDMatMHKS 没有明显的不足。

（3）收敛性分析

因为分析 LSDMatMHKS 的收敛性设计是比较困难的，所以使用一个经验方法来说明 LSDMatMHKS 的收敛性。在本次实验中，将初始化参数 u 和 b 设置为 $[u_{1 \times d_1}, 1]^T$ 和 $b \mathbf{1}_{N \times 1}$，其中 u=0.5 和 b=10^{-6}。为了观察在不同初始化参数下，LSDMatMHKS 在不同数据集上的收敛性，随机选择 10 个初始化参数组合，且 u 和 b 的值均属于 $[0,1]$。为了简便地展示 LSDMatMHKS 的收敛性，本次实验共选择 5 个数据集，它们是 Hab、Hov、Wav、Led 和 Lenses。为了确保实验的公平性和可比较性，选择一种正则化参数 k、c 和 η 的组合。考虑到不同的正则化参数组合会有不同的分类正确率，为了保证这 5 个数据集在所选择的正则化参数组合上的分类正确率较高，选择的正则化参数组合为 k=1、c=1 和 η=0.8。与此同时，这 5 个数据集使用相同的初始化参数 u 和 b。在图 2-4 中，每个数据集中每一条线都代表着初始化参数组合，且展示出了 80 步的迭代结果。由图 2-4 可知，不同的初始化参数组合有着不同的收敛结果，每一条曲线在有限的迭代次数内都可以快速地下降且达到一个稳定的值。这就说明 LSDMatMHKS 可以在有限的步骤内得到收敛。

（4）正则化参数 k 和 η 对分类正确率的影响

对于正则化项 $\boldsymbol{R}_{\mathrm{LSD}}$，有两个参数可以控制它。一个是最近邻参数 k，目的是控制最近邻的模式数，其值来自集合 $\{1,3,5,7,9\}$；另一个是参数 η，其作用是协调类内图和类间图之间的关系，其值属于集合 $\{0,0.2,0.4,0.6,0.8,1\}$。为了容易地观察正则化参数 k 和 η 对分类正确率的影响，通过固定参数 k 来观察分类正确率随着参数 η 值的变化。从图 2-5 中可以发现，在大部分的数据集上，分类正确率随着参数 k 值的增加而降低。对于参数 η，其值在任何时候都比较重要，因为当 η 取不同的值时，类内图和类间图的关系是不同的，例如在数据集 Mam、Led、New 和 Win 上。

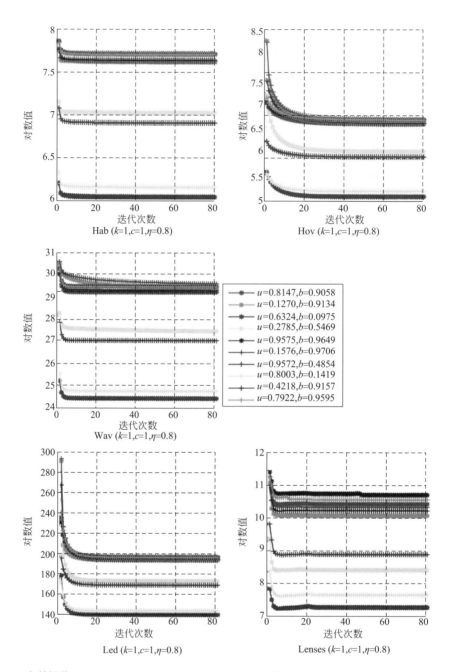

图 2-4　在数据集 Hab、Hov、Wav、Led 和 Lenses 上的以 2 为底的对数值随迭代次数的变化

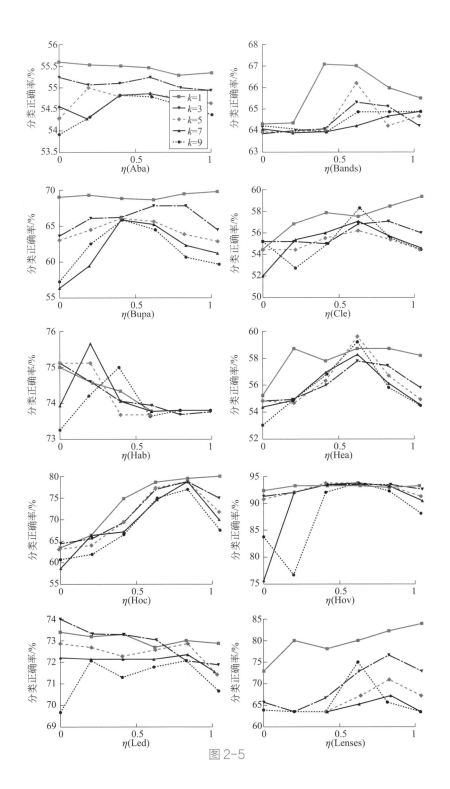

图 2-5

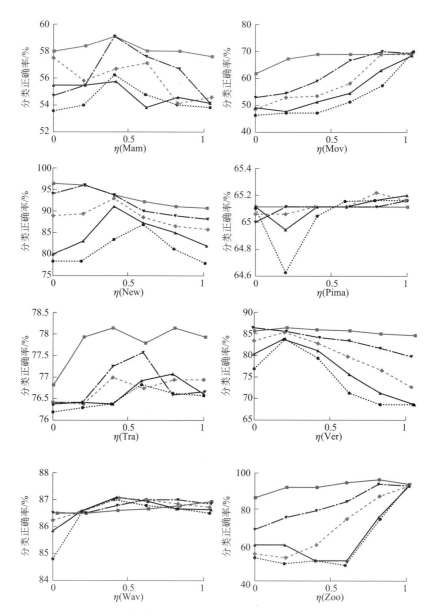

图 2-5　当固定 k 时分类正确率在基础向量数据集上随着 η 值的变化情况

　机器学习关键技术及应用

2.3

矩阵多类学习机

2.3.1 McMatMHKS 模型

MatMHKS 的提出是希望能够克服面向向量模式学习机的缺点。式 (2-25) 给出了 MatMHKS 的判别函数 $g(A)$ 的具体形式。

$$g(A_i) = u^T A_i \tilde{v} + v_0 \begin{cases} > 0, A_i \in \text{Class} + 1 \\ < 0, A_i \in \text{Class} - 1 \end{cases} \quad (2\text{-}25)$$

式中，u 和 $\tilde{v}$ 为两个权重向量；v_0 为偏移率；A_i 为输入的矩阵形式，Class 为类别。

与面向向量型的分类器相比，MatMHKS 的一个特点就是用矩阵 A 代替了式 (2-25) 中的向量 x。举例说明，MatMHKS 可以直接操作一个图形数据而不用再把图形转换为向量，这样也就避免了结构化信息的丢失。基于式 (2-25)，在二分类情况时，当 $g(A_i)>0$ 时，样本 A_i 属于第一类，否则属于第二类。但是，MatMHKS 主要考虑二分类情况，而且为了实现简便，它使用 OVO 来解决多类分类问题。

下面，我们给出直接多类分类 McMatMHKS 的详细描述。首先，给出要用到的一些符号和术语的解释。带有类标号的样本集 $\{(A_i, y_i)_{i=1}^N\}$，其中 A_i 表示一个矩阵而且 $A_i \in \mathbb{R}^{d_1 \times d_2}$；$N$ 是样本的总数目；对应的样本类标号 $y_i \in \mathbb{R}^{c \times 1}$，$c$ 表示类别数目。与分解法中类别标签的表示方法不同，当 A_i 属于第 m 类时，对应的类标号 y_i 的表示方法为 $[0, \cdots, 0, 1, 0, \cdots, 0]^T$，即一个第 m 行为 1、其余行为 0 的列向量。

与 MatMHKS 的判别函数一致，McMatMHKS 的判别函数如下：

$$g(A_i) = \tilde{U}^T \tilde{X}_i \quad (2\text{-}26)$$

式中，$\tilde{U} = [\omega^T, \omega_0]^T$，增广矩阵 $\tilde{X}_i = [\xi^T A_i^T, 1]^T$。其中具体的项分别为 $\omega \in \mathbb{R}^{d_1 \times c}$，$\xi \in \mathbb{R}^{d_2 \times 1}$ 和阈值 $\omega_0 \in \mathbb{R}^{c \times 1}$。从变量的设置上可以看到，式 (2-26) 与 MatMHKS 理论上形式相同，即 $\tilde{U}^T \tilde{X}_i = \omega^T A_i \xi + \omega_0$。在式 (2-26) 中，假设 $d_2=1$，$\xi=1$，则一个矩阵 A_i 变为一个向量，即有 $g(x_i) = \tilde{U}^T \tilde{X}$，

其中 $\boldsymbol{X}_i = [\boldsymbol{x}_i, 1]^{\mathrm{T}}$，$\boldsymbol{x}_i \in \mathbb{R}^{d_1 \times 1}$，$\boldsymbol{\omega} \in \mathbb{R}^{d_1 \times c}$ 和 $\boldsymbol{\omega}_0 \in \mathbb{R}^{c \times 1}$。因此，$g(\boldsymbol{\Lambda}_i)$ 和 $g(x_i)$ 都是含有类别信息的列向量，存在 $g(\boldsymbol{\Lambda}_i) = g(x_i)$，McMatMHKS 就转换为基于向量的多类分类模型。所以，McMatMHKS 是基于向量的多类分类模型的扩展。

在预测过程中，我们试图寻找输出结果和所有类别标号构成的向量之间的最小二范数来做出最终决策。为了找到式 (2-26) 的最优权重向量，优化函数可以表示为：

$$\min \boldsymbol{J} = \boldsymbol{R}_{\mathrm{emp}} + \boldsymbol{R}_{\mathrm{reg}} \tag{2-27}$$

式中，$\boldsymbol{J}$ 为由经验风险和正则化风险总和构成的分类风险。优化函数的目标是寻找最小分类风险。式 (2-27) 中具体的项分别为：

$$\boldsymbol{R}_{\mathrm{emp}} = \frac{1}{2} Tr[(\boldsymbol{Y} - \tilde{\boldsymbol{U}}^{\mathrm{T}} \bar{\boldsymbol{X}})^{\mathrm{T}} (\boldsymbol{Y} - \tilde{\boldsymbol{U}}^{\mathrm{T}} \bar{\boldsymbol{X}})] \tag{2-28}$$

$$\boldsymbol{R}_{\mathrm{reg}} = \frac{r}{2} Tr[\tilde{\boldsymbol{U}}^{\mathrm{T}} \boldsymbol{S}_1 \tilde{\boldsymbol{U}} + \boldsymbol{\xi}^{\mathrm{T}} \boldsymbol{S}_2 \boldsymbol{\xi}] \tag{2-29}$$

式中，$\boldsymbol{S}_1 = (d_1 + 1) \boldsymbol{I}_{d_1 \times d_1}$，$\boldsymbol{S}_2 = d_2 \boldsymbol{I}_{d_2 \times d_2}$；$\boldsymbol{Y} = [y_1, y_2, \cdots, y_N] \in R^{c \times N}$；$\bar{\boldsymbol{X}} = [\tilde{\boldsymbol{X}}_1, \tilde{\boldsymbol{X}}_2, \cdots, \tilde{\boldsymbol{X}}_N]$；$r$ 为正则化系数且是可以预设的参数。将式 (2-28) 和 (2-29) 代入式 (2-27) 中，可以重写为以下形式：

$$\boldsymbol{J} = \frac{1}{2} Tr[(\boldsymbol{Y} - \tilde{\boldsymbol{U}}^{\mathrm{T}} \bar{\boldsymbol{X}})^{\mathrm{T}} (\boldsymbol{Y} - \tilde{\boldsymbol{U}}^{\mathrm{T}} \bar{\boldsymbol{X}})] + \frac{r}{2} Tr[\tilde{\boldsymbol{U}}^{\mathrm{T}} \boldsymbol{S}_1 \tilde{\boldsymbol{U}} + \boldsymbol{\xi}^{\mathrm{T}} \boldsymbol{S}_2 \boldsymbol{\xi}] \tag{2-30}$$

因为很难获得式 (2-28) 中权重的解析解，所以使用梯度下降法来得到最优解。计算式 (2-29) 对于 $\tilde{\boldsymbol{U}}$ 和 $\boldsymbol{\xi}$ 的偏导，可得：

$$\frac{\partial \boldsymbol{J}}{\partial \tilde{\boldsymbol{U}}} = (r \boldsymbol{S}_1 + \bar{\boldsymbol{X}} \bar{\boldsymbol{X}}^{\mathrm{T}}) \tilde{\boldsymbol{U}} - \bar{\boldsymbol{X}} \boldsymbol{Y}^{\mathrm{T}} \tag{2-31}$$

$$\frac{\partial \boldsymbol{J}}{\partial \boldsymbol{\xi}} = \sum_{i=1}^{N} (-\boldsymbol{A}_i^{\mathrm{T}} \boldsymbol{\omega} y_i + \boldsymbol{A}_i^{\mathrm{T}} \boldsymbol{\omega} \boldsymbol{\omega}_0) + \sum_{i=1}^{N} \boldsymbol{A}_i^{\mathrm{T}} \boldsymbol{\omega} \boldsymbol{\omega}^{\mathrm{T}} \boldsymbol{A}_i \boldsymbol{\xi} + r \boldsymbol{S}_2 \boldsymbol{\xi} \tag{2-32}$$

通过设置 $\nabla \boldsymbol{J}_{\tilde{U}}$ 和 $\nabla \boldsymbol{J}_{\xi}$ 等于 0，在理论上可以得到近似的最优解。从以上公式中可以看出，向量 $\tilde{\boldsymbol{U}}$ 和 $\boldsymbol{\xi}$ 在求解的过程中是互相影响的，可以通过互相迭代求解。表 2-8 总结了 McMatMHKS 求解的完整过程。经过训练，我们得到判别函数中的权重向量 $\tilde{\boldsymbol{U}}$ 和 $\boldsymbol{\xi}$，假设一个训练数据为 $(\boldsymbol{A}_i, \boldsymbol{y}_i)$，在预测阶段我们要找到一个类标号 $\boldsymbol{y}_i$ 可以满足以下公式：

$$A_i \in Class\ j, \quad 当\ \hat{y}_j = \arg\min_{j=1,2,\cdots,c} \left\| \boldsymbol{y}_j - \boldsymbol{g}(\boldsymbol{A}_i) \right\|_2 \tag{2-33}$$

则给出最终决策 A_i 属于第 j 类。

表2-8　直接矩阵多类分类学习机McMatMHKS算法流程

输入：带有类标号的数据 $\{x_i, \phi_i\}_{i=1}^N$；预先设置的正则化系数 r。
输出：两个权重向量 $\tilde{\boldsymbol{U}}$ 和 $\boldsymbol{\xi}$。

1. 将 x_i 重构成不同维度的矩阵 $\boldsymbol{A}_i$，并产生相应的类标号向量 $\boldsymbol{y}_i$；初始化 $\boldsymbol{\xi}_1$，偏移量 v_0；变换矩阵 $\boldsymbol{A}_i$ 到 $\tilde{\boldsymbol{X}}_i$，计算 $\bar{\boldsymbol{X}}$，$\tilde{\boldsymbol{X}}_i = [\boldsymbol{\xi}_1^T \boldsymbol{A}_i^T, 1]^T$，$\bar{\boldsymbol{X}} = [\tilde{\boldsymbol{X}}_1, \tilde{\boldsymbol{X}}_2, \cdots, \tilde{\boldsymbol{X}}_N]$，$\boldsymbol{Y} = [\boldsymbol{y}_1, \boldsymbol{y}_2, \cdots, \boldsymbol{y}_N]$；设置迭代步长 η，迭代终止条件 ε；令 $t=1$。
2. （1）分别通过式 (2-31)、式 (2-32) 计算 $\tilde{\boldsymbol{U}}_t$ 和 $\boldsymbol{\xi}_{t+1}$；
（2）如果 $|\boldsymbol{\xi}_{t+1} - \boldsymbol{\xi}_t| < \varepsilon$，终止去第 3 步，否则继续；
（3）更新 $\boldsymbol{\xi}_{t+1} = \boldsymbol{\xi}_t$，$t=t+1$，回到第 1 步。
3. 通过式 (2-31) 更新 $\tilde{\boldsymbol{U}}_{t+1}$；返回最终结果 $\tilde{\boldsymbol{U}}_{t+1}$ 和 $\boldsymbol{\xi}_{t+1}$。

　　值得注意的是，在多类问题的求解过程中，直接法与 OVA 有着本质不同。OVA 需要训练 k 个彼此相互独立的分类器，也就是每个模型的创建和优化都是互不影响的。OVA 的预测过程则是根据投票结果最大或者其他衡量标准选择一个标量，即使其中有一些子分类器表现不佳，依然有可能通过结果组合得到较好的分类性能。而直接法（比如 McMatMHKS）只创建了一个分类模型，这个模型中的元素（比如权重等）都是同步优化的，所以权重向量是互相影响的。在训练之后，所有的权重向量达到一种平衡或者满足某种需要。目前还没有理论证明分解法和直接法哪个更为有效，但是如果测试时间很重要，那么直接法是一个明智的选择。

2.3.2 实验

2.3.2.1 实验设置

　　首先，本部分给出算法实现过程中参数的具体设置。预设的正则化系数 r 选自集合 $\{10^{-3}, 10^{-2}, 10^{-1}, 1, 10, 100\}$。迭代过程的学习率 $\eta=10^{-4}$ 和终止条件阈值 $\varepsilon=10^{-4}$ 在所有实验中保持一致。在 MatMHKS（OVO）和 MatMHKS（OVA）中，相应的参数比（如正则化系数）采用与所介绍方法相同的设置，以保证比较的公平性。在图像数据集上的实验设定训练比率 α 的变化范围在集合 $\{0.1, 0.3, 0.5, 0.7\}$ 之内。

在参数选择和确保统计正确性的同时，采取十轮蒙特卡洛交叉验证（MCCV）的方式。MCCV 与传统的交叉验证方式不同，对于每一次循环，它从整个数据集中没有放回地抽样构成训练集，剩余的数据构成测试集来保证所有的训练集和测试集都是变化的，且在每个划分中顺序不重复。MCCV 能够十分有效地避免过大的训练规模并降低过拟合的风险。由于 MCCV 是一个简易且灵活的实用工具，我们采取 MCCV 来证明所介绍算法的稳定性和可靠性。实验都是用 MATLAB 实现的，实验环境为 AMD Turion Core2 2.10GHz 处理器，4G RAM DDR2 运行内存，Windows 7 操作系统。

2.3.2.2　基于 UCI 数据集的实验

这一部分用到的数据集都来自加州大学欧文分校机器学习数据集（UCI Machine Learning Repository）。UCI 数据集是加州大学欧文分校设计并建立的用于机器学习、模式识别的数据库。数据库中的数据集数目一直在不断增加，也是一个常用的标准测试数据集。UCI 数据集采集生物医学方面的样本信息，经过规范化处理构成一个基准测试数据集。以 iris 鸢尾花数据集为例，其收集了鸢尾花多种属性信息，有花萼长度、花瓣长度、花萼宽度、花瓣宽度 4 个属性，150 个样本中有 Iris Setosa、Iris Versicolour 和 Iris Virginica 3 种类别，其中每个类与其他两类都不线性相关。由于 Iris 数据集体积小，在它运行算法时，计算时间短并且能够得到较好的结果，所以在模式识别中备受欢迎。Seeds 数据集存放了不同品种小麦种子的区域、周长、压实度、籽粒长度、籽粒宽度、不对称系数、籽粒腹沟长度以及类别数据。该数据集总共 210 条记录、7 个特征、一个标签，标签分为 3 类，可以用于分类和聚类分析。

表 2-9 列举了所选 UCI 数据集的具体信息，包括类别数、属性数和数据集的规模。因为 UCI 的样本都是向量模式，我们首先将样本重构成矩阵模式来适应所介绍的算法。

例如，Water 的一个样本包含 38 个属性，可以重构成 1×38、2×19、19×2 和 38×1 四种矩阵表示形式。所有的表示形式在实验中都会被训练，然后记录获得最后分类正确率的形式。为了验证方法的有效性，我

表2-9 UCI数据集的具体信息

数据集	类别数	属性数	样本数	数据集	类别数	属性数	样本数
Arrhythmia	13	279	452	Wine	3	12	178
Breast-cancer-wisconsin	2	10	699	Page-blocks	5	10	5473
Balance-scale	3	4	625	Seeds	3	7	210
Banana	2	2	400	Transfusion	2	4	748
Cmc	3	9	1473	VertebralColumn	2	6	310
Horse-colic	2	27	366	Ecoli	8	7	336
Housing	2	13	506	Dermatology	6	34	366
Sonar	2	60	208	Hayes	3	5	132
Water	2	38	116	Heart-c	5	13	303
Waveform	3	21	5000	Movement	15	90	360

们进行了 McMatMHKS、MatMHKS(OVO)、MatMHKS(OVA)、W&W 和 C&S 在分类正确率和学习时间方面的实验。

首先，表 2-10 呈现出了对比算法在 UCI 数据集上的训练时间，所需时间最少的数据加粗。从表 2-10 中可以发现，McMatMHKS 在大多数数据集上消耗的训练时间少于其他算法，尤其是在类别数目较大的数据集上，如 Arrhythmia 和 Ecoli。至于 McMatMHKS 可以在训练时间方面达到如此好的效果的原因可以很直观地分析出来。假设类别数为 C，McMatMHKS 只需要训练优化一个分类模型来得到最终结果，而分解法 OVO 则需要将所有类别划分成对并分别训练，需要使用组合策略来组合 $C(C-1)/2$ 个分类器的结果，OVA 则训练 C 个分类器，这个过程耗费的时间显然多于直接法。还有，不同算法之间在训练时间上的差距在类别数较大的数据集上尤其明显。

为了进一步展示 McMatMHKS 的分类效率，表 2-11 给出了几个对比算法在 UCI 数据集上的分类时间。表 2-11 中，每个数据集上最小的分类时间加粗。从表 2-11 中可以发现，McMatMHKS 在列出的所有数据集上花费的分类时间都是最少，McMatMHKS、MatMHKS(OVO) 和 MatMHKS(OVA) 的平均分类时间分别为 0.0026、0.0409 和 0.2481，数

表2-10 McMatMHKS、MatMHKS(OVO)和MatMHKS(OVA)
在UCI数据集上的训练时间   s

UCI 数据集	McMatMHKS	MatMHKS(OVO)	MatMHKS(OVA)
Arrhythmia	**103.4292**	1307.4865	235.8174
Breast-cancer-wisconsin	**0.8706**	59.1205	13.1418
Balance-scale	3.2337	19.3312	**0.0186**
Banana	0.3888	**0.1618**	0.3670
Cmc	15.2325	11.1849	**0.5373**
Horse-colic	**0.3448**	5.2517	1.3448
Housing	0.0966	**0.0072**	6.6988
Sonar	10.3759	12.7350	**3.6942**
Water	**2.4566**	19.8704	4.2304
Waveform	140.2223	419.2186	**78.5343**
Wine	**1.6370**	15.1393	4.9737
Page-blocks	**88.7994**	837.8858	318.2315
Seeds	**1.1301**	54.7681	7.6482
Transfusion	**0.4487**	0.5305	1.3940
VertebralColumn	**1.5646**	9.2445	4.8022
Ecoli	**2.8529**	102.8508	14.3392
Dermatology	**2.6715**	231.5133	38.0982
Hayes	**0.3220**	1.3429	0.5103
Heart-c	**4.4698**	63.7374	5.7185
Movement	**10.3325**	86.0899	53.4465
平均值	**19.5440**	162.8732	39.6773

表2-11 McMatMHKS、MatMHKS(OVO)和MatMHKS(OVA)
在UCI数据集上的分类时间   s

UCI 数据集	McMatMHKS	MatMHKS(OVA)	MatMHKS(OVO)
Arrhythmia	**0.0021**	0.0791	1.0541
Breast-cancer-wisconsin	**0.0009**	0.0189	0.0271
Balance-scale	**0.0011**	0.0239	0.0314
Banana	**0.0005**	0.0108	0.0156

続表

UCI 数据集	McMatMHKS	MatMHKS(OVA)	MatMHKS(OVO)
Cmc	**0.0029**	0.0560	0.1751
Horse-colic	**0.0006**	0.0102	0.0137
Housing	**0.0008**	0.0141	0.0141
Sonar	**0.0004**	0.0022	0.0052
Water	**0.0002**	0.0032	0.0042
Waveform	**0.0149**	0.2842	0.6081
Wine	**0.0005**	0.0024	0.0043
Page-blocks	**0.0191**	0.1559	1.7064
Seeds	**0.0006**	0.0082	0.0180
Transfusion	**0.0013**	0.0198	0.0275
VertebralColumn	**0.0005**	0.0084	0.0114
Ecoli	**0.0009**	0.0338	0.3239
Dermatology	**0.0009**	0.0308	0.1480
Hayes	**0.0004**	0.0079	0.0127
Heart-c	**0.0007**	0.0200	0.0860
Movement	**0.0017**	0.0280	0.6757
平均值	**0.0026**	0.0409	0.2481

据之间的差异较为明显，其中 McMatMHKS 表现最优。由此可见，如果在实际应用中分类时间是非常关键的指标，则 McMatMHKS 是一个选择。

表 2-12 给出了不同分类器在 UCI 基准数据集上的分类正确率，这些分类器包括 McMatMHKS、MatMHKS(OVO)、MatMHKS(OVA)、W&W 和 C&S，其中 W&W 和 C&S 代码来自 MSVMpack（一个多类 SVM 的程序包）。同时，这两个多类 SVM 使用高斯径向基核函数（Gaussian Radial Basis Function, RBF）$k(x,z) = \exp\left[-\|x-z\|^2 / (2\sigma^2)\right]$。表中不同算法在每个数据集上得到的最大正确率加粗。表中 Win/Tie/Loss 是一个统计学数据，它可以直观地展示每个算法的分类效率。Win/Tie/Loss 可以通过计算一个算法在所有数据集上的优胜次数来比较所有算法的实验性能，直观地表示一个算法的总体效率。表中括号里面的内容为在面向矩阵模式的分

表2-12　McMatMHKS、MatMHKS(OVO)、MatMHKS(OVA)、W&W和C&S在UCI数据集上的分类正确率

UCI数据集	McMatMHKS	MatMHKS(OVO)	MatMHKS(OVA)	W&W	C&S
Arrhythmia	68.96±1.41(279×1)	68.29±2.80(1×279)	**69.28±2.00(1×279)**	54.20±0.00	60.18±0.51
Breast-cancer-wisconsin	94.44±1.41(5×2)	**96.45±0.47(1×10)**	96.33±0.00(1×10)	66.67±0.55	64.95±0.54
Balance-scale	87.92±1.41(4×1)	88.21±1.342×2)	88.01±1.41(1×4)	**94.72±1.11**	92.16±0.00
Banana	82.40±1.41(1×2)	82.40±1.22(1×2)	82.40±1.00(1×2)	**98.75±0.33**	**98.75±0.00**
Cmc	51.36±1.00(9×1)	51.51±1.03(1×9)	51.33±1.00(1×9)	55.19±1.09	**56.14±0.43**
Horse-colic	77.81±2.45(27×1)	78.20±2.07(1×27)	78.03±2.45(1×27)	62.84±0.79	67.49±1.37
Housing	**93.25±0.00(13×1)**	93.25±0.95(13×1)	93.25±0.00(1×13)	92.69±0.58	91.90±0.20
Sonar	72.72±3.46(60×1)	74.76±3.67(4×15)	**75.92±2.45(4×15)**	67.79±4.35	71.75±2.37
Water	96.14±2.24(19×2)	96.67±1.54(1×38)	**96.67±1.41(1×38)**	56.03±0.00	68.10±0.50
Waveform	85.59±0.00(21×1)	**87.05±0.44(1×21)**	86.60±0.00(1×21)	86.30±0.41	86.46±0.13
Wine	**96.82±1.41(12×1)**	93.86±1.63(1×12)	95.45±2.24(3×4)	94.94±2.71	91.57±0.65
Seeds	**95.71±1.00(7×1)**	94.19±2.13(1×7)	95.33±1.73(1×7)	90.95±1.04	91.90±0.27
Transfusion	**77.09±1.00(4×1)**	77.03±1.12(1×4)	77.06±1.00(1×4)	72.06±0.60	73.53±0.41
VertebralColumn	84.06±2.00(6×1)	**86.00±1.72(1×6)**	86.00±1.73(1×6)	78.06±0.48	83.87±1.12
Ecoli	84.46±1.41(7×1)	**87.17±1.48(1×7)**	87.11±1.00(1×7)	77.98±2.17	80.36±0.51
Page-blocks	92.75±0.00(10×1)	**95.93±0.37(1×10)**	93.19±0.00(10×1)	92.45±0.01	95.54±0.04
Dermatology	96.70±2.00(34×1)	96.81±0.57(1×34)	**97.47±0.00(1×34)**	96.17±0.38	95.63±0.37
Hayes	56.46±3.32(5×1)	**60.92±5.77(1×5)**	56.15±3.87(1×5)	46.97±2.14	46.21±3.06
Heart-c	59.20±2.00(13×1)	59.47±2.13(1×13)	**59.73±3.16(1×13)**	46.86±0.92	37.29±2.48
Movement	61.11±3.00(90×1)	**74.44±2.75(3×30)**	63.44±3.00(3×30)	57.78±0.98	53.89±1.63
Win/Tie/Loss	—	4/2/14	5/2/13	16/0/4	15/0/5

注：每个数据集最优的分类结果以粗体表示。

类器家族中某一数据集的最优表示形式。

从表 2-12 中可以看到，McMatMHKS、MatMHKS(OVO) 和 MatMHKS (OVA) 在大多数数据集上有相当不错的分类正确率，而且 McMatMHKS、MatMHKS(OVO) 和 MatMHKS(OVA) 的表现优于 W&W 和 C&S。更详细地，McMatMHKS 在 Housing、Wine、Seeds 和 Transfusion 上达到了最高的分类正确率，而 MatMHKS(OVO) 在 Breast-cancer-wisconsin、Horse-colic、Waveform、VertebralColumn、Ecoli、Page-blocks、Hayes 和 Movement 上表现最优，MatMHKS(OVA) 在 Arrhythmia、Sonar、Water、Dermatology、Heart-c 上表现最优，剩余数据集上 W&W 和 C&S 平分秋色。综上，尽管 McMatMHKS 在某些数据集上表现得不如 OVO，其仍保持算法 MatMHKS 的优势，而且二者的实验数据差距并不大，几乎都小于一个百分点。同时，与两个多类 SVM 算法 W&W 和 C&S 相比，McMatMHKS 作为一个线性分类器却表现得比两个非线性分类器更好。值得注意的是，McMatMHKS、MatMHKS(OVO) 和 MatMHKS(OVA) 在得到最大正确率时对应的矩阵表示形式也不尽相同。假设 n 为原始向量模式数据的维度，McMatMHKS 的最优矩阵模式为 $n \times 1$，后两者为 $1 \times n$。导致这种现象最可能的原因是 McMatMHKS 的数据表示形式 $X_i \in \mathbb{R}^{n \times 1}$，这也使得对应的最优结果也接近 $n \times 1$。

AUC 是一个可以准确评估学习算法的指标。本节采用与文献 [26] 一致的、对于多类问题的简易推广 AUC 计算方法来评估对比算法的性能。表 2-13 展示了 McMatMHKS、MatMHKS(OVO) 和 MatMHKS(OVA) 在 UCI 数据集上的 AUC 值。从表中我们可以看到，MatMHKS(OVO) 的 AUC 值略高且表现最好的数据集数目比另外两个算法稍多，而 McMatMHKS 在 Wine、Seeds 和 Transfusion 上表现最好，McMatMHKS、MatMHKS(OVO) 和 MatMHKS(OVA) 在每个数据集上的 AUC 值比较接近。虽然 McMatMHKS 表现最好的数据集数目少于 MatMHKS(OVO)，但值得注意的是，多数数据差异并不大，如在 Horse-colic 上 McMatMHKS 的 AUC 值为 76.82，而 MatMHKS(OVO) 为 77.05。因此，从 AUC 指标上看，三个算法也有着相当的分类性能，且这个结果与分类正确率的实验结果一致。

表2-13　McMatMHKS、MatMHKS(OVO)、MatMHKS(OVA)、W&W和C&S在UCI
数据集上AUC值的比较

UCI 数据集	McMatMHKS	MatMHKS(OVA)	MatMHKS(OVO)
Arrhythmia	59.60±2.48	60.44±3.73	**63.51±3.92**
Breast-cancer-wisconsin	94.13±1.22	95.80±0.73	**95.92±0.51**
Balance-scale	72.19±3.60	73.95±5.06	**78.23±7.11**
Banana	**82.40±1.52**	82.40±1.22	82.40±1.22
Cmc	60.22±1.00	60.29±1.02	**61.02±1.00**
Horse-colic	76.82±2.08	76.91±1.99	**77.05±1.73**
Housing	**50.00±0.00**	50.00±0.00	50.00±0.00
Sonar	72.72±3.91	**75.81±2.45**	74.67±3.41
Water	95.82±1.14	**96.64±1.83**	95.55±1.68
Waveform	88.95±0.49	**89.70±0.40**	89.59±0.43
Wine	**98.10±1.11**	97.09±1.57	96.07±1.16
Page-blocks	58.14±1.93	61.64±2.47	**72.61±2.79**
Seeds	**96.27±0.93**	95.85±1.61	94.64±1.90
Transfusion	**53.98±1.34**	53.86±1.26	53.84±1.29
VertebralColumn	80.69±2.39	**84.48±1.66**	84.48±1.66
Ecoli	76.33±3.82	81.54±5.21	**82.22±4.54**
Dermatology	97.54±0.56	**97.86±0.61**	97.50±0.46
Hayes	69.56±2.66	70.35±2.99	**74.11±4.83**
Heart-c	62.72±2.02	64.08±3.61	**64.36±2.34**
Movement	81.68±2.27	83.36±1.60	**88.81±1.60**
Win/Tie/Loss	—	3/2/15	5/2/13

2.3.2.3　基于图像数据集的实验

在这一部分，我们共选择了 4 个经典的图像数据集，它们分别是
Yale-Face、Orl-Faces、Letter 与 Coil-20。首先，给出关于这 4 个数据集
具体信息的描述。Yale-Face 包含有 15 个人的共计 165 张灰度图，每个
主题有 11 张图，包含了不同的面部表情和外形。每个原始的 Yale 样本
都是一个 1024×1 的向量。为了使样本更好地适用于面向矩阵模式的分
类器，首先将向量转换为 $d_1 \times d_2$ 的形式，其中，d_1 与 d_2 分别是 1024 的

因子。Orl-Faces 包含 40 个不同的人，每人 10 张图像，被拍摄者的照片拍摄于不同的时间，变化了光照和表情，所有照片均拍摄于黑色背景、被拍者的前方。Letter 包含 0 ～ 9 十个阿拉伯数字，每个都有规模为 24×18 的 50 张不同的图像。哥伦比亚物体图片数据库（Columbia Object Image Library，Coil-20）是关于 20 个物体在黑色背景放置于旋转台，被固定相机 360°拍摄的灰度图，每 5°拍摄一张，则每个物体有共计 72 张图片。这个数据库包括两个子集，第一个包含了 10 个物体未被处理过的 720 张图，第二个包括 20 个物体正规化后的 1440 张图。从以上每个数据集中选出 10 张图呈现在图 2-6 中。

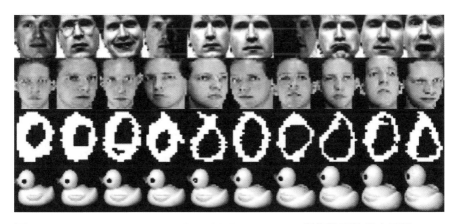

图 2-6　Yale-Face、Letter、Coil-20 和 Orl-Faces 数据集图像样本示例

为了更好地证明 McMatMHKS 的可用性以及较优的性能，在图像数据集上与 MatMHKS(OVO) 和 MatMHKS(OVA) 进行了不同参数下关于分类正确率和训练时间的对比实验。首先，图 2-7 描绘出了 McMatMHKS、MatMHKS(OVO) 和 MatMHKS(OVA) 在 Yale-Face、Orl-Faces、Letter 与 Coil-20 上的训练时间对比。其中 α 表示所选数据集的训练比例，即训练集的规模与数据集整体规模之比，α 被设定为 4 个值，分别为 $\{0.1, 0.3, 0.5, 0.7\}$。为了维护关于训练时间的比较实验的公平性，4 个图像数据集的样本都统一为向量模式，同时使用相同的正则化系数。在图中需要注意的是，有些实验数据超出了数据范围，因此并没有完全展示出来，但是图中的数据已经很明显地达到了对比的目的，对最终结论没

有影响。图 2-7 中，McMatMHKS 与其他算法相比是花费时间最少的分类器，这种现象在有较大类别数目的数据集上尤为突出，这与在 UCI 上的对比实验呈现出的结果是一致的。但是图 2-7(d) 中 Coil-20 的训练时间在训练比例为 0.1 和 0.3 时没有遵守以上规律。导致这个现象的原因可能是 MatMHKS(OVO) 在训练子分类器时需要较少的训练样本和时间，尽管它生成多个子分类器，但是训练时间的总和是少于其他算法的。至于为什么 McMatMHKS 在训练时间上表现优异也不难理解。与 UCI 实验相同，OVO 训练 $N(N-1)/2$ 个子分类器，OVA 训练 N 个，而直接法只需一次性给出分类结果，当 N 特别大时，差异会更为显著。以采用的图像为例，Orl-Faces 共 40 类，比另外几个数据库的类别数大得多，则从训练时间的对比中可以明显地看出 McMatMHKS 占优势。但是，一个算

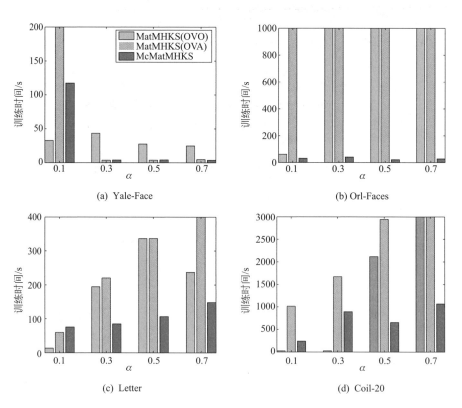

图 2-7　McMatMHKS、MatMHKS(OVO) 和 MatMHKS(OVA) 在 Yale-Face、Orl-Faces、Letter 和 Coil-20 数据集上训练时间的比较

法的训练时间是受多方面因素影响的，包括实验环境、代码效率和类别数目与样本数目之间的关系等，并不是所有具有大类别数目的数据集耗费的时间一定长，因为会出现 OVO 的每个子分类器训练时间较短而使得即使类别数很大，整体训练时间也缩短的情况。

图 2-8 描绘出了 McMatMHKS、MatMHKS(OVO) 和 MatMHKS(OVA) 在 4 个图像数据集变换训练规模下分类正确率的对比。实验过程中改变了数据形式和正则化系数来寻找最优分类正确率。从图 2-8 中我们可以看出以下几点。第一点，随着 α 的增大，分类正确率增加，因为越多的训练样本可以使分类器得到更多训练，也更适合整个数据集，但是当 α 超过 0.5 以后，正确率反而有所下降，这是因为过多的训练样本使得分类器过拟合，权重确定了一个过于复杂的决策面使得分类器推广性能下

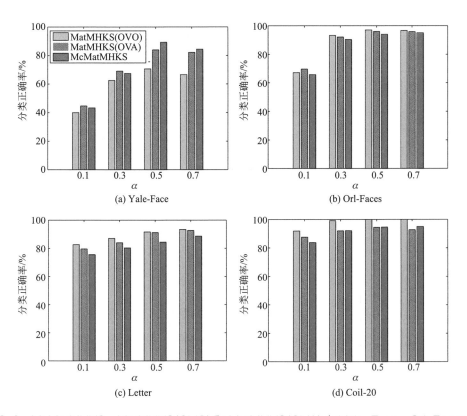

图 2-8　McMatMHKS、MatMHKS(OVO) 和 MatMHKS(OVA) 在 Yale-Face、Orl-Faces、Letter 和 Coil-20 数据集上分类正确率的比较

降，在测试样例上表现不佳。因此，通常学者们都固定训练比例为 0.5 来达到较好的实验效果。第二点，MatMHKS(OVA) 和 McMatMHKS 在 Yale-Face 上都好于 MatMHKS(OVO)。McMatMHKS 在其他数据集上表现良好，尽管它并不如 MatMHKS(OVO)。另外具体的图像结构也会对实验算法的效率产生影响。综上，实验表明 McMatMHKS 与 MatMHKS(OVO)、MatMHKS(OVA) 在图像数据集上有相当不错的分类正确率，实验也证明 McMatMHKS 是一个稳定且实用的分类器。

2.3.3　分析讨论

2.3.3.1　收敛性分析

因为难以从理论角度分析其收敛性，我们采用实验的方法即观察目标函数值随着迭代次数的变化来确定其是否收敛。该部分选用了来自 UCI 的 6 个数据集：Balance-scale、Banana、Sonar、Seeds、Ecoli 和 Hayes。为了方便分析和理解，图 2-9 使用了 McMatMHKS 目标函数值的自然对数。从图 2-9 中可以看出，分类风险的值即目标函数值迅速下降并在少于 10 次的迭代内收敛于一个稳定值。这表明 McMatMHKS 的分类风险已达到最小并在有限次内达到平衡水平。实验证明 McMatMHKS

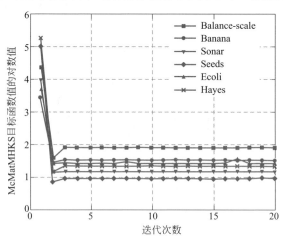

图 2-9　McMatMHKS 在 Balance-scale、Banana、Sonar、Seeds、Ecoli 和 Hayes 上随着迭代次数变化目标函数值的变化曲线

能够收敛且是实用的分类模型。

2.3.3.2 拉德马赫复杂度分析

泛化风险是衡量一个算法推广能力的关键指标，使用拉德马赫复杂度分析来准确分析泛化风险边界。通过一系列实验，计算 McMatMHKS、MatMHKS(OVO) 和 MatMHKS(OVA) 的拉德马赫复杂度。

首先，我们给出拉德马赫复杂度的具体描述。

定义 1

μ 是 $\chi \times \{\pm 1\}$ 的概率分布，集合 $D = \{x_i, y_i\}_{i=1}^N$ 是根据 μ 从 $\chi \times \{\pm 1\}$ 中随机独立选择的样本集。F 是一个 χ 到 $\mathbb{R}$ 的类映射函数。使 $\{\sigma_i\}_{i=1}^N$ 为一个值为 $\{\pm 1\}$ 的随机变量且独立分布，定义以下随机变量：

$$\hat{R}_N(F) = E[\sup_{g \in F} |\frac{2}{N} \sum_{i=1}^N \sigma_i g(x_i)\| x_1, \cdots, x_N] \tag{2-34}$$

式中，E 表示关于随机变量的期望的算子。F 的拉德马赫复杂度的定义如下：

$$R_N(F) = E\hat{R}_N(F) \tag{2-35}$$

由于拉德马赫复杂度更适合分析二类问题，我们采用一些二类数据集来证明 McMatMHKS 与 MatMHKS 之间的基础分类机制的一致性。我们在 8 个数据集上比较了 McMatMHKS、MatMHKS(OVO) 和 MatMHKS(OVA) 的经验拉德马赫复杂度的值，这 8 个数据集分别是 Sonar、Horse-colic（可简写为 HC）、Water、Banana、Breast-cancer-wisconsin（可简写为 BCW）、Housing、Transfusion（可简写为 Trans）和 VertebralColumn（可简写为 VC）。每个数据集我们使用 MCCV 执行算法 10 次来寻找最优参数，包括正则化系数和矩阵表示形式。图 2-10 给出了在 UCI 数据集上三个对比算法的拉德马赫复杂度。拉德马赫复杂度是衡量泛化风险的上确界指标，从图 2-10 中可以看到 McMatMHKS 与 MatMHKS(OVO)、MatMHKS(OVA) 有近似的复杂度值，这表明 McMatMHKS 与 MatMHKS 有一致的泛化风险边界，侧面反映了这三个对比算法共享相同的分类机制。综上，实验表明 McMatMHKS 是一个可行且有效的模式分类算法。

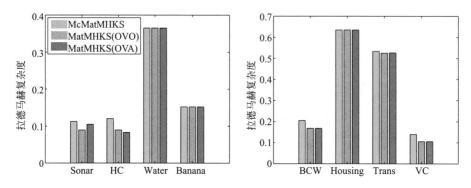

图 2-10　McMatMHKS、MatMHKS(OVO) 和 MatMHKS(OVA) 在 Sonar、Housing、Water 等 8 个数据集上的拉德马赫复杂度

2.4
基于向量分离策略的高效矩阵型分类器

2.4.1　EMatMHKS 模型

　　本节针对样本可以在向量形式以及矩阵形式的特征空间进行转换的特点，分析了处理矩阵型特征的算法 MatMHKS 在训练速度以及不平衡问题方面的不足。为了克服 MatMHKS 的缺陷，本节所提出的 EMatMHKS 算法通过设计一种新的双边向量分离求导策略，将双边向量分开求解，而非交替求解，避免了每次迭代都要重复计算逆矩阵的操作，从而大大提高了训练速度。此外，EMatMHKS 通过引入权重矩阵来提高相应少数类样本的权重，平衡了少数类和多数类之间的误分类代价，从而能够较好地处理不平衡问题。最后通过实验证明，在 EMatMHKS 中，所设计的求导策略能够极大地提高矩阵型分类算法的训练速度，并且引入权重矩阵后，EMatMHKS 能够在不平衡数据集上获得良好的分类结果。

2.4.2 基于向量分离策略的高效矩阵型分类器

2.4.2.1 算法模型

2.4.1 节提到 MatMHKS 在面对不平衡问题时，其分类决策面会向少数类偏移，因此不能处理不平衡数据。针对这一问题，EMatMHK 通过为不同类别的样本分配不同的权重，平衡了少数类样本以及多数类样本总体的误分代价。假定经过空间转换后矩阵型特征的数据集为 $\{A_i, \varphi_i\}_{i=1}^{N}, (\varphi_i \in \{+1, -1\})$，并引入对应的权重 D_i，EMatMHKS 算法准则函数如下：

$$\min_{\boldsymbol{u}, \boldsymbol{v}, \boldsymbol{b}} J(\boldsymbol{u}, \boldsymbol{v}, \boldsymbol{b}) = \sum_{i=1}^{N} [\varphi_i D_i (\boldsymbol{u}^\mathrm{T} A_i \boldsymbol{v}) - 1 - b_i]^2 + c(\boldsymbol{u}^\mathrm{T} S_1 \boldsymbol{u} + \boldsymbol{v}^\mathrm{T} S_2 \boldsymbol{v}) \tag{2-36}$$

假定在不平衡问题中，少数类和多数类样本的样本数目分别为 N^+ 和 $N^- (N^+ \ll N^-)$。对于类标 $\varphi = +1$ 的少数类样本，其权重为 $\dfrac{N^-}{N^+}$；而对于 $\varphi = -1$ 的多数类样本，其权重则等于 1。根据上述定义，可以将式 (2-36) 的目标函数改写为：

$$\begin{aligned}\min_{\boldsymbol{u}, \boldsymbol{v}, \boldsymbol{b}} J(\boldsymbol{u}, \boldsymbol{v}, \boldsymbol{b}) = &\sum_{i=1, \varphi_i=+1}^{N^+} [\varphi_i D_i (\boldsymbol{u}^\mathrm{T} A_i \boldsymbol{v}) - 1 - b_i]^2 + \\ &\sum_{i=1, \varphi_i=-1}^{N^-} [\varphi_i (\boldsymbol{u}^\mathrm{T} A_i \boldsymbol{v}) - 1 - b_i]^2 + c(\boldsymbol{u}^\mathrm{T} S_1 \boldsymbol{u} + \boldsymbol{v}^\mathrm{T} S_2 \boldsymbol{v})\end{aligned} \tag{2-37}$$

由上式可知，通过引入权重 D_i，少数类样本的误分代价 $\sum_{i=1, \varphi_i=+1}^{N^+} [\varphi_i D_i (\boldsymbol{u}^\mathrm{T} A_i \boldsymbol{v}) - 1 - b_i]^2$ 可以等于多数类样本的误分代价 $\sum_{i=1, \varphi_i=-1}^{N^-} [\varphi_i (\boldsymbol{u}^\mathrm{T} A_i \boldsymbol{v}) - 1 - b_i]^2$。

不同于 MatMHKS，本章所提出的 EMatMHKS 为了加速矩阵型分类算法的求解速度，对应阈值位置嵌入矩阵化样本形式 A_i 中。假定 A_i 在 MatMHKS 中的形式为 $d_1 \times d_2$，那么在 EMatMHKS 中 A_i 将被填充为 $(d_1+1) \times (d_2+1)$，相应地 S_1 和 S_2 也将分别扩充为 $(d_1+1) \times (d_1+1)$ 和 $(d_2+1) \times (d_2+1)$。具体来说，假定向量形式样本 $\boldsymbol{x}_i = [1\ 2\ 3\ 4]$，那么当样本转换为 2×2 的矩阵形式时，通过填充对应阈值位置后，$A_i = \begin{bmatrix} 1 & 2 & 0 \\ 3 & 4 & 0 \\ 0 & 0 & 1 \end{bmatrix}$，

相应地 $S_1 = \begin{bmatrix} 1 & 0 & 0 \\ 0 & 1 & 0 \\ 0 & 0 & 0 \end{bmatrix}$, $S_2 = \begin{bmatrix} 1 & 0 & 0 \\ 0 & 1 & 0 \\ 0 & 0 & 0 \end{bmatrix}$。

2.4.2.2 向量分离型求解策略

MatMHKS 的求解迭代过程采用了启发式的策略，但是在每一次的迭代中，MatMHKS 都需要交替地求解来控制样本输出的双边向量 u 和 v，而每计算一次 u 或者 v 都涉及一次矩阵求逆操作，因此大大增加了训练时间。为了避免反复执行矩阵求逆操作，EMatMHKS 采用了向量分离的求解策略，即在每一次迭代过程中不再交替地求解 u 和 v，而是先固定 v，并初始化 v 中全部元素为 1，然后将 v 代入式 (2-37)，计算 $xu_i = \varphi_i A_i v, (i = 1, 2, \cdots, N)$，再定义 $X_u = \left[xu_1, xu_2, \cdots, xu_N \right]^{\mathrm{T}}$，可以将 EMatMHKS 的目标函数改写为：

$$\min_{u,b} J(u,b) = (X_u u - 1_{N \times 1} - b)^{\mathrm{T}} D(X_u u - 1_{N \times 1} - b) + c(u^{\mathrm{T}} S_1 u + S_2) \quad (2\text{-}38)$$

式中，$D \subset R^{N \times N}$ 为对角阵，且每一个对角元素对应样本的权重 D_i；b 为由裕量 $b_i = 10^{-6}$ 所组成的向量，$b = \left[b_1, b_2, \cdots, b_N \right]^{\mathrm{T}}$。

计算 J 对向量 u 的偏导，可以得到：

$$\frac{\partial J}{\partial u} = (X_u^{\mathrm{T}} D X_u + c S_1) u + X_u^{\mathrm{T}} D(-1_{N \times 1} - b) \quad (2\text{-}39)$$

然后，将上述偏导的值设置为 0，则可以计算第 k 次迭代中向量 u^k 的解为：

$$u^k = (X_u^{\mathrm{T}} D X_u + c S_1)^{-1} X_u^{\mathrm{T}} D(1_{N \times 1} + b^k) \quad (2\text{-}40)$$

根据求解得到的 u^k，可以计算误差向量 e^k 为：

$$e^k = X_u u^k - 1_{N \times 1} - b^k \quad (2\text{-}41)$$

根据启发式梯度下降机制，当 b^k 中对应位置元素的值大于 0 时，对应样本被正确分类。为了使尽可能多的样本被正确分类，需要保证 b^k 中的值应当大于 0，则裕量 b 更新如下：

$$b^{k+1} = b^k + \rho(e^k + \left| e^k \right|) \quad (2\text{-}42)$$

由上式可以保证下一次迭代过程中 b^{k+1} 中的值都大于 0。不同于

MatMHKS 需要计算目标函数的值，EMatMHKS 只计算 $\| \boldsymbol{b}^{k+1} - \boldsymbol{b}^k \|_2$，如果小于等于预设的值 ξ，向量 $\boldsymbol{u}$ 满足最小误差，不需要再更新，并且需要记录下当前 $\boldsymbol{b}^{k+1}$，用于计算向量 $\boldsymbol{v}$。否则，需要根据 $\boldsymbol{b}^{k+1}$ 再次更新 $\boldsymbol{u}^{k+1}$，直到 $\| \boldsymbol{b}^{k+1} - \boldsymbol{b}^k \|_2 \leqslant \xi$，或者达到最大迭代次数。

当求解得向量 $\boldsymbol{u}$ 后，将 $\boldsymbol{u}$ 代入式 (2-37) 中，计算 $xv_i = \left[\varphi_i \boldsymbol{u}^{\mathrm{T}} \boldsymbol{A}_i \right]^{\mathrm{T}}$，$(i = 1, 2, \cdots, N)$，再通过定义 $\boldsymbol{X}_v = \left[xv_1, xv_2, \cdots, xv_N \right]^{\mathrm{T}}$，可以将 EMatMHKS 的目标函数改写为：

$$\min_{v,b} \boldsymbol{J}(\boldsymbol{v}, \boldsymbol{b}) = (\boldsymbol{X}_v \boldsymbol{v} - \boldsymbol{1}_{N \times 1} - \boldsymbol{b})^{\mathrm{T}} \boldsymbol{D}(\boldsymbol{X}_v \boldsymbol{v} - \boldsymbol{1}_{N \times 1} - \boldsymbol{b}) + c(\boldsymbol{u}^{\mathrm{T}} \boldsymbol{S}_1 \boldsymbol{u} + \boldsymbol{v}^{\mathrm{T}} \boldsymbol{S}_2 \boldsymbol{v}) \quad (2\text{-}43)$$

计算 $\boldsymbol{J}$ 对向量 $\boldsymbol{v}$ 的偏导得到：

$$\frac{\partial \boldsymbol{J}}{\partial \boldsymbol{v}} = (\boldsymbol{X}_v^{\mathrm{T}} \boldsymbol{D} \boldsymbol{X}_v + c \boldsymbol{S}_s) \boldsymbol{v} + \boldsymbol{X}_v^{\mathrm{T}} \boldsymbol{D}(-\boldsymbol{1}_{N \times 1} - \boldsymbol{b}) \quad (2\text{-}44)$$

在第 k 次迭代过程中，向量 $\boldsymbol{v}^k$ 的解为：

$$\boldsymbol{v}^k = (\boldsymbol{X}_v^{\mathrm{T}} \boldsymbol{D} \boldsymbol{X}_v + c \boldsymbol{S}_2)^{-1} \boldsymbol{X}_v^{\mathrm{T}} \boldsymbol{D}(\boldsymbol{1}_{N \times 1} + \boldsymbol{b}^k) \quad (2\text{-}45)$$

根据求得的向量 $\boldsymbol{v}^k$，误差向量 $\boldsymbol{e}^k$ 可以计算为：

$$\boldsymbol{e}^k = \boldsymbol{X}_v \boldsymbol{v}^k - \boldsymbol{1}_{N \times 1} - \boldsymbol{b}^k \quad (2\text{-}46)$$

然后，可以根据误差向量 $\boldsymbol{e}^k$ 计算裕量 $\boldsymbol{b}^{k+1}$：

$$\boldsymbol{b}^{k+1} = \boldsymbol{b}^k + \rho(\boldsymbol{e}^k + |\boldsymbol{e}^k|) \quad (2\text{-}47)$$

与求解向量 $\boldsymbol{u}$ 的迭代过程相似，如果不满足迭代终止条件，则由 $\boldsymbol{b}^{k+1}$ 继续更新向量 $\boldsymbol{v}^{k+1}$。显然，将 $\boldsymbol{u}$ 和 $\boldsymbol{v}$ 分开而不是交替地求导可以避免在迭代过程中反复地求逆矩阵。此外，在针对 $\boldsymbol{u}$ 和 $\boldsymbol{v}$ 的求解过程中，可以将矩阵求逆操作放置到循环外，这样只需要两次矩阵求逆操作，以及一些向量矩阵相乘的操作，便可以求解得到 $\boldsymbol{u}$ 和 $\boldsymbol{v}$，因此 EmatMHKS 具有相当快的训练速度。EMatMHKS 的伪代码如表 2-14 所示。

2.4.2.3 EMatMHKS 与 MatMHKS 的比较分析

EMatMHKS 相比于 MatMHKS 最大的优势在于训练速度。主要是因为 EMatMHKS 在迭代过程中分离了双边向量 $\boldsymbol{u}$ 和 $\boldsymbol{v}$ 的求解过程，避免了迭代过程中反复求逆矩阵的操作，从而极大地提高了训练速度。假设

表2-14　EMatMHKS训练过程

输入：训练样本集 $S = \{A_1, A_2, \cdots, A_N\}$ 。

输出：权重向量 $\boldsymbol{u}$ 和 $\boldsymbol{v}$ 。

1. 初始化 $\boldsymbol{b}^1 = 10^{-6}_{N\times1}$ 和 $\boldsymbol{v}^1$ ；

2. 设置迭代索引 $k = 1, c \geqslant 0, \xi = 0.001$ 和学习率 $\rho = 0.99$ ；

3. 设置 $\boldsymbol{X}_u = [x_1, x_2, \cdots, x_N]^{\mathrm{T}}$ ，其中 $x_i = \varphi_i \boldsymbol{A}_i \boldsymbol{v}(1)$ ；

4. 计算 $Pinv_u = (\boldsymbol{X}_u^{\mathrm{T}} \boldsymbol{D} \boldsymbol{X}_u + c\boldsymbol{S}_1)^{-1} \boldsymbol{X}_u^{\mathrm{T}} \boldsymbol{D}$ ；

5. 计算 $\boldsymbol{u}^k = Pinv_u(\boldsymbol{1}_{N\times1} + \boldsymbol{b}^k)$ ；

6. 循环：当 $k \leqslant maxiters$ 时；

7. 计算 $\boldsymbol{e}^k = \boldsymbol{X}_u \boldsymbol{u}^k - \boldsymbol{1}_{N\times1} - \boldsymbol{b}^k$ ；

8. 获取更新后的值 $\boldsymbol{b}^{(k+1)} = \boldsymbol{b}^k + \rho(\boldsymbol{e}^k + |\boldsymbol{e}^k|)$ ；

9. 判断 $\|\boldsymbol{b}^{k+1} - \boldsymbol{b}^k\|_2 \leqslant \xi$ ；

10. 退出循环；

11. 其他情况；

12. $\boldsymbol{u}^{(k+1)} = Pinv_u(\boldsymbol{1}_{N\times1} + \boldsymbol{b}^{(k+1)})$ ；

13. $k = k+1$ ；

14. 结束判断；

15. 结束循环；

16. 设置 $\boldsymbol{u} = \boldsymbol{u}^k$ 和 $\boldsymbol{b}^1 = \boldsymbol{b}^k$ ，并重新迭代索引 $k=1$ ；

17. 设置 $\boldsymbol{X}_v = [\boldsymbol{y}_1, \boldsymbol{y}_2, \cdots, \boldsymbol{y}_N]^{\mathrm{T}}$ ，其中 $\boldsymbol{y}_i = [\varphi_i \boldsymbol{u}^{\mathrm{T}} \boldsymbol{A}_i]^{\mathrm{T}}$ ；

18. 计算 $Pinv_v = (\boldsymbol{X}_v^{\mathrm{T}} \boldsymbol{D} \boldsymbol{X}_v + c\boldsymbol{S}_1)^{-1} \boldsymbol{X}_v^{\mathrm{T}} \boldsymbol{D}$ ；

19. 计算 $\boldsymbol{v}^k = Pinv_v(\boldsymbol{1}_{N\times1} + \boldsymbol{b}^k)$ ；

20. 循环：当 $k \leqslant maxiters$ 时；

21. 计算 $\boldsymbol{e}^k = \boldsymbol{X}_v \boldsymbol{v}^k - \boldsymbol{1}_{N\times1} - \boldsymbol{b}^k$ ；

22. 获取更新后的值 $\boldsymbol{b}^{(k+1)} = \boldsymbol{b}^k + \rho(\boldsymbol{e}^k + |\boldsymbol{e}^k|)$ ；

23. 判断：当 $\|\boldsymbol{b}^{k+1} - \boldsymbol{b}^k\|_2 \leqslant \xi$ 时；

24. 退出循环；

25. 其他情况；

26. $\boldsymbol{v}^{(k+1)} = Pinv_v(\boldsymbol{1}_{N\times1} + \boldsymbol{b}^{(k+1)})$ ；

27. $k = k+1$ ；

28. 结束判断；

29. 结束循环；

数据的维度为 d ，矩阵模式分解为 $d_1 \times d_2$ ，那么向量 $\boldsymbol{u}$ 和 $\boldsymbol{v}$ 的维度分别为 d_1+1 和 d_2+1 。根据表 2-14 中的伪代码，第 3 行对应操作是矩阵与向量的乘积，其时间复杂度为 $O((d_1+1)N)$ 。第 4 行包含关于逆矩阵和矩阵乘法的运算，时间复杂度分别为 $O((d_1+1)^2 N)$ 和 $O((d_1+1)^3)$ 。权重矩阵 $\boldsymbol{D}$ 是对角矩阵，在实际计算中并不会消耗很多算力，因此，第 4 行的

时间复杂度为 $O((d_1+1)^2 N+(d_1+1)^3)$。显然，在第一个 While 循环之前，算法时间消耗主要集中在第 4 行，因此，从第 3 行到第 5 行的时间复杂度大致为 $O((d_1+1)^2 N+(d_1+1)^3)$。

从第 6 行开始到第 15 行为第一个 While 循环中的操作，其时间消耗主要集中在第 7 行和第 12 行。这两行都是关于矩阵与向量乘积的操作，因此，对应时间复杂度为 $O((d_1+1)N)$。假设 While 循环重复 T_1 次，那么，第一个 While 循环所对应的时间复杂度约为 $O(T_1(d_1+1)N)$。

$17 \sim 19$ 行的时间复杂度与 $3 \sim 5$ 行的时间复杂度相似，其时间复杂度大致为 $O((d_2+1)^2 N+(d_2+1)^3)$。$20 \sim 28$ 行对应第二个 While 循环中的操作，假设 While 循环重复 T_2 次。那么，第二个 While 循环的时间复杂度是 $O(T_2(d_2+1)N)$。根据不等式 $a+b \geqslant 2\sqrt{ab}$，EMatMHKS 的时间复杂度在 $d_1=d_2$ 时达到最小值。当数据由向量形式转化为矩阵形式时，d_1 和 d_2 由原始数据的原始维度 d 组成。因此，最坏的情况为 $d_1=d$，$d_2=1$，且 T_1 达到最大值 T。EMatMHKS 此时的时间复杂度的上界是 $O((d+1)^2 N+(d+1)^3)+T(d+1)N$，约等于 $O((T+d+1)(d+1)N+(d+1)^3)$。需要注意的是，尽管在理论上，逆矩阵与矩阵乘法的时间复杂度相同，但实际上，逆矩阵要比矩阵乘法花费更多的时间，尤其是当矩阵维度较高时。

此外，MatMHKS 平等对待所有样本，因此在处理不平衡问题时，MatMHKS 为了提高全局准确率，会倾向于将少数类样本误分为多数类样本。不同于 MatMHKS，EMatMHKS 通过引入权重矩阵 **D**，对少数类样本进行加权，以增加其误分代价。通过这种方式，EMatMHKS 平衡了少数类和多数类样本的总体误分代价，在不平衡数据上获得了良好的分类结果。

2.4.3 实验与分析

2.4.3.1 实验设置

数据集：在本节所涉及的实验中，为了验证 EMatMHKS 在不平衡数据集上的表现，采用开源数据库 KEEL 中的 50 个不平衡数据集进行验证。此外，采用 24 个 UCI 标准数据集验证 EMatMHKS 在相对平衡的数据集上的表现。表 2-15 和表 2-16 分别列出了所使用的 UCI 和 KEEL 数据集的详细描述。在表中，*Dim*、*Size*、*IR* 以及 *Class* 分别表示数据的维度、样本数、不平衡率以及样本类别数。

表2-15　平衡数据集

数据集	*Dim*	*Size*	*Class*	数据集	*Dim*	*Size*	*Class*
iris	150	4	3	coH20	1440	1024	20
Yale	165	1024	15	secom	1567	590	2
wine	178	13	3	semeion	1593	256	10
sonar	208	60	2	cardiotocography	2126	40	10
JAFFE	213	1024	10	segmentation	2310	18	7
ORL	400	644	40	spambase	4601	57	2
Ietter24xl8	500	432	10	waveform	5000	21	3
wdbc	569	30	2	twonorm	7400	20	2
BreastCancerWisconsin	699	9	2	marketing	8993	13	9
PimaIndiansDiabetes	768	8	2	GesturePhaseSeg-mentation	9900	19	5
HillValley	1212	100	2	EEGEyeState	14980	14	2
BanknoteAuthentication	1372	4	2	ElectricityBoard	45781	4	31

对比算法：为了验证 EMatMHKS 的分类能力，选取 MatMHKS、MHKS、SVM(L)、SVM(R)、Adaboost 以及 RandomForest 作为对比算法。由于 Adaboost 是面向平衡数据的算法，在不平衡数据集上不能取得良好的分类结果，所以当数据集分布不平衡时，选择了集成算法 EasyEnsemble 作为对比算法。选择这些对比算法是因为 MatMHKS、MHKS 和 EMatMHKS 都采用了启发式求解策略。SVM(L) 和 SVM(R) 是最经典的分类算法，且当 SVM 算法使用 RBF 核函数时可以有效地处理非线性分类问题。此外，Adaboost、EasyEnsemble 和 RandomForest 是集成学习中的代表算法。

算法设置：在 EMatMHKS、MatMHKS 和 MHKS 中，参数 C 从 $\{0.01,0.1,1,10,100\}$ 中进行选择，迭代终止条件中的阈值 ξ 设置为 0.001。

评价标准：在本章实验中，数据集的训练与测试均采用五折交叉验证的方式，评价准则为不同类样本的算术平均 *AAcc*。由于 EMatMHKS、

表2-16　不平衡数据集

数据集	Dim	Size	IR	数据集	Dim	Size	IR
ecoliOvs1	220	7	1.84	ecoli01vs5	240	6	11.00
wisconsin	683	9	1.86	led7digit02456789vs1	443	7	11.21
Pima	768	8	1.87	glass06vs5	108	9	11.29
yeast1	1484	8	2.46	shuttle_c0vs_c4	1829	9	13.78
haberman	306	3	2.81	yeast1vs7	459	7	14.29
vehicle1	846	18	2.91	ecoli4	336	7	15.75
vehicle0	846	18	3.25	page_blocks13vs4	472	10	16.14
ecoli1	336	7	3.39	abalone9_18	731	8	16.70
new_thyroid1	215	5	5.14	dermatology6	358	34	16.88
new_thyroid2	215	5	5.14	glass016vs5	184	9	20.00
segment0	2308	19	6.02	shuttle6vs23	230	9	22.00
glass6	214	9	6.43	yeast1458vs7	693	8	22.08
yeast3	1484	8	8.13	yeast2vs8	482	8	23.06
ecoli3	336	7	8.57	glass5	214	9	23.43
ecoli034vs5	200	7	9.00	shuttle_c2vs_c4	129	9	24.75
ecoli0234vs5	202	7	9.06	yeast4	1484	8	28.68
yeast0359vs78	506	8	9.10	winequality _red4	1599	11	29.45
ecoli046vs5	203	6	9.13	yeast1289vs7	947	8	30.54
yeast02579vs368	1004	8	9.16	poker9vs7	244	10	31.50
ecoli0347vs56	257	7	9.25	yeast5	1484	8	32.91
yeast2vs4	514	8	9.28	yeast6	1484	8	41.39
glass04vs5	92	9	9.43	ecoli0137vs26	281	7	43.80
yeast05679vs4	528	8	9.55	winequality_white-3vs7	900	11	44.00
ecoli067vs5	220	6	10.00	shuttle2vs5	3316	9	67.00
ecoli0147vs2356	336	7	10.65	abalone19	4174	8	127.42

MatMHKS、MHKS、SVM 和 Adaboost 都是二分类算法，当数据集为多类时，均采用了一对一（One-versus-One, OVO）策略。此外，通过 Fridman 检验验证了所提算法的有效性，并反映了各对比算法之间的差异。

2.4.3.2 UCI 数据集对比实验结果

表 2-17 列出了所有算法在 UCI 数据集上的分类结果。从表中可以看出，与其他比较算法相比，本章提出的 EMatMHKS 具有更优秀的分类能力。EMatMHKS 算法的平均 $AAcc$ 达到了最高值 81.26%，除了 SVM(R) 外，其他对比算法的平均 $AAcc$ 均低于 80.00%。尽管与 SVM(R) 相比，EMatMHKS 的优势没有那么明显，但是 EMatMHKS 作为线性分类器，相比于 MatMHKS、MHKS 和 SVM(L) 这些线性分类器，其在分类性能上显然更加优秀。

本节通过引入 Friedman 检验体现不同算法之间的差异。在 Friedman 检验中，首先针对每个数据集，不同算法根据分类结果计算排名（Rank）。之后，针对每个算法在所有数据集上的排名计算出该算法的平均排名。假定由 k 个算法在 N 个数据集上进行比较，记录 r_i 表示第 i 个算法在所有数据集上的平均排名。在 0 假设下，所有算法都是等价的，它们的排名 r_i 应该相等。具体地，Friedman 检验需要先计算：

$$\tau_{\chi^2} = \frac{12N}{k(k+1)} \left(\sum_{i=1}^{k} r_i^2 - \frac{k(k+1)^2}{4} \right) \tag{2-48}$$

然后 τ_F 的值：

$$\tau_F = \frac{(N-1)\tau_{\chi^2}}{N(k-1) - \tau_{\chi^2}} \tag{2-49}$$

从 Friedman 检验的结果中可以看出，EMatMHKS 的平均排名为 2.60，是所有算法中最低的。此外，还可以根据所有算法的平均排名计算出 τ_F=8.55，该值远大于临界值 $F(6,138)$=2.17。因此，可以得出算法具有显著差异。进一步地，7 个算法在 α=0.05 的情况下，临界差异值 CD 为 1.84。

在表 2-17 中，与 MHKS 和 Adaboost 的平均排名相比，EMatMHKS 的平均排名更小，且排名之间的差异大于 1.84，所以 EMatMHKS 的

表2-17 平衡数据集上AAcc（%）的测试结果以及平均排名情况

数据集	EMatMHKS AAcc±std	EMatMHKS 矩阵化模式	MatMHKS AAcc±std	MatMHKS 矩阵化模式	MHKS AAcc±std	MHKS 矩阵化模式	SVM(L) AAcc±std	SVM(L) 矩阵化模式	SVM(R) AAcc±std	SVM(R) 矩阵化模式	Adaboost AAcc±std	Adaboost 矩阵化模式	RandomForest AAcc±std	RandomForest 矩阵化模式
iris	**98.67±1.83**	2×2	**98.67±1.83**	1×4	94.00±4.94	1×4	97.33±2.79	1×4	97.33±2.79	1×4	96.00±3.65	1×4	96.00±2.79	1×4
Yale	**78.89±11.08**	512×2	77.56±11.07	1×1024	76.44±12.85	1×1024	78.44±15.19	1×1024	77.78±15.17	1×1024	56.22±14.94	1×1024	77.78±17.92	1×1024
wine	97.89±2.30	13×1	93.11±4.69	1×13	90.29±5.27	1×13	97.56±1.78	1×13	**98.11±2.06**	1×13	95.00±4.75	1×13	96.33±5.55	1×13
sonar	**70.89±14.43**	10×6	65.22±20.45	10×6	61.40±11.29	1×60	66.95±15.41	1×60	66.95±15.41	1×60	67.35±10.17	1×60	67.46±12.61	1×60
JAFFE	**100.00±0.00**	64×16	**100.00±0.00**	2×512	99.60±0.89	1×1024	99.10±1.25	1×1024	99.10±1.25	1×1024	82.90±9.83	1×1024	95.90±4.31	1×1024
ORL	98.25±2.44	322×2	98.50±2.05	1×644	98.00±2.27	1×644	98.25±2.09	1×644	**98.75±1.25**	1×644	67.00±4.38	1×644	97.00±1.68	1×644
letter24×18	93.20±3.42	144×3	93.00±3.24	1×432	92.00±2.55	1×432	**93.40±2.70**	1×432	**93.40±3.36**	1×432	89.80±3.49	1×432	92.60±3.85	1×432
wdbc	96.59±1.37	15×2	93.16±2.41	2×15	89.09±6.68	1×30	97.67±0.94	1×30	**98.04±1.05**	1×30	96.66±0.98	1×30	95.21±2.45	1×30
BreastCancerWisconsin	**97.74±1.48**	1×9	96.76±2.88	9×1	95.04±4.83	1×9	96.84±1.90	1×9	96.84±1.90	1×9	94.40±3.41	1×9	95.41±4.73	1×9
PimaIndiansDiabetes	**74.61±4.45**	8×1	72.54±2.76	1×8	69.43±3.55	1×8	74.37±4.85	1×8	74.56±5.53	1×8	70.47±2.11	1×8	72.33±3.75	1×8
HillValley	49.99±1.96	50×2	51.44±1.92	10×10	49.58±1.06	1×100	49.37±0.64	1×100	**51.66±2.22**	1×100	50.76±1.46	1×100	51.40±2.95	1×100
BanknoteAuthentication	99.21±0.67	1×4	98.85±0.77	1×4	95.21±2.69	1×4	99.10±0.61	1×4	**100.00±0.00**	1×4	99.74±0.27	1×4	99.61±0.15	1×4
coil20	95.93±4.40	512×2	96.80±3.19	2×512	90.32±4.23	1×1024	96.85±3.35	1×1024	94.47±3.87	1×1024	85.53±4.65	1×1024	**97.18±3.15**	1×1024

数据集	EMatMHKS		MatMHKS		MHKS		SVM (L)		SVM (R)		Adaboost		RandomForest	
	AAcc±*std*	矩阵化模式	*AAcc*±*std*	矩阵化模式	*AAcc*±*std*	矩阵化模式	*AAcc*±*std*	矩阵化模式	*AAcc*±*std*	矩阵化模式	*AAcc*±*std*	矩阵化模式	*AAcc*±*std*	矩阵化模式
secom	**57.58±5.10**	295×2	55.46±5.92	2×295	54.89±6.52	1×590	52.47±6.12	1×590	51.97±4.53	1×590	50.47±1.64	1×590	51.87±4.46	1×590
semeion	94.27±1.34	128×2	94.01±1.49	1×256	89.28±1.81	1×256	93.95±0.50	1×256	**95.48±1.81**	1×256	93.42±1.04	1×256	94.01±1.17	1×256
cardiotocography	**100.00±0.00**	40×1	**100.00±0.00**	1×40	**100.00±0.00**	1×40	98.81±2.65	1×40	98.54±3.27	1×40	99.17±0.50	1×40	99.97±0.07	1×40
segmentation	95.37±0.64	18×1	94.16±0.55	1×18	88.18±2.91	1×18	92.29±3.90	1×18	95.02±0.78	1×18	**98.53±0.64**	1×18	97.62±0.98	1×18
spambase	90.50±4.95	57×1	85.28±6.03	57×1	85.34±3.88	1×57	83.25±8.42	1×57	91.30±3.99	1×57	91.76±5.73	1×57	**92.29±5.63**	1×57
waveform	87.02±1.01	21×1	**87.06±0.97**	1×21	79.80±3.90	1×21	86.93±0.92	1×21	86.93±0.95	1×21	84.39±0.48	1×21	84.78±1.16	1×21
twonorm	**97.85±0.69**	2×10	97.85±0.67	2×10	96.92±1.67	1×20	97.78±0.56	1×20	97.84±0.63	1×20	96.47±0.28	1×20	96.97±0.52	1×20
marketing	26.41±1.20	13×1	24.04±0.57	1×13	23.23±1.10	1×13	25.54±0.51	1×13	25.70±1.16	1×13	25.72±1.24	1×13	**27.13±0.71**	1×13
GesturePhaseSegmentation	27.41±8.68	19×1	28.88±5.79	1×19	28.43±6.68	1×19	**30.35±7.25**	1×19	27.99±9.07	1×19	20.33±13.69	1×19	20.25±13.07	1×19
EEGEyeState	**57.82±7.90**	2×7	52.89±6.45	14×1	48.52±3.35	1×14	39.83±9.35	1×14	50.39±2.94	1×14	47.89±7.91	1×14	49.31±9.06	1×14
ElectricityBoard	64.21±0.04	2×2	64.44±0.27	1×4	64.14±0.27	1×4	64.23±0.38	1×4	**65.21±0.41**	1×4	64.70±0.39	1×4	64.54±0.71	1×4
平均值	**81.26±3.41**		79.99±3.58		77.46±3.97		79.61±3.92		80.56±3.56		76.03±4.07		79.71±4.31	
平均排名	**2.60**		3.54		5.79		4.08		2.92		5.06		4.00	

注：每个数据集最优的结果以粗体表示。

分类性能明显优于 MHKS 和 Adaboost。将 EMatMHKS 与 MatMHKS、SVM(L) 和 Random Forest 三种算法进行比较，其与这三种算法之间平均排名的差异大于 CD 值的一半。因此，EMatMHKS 仍然优于这三种算法。EMatMHKS 相比于 SVM(R)，两者的平均排名相近，因此 EMatMHKS 与 SVM(R) 在平衡数据集上的分类性能是可比的。

如表 2-17 所示，除了 SVM(R) 外，矩阵型分类器 MatMHKS 和 EMatMHKS 都达到了良好的分类结果，这是由于矩阵化模式减轻了维度灾难带来的影响，从而提高了泛化性能。进一步地，通过实验可以发现，MHKS、MatMHKS 和 EMatMHKS 的分类性能由低到高，这也意味着通过扩展样本的特征表现形式，将向量空间的特征引入矩阵空间，不仅带来了更丰富的样本表达形式，还可以提高分类性能。此外，本章通过引入代价矩阵和分离求解策略，EMatMHKS 也进一步提高了 MatMHKS 的分类性能，证明了所提求解策略的有效性。

2.4.3.3 训练时间

表 2-18 列出了所有算法对应最优分类结果时在平衡数据集上所需要的训练时间。显然 EMatMHKS 在所列数据集上所需要的训练时间大多数情况下小于其他对比算法。相比于 MHKS，EMatMHKS 的训练速度要高出 5 倍左右。这是因为 EMatMHKS 使用双边向量，相比于单边向量所需要的维度大大减小。此外，由表可知，EMatMHKS 的训练速度是 MatMHKS 的 20 倍左右，这得益于所设计的分离求解策略，通过将双边向量分离求解，避免了重复的矩阵求逆操作，大大提高了训练速度。相比于 SVM(R)，尽管 EMatMHKS 的分类性能与之相当，但是 EMatMHKS 的训练速度比 SVM(R) 快。

EMatMHKS、MatMHKS 于 MHKS 都采用了启发式的优化策略。因此，所消耗的训练时间主要集中于矩阵求逆操作，该操作与数据集的特征维度密切相关。而其他操作（如矩阵乘法）的消耗时间则相对较小。EMatMHKS 由于使用了分离求解的策略，只需要两次矩阵求逆操作，因此训练速度快于 MatMHKS。相比于 MHKS, EMatMHKS 训练速度更快的原因是双边向量的训练时间比单侧权重向量少，尽管 MHKS 算法

表2-18 算法对应最优分类结果时在平衡数据集上所需训练时间

s

数据集	EMatMHKS Time±std	MatMHKS Time±std	MHKS Time±std	SVM (L) Time±std	SVM (R) Time±std	Adaboost Time±std	RandomForest Time±std
iris	**0.001±0.000**	0.125±0.009	**0.001±0.000**	0.016±0.001	0.022±0.002	0.314±0.024	0.827±0.010
Yale	3.613±0.044	20.626±0.104	20.176±0.053	**0.664±0.009**	0.675±0.007	55.677±0.232	74.647±0.112
wine	0.002±0.000	0.997±0.177	**0.001±0.000**	0.020±0.001	0.019±0.001	0.328±0.009	0.860±0.008
sonar	**0.001±0.000**	0.024±0.014	0.002±0.001	0.010±0.000	0.010±0.000	0.480±0.026	0.379±0.004
JAFFE	**0.060±0.001**	2.543±0.382	8.744±0.039	0.295±0.002	0.303±0.002	26.505±0.339	32.130±0.056
ORL	9.510±0.007	37.813±0.058	37.588±0.045	**4.442±0.003**	4.583±0.024	284.589±0.691	419.437±0.113
Letter24×18	**0.169±0.001**	8.204±0.278	0.932±0.005	0.348±0.001	0.355±0.000	27.341±0.252	21.647±0.014
wdbc	**0.006±0.001**	2.668±0.376	0.007±0.003	0.017±0.004	0.015±0.001	0.524±0.019	0.396±0.004
BreastCancerWisconsin	**0.002±0.000**	0.095±0.007	0.008±0.001	0.011±0.001	0.012±0.001	0.359±0.024	0.358±0.003
PimaIndiansDiabetes	**0.002±0.000**	0.055±0.000	0.006±0.003	0.200±0.095	0.036±0.002	0.669±0.012	0.490±0.002
HillValley	**0.007±0.000**	0.107±0.209	0.042±0.008	0.071±0.002	0.080±0.002	9.184±0.113	1.666±0.069
BanknoteAuthentication	**0.009±0.000**	13.946±0.013	0.015±0.004	0.082±0.044	0.029±0.003	0.400±0.007	0.448±0.004
coil20	6.997±0.032	46.546±3.791	38.915±0.162	**1.626±0.011**	1.695±0.015	162.995±2.423	138.618±0.217
secom	**0.091±0.008**	256.110±0.608	0.408±0.096	0.301±0.030	0.143±0.001	31.741±1.602	1.737±0.084
semeion	**0.236±0.002**	21.558±0.635	0.719±0.009	0.614±0.007	0.697±0.004	54.700±0.829	20.857±0.023
cardiotocography	0.068±0.000	0.310±0.003	**0.052±0.002**	0.707±0.025	0.606±0.018	7.883±0.031	14.746±0.028
segmentation	**0.081±0.004**	38.814±3.994	0.125±0.007	0.257±0.022	0.430±0.009	5.094±0.041	7.303±0.014
spambase	**0.103±0.001**	7.462±2.751	0.301±0.056	0.403±0.392	0.451±0.024	13.665±0.924	1.653±0.036
waveform	**0.087±0.002**	20.918±0.769	0.483±0.052	0.376±0.010	0.520±0.007	11.446±0.043	3.602±0.019
twonorm	**0.133±0.001**	4.678±0.256	0.718±0.132	283.881±87.749	0.965±0.009	10.789±0.052	3.016±0.029
marketing	**0.367±0.004**	5.903±0.142	1.818±0.126	4.573±0.174	5.770±0.093	89.901±0.474	31.614±0.091
GesturePhaseSegmentation	**0.371±0.015**	10.186±2.199	1.670±0.061	15.468±3.035	3.962±0.147	38.982±0.369	13.228±0.134
EEGEyeState	**0.589±0.049**	27.757±61.746	3.712±0.576	8.074±0.214	38.031±2.037	25.537±0.599	4.822±0.194
ElectricityBoard	8.926±0.018	16.479±0.365	**8.008±0.025**	16.938±0.057	360.587±3.331	371.554±0.508	255.929±0.179
平均值	**1.309±0.081**	22.664±3.287	5.185±0.061	14.141±3.829	17.500±0.239	51.277±0.402	43.767±0.060

注：每个数据集最优的结果以粗体表示。

中只需要一次矩阵求逆操作。例如，向量形式的数据特征为 d 维，转化为矩阵型后为 $d_1 \times d_2$，当然 $d=d_1 \times d_2$。在计算矩阵求逆时，特征为向量形式的数据求逆所对应的时间复杂度为 $O(d^3)$，而特征为矩阵形式的数据所对应的时间复杂度为 $O(d_1^3 + d_2^3)$。显然，$d_1^3 \times d_2^3$ 大于 $d_1^3 + d_2^3$，因此 EMatMHKS 的训练时间比 MHKS 更少。SVM 算法中序列最小优化算法（Sequential Minimal Optimization, SMO）的时间复杂度为样本数的 3 次方，呈指数关系。因此，随着样本数量的增加，SVM 的训练时间也随之极大地增加。

2.4.3.4 矩阵模式与参数讨论

本节实验主要用于验证不同矩阵模式下数据的分类结果，所以选取了 Yale、coil20、EEGEyeState 和 ElectricityBoard 四个数据集，其中 Yale 和 coil20 为高维数据集且可以分解为多种矩阵形式，而 EEGEyeState 和 ElectricityBoard 具有相对较高的样本数量。表 2-19 列出了不同矩阵形式下 EMatMHKS 和 MatMHKS 的分类结果和训练时间。

从表 2-19 中可以发现，EMatMHKS 在 Yale 和 coil20 上分类性的趋势，即分类能力随双边向量所需的总维度下降而下降。例如，在 Yale 和 coil20 中，当矩阵化模式 16×64 和 32×32 时，对应的分类结果较差。当矩阵化模式为 512×2 时，EMatMHKS 可以获得最好的分类结果。根据表中结果可以推断，当数据集维度较高时，需要对权重向量进行矩阵化转换以适当地缩减维度，提高分类的泛化性能。然而，当维度过低时则会难以适应训练样本，造成欠拟合现象。此外，由于 EMatMHKS 和 MatMHKS 的求解方法不同，EMatMHKS 更加适合于列数比行数多的矩阵形式，而 MatMHKS 则反之。

当 EMatMHKS 在训练样本数相对较多的 EEGEyeState 和 ElectricityBoard 上分类时，因为样本维度相对较低，所以计算逆矩阵所需的时间较短，因此不同矩阵化模式在 EMatMHKS 中的训练时间差异并不显著。一般而言，矩阵化算法的训练时间与所需的维度有关，所需维度越少则训练时间越短，反之亦然。本章所提 EMatMHKS 算法通过将向量空间的特征转化到矩阵空间，可以极大地减少训练时间。

表2-19　不同矩阵模式下的分类结果以及训练时间　　　　　　　　　s

数据集	矩阵化模式	EMatMHKS AAcc±std/%	MatMHKS AAcc±std/%	EMatMHKS Time±std/s	MatMHKS Time±std/s
Yale	1×1024	73.33±13.54	**77.56±11.07**	21.260±0.316	**20.626±0.104**
	2×512	66.00±13.21	72.44±9.14	3.200±0.019	3.321±0.045
	4×256	62.89±10.59	68.22±4.82	0.768±0.004	0.727±0.008
	8×128	58.44±6.60	59.33±13.82	0.228±0.005	0.175±0.002
	16×64	51.56±10.32	61.33±14.26	0.090±0.000	0.061±0.001
	32×32	59.11±10.64	54.22±13.62	0.084±0.001	0.033±0.001
	64×16	70.67±10.38	62.67±14.41	0.121±0.000	8.676±2.874
	128×8	73.56±15.10	52.22±17.92	0.278±0.001	21.104±2.952
	256×4	78.22±12.88	42.89±10.85	0.903±0.003	49.757±5.905
	512×2	**78.89±11.08**	29.11±5.79	**3.613±0.044**	211.718±57.497
	1024×1	78.22±11.35	13.56±5.12	21.043±0.168	1638.609±612.684
coil20	1×1024	89.73±5.52	95.78±4.33	37.957±0.435	148.912±7.366
	2×512	87.85±5.08	**96.80±3.19**	6.474±0.282	**46.546±3.791**
	4×256	84.08±5.43	94.87±5.04	1.778±0.010	68.855±9.696
	8×128	79.33±6.24	93.93±6.02	0.742±0.012	34.589±3.164
	16×64	76.60±6.24	95.85±4.71	0378±0.005	23.351±3.531
	32×32	76.33±6.20	94.65±5.31	0327±0.005	21.271±1.189
	64×16	85.40±2.87	87.45±4.83	0.404±0.002	58.418±1.819
	128×8	92.27±3.34	81.45±2.26	0.763±0.012	204.291±20.055
	256×4	95.50±4.01	72.35±2.96	1.934±0.014	478.727±46.130
	512×2	**95.93±4.40**	61.13±4.86	**6.997±0.032**	2977.933±176.006
	1024×1	95.87±4.38	38.82±3.67	38.477±0.094	16985.369±1222.369
EEGEyeState	1×14	52.95±5.91	41.43±11.68	0.592±0.044	414.727±471.653
	2×7	**57.82±7.91**	46.37±11.52	**0.589±0.049**	56.814±104.053
	7×2	47.36±8.15	48.20±11.99	0.583±0.031	84.460±63.412
	14×1	41.55±10.25	**52.89±6.45**	0.591±0.031	**277.57±61.746**
ElectricityBoard	1×4	**64.21±0.42**	64.44±0.27	**9.133±0.018**	**16.479±0.365**
	2×2	64.21±0.42	64.22±0.26	8.926±0.025	93.574±1.796
	4×1	64.19±0.45	64.43±0.29	8.897±0.020	1600.637±13.783

注：每个数据集最优的结果以粗体表示。

EMatMHKS 中，参数 c 对应控制双边向量稀疏性的二范数正则项，图2-11 显示了随着参数 c 的变化，对应分类结果的变化。如图2-11 所示，大部分数据集随着 c 的变化，其分类结果仍然相对稳定。在 JAFFE 数据集中，虽然当 c 等于 100 时的分类结果急剧下降，但是当 c 小于或等于 10 时，分类结果是稳定的。对于 cardiotocography 和 segmentation 数据集，分类结果随着 c 的增加而略有下降。相反，semeion、Letter 24×18 和 EEGEyeState 的结果随着参数 c 的增加略有增加。总体来说，c 控制了二范数正则化项，当 c 的值变得过大时，解向量相对来说也更加稀疏，会难以拟合算法的期望输出，所以 c 值太高可能会降低分类结果。

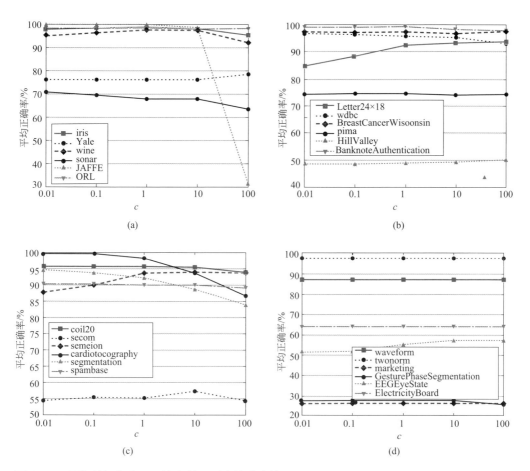

图 2-11　平衡数据集上不同的参数 c 对应的分类结果

2.4.3.5 KEEL 数据集对比实验结果

在不平衡问题中，EMatMHKS 通过引入权重矩阵分配给少数类样本更高的误分代价。本节中，EMatMHKS 与 6 种算法进行比较，以验证所提 EMatMHKS 在不平衡数据上的有效性。表 2-20 列出了所有算法在所选不平衡数据集上的分类结果。从表中可以发现，EMatMHKS 在所有数据集上的平均结果比 SVM(R) 低了 0.31%，两者差距不大。除了 SVM(R) 外，其他所有对比算法的分类性能都比 EMatMHKS 差。

此外，Friedman 检验也验证了所有使用算法的差异。表 2-20 显示了所有使用算法的平均排名。根据 Friedman 检验的计算过程，在置信度为 0.95 的情况下，τ_F 的值为 59.77，临界值 $F(k-1,(k-1)(N-1))=F(6,294)=2.13$。由于 59.77 远远大于 2.13，所有算法之间差异很大。此外，临界差异值 CD 为 1.27。根据表 2-20 中的结果，EMatMHKS 和 SVM(R) 之间的差异非常小，因此在处理不平衡数据时，这两者的分类性能是接近的。与 SVM(L) 相比，EMatMHKS 的平均排名要低 0.57，接近 CD 值的一半，因此 EMatMHKS 在一定程度上要比 SVM(L) 更加优秀。并且，通过实验结果也可以发现，在不平衡数据上，MHKS、MatMHKS 以及 EMatMHKS 的分类性能逐步提高，这说明了在矩阵化样本可以提高分类结果的基础上，引入权重矩阵后，EMatMHKS 可以很好地解决不平衡问题。

2.4.3.6 算法收敛性

EMatMHKS 在理论上和实验上显示了其高效性。为了进一步反映 EMatMHKS 的收敛情况，选取了 8 个具有较多样本数目的二分类数据集，包括 4 个平衡数据集和 4 个不平衡数据集。平衡数据集分别为 secom、spambase、twonorm 和 ElectricityBoard，不平衡数据集分别为 shuttle_c0vs_c4、winequality_red4、shuttle2vs5 以及 abalone19。图 2-12 显示了 EMatMHKS 在对应数据集上最优矩阵形式对应的收敛曲线。曲线的纵坐标为 $\|\boldsymbol{b}^{k+1} - \boldsymbol{b}^k\|_2$ 对应的值。

所提 EMatMHKS 采用分离双边向量的求解策略，先固定向量 $\boldsymbol{v}$，求

表2-20 不平衡数据集上AAcc（%）的测试结果以及平均排名情况

数据集	EMatMHKS AAcc±std	MatMHKS AAcc±std	MHKS AAcc±std	SVM(L) AAcc±std	SVM(R) AAcc±std	EasyEnsemble AAcc±std	RandomForest AAcc±std
ecoliOvs1	98.31±1.67	**98.32±2.38**	96.71±2.50	97.30±3.47	97.96±2.19	97.28±1.94	98.31±1.67
Wisconsin	**97.68±0.80**	96.56±1.09	95.30±1.65	97.38±1.03	97.38±1.04	97.04±0.79	97.19±0.46
Pima	73.83±2.88	73.36±2.56	68.34±1.58	**75.18±3.13**	**75.18±3.13**	73.59±1.56	71.73±2.45
yeast1	71.36±3.87	62.81±2.84	63.63±5.17	71.11±3.79	71.81±4.39	71.21±3.36	70.05±2.06
haberman	**63.20±4.96**	54.14±2.62	58.01±8.55	61.83±5.29	62.88±4.58	62.92±8.38	53.79±6.42
vehicle1	81.41±2.12	72.24±3.08	68.97±7.55	81.19±1.82	**85.74±1.55**	78.64±4.79	67.16±5.20
vehicleO	96.96±1.38	95.90±1.33	89.69±5.70	96.90±1.70	**97.50±1.45**	96.81±1.28	96.14±2.40
ecoli1	88.96±2.25	84.22±5.86	86.39±4.46	**90.58±3.80**	90.00±4.52	88.77±3.79	84.53±4.36
new_thyroid1	**99.44±0.76**	91.15±6.33	84.01±11.28	**99.44±0.76**	**99.44±0.76**	98.06±2.32	98.57±3.19
new_thyroid2	99.17±0.76	84.60±4.58	83.73±10.84	**99.44±0.76**	**99.44±0.76**	94.40±7.30	94.01±3.40
segment0	99.34±0.57	68.22±3.24	92.45±2.20	99.34±0.58	99.37±0.61	**99.62±0.38**	99.37±0.65
glass6	92.57±4.46	93.65±4.66	86.98±10.44	93.38±5.48	93.92±4.96	**93.96±4.65**	91.40±5.92
yeast3	90.55±3.09	81.52±5.37	58.07±14.80	89.63±1.24	91.47±2.15	**92.24±1.48**	83.80±3.89
ecoli3	88.68±5.01	68.84±13.45	53.62±5.14	88.80±5.57	**89.73±7.89**	88.24±3.15	74.38±8.12
ecoli034vs5	89.72±10.87	86.67±13.56	82.78±21.75	90.56±11.13	91.94±11.51	**92.78±5.84**	86.94±13.20
ecoli0234vs5	89.73±11.38	87.23±9.32	75.59±11.36	90.56±11.58	91.39±11.09	**91.68±11.08**	89.17±10.35
yeast0359vs78	74.94±5.94	59.78±3.35	58.80±3.64	74.93±4.88	**75.26±4.80**	72.32±7.83	60.45±2.27
ecoli046vs5	90.06±11.61	87.23±9.32	80.07±12.79	90.06±10.94	**92.23±10.97**	83.49±9.81	86.96±8.87

数据集	EMatMHKS AAcc±std	MatMHKS AAcc±std	MHKS AAcc±std	SVM(L) AAcc±std	SVM(R) AAcc±std	EasyEnsemble AAcc±std	RandomForest AAcc±std
yeast02579vs368	90.75±2.30	81.09±6.98	66.59±9.08	91.30±2.58	91.46±3.26	87.94±3.79	89.23±4.47
ecoli0347vs56	91.47±8.87	85.57±15.03	66.92±18.70	92.55±9.49	92.55±9.49	87.26±7.69	87.57±4.26
yeast2vs4	91.53±0.83	71.91±13.19	64.15±6.93	90.20±1.47	90.96±4.89	94.33±3.42	86.10±4.13
glass04vs5	99.41±1.32	95.00±11.18	79.38±11.61	96.40±3.29	99.41±1.32	95.29±5.34	99.41±1.32
yeast05679vs4	82.49±3.45	56.90±5.64	55.64±11.94	79.27±6.44	79.27±6.44	79.64±5.61	66.91±10.18
ecoli067vs5	87.00±6.71	87.50±8.84	68.50±15.77	88.50±7.09	88.50±5.82	83.75±5.38	87.25±15.32
ecoli0147vs2356	88.44±7.73	74.50±9.71	68.08±3.51	89.38±8.38	90.08±6.92	84.29±7.08	84.02±6.58
ecoli01vs5	91.36±7.61	85.00±16.30	77.27±20.41	90.45±7.30	92.27±6.55	83.41±12.31	89.32±10.37
led7digit02456789vs1	89.49±5.31	59.67±8.23	51.20±2.35	87.08±8.17	86.71±8.79	87.97±9.06	89.68±8.94
glass06vs5	100.00±0.00	100.00±0.00	63.00±12.17	99.47±1.18	100.00±0.00	91.39±4.59	95.00±11.18
shuttle_c0vs_c4	100.00±0.00	100.00±0.00	99.97±0.07	100.00±0.00	99.97±0.07	99.88±0.12	100.00±0.00
yeast1vs7	76.53±6.33	51.67±3.73	50.00±0.00	77.22±5.84	78.54±6.32	75.51±9.34	59.42±9.41
ecoli4	97.31±1.65	90.00±10.46	81.08±23.12	94.97±5.08	95.89±2.40	93.86±6.11	87.34±15.15
page_blocks13vs4	94.64±4.68	72.77±12.82	74.78±11.96	86.19±20.63	96.42±3.71	96.50±3.44	96.22±5.19
abalone9_18	91.44±3.64	61.39±7.88	55.83±5.93	90.19±2.37	91.23±2.88	78.21±10.12	69.23±15.28
dermatology6	100.00±0.00	100.00±0.00	98.82±1.12	100.00±0.00	100.00±0.00	98.38±1.31	100.00±0.00
glass016vs5	99.14±1.28	89.71±14.09	53.57±10.45	98.29±1.20	94.14±10.77	88.29±5.29	74.43±25.01
shuttle6vs23	100.00±0.00	100.00±0.00	94.55±10.94	100.00±0.00	100.00±0.00	100.00±0.00	100.00±0.00

数据集	EMatMHKS AAcc±std	MatMHKS AAcc±std	MHKS AAcc±std	SVM(L) AAcc±std	SVM(R) AAcc±std	EasyEnsemble AAcc±std	RandomForest AAcc±std
yeast1458vs7	66.59±4.65	50.00±0.00	51.22±2.36	**68.04±5.13**	66.83±8.35	59.86±7.22	50.00±0.00
yeast2vs8	**80.01±6.17**	77.39±10.33	77.39±10.33	76.53±9.64	79.35±10.65	79.61±5.65	74.89±8.65
glass5	**99.27±1.09**	89.51±14.39	50.00±0.00	97.80±3.04	95.61±2.22	88.17±13.70	74.76±25.01
shuttle_c2vs_c4	**100.00±0.00**	99.60±0.89	99.18±1.12	94.60±10.99	99.58±0.93	90.00±22.36	95.00±11.18
yeast4	**84.55±2.43**	50.00±0.00	50.00±0.00	82.41±1.86	83.10±0.80	83.44±7.10	58.59±6.34
winequality_red4	68.89±5.98	50.00±0.00	50.94±2.28	68.86±2.90	**71.39±6.60**	64.98±3.22	49.94±0.09
yeast1289vs7	**74.45±5.05**	50.00±0.00	50.00±0.00	73.66±4.48	74.37±4.83	73.80±8.25	54.73±7.53
poker9vs7	66.87±21.92	55.00±11.18	49.79±0.48	58.71±19.62	73.72±23.70	**74.74±16.96**	55.00±11.18
yeast5	**97.53±0.74**	50.00±0.00	50.00±0.00	97.53±0.62	97.15±0.70	97.26±0.53	84.90±5.22
yeast6	**89.18±5.41**	50.00±0.00	50.00±0.00	87.89±6.75	88.47±7.21	85.71±5.60	69.79±11.71
ecoli0137vs26	**86.72±20.70**	50.00±0.00	84.63±22.32	86.72±21.09	84.45±22.16	86.50±3.92	84.81±22.47
winequality_white3vs7	71.31±10.25	52.50±5.59	57.05±10.30	63.52±15.86	71.59±13.70	**72.56±11.48**	57.50±6.85
shuttle2vs5	99.94±0.10	98.95±2.30	90.88±6.50	**100.00±0.00**	**100.00±0.00**	99.16±0.28	100.00±0.00
abalone19	77.96±8.91	50.00±0.00	50.00±0.00	79.96±6.64	**79.98±6.50**	73.11±8.16	50.00±0.00
平均值	88.40±4.59	75.64±5.67	70.27±7.46	87.51±5.52	**88.71±5.33**	86.16±5.88	80.50±6.96
平均排名	2.42	5.30	6.54	2.99	**2.25**	3.73	4.77

注：每个数据集最优的结果以粗体表示。

解向量 u，在解向量 u 达到终止条件后，再固定 u 并将求得的 u 代入目标函数中求解 v。当 EMatMHKS 开始训练 v 时，收敛曲线可能会上升，因为当前向量 v 仍然可能存在误差，这种现象可见于图 2-12。根据图 2-12 所示曲线可以发现，EMatMHKS 具有很快的收敛速度，总体上当迭代次数达到 20 次时，曲线基本已经趋于稳定并靠近曲线最低点。此外，在 winequality_red4 和 abalone19 这两个数据集中，甚至在迭代次数少于 10 次时，曲线已经达到稳定。因此，EMatMHKS 具有较快的收敛速度。

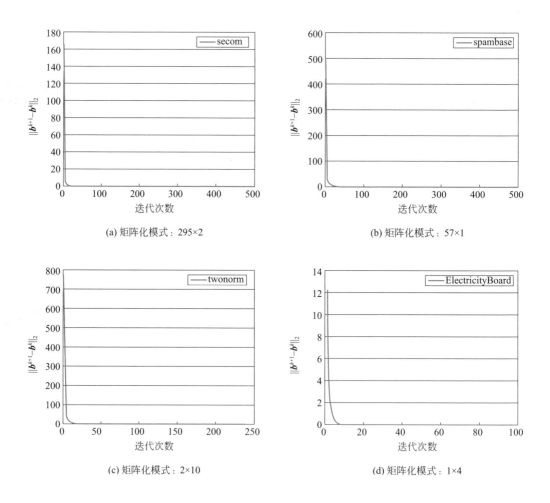

(a) 矩阵化模式：295×2

(b) 矩阵化模式：57×1

(c) 矩阵化模式：2×10

(d) 矩阵化模式：1×4

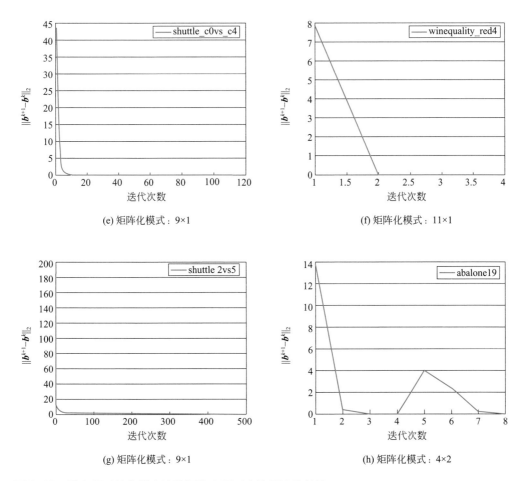

(e) 矩阵化模式：9×1

(f) 矩阵化模式：11×1

(g) 矩阵化模式：9×1

(h) 矩阵化模式：4×2

图 2-12　具有相对较多样本的数据集上所对应的算法收敛性

参考文献

[1] XUE H, CHEN S, YANG Q. Discriminatively regularized least-squares classification[J]. Pattern Recognition, 2009, 42 (1): 93-104.

[2] HUI X, CHEN S, QIANG Y. Structural regularized support vector machine: a framework for structural large margin classifier[J]. IEEE Transactions on Neural Networks, 2011, 22 (4): 573-587.

[3] PENG X, WANG Y, XU D. Structural twin parametric-margin support vector machine for binary classification[J]. Knowledge-Based System, 2013, 49 (49): 63-72.

[4] ALCALÁ J, FERNÁNDEZ A, LUENGO J, et al. KEEL data-mining software tool: data set repository, integration of algorithms and experimental analysis framework[J]. Journal of Multiple-Valued Logic and Soft Compution, 2011, 17 (2-3): 255-287.

[5] BACHE K, LICHMAN M. UCI Machine Learning Repository[D]. Irvine: University of California, Irvine, school of information and computer sciences, 2013.

[6] XU Q, LIANG Y. Monte carlo cross validation[J]. Chemometrics & Intelligent Laboratory Systems, 2001, 56 (1): 1-11.

[7] CAI D, HE X, HU Y, et al. Learning a spatially smooth subspace for face recognition[C]//2007 ieee conference on computer vision and pattern recognition. New York: IEEE, 2007, 1-7.

[8] DEMSAR J. Statistical comparisons of classifiers over multiple data sets[J]. Journal of Machine Learning Research. 2006, 7:1-30.

[9] YE J. Generalized low rank approximations of matrices[J]. Machine Learning, 2005, 61(1-3): 167-191.

[10] GALAR M, FERNANDEZ A, BARRENECHEA E, et al. A review on ensembles for the class imbalance problem: bagging-, boosting-, and hybrid-based approaches[J]. IEEE Transactions on Systems, Man, and Cybernetics, Part C (Applications and Reviews), 2012, 42(4): 463-484.

[11] 付忠良. 多分类问题代价敏感 AdaBoost 算法 [J]. 自动化学报, 2011, 37(8): 973-983.

[12] 曹莹，苗启广，刘家辰，等. AdaBoost 算法研究进展与展望 [J]. 自动化学报，2013, 06: 745-758.

[13] CHAN P K, STOLFO S J. Toward Scalable Learning with Non-Uniform Class and Cost Distributions: A Case Study in Credit Card Fraud Detection[J]. KDD, 1998, 98: 164-168.

[14] WANG Z, CHEN S, GAO D. A novel multi-view learning developed from single-view patterns[J]. Pattern Recognition, 2011, 44(10-11): 2395-2413.

[15] WANG Z, ZHANG G, LI D, et al. Locality sensitive discriminant matrixized learning machine[J]. Knowledge-Based Systems, 2017, 116: 13-25.

[16] FAN Q, WANG Z, LI D, et al. Entropy-based fuzzy support vector machine for imbalanced datasets[J]. Knowledge-Based Systems, 2017, 115: 87-99.

[17] SHANNON C E. A mathematical theory of communication[J]. ACM SIGMOBILE Mobile Computing and Communications Review, 2001, 5(1): 3-55.

[18] LIU X Y, WU J, ZHOU Z H. Exploratory undersampling for class-imbalance learning[J]. IEEE Transactions on Systems, Man, and Cybernetics, Part B (Cybernetics), 2009, 39(2): 539-550.

[19] ALCALÁ-FDEZ J, FERNÁNDEZ A, LUENGO J, et al. Keel data-mining software tool: data set repository, integration of algorithms and experimental analysis framework[J]. Journal of Multiple-Valued Logic & Soft Computing, 2011, 17.

[20] HSU C W, LIN C J. A comparison of methods for multiclass support vector machines[J]. IEEE Transactions on Neural Networks, 2002, 13(2):415-424.

[21] BACHE K, LICHMAN M. UCI machine learning repository[DB/OL]. URL http://archive. ics. uci. edu/ml, 2013.

[22] XU Q S, LIANG Y Z. Monte Carlo cross validation[J]. Chemometrics and Intelligent Laboratory Systems, 2001, 56(1):1-11.

[23] KOHAVI R. A study of cross-validation and bootstrap for accuracy estimation and model selection[C]//International Joint Conference on Artificial Intelligence. 1995,14(2):1137-1145.

[24] LAUER F, GUERMEUR Y. MSVMpack: a multi-class support vector machine package[J]. The Journal of Machine Learning Research, 2011, 12: 2293-2296.

[25] DEMSAR J. Statistical comparisons of classifiers over multiple data sets[J]. Journal of Machine Learning Research, 2006, 7(1):1-30.

[26] HUANG J, LING C X. Using AUC and accuracy in evaluating learning algorithms[J]. IEEE Transactions on Knowledge & Data Engineering, 2005, 17(3):299-310.

[27] BARTLETT P L, JORDAN M I, MCAULIFFE J D. Convexity, classification, and risk bounds[J]. Journal of the American Statistical Association, 2006, 101(473):138-156.

[28] SUN X. Structure regularization for structured prediction: theories and experiments. arXiv preprint arXiv:1411.6243, 2014.

[29] KOLTCHINSKII V. Rademacher penalties and structural risk minimization[J]. IEEE Transactions on Information Theory, 2001, 47(5):1902-1914.

[30] WANG Z, JIE W, GAO D, et al. Rademacher complexity analysis for matrixized and vectorized classifier[C]//Recent Advances in Computer Science and Information Engineering. Berlin: Springer, 2012.

[31] CORTES C, VAPNIK V. Support-vector networks[J]. Machine Learning, 1995, 20(3): 273-297.

Digital Wave
Advanced Technology of
Industrial Internet

Key Technologies and Applications
of Machine Learning

机器学习关键技术及应用

第 3 章

多视角学习

3.1
概述

　　实际问题中，存在对同一事物从多种途径或角度的描述。这种由多种描述构成事物的多个视图，即为多视角。多视角学习通过引入一个函数去模型化一个特定的视角，并且利用相同输入的冗余视角去联合优化所有函数，最终达到提高学习效果的目的。多视角可作表示数据的不同特征集之用，亦可作表示数据的不同来源之用，例如对于人脸识别，可以用脸、指纹、脑电信号等作为不同源的输入。同一个数据源可以包含多个特征子集，比如图像表示可以用颜色、形状、纹理和文字等作为不同特征表述，多个特征子集就构成了数据的多个视角。

　　多视角学习在工业生产方面具有广泛的应用背景，比如工业自动化故障监控和智能电网不良数据检测。随着工业自动化程度的提高和计算机技术的蓬勃发展，工业系统越来越复杂，导致故障发生的潜在几率增加，因此，工业过程中的监测技术受到广泛关注。传统以单视角设计的监控系统可以监视的领域范围很小，当人或物体移动过快或被某些障碍物遮挡时，监控系统很容易丢失目标之间的深度信息。根据实际场景的需要，多视角也慢慢深入到监控领域，实际应用证明，使用多视角监控能够有效扩大摄像头可监视范围，充分利用工业生产过程中采集的图像、声音和视频等数据，对其进行特征提取，组成特征矩阵，以此提取关键信息，使信息利用率更高。通过这种方法，监控系统可以更容易或者提前发现潜在的故障问题，减少了工业自动化生产中的一些损失。在智能电网不良数据检测问题上，多视角可以综合分析多个来源或多个特征子集的数据信息，这里指的多个来源可能是来自单个节点的不同时期的测试数据，也可能是来自多个节点的系统的测试数据。一般来说，智能电网受到的其他网络攻击一般都会存在某种局部性，可能是空域的局部性也可能是时域的局部性，或者两者兼有。与之相反，来自系统的正常的监测数据不管是在空域上还是时域上存在相对的一致性。因此，综合分析来自多个来源或多个特征子集或多个视角的系统监测数据有助于挖掘出智能电网中的一些劣质数据和干扰数据，能够有效提高对智能电网中不良数据的检测性能。

在此背景和基础下，本章首先对数据信息的观察视角展开研究。数据信息包含全局信息、局部信息和结构信息。这些信息视角都可以被用于正则化型分类器的设计，通过多核分类算法来充分学习多视角先验知识。基于这个想法，本章提出了一种全新的三层多核学习分类器算法（Three-fold Structural Multiple Empirical Kernel Learning, TSMEKL），它不局限于数据在原始输入空间中表达的结构，而是将其映射到多个特征空间，并有机地将多个特征空间的信息整合起来，充分地利用和挖掘数据样本整体的各种先验信息。TSMEKL 算法兼顾到了单个数据自身的结构信息、数据之间的结构信息、各特征空间上的整体结构信息，利用的先验信息越多，TSMEKL 具有越优秀的分类性能。

在多视角下，与单个核函数相比多核模型更加灵活。经过多个核函数映射后的高维空间是由多个特征空间组合而成的组合空间，该组合空间拥有组合各子空间不同特征映射的能力，用最合适的不同的单个核函数对异构数据中的不同特征分量进行映射，致使数据在组合空间中表达的准确率、合理率更高，达到提高样本数据的预测精度的目的。由此可见，多核学习算法通过对多个核的集成来实现对特定问题的求解，它在提高分类性能等诸多方面的优越性已经被广泛认可，但是如果算法中的优化方式选择不当，也会在一定程度上造成多核学习算法较高的时间和空间复杂度。

针对现有多视角下的多核学习算法在时间复杂度和空间复杂度方面尚且存在的问题，本章提出了一种基于 Nyström 近似矩阵算法的多核学习分类器设计方法，这个方法在保证甚至提高分类性能的前提下，能够有效地降低算法本身的时间和空间开销。该算法思想的核心在于：首先将单源数据模式通过核方法采用不同的核函数隐性映射到不同的高维核空间中；然后在高维投影空间内采用 Nyström 近似矩阵算法计算每个候选核矩阵对应的近似核矩阵；接着依据原始候选核矩阵与近似核矩阵之间的近似误差计算每个候选核矩阵在最优融合核矩阵中的组合系数，并根据多核学习框架模型构造最优融合核矩阵；最后用得到的最优融合核矩阵设计分类器。

多视角学习方法利用事物多个独立或不相关的视角以特定的训练方式来进行学习，有利于提高分类器的分类性能。但是，由于多视角学习算法 MultiV-MHKS 缺少对模型整体域信息的研究，局限于单独的模型像素点之间的关系。为了充分挖掘和利用多视角下的域信息，将多视角框架 MultiV-MHKS 和 Universum 学习相结合。Universum 学习旨在利用现有的多视角学习算法，通过 Universum 数据来设计一种新型的多视角学习算法，并展开实际应用。

3.2
先验信息融合的正则化型分类器

3.2.1　挖掘数据先验信息

三层多核分类学习 TSMEKL 的三个层次中的第一个层次是数据自身的分类信息，这也是其他分类器普遍使用的信息。但是，本算法不是简单地在原始输入空间中挖掘相关信息，而是通过核映射到相应的特征空间。相关文献证明，通过核映射可以将原本线性不可分的数据变成线性可分。此外，根据映射所用的核函数不同，其特征空间中所表达出的信息结构也有所不同，即所利用信息的视角也有所不同。第二个层次是数据相互之间的联系。基于聚类技术，数据不再是单独地给分类器提供分类辅助，而是整体地协助分类器达到最佳的分类面。通过聚类技术的预处理，归属于同一个聚类的不同数据在分类器的最终输出中应该趋于一致。基于这个思想，引入了一个新的正则化项来利用这个层次的信息。第三个层次是在多个特征空间中信息的整体利用。因此，本模型的另外一个特点是其不是普通的单核学习，而是引入了多经验核学习。也就是将样本通过多个核函数，分别映射到不同的特征空间中。一个样本在各个特征空间中所表达的结构信息是不同的。因此，站在各个特征空间的全局高度，将各个空间中最终的输出整合起来，作为一个新的层次辅助分类器的设计。综上所述，TSMEKL 算法兼顾到了单个数据自身的结构信息、数据之间的结构信息、各特征空间上的整体结构信息，尽可能地利用了样本的各种先验信息。由于利用的先验信息更多，TSMEKL 应该有着较优的分类性能。

3.2.2 多核学习与经验核映射

3.2.2.1 多核学习

在核方法提出之后，相关研究文献层出不穷。在单核学习的基础上，多核学习的提出会带来崭新的视野。不同于传统的采用单个固定核的方法，多核学习（Multiple Kernel Learning, MKL）将多个核函数引入了现实世界的应用之中。多核学习已经显示了其在处理不平衡数据上优良且高效的性能。经典的多核学习是给出一个包含 M 个备用核函数的线性凸组合，如 $G = \sum_{l=1}^{M} \alpha_l \boldsymbol{K}_l, \alpha_l \geq 0, \sum_{l=1}^{M} \alpha_l = 1$，并将其应用于支持向量机。具体地，Lanckriet 等人提出多核函数组合问题 $G = \sum_{l=1}^{M} \alpha_l K_l$ 可转化为一个二次约束二次优化问题（Quadratically Constrained Quadratic Program, QCQP）。为了进一步将 Lanckriet 等人提出的模型应用于大规模数据问题，Bach 等人提出，QCQP 问题的对偶性是一个二次锥规划问题（Second-Order Cone Programming, SOCP）。同时，Sonnenburg 等人将 QCQP 问题重组成一个半正定线性规划问题（QCQP as a Semi-Infinite Linear Program, SILP），并且能够用于支持向量机的进一步延伸。Jian 等人也通过将其转化为一个半正定规划问题（Semi-Definite Programming, SDP）而提出了适用于多核的最小平方差支持向量机（Least Squares Support Vector Machine, LS-SVM），这个模型能够大规模并高效率地处理凸优化问题。

Gonen 与 Alpaydin 通过引入响应面技术，在不引入新的正则化项的基础上重构了多核学习模型。在模型选择的预处理上，他们的方法可以通过交叉验证得到较好的效果。Hu 等人将一个稀疏公式引入多核学习之中，这样算法模型就需要更少的支持向量，这个稀疏化后组合而成的核函数可以通过计算一个原始核函数的线性组合问题而自动生成。同时，Yang 等人讨论了在多核学习中如何选取最佳核组合参数的问题。之后，他们将其应用到一个最大化正则化度量方式上。具体地，就是使用 L_p 范式来对核权重进行约束，以此保留所有基核空间下的信息。通过引入弹性网约束核权重，最终提出的多核学习算法在实验验证中均表现出有效性与高效性。此外，在其他应用领域，通过 MKL 与具体问题结合发展出来的新方法都取得了不错的成效。为了在模型训练过程中将所有特征划分到有限的几个不相关的组中，Subrahmanya 等人引入了另外一个稀疏的多核学习算法（称为 SMKL）到信号处理过程中。所提的 SMKL 将核方法转化为一个凸函数最优值问题，能够快速获得最优解。具体地，SMKL 将一个额外的凸惩罚函数引入约束参数分量的稀疏性。因此，在信号处理的实例上，SMKL 能够仅用较少的核函数组合就能获得很高的正确率。而 Lin 等人将多核学习应用于降维处理过程中，即将一个高维度的结果数据转化为在一个同一空间下维度较低的数据。这个技术在图像处理、聚类处理上有着重要作用。他们提出的与降维技术相结合的多核学习框架称为 MKL-DR。

3.2.2.2 经验核映射

在所有的多核学习算法中，一般都是将数据 x 映射到不同的特征空间 $F_l, l=1, \cdots, M$, $\Phi l(x):x \rightarrow F_l$，并提取相应特征空间中的信息。实际上，这个映射结果 $\Phi(x)$ 可以通过两种方式生成，也就是隐性核映射（Implicit Kernel Mapping, IKM）$\Phi^i(x)$ 和显性核映射（也称为经验核映射）（Empirical Kernel Mapping, EKM）$\Phi^e(x)$。经验核映射是通过确定的核函数 $k(x_i, x_j)$ 来生成的，就是这个核函数决定了特征空间的几何结构。在隐性核映射中，不用得到确切的 $\Phi^i(x)$ 而是只需要计算 $k(x_i, x_j)=\Phi^i(x_i) \cdot \Phi^i(x_j)$ 即可。现在大多数多核学习算法就是基于隐性核映射，因此也称为隐性多核学习（Multiple Implicit Kernel Learning, MIKL）。相反，另一种经验核映射则是根据经验直接给出数据 x 所映射的 Φ^e 空间。因此，采用经验核映射的多核学习算法就称为多经验核学习（Multiple Empirical Kernel Learning, MEKL）。

$\varPhi^i(x)$ 和 $\varPhi^e(x)$ 这两种映射都有各自的特点。前者可以避免维度灾难问题，并且能够在映射空间的组合过程中依旧保持线性。而后者则更加易于处理计算，并且能够方便地分析核函数对于输入空间的适应性。

经验核映射相较于隐性核映射来说，更容易研究核函数在输入空间中的适应性。在对于经验核映射的进一步研究中，Scholkopf 等人仔细地研究了其与隐性核映射在输入空间与对应的特种空间上的关系，进一步从理论上证明经验核映射和隐性核映射实际上具有相同的几何结构。不过，他们也发现了隐性核映射有以下两个缺点：一是它的计算代价会随着训练样本的增多而急剧增加；二是需要对于每个新的样本数据重新计算，更新一遍整个核矩阵。相反，经验核映射就能够避免以上两个问题而具有更好的适应性。Liang 等人进一步研究了特征空间中经验核映射的核函数输出结果。他们的实验证明，在特征空间中基于不同的经验核映射而生成的分类面是可控的。

此后，学术界涌现出越来越多对于经验核映射研究的工作。Scholkopf 等人发现所有训练样本生成的 Gram 核矩阵在有较大的特征值时分类效果不好。因此，他们提出了一些针对性的解决方案，并将它们应用于支持向量机。Hu 等人在多核学习算法中加入了一个稀疏公式来生成核函数的线性组合，这样能够大大加快计算速度。该方法通过引入一个新的正则化项，只需要更少的核函数和支持向量就能得到较好的性能。通过实验验证，该方法能够在统计上获得比基础的支持向量机更好或者相当的结果。Zhang 等人讨论了如何通过一组经验的非线性函数将原始输入空间映射到一个高维经验核空间。他们的模型采用了各不相同的核函数并且获得了与支持向量机相当的性能。Wang 等人受规范相关分析（Canonical Correlation Analysis, CCA）的启发集成了多个核函数，通过引入一个新的项来平衡在不同经验核空间下的输出结果，所提的算法 MultiK-MHKS 能够在真实世界数据集和人工数据集上获得优良的性能。更多地，经验多核学习算法在其他应用领域也有着巨大的作用。Harmeling 等人将经验核映射引入了盲源分离（Blind Source Separation, BSS）系统中。Kim 等人将经验核映射应用于主成分分析（Principal Component Analysis, PCA）中，并取得良好的效果。Wang 等人将经验核映射应用于形态化自联想记忆（Morphological Auto-associative Memory, MAM）并获得了成功。总之，经验核映射显示出了它的高适用性，并且在学术研究中有着广泛的应用前景。

TSMEKL 算法的动机是引入在不同经验核映射下的特征空间中的簇间结构。有一些相关工作也是采用了经验核映射来获取类似的结构信息。例如，Gonen 和 Alpaydin 提出了一种局部的多核学习算法（Localized Multiple Kernel Learning, LMKL）。LMKL 是采用在特征空间下的数据分类信息去优化整体的分类性能。他们的动机是采用在经验核映射后的局部信息，集中于通过不同的经验核映射下的多种数据信息去优化模型。目前还没有学者提出其他使用经验核映射下的类似结构信息。

3.2.3 TSMEKL 模型

3.2.3.1 多经验核映射

假设有训练集 $\{(\boldsymbol{x}_i, \varphi_i)\}_{i=1}^{N}, \varphi_i \in \{-1, +1\}$ 以及 M 个核函数，每个样本 x_i 将根据经验通过形如 $\Phi_l:\chi \to F_l^{n_l}, l=1,\cdots,M$ 的方式，从原始输入空间映射到其相应的特征空间中。其中每一个特征空间 $F_l^{n_l}$ 的维度都为 n_l。具体的经验核映射如下：首先利用训练数据集 $\{(\boldsymbol{x}_i, \varphi_i)\}_{i=1}^{N}$ 生成核矩阵 $\boldsymbol{K}_l = [ker_{ij}] \in \mathbb{R}^{N \times N}$，其中，$ker_{ij} = \boldsymbol{\Phi}^{\mathrm{T}}(\boldsymbol{x}_i)\boldsymbol{\Phi}(\boldsymbol{x}_j) = ker(\boldsymbol{x}_i, \boldsymbol{x}_j)$。这个对称半正定矩阵 $\boldsymbol{K}_l$ 可以被分解成：

$$\boldsymbol{K}_l = \boldsymbol{Q}_l \times \boldsymbol{\Lambda}_l \times \boldsymbol{Q}_l^{\mathrm{T}} \tag{3-1}$$

式中，$\boldsymbol{Q}_l$ 为 $N \times r$ 矩阵；$\boldsymbol{\Lambda}_l$ 为 $r \times r$ 对角矩阵；r 为 $\boldsymbol{K}_l$ 秩。此后每一个样本 x 都会通过以下公式根据经验映射到第 l 个特征空间中去：

$$x \to \boldsymbol{\Lambda}_l^{-\frac{1}{2}}\boldsymbol{Q}_l^{\mathrm{T}}\left[ker_l(x, \boldsymbol{x}_1), \cdots, ker_l(x, \boldsymbol{x}_N)\right]^{\mathrm{T}} \tag{3-2}$$

3.2.3.2 簇结构的应用

这里采用经典的 K 均值聚类算法来提取簇结构间的数据信息。K 均值聚类算法是根据指定的聚类数目 k，初始化 k 个簇中心 $S=S_1, S_2, \cdots, S_k$，之后将样本根据每个簇中心不同的距离度量分配到最近的簇中。例如，

对于样本 $\{(\boldsymbol{x}_i, \varphi_i)\}_{i=1}^{N}$，K 均值聚类算法要使类间的平方和最小化，如下式所示：

$$\min \sum_{i=1}^{k} \sum_{\boldsymbol{x}_j \in S_i} \| \boldsymbol{x}_j - \boldsymbol{\mu}_i \|^2 \qquad (3\text{-}3)$$

式中，$\boldsymbol{\mu}_i$ 为第 S_i 个簇的样本的均值。最终的聚类结果好坏与指定 k 值高度相关，因此 k 值对于本算法的影响将会在接下来的实验部分进行讨论。

为了在通过经验核映射生成的特征空间中利用簇结构，令 $\boldsymbol{\Phi}_i^{el}$ 表示第 l 个经验核映射之后的样本 $\boldsymbol{\Phi}^{el}(\boldsymbol{x}_i)$ 之后，在第 l 个特征空间中使用 K 均值聚类算法将样本划分成 k 个簇。然后，定义一个新的包含簇结构信息的正则项，具体如下式所示：

$$\boldsymbol{R}_c^l = \sum_{i=1}^{k} \sum_{p=1}^{n_d} \tilde{\boldsymbol{\omega}}_l^{\mathrm{T}} \left(\boldsymbol{\Phi}_{ip}^{el} - \bar{\boldsymbol{\Phi}}_l^{el} \right) \left(\boldsymbol{\Phi}_{ip}^{el} - \bar{\boldsymbol{\Phi}}_l^{el} \right)^{\mathrm{T}} \tilde{\boldsymbol{\omega}}_l \qquad (3\text{-}4)$$

式中，$\tilde{\boldsymbol{\omega}}_l$ 为决策函数的权重；$\boldsymbol{\Phi}_{ip}^{el}$ 为第 i 个簇中的第 p 个样本；$\bar{\boldsymbol{\Phi}}_l^{el}$ 为第 i 个簇的均值；n_d 为第 i 个簇的样本数量；R_c^l 项的意义是在每个类别中，相同的样本应该通过最小化这一项紧紧地聚集在一起。

3.2.3.3 三层多经验核学习模型

三层多经验核学习模型 TSMEKL 的整体结构：首先，输入数据通过经验核公式 (3-2) 映射到 M 个不同的特征空间中去。对于每个生成的特征空间，使用经验风险项来度量训练误差，再使用推广正则化项来度量推广误差，这两项都是利用数据类别之间的分类信息。然后，利用聚类技术来获取数据相互之间的结构信息，如式 (3-4) 所示，用一个基于簇结构的正则化项来达到这个目的。此时，已经引入了类别结构信息以及簇结构信息。最后，对于 M 个特征空间，引入一个新的正则化项来约束每个样本在所有的特征空间上的输出。最终，TSMEKL 的目标函数 $\boldsymbol{L}$ 如下所示：

$$\min \boldsymbol{L} = \sum_{l=1}^{M} \left[\boldsymbol{R}_{\mathrm{emp}}^l(f) + c_l \boldsymbol{R}_{\mathrm{reg}}^l(f) + \beta_l \boldsymbol{R}_c^l(f) \right] + \lambda \boldsymbol{R}_{\mathrm{IFSL}}(F) \qquad (3\text{-}5)$$

式中，f 为在每个特征空间中的基分类器。

在每个特征空间中，$R_{\text{emp}}^l(f)$ 是经验风险项，$R_{\text{reg}}^l(f)$ 是推广正则化项，$R_c^l(f)$ 是簇结构信息项，而 $R_{\text{IFSL}}(F)$ 是一个新的特殊项（Iter-Function Similarity Loss），目的是用来约束同一样本在不同特征空间上的输出一致性，$F = \dfrac{1}{M}\sum\limits_{l=1}^{M} f_l$ 起到了平衡各基分类器在各特征空间上的权重的作用，c_l，β_l，$\lambda > 0$ 是正则化参数，用以调整各项权重。

基分类器 f 采用 MHKS 分类器。现在，将 MHKS 作为基分类器引入各特征空间。给定训练样本 $\{(\boldsymbol{x}_i,\varphi_i)\}_{i=1}^N$，$\varphi_i \in \{-1,+1\}$ 及 M 个核函数。将样本 $\{\boldsymbol{x}_i\}_{i=1}^N$ 映射到 $\{\boldsymbol{\Phi}_1^e(\boldsymbol{x}_i),\cdots,\boldsymbol{\Phi}_l^e(\boldsymbol{x}_i),\cdots,\boldsymbol{\Phi}_M^e(\boldsymbol{x}_i)\}_{i=1}^N$ M 个特征空间中。在第 l 个特征空间中，为简洁显示，定义增广的样本 $\boldsymbol{\Phi}_i^l = (\boldsymbol{\Phi}_l^{e\mathrm{T}}(\boldsymbol{x}_i),1)^{\mathrm{T}}$，并令 $\boldsymbol{Y}_l = \left[\varphi_1 \boldsymbol{\Phi}_1^{l\mathrm{T}};\cdots;\varphi_N \boldsymbol{\Phi}_N^{l\mathrm{T}}\right]_0$。对于前面提出的模型框架式 (3-5)，$R_{\text{emp}}^l$ 项与 R_{reg}^l 项由以下公式给出：

$$R_{\text{emp}}^l = \left(\boldsymbol{Y}_l \boldsymbol{\omega}_l - \boldsymbol{1}_{N\times 1} - \boldsymbol{b}_l\right)^{\mathrm{T}} \left(\boldsymbol{Y}_l \boldsymbol{\omega}_l - \boldsymbol{1}_{N\times 1} - \boldsymbol{b}_l\right) \tag{3-6}$$

$$R_{\text{reg}}^l = \tilde{\boldsymbol{\omega}}_l^{\mathrm{T}} \tilde{\boldsymbol{\omega}}_l \tag{3-7}$$

式中，$\tilde{\boldsymbol{\omega}} \in \mathbb{R}^{n_l}$ 及 $\boldsymbol{\omega}_0 \in \mathbb{R}$ 分别为第 l 个特征空间中的权重向量以及阈值，增广的权重向量为 $\boldsymbol{\omega} = [\tilde{\boldsymbol{\omega}}^{\mathrm{T}},\boldsymbol{\omega}_0]^{\mathrm{T}}$。

第 l 个特征空间中的 R_c^l 项根据式 (3-4) 可表达为：

$$R_c^l = \sum_{i=1}^{n_i}\sum_{p=1}^{n_d} \boldsymbol{\omega}_l^{\mathrm{T}} \left(\boldsymbol{\Phi}_{ip}^l - \bar{\boldsymbol{\Phi}}_i^l\right)\left(\boldsymbol{\Phi}_{ip}^l - \bar{\boldsymbol{\Phi}}_i^l\right)^{\mathrm{T}} \boldsymbol{\omega}_l \tag{3-8}$$

此项体现出了样本在各自特征空间中的簇结构信息。通过最小化这一项，相同簇中的数据的差别将进一步减小。最后，R_{IFSL} 项为：

$$R_{\text{IFSL}} = \sum_{l=1}^{M}\left(\boldsymbol{Y}_l \boldsymbol{\omega}_l - \frac{1}{M}\sum_{j=1}^{M}\boldsymbol{Y}_l \boldsymbol{\omega}_l\right)^{\mathrm{T}}\left(\boldsymbol{Y}_l \boldsymbol{\omega}_l - \frac{1}{M}\sum_{j=1}^{M}\boldsymbol{Y}_l \boldsymbol{\omega}_l\right) \tag{3-9}$$

R_{IFSL} 项是站在所有生成的 M 个特征空间视角之上的，它作为一个通常项起到了统一全局信息的作用。具体来说，$\boldsymbol{Y}_l \boldsymbol{\omega}_l$ 代表第 l 个特征空间的单个学习输出结果，$\dfrac{1}{M}\sum\limits_{j=1}^{M}\boldsymbol{Y}_l \boldsymbol{\omega}_l$ 则是所有特征空间的全局输出结果。通过最小化这一项，可以使这两部分的输出结果尽可能一致。

在 TSMEKL 的目标函数式 (3-5) 中，经验风险项 R_{emp}^l、推广正则化

项 $\boldsymbol{R}_{\text{reg}}^l$、簇结构项 $\boldsymbol{R}_c^l$ 体现了在单个特征空间中的数据信息，而 $\boldsymbol{R}_{\text{IFSL}}$ 项则是整合了所有组合特征空间中的数据信息。在最小化 $\boldsymbol{R}_{\text{IFSL}}$ 项的过程中，单个样本在不同特征空间中的输出误差也被最小化。因此，以上四项是从单个的本地特征空间扩展到整体的全局特征空间。此外，$\boldsymbol{R}_{\text{emp}}^l$ 和 $\boldsymbol{R}_{\text{reg}}^l$ 体现的是单个类别的分类信息；$\boldsymbol{R}_c^l$ 体现的是簇结构信息，也就是每个特征空间中的局部域信息；$\boldsymbol{R}_{\text{IFSL}}$ 体现的是在不同特征空间中的样本信息。因此，称这个算法为三层的分类器学习算法。

现在根据以上提出的式 (3-6) ～式 (3-9) 重写目标函数式 (3-5)。最终优化问题变为最小化以下损失函数：

$$
\begin{aligned}
\min_{\substack{\boldsymbol{\omega}_l \in \mathbb{R}^{n_l+1} \\ l=1,\cdots,b_l \geq 0}} \boldsymbol{L} = \sum_{l=1}^{M} & \Big[\left(\boldsymbol{Y}_l \boldsymbol{\omega}_l - \boldsymbol{1}_{N\times 1} - \boldsymbol{b}_l \right)^{\text{T}} \left(\boldsymbol{Y}_l \boldsymbol{\omega}_l - \boldsymbol{1}_{N\times 1} - \boldsymbol{b}_l \right) + c_l \tilde{\boldsymbol{\omega}}_l^{\text{T}} \tilde{\boldsymbol{\omega}}_l \\
& + \beta_l \sum_{i=1}^{n_i} \sum_{p=1}^{n_d} \boldsymbol{\omega}_l^{\text{T}} \left(\boldsymbol{\Phi}_{ip}^l - \bar{\boldsymbol{\Phi}}_i^l \right) \left(\boldsymbol{\Phi}_{ip}^l - \bar{\boldsymbol{\Phi}}_i^l \right)^{\text{T}} \boldsymbol{\omega}_l \Big] \\
& + \lambda \sum_{l=1}^{M} \left(\boldsymbol{Y}_l \boldsymbol{\omega}_l - \frac{1}{M} \sum_{j=1}^{M} \boldsymbol{Y}_l \boldsymbol{\omega}_l \right)^{\text{T}} \left(\boldsymbol{Y}_l \boldsymbol{\omega}_l - \frac{1}{M} \sum_{j=1}^{M} \boldsymbol{Y}_l \boldsymbol{\omega}_l \right)
\end{aligned}
\tag{3-10}
$$

在式 (3-10) 中，每个 $\boldsymbol{\omega}$ 都是单独对 $\boldsymbol{L}$ 采用梯度下降法来优化的。单个 $\boldsymbol{\omega}_l$ 对误差函数 $\boldsymbol{L}$ 的梯度是：

$$
\begin{aligned}
\frac{\partial \boldsymbol{L}}{\partial \boldsymbol{\omega}_l} = & \, 2 \boldsymbol{Y}_l^{\text{T}} \boldsymbol{Y}_l \boldsymbol{\omega}_l - 2 \boldsymbol{Y}_l^{\text{T}} \left(\boldsymbol{1}_{N\times 1} + \boldsymbol{b}_l \right) + 2 c_l \tilde{\boldsymbol{I}} \boldsymbol{\omega}_l \\
& + 2 \beta_l \sum_{i=1}^{n_i} \sum_{p=1}^{n_d} \left(\boldsymbol{\Phi}_{ip} - \bar{\boldsymbol{\Phi}}_i \right) \left(\boldsymbol{\Phi}_{ip} - \bar{\boldsymbol{\Phi}}_i \right)^{\text{T}} \boldsymbol{\omega}_l \\
& + 2 \lambda \left[\frac{M-1}{M} \boldsymbol{Y}_l^{\text{T}} \boldsymbol{Y}_l \boldsymbol{\omega}_l - \frac{1}{M} \boldsymbol{Y}^{\text{T}} \left(\sum_{j=1;j\neq l}^{M} \boldsymbol{Y}_j \boldsymbol{\omega}_j \right) \right]
\end{aligned}
\tag{3-11}
$$

式中，$\tilde{\boldsymbol{I}}$ 为对角矩阵，但其最后一个元素是 0。通过令 $\boldsymbol{L}$ 对 $\boldsymbol{\omega}_l$ 梯度为 0，可得：

$$
\begin{aligned}
\boldsymbol{\omega}_l = & \left[\left(1 + \lambda \frac{M-1}{M} \right) \boldsymbol{Y}_l^{\text{T}} \boldsymbol{Y}_l + c_l \tilde{\boldsymbol{I}} + \beta_l \sum_{i=1}^{n_i} \sum_{p=1}^{n_d} \left(\boldsymbol{\Phi}_{ip} - \bar{\boldsymbol{\Phi}}_i \right) \left(\boldsymbol{\Phi}_{ip} - \bar{\boldsymbol{\Phi}}_i \right)^{\text{T}} \right]^{-1} \\
& \boldsymbol{Y}_l^{\text{T}} \left(\boldsymbol{b}_l + \boldsymbol{1}_{N\times 1} + \lambda \frac{1}{M} \sum_{j=1;j\neq l}^{M} \boldsymbol{Y}_j \boldsymbol{\omega}_j \right)
\end{aligned}
\tag{3-12}
$$

从式 (3-12) 中可以看出，在第 l 个特征空间中 $\boldsymbol{\omega}_l$ 是依赖 $\boldsymbol{b}_l$ 变化的。进一步令 L 对 $\boldsymbol{b}_l$ 梯度为 0，可得：

$$\frac{\partial \boldsymbol{L}}{\partial \boldsymbol{b}_l} = -2\left(\boldsymbol{Y}_l \boldsymbol{\omega}_l - \boldsymbol{b}_l - \boldsymbol{1}_{N \times 1}\right) \tag{3-13}$$

在第 $k+1$ 次迭代中，$\boldsymbol{b}_l^{k+1}$ 可以通过下式进行更新：

$$\boldsymbol{b}_l^{k+1} = \boldsymbol{b}_l^k - \rho_l \frac{\partial L}{\partial \boldsymbol{b}_l^k} = \boldsymbol{b}_l^k + 2\rho_l\left(\boldsymbol{Y}_l \boldsymbol{\omega}_l^k - \boldsymbol{b}_l^k - \boldsymbol{1}_{N \times 1}\right) \tag{3-14}$$

不过，类似于之前的工作，$\boldsymbol{b}_l$ 应该是非负的才能使分类正确。因此在每个特征空间中，先初始化 $\boldsymbol{b}_l^1 \geqslant 0$，然后在每轮迭代中使 $\boldsymbol{b}_l^k \geqslant 0$。实际上，根据式 (3-14)，是这样更新 $\boldsymbol{b}_l^k$ 的：

$$\begin{aligned} \boldsymbol{b}_l^1 &\geqslant 0 \\ \boldsymbol{b}_l^{k+1} &= \boldsymbol{b}_l^k + \rho_l(\boldsymbol{e}_l^k + |\boldsymbol{e}_l^k|) \end{aligned} \tag{3-15}$$

式中，在第 k 轮迭代中，$\boldsymbol{e}_l^k = \boldsymbol{Y}_l \boldsymbol{\omega}_l^k - \boldsymbol{b}_l^k - \boldsymbol{1}_{N \times 1}$，并令学习参数 $\rho > 0$。之后，再将 $\boldsymbol{b}_l^k$ 用于更新 $\boldsymbol{\omega}_l^{k+1}$ 于每次迭代之中。在实验之中，取 $\|L^{k+1} - L^k\|_2 \leqslant \xi$ 作为终止准则，ξ 取一个非常小的正值。表 3-1 中对 TSMEKL 的详细优化过程做了总结。

表3-1　TSMEKL算法步骤

输入：$\{\boldsymbol{x}_i, \varphi_i\}_{i=1}^N, \varphi_i \in \{-1, +1\}$；$M$ 个核函数 $\{ker_l(\boldsymbol{x}_i, \boldsymbol{x}_j)\}_{l=1}^M$，簇参数 k_c。
输出：权重向量 $\boldsymbol{\omega}_l, l=1,\cdots,M$。

1. 通过 M 个核函数将 $\{\boldsymbol{x}_i\}_{i=1}^N$ 根据经验映射到 $\{\boldsymbol{\Phi}_1^e(\boldsymbol{x}_i),\cdots,\boldsymbol{\Phi}_l^e(\boldsymbol{x}_i),\cdots,\boldsymbol{\Phi}_M^e(\boldsymbol{x}_i)\}_{i=1}^N$。
2. 在每个核空间中，将 $\{\boldsymbol{\Phi}_l^e(\boldsymbol{x}_i)\}_{i=1}^N$ 划分成 k_c 个聚簇。
3. 对于每个核空间，令 $\boldsymbol{\Phi}_l^i = (\boldsymbol{\Phi}_l^{eT}(\boldsymbol{x}_i), 1)^T$，$\boldsymbol{Y}_l = \left[\varphi_1 \boldsymbol{\Phi}_1^{iT}; \cdots; \varphi_N \boldsymbol{\Phi}_N^{iT}\right], l=1,\cdots,M$。
4. 初始化 $\xi>0$，$\rho>0$，$c_l \geqslant 0$，$\beta_l \geqslant 0$，$\lambda \geqslant 0$，$\boldsymbol{b}_l^1 \geqslant 0$，$l=1,\cdots,M$ 和权重 $\boldsymbol{\omega}_l^1, l=2,\cdots,M$，设置迭代次数 $k=1$。
5. 根据式 (3-12) 计算 $\boldsymbol{\omega}_l^k$。
6. 计算 $\boldsymbol{e}_l^k = \boldsymbol{Y}_l \boldsymbol{\omega}_l^k - \boldsymbol{b}_l^k - \boldsymbol{1}_{N \times 1}, l=1,\cdots,M$。
7. 计算 $\boldsymbol{b}_l^{k+1} = \boldsymbol{b}_l^k + \rho_l\left(\boldsymbol{e}_l^k + |\boldsymbol{e}_l^k|\right), l=1,\cdots,M$。
8. 根据式 (3-12) 更新 $\boldsymbol{\omega}_l^{k+1}$，若 $|L^{k+1} - L^k|_2 > \xi$，则 $k=k+1$，转到步骤 5；否则停止。

通过以上优化过程可以获得最终的权重向量 $\boldsymbol{\omega}_l, l=1,\cdots,M$。对于测试样本 z，将其进行相应的映射获得 $\{\boldsymbol{\Phi}^l(z)\}_{l=1}^M$，最终的判定函数为：

$$F(z) = \frac{1}{M} \sum_{l=1}^{M} \boldsymbol{\omega}_l^{\mathrm{T}} \left[\boldsymbol{\varPhi}^{l\mathrm{T}}(z), \mathbf{1} \right]^{\mathrm{T}} \begin{cases} > 0, & z \in Class +1 \\ < 0, & z \in Class -1 \end{cases} \tag{3-16}$$

其中，$Class$ 指类别，+1 表示正类，−1 表示负类。

3.2.4 实验

3.2.4.1 实验设置

对于每个使用的数据集，采用 n 重的 MCCV 进行划分，即数据集随机的一半数据作为训练集，而另外一半作为测试集。这里 n 取 10，即会进行 10 轮 MCCV。之后"一对一"的分类策略将会用于多类别分类问题。对于 TSMEKL，使用的核函数为线性核函数 $ker(\boldsymbol{x}_i, \boldsymbol{x}_j) = \boldsymbol{x}_i^{\mathrm{T}}$；RBF 核函数 $ker(\boldsymbol{x}_i, \boldsymbol{x}_j) = \exp\left(-\dfrac{\|\boldsymbol{x}_i - \boldsymbol{x}_j\|_2^2}{2\sigma^2} \right)$，其中的参数 σ 将根据经验从 $\{2^{-3}, 2^{-2}, 2^{-1}, 2^0, 2^1\}$ 中取出最优值；多项式核函数 $ker(\boldsymbol{x}_i, \boldsymbol{x}_j) = (\boldsymbol{x}_i^{\mathrm{T}} \boldsymbol{x}_j + 1)^d$，其中参数 d 取 2。之后，将这三个集核函数进行组合如下：①线性核 +RBF 核；②线性核 + 多项式核；③ RBF 核 + 多项式核；④线性核 +RBF 核 1+RBF 核 2。在这些核组合之中，取最优值记录到表格或图表中。在参数的初始化过程中，边界向量 $\boldsymbol{b}_l$ 取为 10^{-6}，学习参数 p 取为 0.99，终止准则参数 ξ 取为 10^{-3}，正则化参数 c_l 从 $\{2^{-4}, 2^{-3}, \cdots, 2^3, 2^4\}$ 中取最优值，λ_l 从 $\{10^{-3}, 10^{-2}, 10^{-1}, 1, 10\}$ 中取最优值。所有的实验都是在一台 CPU 为 Intel Xeon E5-2407 @2.20 GHz、16G 内存的服务器上运行的。其操作系统为 Microsoft Windows Server 2008，运行在 Matlab 2010 下。

3.2.4.2 单视角数据下的分类性能

将 TSMEKL 运行在 UCI 数据集与图像数据集上。所用的数据集都只有一套特征表示方式，因此称为单视角数据集。例如，Iirs 数据集中的每个样本都是一个 4×1 的特征向量。相反，多视角数据集则有多套特征表示方式。例如，一个多视角的样本可能除有一个 4×1 的特征向量外还有一个 7×1 的特征向量。这两组特征向量都包含了这个多视角样本不同方面的信息。它的每个特征向量都视为它的一个视角样本。对于多视角样本而言，它的每个视角下的信息都应被利用上。

（1）UCI 数据集实验验证

将 TSMEKL 运行在 UCI 数据集上，具体是 Clean、Page-blocks、Seeds、Vertebracolumn、Wine、Arrhythmia、Contraceptive Method Choice（缩写为 Cmc）、Ecoli、Glass Identification (Glass)、Congressional Voting (House-votes)、Ionosphere、Iris、Mammographic Mass (Mammogram)、Image Segmentation (Segment)、Sonar、Blood Transfusion (Transfusion)、Water Treatment Plant (Water)、Waveform。这些数据集的详细信息列在表 3-2 中。表 3-2 包括一些经典的数据集，例如 Iris 和 Sonar；总类别数超过 10 的数据集，例如 Arrhythmia；也有总样本数目超过 5000 的，例如 Page-blocks。

表3-2　UCI数据集详细信息

数据集	属性数	类别数	样本数	数据集	属性数	类别数	样本数
Clean	166	2	476	House-votes	16	2	435
Page-blocks	10	5	5473	Ionosphere	34	2	351
Seeds	7	3	210	Iris	4	3	150
Vertebracolumn	6	2	310	Mammogram	6	2	961
Wine	12	3	178	Segment	19	7	2310
Arrhythmia	279	13	452	Sonar	60	2	208
Cmc	9	3	1473	Transfusion	4	2	748
Ecoli	7	8	336	Water	38	2	116
Glass	10	6	214	Waveform	21	3	5000

为验证 TSMEKL 的分类有效性，实现 MultiK-MHKS、MHKS、MKL、SVM-2K 和 SVM 并加以比较。对于 MultiK-MHKS，取 4 种核函数的组合：线性核 +RBF 核、线性核 + 多项核、RBF 核 + 多项式核、线性核 +RBF 核 1+RBF 核 2，取最优的组合作为最终的结果。它的初始化与参数设置部分与 TSMEKL 的设置相同。TSMEKL 和 MultiK-MHKS 都是源自 MHKS，因此 MHKS 也参与性能的比较。它的正则化参数从 $\{2^{-4}, 2^{-3}, \cdots, 2^{3}, 2^{4}\}$ 中优化得出。对于 MKL，核函数的组合设置和正则化参数与 TSMEKL 相同。对于 SVM-2K，将采用以下三种两个核函数的组合：

线性核 +RBF 核、线性核 + 多项式核、RBF 核 + 多项式核。对于 SVM，将线性核、RBF 核、多项式核分别应用于它，取最优作最终结果。对于 SVM-2K 和 SVM，它们的正则化参数也是从 $\{2^{-4}, 2^{-3}, \cdots, 2^3, 2^4\}$ 中选取。

表 3-3 给出了上面所提的算法在 UCI 数据集上的分类测试结果。在此表中，每个数据集最优的分类结果以粗体表示，次优的以斜体表示。首先，在表 3-3 所示的 18 个数据集中，除了 Glass、Ionosphere、Water 和 Waveform，TSMEKL 都取得了第一或者第二的成绩。在这 4 个数据集上，TSMEKL 其实也和最佳的成绩相差不大。特别地，对于 TSMEKL 与 MultiK-MHKS 来说，在大多数数据集上 TSMEKL 明显比 MultiK-MHKS 性能优秀。特别是在 Clean、Seeds 和 Ecoli 上提升的性能超过了 3 个百分点。可以看出新引入的 R_c^l 项对于分类性能确有作用。其次，与其他多核算法 MKL 和 SVM-2K 相比较，TSMEKL 在除了 Ecoli 和 House-votes 外的 12 个数据集上，都取得了更优的结果。再次，对于单核算法 SVM 和线性算法 MHKS 来说，TSMEKL 在 18 个数据集的 14 个数据集上都有更好的分类性能。总之，可以看出，在绝大多数数据集上，TSMEKL 都体现出了更好的分类性能。因此也验证了提出的三层数据结构信息，特别是簇结构信息的引入有效地提高了算法的性能。

（2）图像数据集实验验证

另外一个重要的技术 *t*-test 也能够展示出在两组测试数据上的相关性。将 TSMEKL 的分类结果与其他算法进行 *t*-test 以得到各组数据的差别显著性。每一轮 *t*-test 的 *p*-value 都在表 3-3 中的正确率下列出，其中小于 10^{-4} 的值会显示为 0。*t*-test 的 H0 假设是认为被比较的两个算法没有显著的差别。在此假设下，*p*-value 越小则越认为两个测试的结果有显著的差别。在实验中，接受 H0 的阈值为 0.05。在表 3-3 中，*p*-value 后带 * 号则表示在 5% 显著级别，TSMEKL 与相应算法的差别是显著的。因此，从表 3-3 中可以看出：①在 TSMEKL 与 MultiK-MHKS 之间，一半数据集的 *p*-value 是在阈值之下的，即意味着在半数以上的数据集上 H0 被拒绝接受；②在 TSMEKL 与其他算法 MKL、SVM-2K、SVM 和 MHKS 之间，*p*-value 在绝大多数数据集上都是在阈值之下，即意味着 TSMEKL 与其他算法有显著的差异性。根据以上分类正确率与 *p*-value

表3-3　TSMEKL、MultiK-MHKS、MHKS、MKL、SVM-2K和SVM在UCI数据集上的分类正确率（%）和t-test比较

数据集	TSMEKL ACC	MultiK-MHKS ACC p-value	MHKS ACC p-value	MKL ACC p-value	SVM-2K ACC p-value	SVM ACC p-value
Clean	**79.87±2.84**	*76.84±3.18* 0.0157*	73.38±0.09 0.0481*	71.81±3.55 0.0000*	71.54±1.02 0.0000*	64.39±2.81 0.0086*
Page-blocks	**95.32±1.41**	*93.55±0.01* 0.0672	93.92±2.59 0.2419	89.69±2.82 0.0023*	85.28±0.04 0.0258*	63.41±2.27 0.0000*
Seeds	**96.08±1.88**	93.19±1.69 0.4987	93.39±0.02 0.0020*	*94.51±0.37* 0.0000*	90.95±0.84 0.0186*	89.71±0.03 0.0000*
Vertebracolumn	**86.10±2.05**	83.03±2.30 0.7998	84.10±5.25 0.0004*	*85.18±1.06* 0.0029*	78.06±3.19 0.0000*	77.74±0.78 0.0000*
Wine	**96.36±3.07**	93.59±4.16 0.0000*	*93.93±0.04* 0.4635	89.09±1.86 0.0000*	85.23±4.05 0.0000*	79.55±0.31 0.0000*
Arrhythmia	**57.43±1.02**	*56.85±1.10* 0.0154*	54.47±2.18 0.0428*	52.70±6.50 0.0072*	54.95±6.50 0.0004*	54.96±2.96 0.0412*
Cmc	**52.78±2.38**	52.17±1.85 0.0048*	51.45±3.72 0.0000*	*52.28±4.17* 0.0035*	48.55±1.68 0.0721	44.50±0.50 0.0000*
Ecoli	*86.78±1.85*	74.76±3.61 0.1386	73.53±4.82 0.0000*	51.92±8.59 0.0000*	**87.77±2.79** 0.0000*	80.95±0.17 0.0745
Glass	97.33±3.71	97.24±1.67 0.0000*	95.75±2.21 0.1280	*97.71±3.12* 0.0000*	**97.90±2.08** 0.0598	87.95±3.15 0.0000*
House-votes	92.90±4.22	92.81±3.03 0.0025*	91.57±2.57 0.1521	**94.29±0.17** 0.0073*	87.24±1.26 0.0192*	88.85±1.69 0.0002*
Ionosphere	86.69±1.78	86.31±0.50 0.0841	85.75±0.04 0.0135*	86.58±2.85 0.0097*	*89.20±0.14* 0.0000*	**89.60±0.34** 0.0281*
Iris	*97.60±1.34*	97.56±1.12 0.0227*	96.85±0.02 0.0000*	**98.00±4.19** 0.0105*	96.67±0.58 0.0939	96.00±0.04 0.0202*
Mammogram	**55.42±3.32**	54.62±3.40 0.0762	*54.70±0.07* 0.0000*	42.91±8.47 0.0000*	53.77±0.07 0.0131*	54.15±0.12 0.0012*
Segment	*96.91±0.33*	96.17±0.48 0.0539	94.09±0.02 0.0000*	**97.01±1.79** 0.0075*	89.97±1.28 0.0000*	83.55±0.35 0.0000*
Sonar	*76.41±4.36*	**76.50±2.43** 0.0260*	70.93±0.15 0.8974	67.96±2.88 0.0000*	66.02±4.19 0.0005*	69.81±0.44 0.0001*
Transfusion	*76.66±3.87*	76.58±4.70 0.2179	**77.06±0.01** 0.2192	63.37±2.04 0.0000*	76.20±0.00 0.1885	70.88±0.10 0.0001*
Water	90.70±2.82	88.95±2.12 0.0055*	**93.54±1.04** 0.1416	90.18±3.66 0.4116	84.56±6.76 0.0177*	*92.14±1.05* 0.0000*
Waveform	85.81±0.54	**85.96±0.03** 0.4423	*85.96±1.35* 0.0429*	60.68±4.16 0.07578	58.37±2.53 0.0014*	54.34±4.16 0.0000*

注：* 号表示在 5% 显著级别，TSMEKL 与相应算法的差别是显著的。

的分析，可以得出结论：TSMEKL 具有令人满意的性能，且同时证明了提出的簇结构项对于性能提升的有效性。

本小节将 TSMEKL 应用到图像数据集上。使用的图像数据集是 Letter（432 属性 /10 类别 /500 样本）、ORL（644/40/400）和 Coil-20（567/20/1440）。相关算法在每个数据集上都分别采用 10%、20%、40%、60% 和 80% 的随机样本作为训练集，剩下的样本作为测试集。以下介绍使用的各图像数据集。Letter 是一组包含 0 ~ 9 手写数字的图像数据，每个图像都是 24×18 像素。每轮随机地选取 50、100、200、300 和 400 个样本进行训练。ORL 是一组 40 个人物、每人以不同表情组成 10 张图片的数据集。同样地，分别随机选取 40、80、160、240 和 320 个样本进行训练。Coil-20 是 20 个物品的灰度图，这些物品放在一个可旋转的圆盘上，每隔 5°会被拍摄一张照片，共旋转 360°，即每个物品有 72 张图片，总样本数目为 1440。每张图片缩放到 21×27 像素。类似地，每轮随机选取 144、288、576、864 和 1152 个样本进行训练。这里将会在这三个图像数据集上运行 TSMEKL、MultiK-MHKS、MHKS 和 SVM 算法。它们的参数设置以及核函数设置之前的 UCI 部分完全一致。相应的分类结果在图 3-1 中给出。

图 3-1 中有三个子图，分别给出了 TSMEKL、MultiK-MHKS、MHKS 和 SVM 在 Letter、ORL 与 Coil-20 数据集上用不用数量样本进行训练得到的分类正确率。从图 3-1 中可以看出：① TSMEKL 与 MultiK-MHKS、MHKS 与 SVM 相比较而言，有着更优的分类性能。SVM 以 3 到 5 个百分点落后于 TSMEKL。MultiK-MHKS 和 MHKS 的性能均差于 TSMEKL，特别是在训练样本较少时。②在 Letter 与 ORL 数据集上，当训练样本少于一半时，MultiK-MHKS 和 MHKS 的性能都不佳。特别是在只有 10% 或 20% 的样本训练时，甚至达不到 50% 的正确率。这是由于训练样本有限，模型学习得不充分，不能达到有效分类的要求。然而，TSMEKL 在 10% 或 20% 样本的级别上达到了更好的性能结果。这说明引入的簇结构可以在训练过程不充分时辅助优化过程，从而提高算法性能。③在 Coil-20 数据集上，4 个算法的分类正确率在 20% 样本之后都有令人满意的结果。这主要是与 Coil-20 数据集中单个类别下样本

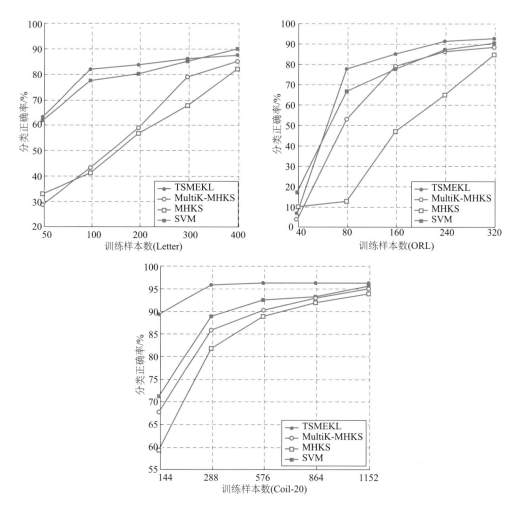

图 3-1 在 Letter、ORL、Coil-20 数据集上以不同数量的训练样本生成的 TSMEKL、MultiK-MHKS、MHKS 和 SVM 的分类正确率

间的差别不大有关。④在 3 个数据集上，当用于训练的样本超过 20% 之后，TSMEKL 和 SVM 的性能曲线都相对稳定并优于另外两个算法。以 Letter 和 Coil-20 为例，可以发现 MultiK-MHKS 和 MHKS 的正确率与进行训练的样本数量成正比关系，即越多样本用于训练，它们的正确率就越高。总的来说，提出的三层数据结构信息在分类中扮演了重要的角色，特别新提出的簇结构在训练样本较少时对于分类正确率有很大的提高，使得 TSMEKL 获得了较好的结果。

3.2.4.3 多视角数据集实验验证

前面已经简单介绍多视角数据集的每个样本有多组特征集。多视角数据的每组特征集都会根据式 (3-2) 和不同的核函数映射到各特征空间中。如此映射后的特征空间被视为这个样本的一个视角。在实验中，选用的多视角数据集是 Multiple Features Digit（MFD）。MFD 是 2000 个从 0 到 9 的手写数字，每个数字有 200 个样本。每个样本有 6 组不同的特征集，即 MFD 有 6 组特征集。MFD 详细的信息在表 3-4 中给出。

表3-4　MFD数据集的详细信息

视角	属性内容明细
Fou	76 字符形状的傅里叶系数
Fac	216 剖面对比
Kar	64 Karhunen-Love 系数
Mor	6 形态特征
Pix	240 2×3 窗口的像素平均值
Zer	47 zernike 矩

由于 MFD 数据集有 6 组特征集，取出两组来作为一次训练。那么就共有 15 种组合方式。下面说明如何对每种组合应用核映射。对于 TSEMKL，采用三种核函数组合，分别是：线性核 + 线性核、线性核 +RBF 核、RBF 核 1+RBF 核 2。在这里，多项式核没有被用到，这是因为具有多项式的组合大多效果较差。对于每个特征集的组合，其中两组特征集将会轮流通过两个核函数去映射。以线性核 +RBF 核的组合方式来说，第一个数据集通过线性核映射的同时，第二个数据集通过 RBF 核进行映射。而下一轮，第一个数据集通过 RBF 核映射时，第二个数据集通过线性核映射。最后取两轮的最佳结果作为这组特征集在这一组核函数组合下的最终结果。在参数设置中，RBF 核函数的参数从 $\{2^{-3}, 2^{-2}, 2^{-1}, 2^0, 2^1\}$ 中择优选取。对于 MultiK-MHKS 和 SVM-2K，核函数的设置和 TSMEKL 一样，故不赘述。对于 SVM，它只能应用单核单视角，因此将两组特征集组合成一组特征集。如对于特征集 Fac 和 Fou 的组合，将一个样本中两个 76×1 和 216×1 的特征向量拼接成一

个 292×1 的特征向量。然后，再分别应用线性核和 RBF 核映射于样本，最后取最佳结果。

表 3-5 给出了 TSMEKL、MultiK-MHKS、SVM-2K 和 SVM 在 MFD 测试集上的分类正确率和 t-test 比较结果。每个特征集组合下的最优结果用粗体标出，次优结果用斜体标出。每种组合的 p-values 值在分类正确率下给出，其中阈值小于 0.05 的用 * 标出，小于 10^{-4} 的值舍入为 0。从表 3-5 中可以看出，在全部的 15 种组合之中，TSMEKL 在其中 12 种组合中取得了最好或者次好的结果，故 TSMEKL 在相较于其他算法有着领先的优势。进一步地分析表 3-5，可以看出：①多核学习算法的分类性能明显优于单核学习算法，这个结论也正好符合了文献 [2,5,6] 的结论。②与 MultiK-MHKS 相比，TSMEKL 有着普遍 1 ～ 12 个百分点的性能提高。而在第 5 个和第 12 个组合上，TSMEKL 以小于 0.5 个百分点的劣势不如 MultiK-MHKS。可见，由于 TSMEKL 利用上了特征空间中更多的结构信息，使得算法性能有了明显的提高。③与 SVM-2K 和 SVM 时相比，TSMEKL 的性能在 15 个组合中的 5 个组合上没有它们好。具体是第 2、3、8、10、11 个组合的"劣势"在 1 ～ 6 个百分比之间。与此同时，MultiK-MHKS 也有着略差的性能。这可能是 TSMEKL 正则化项的结构所导致的，以后的工作将分析和研究如何避免这种情况。④ t-test 的 p-values 值在大多数的组合中都是在阈值之下的，也就是说 TSMEKL 的结果是和其他算法显著不同的，也说明了 TSMEKL 算法的有效性。

3.2.4.4 进一步讨论

（1）正则化参数 β_l 对分类正确率的影响

基于簇的结构信息项 $R_c^f(f)$ 的正则化参数 β_l 是作为与其他三项影响因素的平衡因子而引入 TSMEKL 算法之中的。这里，通过在 8 个数据集上的实验，研究它对于 TSMEKL 具体的性能影响。具体方法是从集合 $\{10^{-3}, 10^{-2}, 10^{-1}, 1, 10\}$ 中依次取出 β_l 初值，并记录相应的 TSMEKL 分类正确率。其他的实验设置诸如核函数的选取组合，其他参数的初始化、选取等都和之前 UCI 数据集的设置一致。相关的实验结果记录在图 3-2 中。在图 3-2 中，横坐标轴是参数 β_l 的取值范围，纵坐标轴就

表3-5　TSMEKL, MultiK-MHKS, SVM-2K和SVM在MFD测试集上的分类正确率（％）
和t-test比较结果

视角1	视角2	TSMEKL 分类正确率 p-value	MultiK-MHKS 分类正确率 p-value	SVM-2K 分类正确率 p-value	SVM 分类正确率 p-value
Fac	Fou	**93.99±2.70**	*93.91±4.25* 0.5483	93.40±0.87 0.3128	89.68±0.31 0.0000*
Fac	Kar	*90.82±3.04* 0.0018*	88.71±3.49 0.2747	**91.09±0.87**	89.92±0.30 0.0782
Fac	Mor	81.26±2.71 0.0371*	80.59±2.15 0.0000*	*83.89±1.04* 0.0000*	**86.31±2.01**
Fac	Pix	**92.91±1.96**	*92.32±4.52* 0.2982	90.54±1.51 0.0028*	89.74±0.25 0.3721
Fac	Zer	*91.84±1.65* 0.0451*	**92.04±3.86**	89.31±1.53 0.0139*	91.18±0.36 0.3927
Fou	Kar	**94.29±2.55** 0.0702	93.31±2.92 0.2183	*93.97±1.68*	93.44±0.35 0.0382*
Fou	Mor	**82.01±1.77** 0.0182*	*80.28±2.71* 0.0344*	77.11±1.76 0.008*	63.69±1.61
Fou	Pix	91.48±2.64 0.0218*	88.06±1.43 0.0057*	*93.47±2.15* 0.0000*	**94.00±0.14**
Fou	Zer	**85.29±4.29** 0.0042*	*84.44±0.70* 0.0006*	79.48±1.26 0.1749	75.00±0.44
Kar	Mor	83.91±0.48 0.0003*	81.28±1.06 0.0000*	**90.01±0.66** 0.0000*	*86.84±0.72*
Kar	Pix	*92.57±3.04* 0.0028*	87.44±2.71 0.4827	92.48±0.92 0.0692	**94.01±0.26**
Kar	Zer	*91.52±0.76* 0.3947	**91.84±0.68** 0.0095*	90.10±0.47 0.0000*	77.56±0.50
Mor	Pix	**89.72±1.05** 0.0380*	88.12±1.13 0.4358	*89.63±1.26* 0.0000*	81.24±1.79
Mor	Zer	**83.21±1.99** 0.0000*	*80.62±0.54* 0.0259*	73.75±1.32 0.0327*	67.6±1.98
Pix	Zer	**84.23±2.13** 0.0781	83.44±3.15 0.0592	*83.56±0.86* 0.0000*	81.57±0.05

是 β_l 对应的分类正确率。共有 8 个数据集，故有 8 条折线图。从图 3-2 中可以看出：①当 β_l 从较大的 10 减小到 1 的过程中，在大多数数据集中，如 Arrhythmia、Water 和 Page-blocks 上分类正确率都有所提高。因此可以得出，较大的 β_l 是不适合的。这也是因为如果 β_l 过大，则会加大 $R_c^f(f)$ 这一项的权重，实际上会降低推广性能。②当 β_l 再进一步逐渐减小并到达最小值 0.001 时，它对应的分类正确率并不是最优的。具体来说，数据集 Mammogram 和 Arrhythmia 最优的 β_l 是 0.1，而 Iris 数据集的是 0.01，Ecoli、Page-blocks 和 Water 数据集的是 1。因此可以推断出参数 β_l 的最优值与具体应用的数据集相关。此外，实验中发现，如果参数 β_l 设置得过小，会显著地导致过拟合问题，从而降低分类正确率。所以，在之前的实验中，将 β_l 设置为从集合 $\{10^{-3}, 10^{-2}, 10^{-1}, 1, 10\}$ 中择优选取最优值，是足够找到较优 β_l 的，能够满足实验的有效性。

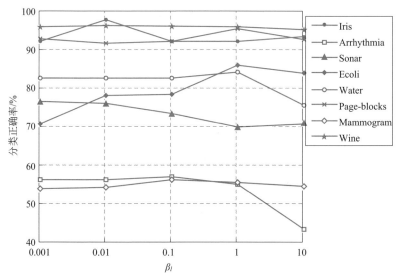

图3-2 在Iris、Arrhythmia、Sonar、Ecoli、Water、Page-blocks、Mammogram 和 Wine 数据集上 TSMEKL 使用不同 β_l 参数的分类性能

（2）聚类参数 k 对分类正确率的影响

在 3.2.3.2 节采用 K 均值聚类算法来获得簇结构信息时，需要预先指定 k 的值。这个 k 值决定了划分簇类的总数目。不言而喻，不恰当的 k 值预设可能会导致糟糕的实验结果。因此，从集合 $\{2, 3, 5, 7, 9\}$ 中选

出不同的 k 值来运行 TSMEKL，并记录相应的分类结果。同样运行在前文所述的 8 个数据集上，并且实验的其他设置与运行 UCI 数据集时一样。实验的结果记录在图 3-3 中。图 3-3 中，横坐标是参数 k 的取值范围，纵坐标是其对应的 TSMEKL 的分类正确率。因有 8 个数据集，故有 8 条折线。同样地，从图中可以看出：①在一些数据集上，参数 k 的不同取值确实对于 TSMEKL 的性能有所影响。例如，在 Iris、Ecoli、Mammogram 和 Water 数据集上，影响的分类正确率大约有 2 个百分点。②在数据集 Page-blocks 上，最好的结果与较差的结果相差达到 5 个百分点。因此可以说明，采用不同的簇类结构信息对于 TSMEKL 有着重要的影响。当 k 取一个较大的值时，即使属于同一类别下的样本，都有可能被划分到不同的簇类中，也就是进一步区分开。因此，数据集 Page-blocks 采用一个较大的 k 值时，TSMEKL 有着较好的分类性能。在进一步的实验中，尝试将 k 初始化为更大的数值，例如 15、25 等，但是实验结果几乎没有什么提升，反而导致运算时间明显增加。因此，将参数 k 的取值设定为从 {2, 3, 5, 7, 9} 中择优选取，所获得的结果就能够代表 TSMEKL 算法的性能。这也是之前的实验一直这样设置参数 k 的原因。

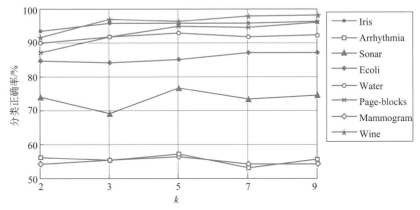

图 3-3　在 Iris、Arrhythmia、Sonar、Ecoli、Water、Page-blocks、Mammogram 和 Wine 数据集上 TSMEKL 使用不同的 k 参数的分类性能

（3）核函数的组合方式对分类正确率的影响

不难理解，在核方法使用中，选用何种核函数、如何组合多种核函数对于算法的性能有着重要的影响。3.2.4.1 节选用了三个基核函数，它

们是线性核、多项式核和 RBF 核。在本小节，将进一步讨论不同的核函数对于 TSMEKL 算法分类性能的影响。首先，将三个基核函数划分成四组。分别是：①线性核 +RBF 核；②线性核 + 多项式核；③ RBF 核 + 多项式核；④线性核 +RBF 核 1+RBF 核 2。研究发现，线性核 +RBF 核 1+RBF 核 2 的组合常常比其他组合的效果更好，因此就选取这一组作为三个核的组合。参数设置中，RBF 的核函数的参数从集合 $\{2^{-3}, 2^{-2}, 2^{-1}, 2^0, 2^1\}$ 中根据经验选取，多项式核的参数 d 设为 2，其他的实验设置与 3.2.4.1 节完全相同。TSMEKL 在 Iris、Arrhythmia、Sonar、Ecoli、Water、Page-blocks、Mammogram 和 Wine 数据集上，使用不同的核组合的分类正确率记录于表 3-6 中。从表 3-6 中可以看出：使用 RBF 核的组合大多能够取得最优的结果。这也是在之前的实验中，更倾向于使用 RBF 核的原因。RBF 核可以更加有效地提取出数据在特征空间下的结构信息，辅助于分类器的生成和优化。此外，第四个组合在 5 个数据集上都取得了最优结果。与直观地采用更多的核就能提取出更多信息、就能获得更好的分类器的经验是一致的。再者，最优结果与次优结果的差距一般少于 2 个百分点，说明各个核组合的差距不大，也就是说从这四个核组合中选择最优的结果能够代表 TSMEKL 的平均分类性能。

表3-6 Iris、Arrhythmia、Sonar、Ecoli、Water、Page-blocks、Mammogram 和Wine数据集上TSMEKL在不同核函数组合下的分类正确率　　　%

数据集	线性核 +RBF 核	线性核 + 多项式核	RBF 核 + 多项式核	线性核 +RBF 核 1+ RBF 核 2
Iris	97.60±1.34	87.16±0.76	96.13±1.93	97.56±1.67
Arrhythmia	56.55±1.20	55.32±2.32	57.43±1.02	56.79±3.62
Sonar	75.11±5.04	70.19±4.05	76.41±4.36	74.37±4.40
Ecoli	85.07±1.98	73.76±2.04	84.04±2.05	86.78±1.85
Water	88.25±6.27	85.61±5.27	80.53±6.92	90.70±2.82
Page-blocks	92.06±4.21	94.48±1.49	93.91±4.61	95.32±1.41
Mammogram	54.55±2.71	54.36±1.71	55.31±4.57	55.42±3.32
Wine	95.91±3.14	86.02±3.07	88.18±4.33	96.36±3.07

（4）收敛性分析

本小节中，TSMEKL 的收敛性分析将通过实验给出。TSMEKL 将运行在 8 个两类数据集上，并记录下目标函数式 (3-10) 的自然对数值随着迭代次数的变化趋势。具体的数据集是：Clean、House-votes、Ionoshpere、Mammogram、Sonar、Transfusion、Vertebracolumn 和 Water。实验结果记录在图 3-4 中，其中的横坐标轴是迭代次数，纵坐标轴是式 (3-10)（即目标函数）的自然对数值。从图 3-4 中可以看出，TSMEKL 收敛得非常快。在大多数数据集上大约不到 10 次就能够收敛到极值点附近。可见，TSMEKL 算法的运算速度较快，并且分类性能较好。

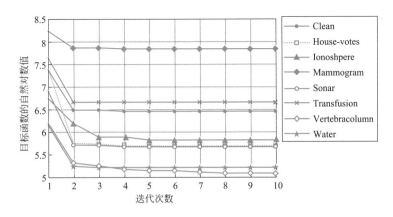

图 3-4　Clean、House-votes、Ionoshpere、Mammogram、Sonar、Transfusion、Vertebracolumn 和 Water 数据集上，TSMEKL 的目标函数式 (3-10) 的自然对数值随着迭代次数变化的情况

3.2.5　推广风险分析

由于推广风险边界对于衡量一个算法的适用性有重要作用，Vapnik 和 Chervonenkis 在 1997 年提出了一个经典的风险边界理论，具体可以描述为定理 3-1。

定理 3-1

令 P 是在 $a \in \{\pm 1\}$ 上的概率密度分布且 $\{x_i, y_i\}_{i=1}^n$ 根据 P 独立分布，则对于满足 $a \in \{\pm 1\}$ 值的定义在 χ 域上的实值函数集合 F，对于任意 n 都

有一个 $c \geqslant 0$，能以不小于 $1-\delta$ 的概率使 F 中的任意函数 g 满足：

$$P\left(y \neq g\left(x\right)\right) \leqslant \hat{P}_n\left(y \neq g\left(x\right)\right) + c\sqrt{\frac{VC(F)}{n}} \qquad (3\text{-}17)$$

式中，$VC(F)$ 是 F 函数的 VC 维；$\hat{P}_n$ 为 g 函数在 $\{x_i, y_i\}_{i=1}^n$ 上的经验风险误差。

$VC(F)$ 维可用来度量函数 F 的复杂度。根据文献 [47] 中的理论，Rademacher 复杂度有另外一种形式，这种形式易于比较算法的复杂度。其定义如下。

定义 3-1

给定一组集合 X 上由分布 D 决定的样本集 $S = x_1, \cdots, x_n$ 和定义在 X 上的实值函数集合 F，有 F 的经验 Rademacher 风险为：

$$\hat{R}_l\left(F\right) = E\left[\sup_{g \in F} | \frac{2}{n}\sum_{i=1}^n \sigma_i g\left(x_i\right) \| x_1, \cdots, x_n\right] \qquad (3\text{-}18)$$

式中，$\sigma = \sigma_1, \cdots, \sigma_n$ 为 Rademacher 的一组独立的 $\{-1, +1\}$ 随机变量；E 为 σ 的期望值。则 F 的 Rademacher 经验复杂度可以定义为关于样本 S 上 $R_n(F)$ 的期望，即：

$$R_n(F) = E[\hat{R}_n(F)] \qquad (3\text{-}19)$$

Rademacher 复杂度用于度量一个算法容忍噪声的能力。此外，Rademacher 复杂度经验化的形式是基于数据信息的，并且可以通过有限的样本数据来计算。因此 Rademacher 风险边界比其他基于 VC 维的复杂度度量方式更为有效。F 函数的推广风险下的 Rademacher 复杂度函数 $R_n(F)$ 可以表述为定理 3-2。

定理 3-2

令 P 是在 $a \in \{\pm 1\}$ 上的概率密度分布且 $\{x_i, y_i\}_{i=1}^n$ 根据 P 独立分布，则对于满足这样 $a \in \{\pm 1\}$ 值的定义在 χ 域上的实值函数集合 F，每个 F 中的 g 都满足：

$$P\left(y \neq g\left(x\right)\right) \leqslant \hat{P}_n\left(y \neq g\left(x\right)\right) + \frac{R_n\left(F\right)}{2} + \sqrt{\frac{\ln\left(1/\delta\right)}{2n}} \qquad (3\text{-}20)$$

基于定义 3-1 和定理 3-2，继续讨论 TSMEKL、MultiK-MHKS 和 MHKS 的 Rademacher 复杂度。具体地，先将相应的复杂度表示为：$R_n(g_{\text{TSMEKL}})$、$R_n(g_{\text{MKMHKS}})$ 和 $R_n(g_{\text{MHKS}})$。

首先，研究 $R_n(g_{\text{TSMEKL}})$ 和 $R_n(g_{\text{MKMHKS}})$ 的关系。如前文所提出的模型，TSMEKL 的判别函数式 (3-16) 如下所示：

$$g_{\text{TSMEKL}} = \frac{1}{M}\sum_{l=1}^{M}\boldsymbol{\omega}_l^{\text{T}}\left[\boldsymbol{\Phi}_l^{e^{\text{T}}}(z),\mathbf{1}\right]^{\text{T}} \begin{cases} > 0, & z \in Class\ +1 \\ < 0, & z \in Class\ -1 \end{cases} \tag{3-21}$$

根据文献 [2]，MultiK-MHKS 和 TSMEKL 拥有相同的判别函数。因此，两者的推广风险 $\{g_{\text{TSMEKL}}\}$ 和 $\{g_{\text{MKMHKS}}\}$ 是相同的。进一步，TSMEKL 的目标函数式 (3-5) 是通过在 MultiK-MHKS 上新增一个基于簇类的结构信息项得出的，因此 TSMEKL 的解空间也将包含 MultiK-MHKS 的解空间。因此，可以得出 $\{g_{\text{TSMEKL}}\} \subseteq \{g_{\text{MKMHKS}}\}$，即 $R_n(g_{\text{TSMEKL}}) \leqslant R_n(g_{\text{MKMHKS}})$。然后，继续讨论 $R_n(g_{\text{MKMHKS}})$ 和 $R_n(g_{\text{MHKS}})$ 的关系。根据在 3.2.3.3 节中的讨论，TSMEKL 和 MultiK-MHKS 都是在各个映射后的特征空间中采用 MHKS 作为基算法策略的。根据数学理论，在每个 TSMEKL 和 MultiK-MHKS 映射后的特征空间中，$R_{\text{emp}}^l + R_{\text{reg}}^l$ 的组合项都包含了 MHKS 的目标函数，所以 TSMEKL 和 MultiK-MHKS 的解空间都受到 MHKS 解空间的约束。因此，得到 $\{g_{\text{TSMEKL}}\}$，$\{g_{\text{MKMHKS}}\} \subseteq \{g_{\text{MHKS}}\}$，即 $R_n(g_{\text{TSMEKL}})$，$R_n(g_{\text{MKMHKS}}) \leqslant R_n(g_{\text{MHKS}})$。综合以上讨论的内容，最终可以得到以下结论：

$$R_n(g_{\text{TSMEKL}}) \leqslant R_n(g_{\text{MKMHKS}}) \leqslant R_n(g_{\text{MHKS}}) \tag{3-22}$$

也就是说，TSMEKL 有着比 MultiK-MHKS 和 MHKS 更小的 Rademacher 复杂度，即 TSMEKL 有着更小的风险边界，具有更加良好的推广性能。

为了验证上面关于 TSMEKL 的 Rademacher 复杂度的理论分析，进一步在 8 个两类数据集上根据式 (3-18) 计算相应的 Rademacher 经验复杂度，从实验上验证结论 [式 (3-22)]。具体使用的数据集是 Clean、House-votes、Ionoshpere、Mammogram、Sonar、Transfusion、Vertebracolumn 和 Water。根据定义 3-1，式 (3-18) 中的参数 $\{\sigma_i\}_{i=1}^{n}$ 是一组独立同分布的随机 $\{-1, +1\}$ 值变量。式 (3-18) 中的 F 函数就是 TSMEKL、MultiK-MHKS 和 MHKS 的判别函数。对于每一个数据集，式 (3-18) 的值将重复计算 10 次，并将其平均值记录在图 3-5 中。从图 3-5 中可以看出：①对于 TSMEKL 和 MHKS，在所有数据集上 $\hat{R}_n(g_{\mathrm{TSMEKL}})$ 的值明显小于 $\hat{R}_n(g_{\mathrm{MHKS}})$。这说明，TSMEKL 的推广风险明显小于 MHKS。②对于 TSMEKL 和 MultiK-MHKS，除了 House-votes 和 Ionosphere 这两个数据集外，$\hat{R}_n(g_{\mathrm{TSMEKL}})$ 都是小于 $\hat{R}_n(g_{\mathrm{MKMHKS}})$ 的。③ MultiK-MHKS 和 MHKS 的比较结果和 TSMEKL 类似，都是 $\hat{R}_n(g_{\mathrm{MKMHKS}})$ 明显小于 $\hat{R}_n(g_{\mathrm{MHKS}})$。实验结果与前文的理论分析结果相一致。因此，可以得出结论：从理论和实验上，TSMEKL 都具有较小的 Radermacher 风险边界，有着良好的推广性能。

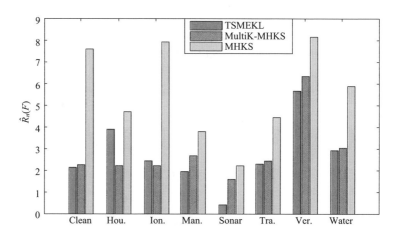

图 3-5　在两类数据集 Clean、House-votes(Hou.)、Ionosphere(Ion.)、Mammogram (Man.)、Sonar、Transfusion(Tra.)、Vertebracolumn (Ver.) 和 Water 上 TSMEKL、MultiK-MHKS、MHKS 的推广风险的经验边界

3.3
Nyström 近似矩阵的多核学习算法

3.3.1　多核学习算法

基于 Nyström 近似矩阵的多核学习算法的核心在于：首先，将单源数据模式通过核方法采用不同的核函数隐性映射到不同的高维核空间

中，然后，在高维投影空间内采用 Nyström 近似矩阵算法计算每个候选核矩阵对应的近似核矩阵，接着，依据原始候选核矩阵与近似核矩阵之间的近似误差，计算每个候选核矩阵在最优融合核矩阵中的组合系数，并根据多核学习框架模型构造最优融合核矩阵，最后，用得到的最优融合核矩阵设计分类器。为了验证上述改进算法思想，本节以核修正 Ho-Kashyap 错分类误差的平方逼近算法 KMHKS（Kernel Modified Ho-Kashyap with Squared Approximation of the Misclassfication Errors Algorithm）为分类器设计基础，采用 Nyström 近似矩阵方法实现对单源数据的融合，从而形成了一种新的分类器学习算法 NMKMHKS，即基于 KMHKS 的 Nyström 近似矩阵的多核学习算法。所提出算法的优点为：

① 与参考文献 [34] 中介绍的 MultiV-KMHKS 算法相比，NMKMHKS 算法将计算复杂度从 $o(Mn^3)$ 降低到 $o(Mmn^2)$，空间复杂度从 $o(Mn^2)$ 降低到 $o(n^2)$。其中，M 表示 MultiV-KMHKS 算法单源模式多视角化过程中选用的核函数个数，n 表示训练样本的个数，m 表示近似候选核矩阵的列数（$m \ll n$）。从整体上来看，NMKMHKS 算法相当于一个单核学习模型，但是又有别于传统的单核学习模型，因为它首先采用多核学习框架模型来构造最优融合矩阵，然后用最优融合矩阵结合 KMHKS 算法设计分类器。而 MultiV-KMHKS 算法采用核方法将单源模式映射到高维空间计算核矩阵，得到对应的子视角，然后在每个子视角中设计对应的分类器，最后将这些子分类器重新融合得到新的基于核方法的多视角分类器。因此它相当于 M 个单核学习框架结构。虽然这种对单源数据的多视角化方法通过不同的核方法实现了对单源数据的多种表示，并且通过实验在一定程度上验证了它的优越性，但是毋庸置疑，该方法需要在每个子视角中计算相对应的分类器，并且还需要通过一定的规则使得每个子视角分类器的输出尽量达到一致，这个过程会造成巨大的时间和空间开销。

② 与 KMHKS 算法相比，NMKMHKS 算法有效地提高了分类器的分类性能，并且与 KMHKS 算法具有类似的空间复杂度。由于 NMKMHKS 算法从整体上来看和 KMHKS 算法没有太大的差别，也就保证了它在时间和空间复杂度上的优越性，但是由于它采用了多核学习的方法构造融

合核矩阵，对原始空间内的单源模式数据信息有更好地诠释和描述，从而使得它具有更优的分类性能。

3.3.2　NMKMHKS 模型

NMKMHKS 算法的实现过程可以分为两个阶段，第一个阶段为根据多核学习的原理采用 Nyström 近似矩阵算法构建最优融合核矩阵 $\tilde{G}$，第二个阶段为采用 KMHKS 算法设计分类器。

3.3.2.1　用 Nyström 构造融合矩阵 $\tilde{G}$

构造最优融合矩阵 $\tilde{G}$ 可以分为以下几个步骤。第一，采用不同的核函数将单源模式映射到高维空间，得到每个特征空间对应的候选核矩阵 K_p；第二，采用 Nyström 近似矩阵技术得到对应的近似候选核矩阵 $\tilde{K}_p$；第三，根据 Nyström 近似矩阵理论对于 K_p 和 $\tilde{K}_p$ 之间近似误差的定义，为每一个近似候选核矩阵定义并计算对应的系数 α_p。构建最优融合矩阵 $\tilde{G}$ 的公式为：

$$\tilde{G} = \sum_{p=1}^{M} \alpha_p K_p \tag{3-23}$$

式中，M 为候选核矩阵的个数，$p=1, \cdots, M$。Nyström 近似矩阵方法是一个对大规模核矩阵进行特征值分解的有效的低秩趋近算法。该方法从半正定核矩阵 $K_p \in \mathbb{R}^{n \times n}$ 中随机选取 $m(m \ll n)$ 列来构造矩阵 $E \in \mathbb{R}^{n \times m}$，并且将 K_p 的剩余部分按以下规则进行分配组合：

$$E = \begin{bmatrix} W \\ S \end{bmatrix}, \; K_p = \begin{bmatrix} W & S^{\mathrm{T}} \\ S & B \end{bmatrix} \tag{3-24}$$

式中，$W \in \mathbb{R}^{m \times m}$，$S \in \mathbb{R}^{m \times (n-m)}$，$B \in \mathbb{R}^{(n-m) \times (n-m)}$。对矩阵 W 进行奇异值分解得到 $W = U \Lambda U^{\mathrm{T}}$，$\Lambda = \mathrm{diag}(\sigma_1, \sigma_2, \cdots, \sigma_k)$，$\sigma_1, \sigma_2, \cdots, \sigma_k$ 为 W 的特征值，U 由 W 的特征值对应的特征向量构成。由于 $k \leq m$，Nyström 近似矩阵可以表示为以下形式：

$$\tilde{K}_p = E W_k^+ + E^{\mathrm{T}} \tag{3-25}$$

式中，$W_k^+ = \sum_{i=1}^{k} \sigma_i^{-1} U^{(i)} U^{(i)\mathrm{T}}$ 为 W 的伪逆矩阵；$k(k \leq m)$ 为一个随机

选择的值，用来表示 W_k^+ 的秩；σ_i 为第 $i\text{-}th$ 个奇异值；$U^{(i)}$ 为 U 的第 $i\text{-}th$ 列。Nyström 近似矩阵方法采用在 $W \in \mathbb{R}^{m \times m}$ 上进行奇异值分解（SVD）而不是直接分解 $K_p \in \mathbb{R}^{n \times n}$ 的方法，将计算核矩阵的时间复杂度从 $o(n^3)$ 降低到 $o(nmk+m^3)$。采用 Nyström 近似矩阵方法得到每个候选核矩阵的近似矩阵 $\tilde{K}_p$ 后，可以将式 (3-23) 重新表示为：

$$\tilde{G} = \sum_{p=1}^{M} \alpha_p \tilde{K}_p \tag{3-26}$$

通过计算候选核矩阵 K_p 和 Nyström 近似矩阵 $\tilde{K}_p$ 之间的误差，确定每个候选核矩阵的核系数 α_p。Nyström 近似矩阵误差的定义如下：

$$\xi_p = \|\tilde{K}_p - K_p\|_F \tag{3-27}$$

ξ_p 为 $\tilde{K}_p$ 和 K_p 之间的 Nyström 近似误差，并且 $\|\cdot\|_F$ 为两者之间的 Frobenius 范数。研究表明，近似误差 ξ_p 在计算 α_p 的过程中非常重要。候选核矩阵的近似误差 ξ_p 越大，那么这个核矩阵在最终构造最优融合核矩阵 $\tilde{G}$ 中所起的作用越小；而如果近似误差 ξ_p 越小，那么这个核矩阵在最终构造最优融合核矩阵中所起的作用就会越大。也就是说，如果近似核矩阵 $\tilde{K}_p$ 能够较好地代替原始核矩阵 K_p，那么 $\tilde{K}_p$ 在构造最优融合矩阵时，同样也会对应着一个较大的权重系数 α_p，并且近似误差 ξ_p 与 α_p 之间是反比例关系。根据 ξ_p 与 α_p 之间反比例的现象，采用指数权重的方法计算两者之间的关系，计算公式如下：

$$\alpha_p = \frac{\mathrm{e}^{-\eta \xi_i}}{Z} \tag{3-28}$$

式中，η 为已经定义好的变量，并且 $\eta > 0$；Z 为归一化的因子，定义为 $\sum_{p=1}^{M} \alpha_i = 1$。在具体实现过程中将 Z 定义为分子的和，如：$Z = \sum_{p=1}^{M} \mathrm{e}^{-\eta \xi_i}$。

3.3.2.2 NMKMHKS 算法模型

假定数据集合 $X = \{x_i, \phi_i\}_{i=1}^{n}$，其中，$n$ 是训练样本的个数；$\phi_i \in \{+1, -1\}$ 是每个样本对应的标号信息；$\{X_j\}s$ 是数据集 X 的子集，$X = U_{i=1}^{t} X_j$，$t(t \geq 2)$ 表示样本集合 X 的类别数目；$n = \sum_{j=1}^{t} n_j$，n_j 是每一个类别的样

本数目。首先，算法采用不同的核函数通过隐性核映射构造 M 个候选核矩阵 $K_p(p=1, \cdots, M)$，然后将 K_p 按照式 (3-29) 进行中心化，按照式 (3-30) 进行单位化：

$$K_{cp} = K_p - \frac{1}{n}\mathbf{1}_{n\times n}K_p - \frac{1}{n}K_p\mathbf{1}_{n\times n} + \frac{1}{n^2}\mathbf{1}_{n\times n}K_p\mathbf{1}_{n\times n} \tag{3-29}$$

式中，$\mathbf{1}_{n\times n}$ 为所有元素都为 1 的 $n\times n$ 矩阵。

$$K_{\mathrm{tr}p} = \frac{K_{cp}}{trace(K_{cp})} \tag{3-30}$$

对每个候选核矩阵 K_p 中心化、单位化之后，根据上述 Nyström 近似矩阵的原理，根据式 (3-25) 计算对 K_p 具有良好代表性的最优近似核矩阵 $\tilde{K}_p$，并且根据式 (3-28) 计算 $\tilde{K}_p$ 对应的融合核系数 α_p；然后根据以上所介绍的式 (3-26)，将多个候选核矩阵 $\tilde{K}_p$ 按照组合系数 α_p 进行线性组合，构造最优的候选核矩阵 $\tilde{G}$，从而完成对单源模式数据进行优化达到降低多核学习时间复杂度、空间复杂度的目的。

在获取了所需要的最优核矩阵之后，首先要做的就是选择什么样的算法来设计性能较优良的分类器。现实应用中，用来做训练的数据集往往会受到噪声和野值点的影响，这意味着所采用的分类算法必须具有很好的鲁棒性。通过多方面的对比和分析，在 NMKMHKS 算法中，采用 KMHKS 算法模型来设计性能优良的分类器。根据 KMHKS 框架模型，最终的判别函数可以定义为：

$$f(x) = \mathrm{sign}\left(\sum_{i=1}^{n} \phi_i\beta_i k(x, x_i) + \omega_0\right) \tag{3-31}$$

为了提高分类准确率，同时平衡分类器的鲁棒性，KMHKS 算法采用最小化错误分类误差平方的方法作为最小化准则，根据这一思想，适合本章所提出算法的最小化准则函数为：

$$\min T\left(\Gamma, b, \omega_0\right) = (\tilde{G}\Gamma + \omega_0 Y - \mathbf{1}_{n\times 1} - b_{n\times 1})^{\mathrm{T}}\left(\tilde{G}\Gamma + \omega_0 Y - \mathbf{1}_{n\times 1} - b_{n\times 1}\right) + C\Gamma^{\mathrm{T}}\tilde{G}\Gamma \tag{3-32}$$

式中，$\Gamma=[\beta_1, \beta_2, \cdots, \beta_n]^{\mathrm{T}}$；$Y=[\phi_1, \phi_2, \cdots, \phi_n]$；$C \geqslant 0$ 为分类准确率和 VC 维之间的折中。对式 (3-32) 中的 Γ、ω_0 和 $b_{n\times 1}$ 计算偏导数并令偏导数为 0，可以得到：

$$\tilde{\boldsymbol{G}}^{\mathrm{T}}\left[\left(CI_{n\times n}+\tilde{\boldsymbol{G}}\right)\boldsymbol{\Gamma}+\omega_0\boldsymbol{Y}\right]=\tilde{\boldsymbol{G}}^{\mathrm{T}}\left(\boldsymbol{1}_{n\times 1}+\boldsymbol{b}_{n\times 1}\right) \qquad (3\text{-}33)$$

$$\tilde{\boldsymbol{G}}\boldsymbol{\Gamma}+\omega_0\boldsymbol{Y}-\boldsymbol{1}_{n\times 1}-\boldsymbol{b}_{n\times 1}=\boldsymbol{0}_{n\times 1} \qquad (3\text{-}34)$$

$$\left(\boldsymbol{Y}^{\mathrm{T}}\tilde{\boldsymbol{G}}\right)\boldsymbol{\Gamma}+\omega_0\left(\boldsymbol{Y}^{\mathrm{T}}\boldsymbol{Y}\right)=\boldsymbol{Y}^{\mathrm{T}}\left(\boldsymbol{1}_{n\times 1}+\boldsymbol{b}_{n\times 1}\right) \qquad (3\text{-}35)$$

从式 (3-34) 中可以发现 $\boldsymbol{b}_{n\times 1}$ 决定向量 $\boldsymbol{\Gamma}$、偏差 ω_0。向量 $\boldsymbol{b}_{n\times 1}$ 用来控制单源模式到分类超平面之间的距离，基于此，在初始化 $\boldsymbol{b}_{n\times 1}$ 中的每一个变量时，直接定义 $\boldsymbol{b}_{n\times 1}\geqslant 0$ 来满足 $\boldsymbol{b}_{n\times 1}$ 的非负性约束，同时可以通过式 (3-33) 和式 (3-35) 得到 $\boldsymbol{\Gamma}$ 和 ω_0 之间的关系，进而得到式 (3-36)：

$$\begin{bmatrix} \boldsymbol{\Gamma}^{(l)} \\ \omega_0^{(l)} \end{bmatrix}=\begin{bmatrix} (CI_{n\times n}+\tilde{\boldsymbol{G}}) & \boldsymbol{Y} \\ \boldsymbol{Y}^{\mathrm{T}}\tilde{\boldsymbol{G}} & \boldsymbol{Y}^{\mathrm{T}}\boldsymbol{Y} \end{bmatrix}^{-1}\begin{bmatrix} \boldsymbol{1}_{n\times 1}+\boldsymbol{b}_{n\times 1}^{(l)} \\ \boldsymbol{Y}^{\mathrm{T}}\left(\boldsymbol{1}_{n\times 1}\boldsymbol{b}_{n\times 1}^{(l)}\right) \end{bmatrix} \qquad (3\text{-}36)$$

式中，l 为迭代次数。算法中采用梯度下降的方法计算判别函数中的另外一个因子 $\boldsymbol{b}$，并且保证每次迭代中 $\boldsymbol{b}\geqslant 0$，计算方法为式 (3-37)：

$$\boldsymbol{b}^{(l+1)}=\boldsymbol{b}^{(l)}+\rho(\boldsymbol{e}^{(l)}+|\boldsymbol{e}^{(l)}|) \qquad (3\text{-}37)$$

式中，$0<\rho<1$，$\boldsymbol{e}$ 表示误差向量且其第 l 次迭代被定义为：

$$\boldsymbol{e}^{(l)}=\tilde{\boldsymbol{G}}\boldsymbol{\Gamma}^{(l)}+\omega_0^{(l)}\boldsymbol{Y}-\boldsymbol{1}_{n\times 1}-\boldsymbol{b}_{n\times 1}^{(l)}$$

在实际算法实现中，终止条件被定义为：

$$\frac{\|T'(l+1)-T'(l)\|}{\|T'(l)\|}\leqslant\delta \qquad (3\text{-}38)$$

式中，T 为时间。

为了能更好地理解 NMKMHKS 算法的整个流程设计，表 3-7 给出了完整的流程设计过程。NMKMHKS 算法对于单源模式 $x\in\mathbb{R}^n$ 的判别函数可以定义为：

$$f(x)=\mathrm{sign}\left(\sum_{i=1}^{n}\varphi_i\beta_i k(x,x_i)+\omega_0\right)\begin{cases} >0, & x\in Class +1 \\ <0, & x\in Class -1 \end{cases} \qquad (3\text{-}39)$$

表3-7　算法：基于Nyström近似矩阵的多核学习算法（NMKMHKS）

输入：单源模式数据集合 $X=\{x_i,\varphi_i\}_{i=1}^n$，候选核矩阵集合 $\boldsymbol{K}$，变量 m，η，预定义的 M 个核函数 $\{ker_p(x_i,x_j)\}_{p=1}^M$，$p=1,\cdots,M$。

输出：NMKMHKS 算法的分类精确度。

1. 根据给定的核函数通过隐性核映射的方法,计算 M 个候选核矩阵 $\boldsymbol{K}_1, \boldsymbol{K}_2, \cdots, \boldsymbol{K}_M$;
2. 按照式(3-29)中心化核矩阵 $\boldsymbol{K}_p$,式(3-30)单位化核矩阵 $\boldsymbol{K}_p$;
3. 依据式(3-25)对每个中心化、单位化后的核矩阵 $\boldsymbol{K}_p$ 采用 Nyström 近似矩阵方法得到对应的近似核矩阵 $\tilde{\boldsymbol{K}}_p$;
4. 根据 $\boldsymbol{K}_p$ 和 $\tilde{\boldsymbol{K}}_p$ 的 Nyström 近似误差,利用式(3-28)计算每个候选近似核矩阵的核系数 α_p;
5. 使用式(3-26)构造最优融合核矩阵 $\tilde{\boldsymbol{G}}$;
6. 参考式(3-39)采用 KMHKS 算法模型框架设计 NMKMHKS 算法的分类器。

3.3.3 实验

3.3.3.1 实验设置

在多核算法研究中,通常会用到三种不同的核函数,分别为线性核函数、多项式核函数和径向基核函数。实验中,采用两个核函数来构建 NMKMHKS 的最优融合核矩阵 $\tilde{\boldsymbol{G}}$。根据对不同核函数进行组合得到的实验结果分析,发现当两个候选核函数均选择为 RBF 核函数时得到的分类器识别性能最好。因此,在此仅以 RBF 核函数为例描述实验设置。对于第一个候选 RBF 核函数,设置参数 $\sigma_1 = \bar{\sigma} = \|x_i - x_j\|$,$i, j = 1, 2, \cdots, n$,第二个候选 RBF 核函数,设置 $\sigma_2 = \phi\bar{\sigma}$,其中 $\phi \in \{0.1, 0.2, 0.3, \cdots, 1, 2, 3, \cdots, 10\}$。对于 KMHKS 算法,只需要一个候选核函数来构造核矩阵,并且为了保证实验的公平性,同样采用 RBF 核函数,同时设置 $\sigma_1 = \bar{\sigma}$。对于 MultiV-KMHKS 算法,设计它选用两个核函数 $M=2$ 的情况下对单源模式数据进行多视角化的实验。关于算法的其他共同参数的详细设置如下:边界向量 $\boldsymbol{b}_l$ 的初始值定义为 10^{-6},迭代终止条件 $\delta = 10^{-3}$,学习率 $\rho = 0.99$,正则化参数 C 的变化范围为 $\{2^{-4}, 2^{-3}, \cdots, 2^3, 2^4\}$,式(3-28)中的变量 η 的变化范围为 $\{1, 10, 20, 30, 40, 50, 60, 70, 80\}$。

当算法执行 Nyström 近似矩阵算法时,需要随机选择核矩阵 $\boldsymbol{K}_p$ 中的 m 列组成新的矩阵,m 的取值范围为 $\{0.1, 0.2, 0.3, 0.4, 0.5, 0.6, 0.7, 0.8, 0.9, 1.0\}$。实验中所用算法的分类性能均通过"Monte Carlo"交叉验证(Monte Carlo Cross Validation)的方法进行统计。首先,将单源模式数据集合随机划分为训练数据集和测试数据集两部分;然后,将整个算法在这些数据集上重复进行 10 次；最后对得到的结果计算平均值，完成十重交叉验证。本节所涉及的实验均在 IBM X3650 M_2 Server 服务器上进行，该服务器处理器配置为 Intel Xeon 2.26 GHz，内存配置为 6GB，安装 Windows Server 2008 RC2 操作系统，实验采用的编程运行环境为 MATLAB 2010b。

3.3.3.2 人工数据集实验验证

为了验证所提算法的分类性能，设计了 NMKMHKS 和 KMHKS 算法在人工数据集上的对比实验。图 3-6 显示了在不同样本重叠度下对称的人工数据集数据分布的详细状态，每组人工数据集均由两类样本（"o"与"+"）组成并且均呈现"弯月"形。在二维空间内，该弯月形人工数据集包含两个聚类，每个聚类包含 200 个样本，其中一个聚类为"正弯月"形分布趋势，另外一个为"倒弯月"形分布趋势。

当两个聚类重叠度很小时，样本分布状态如"人工数据集合 01"所示，"弯月"形清晰可见；但是当聚类重叠度很高时，样本分布的"弯月"形则非常不清晰，如"人工数据集合 15"所示。实验中，通过参数控制两个聚类的重叠度因子产生三种不同的数据集合分布状态，每个数据集合包含 200 个样本点，继而将这些数据集合随机划分为各拥有 100 个样本点的训练数据集和测试数据集。

图 3-6 分别展示了 NMKMHKS 和 KMHKS 两个算法在"样本重叠度 =0.1，样本重叠度 =1.2，样本重叠度 =1.5"三种情况下的分类边界。左侧的三幅图展示了两个算法在训练数据集上的分类边界，右侧的三幅图展示了在测试数据集上的分类边界。在每一幅图中，所提出的 NMKMHKS 算法的分类边界用实线表示，KMHKS 算法的分类边界用虚线表示。通过观察图 3-6(a) 所示"人工数据集 01"，可以发现当数据集合的重叠程度很低时，两种算法都拥有非常完美的分类边界线，均可以将"o"和"+"两类样本完全分开。当数据集合的重叠度增大时，根据图 3-6(b) 所示人工数据集 12，可以发现 NMKMHKS 算法的分类边界均优于 KMHKS 算法，并且还注意到 NMKMHKS 和 KMHKS 在测试数据集上的分类边界线要明显于训练数据集上的分类边界线。至于图 3-6(c) 所示人工数据集 15，尽管两类数据集已经很严重地重叠在一起，且已经

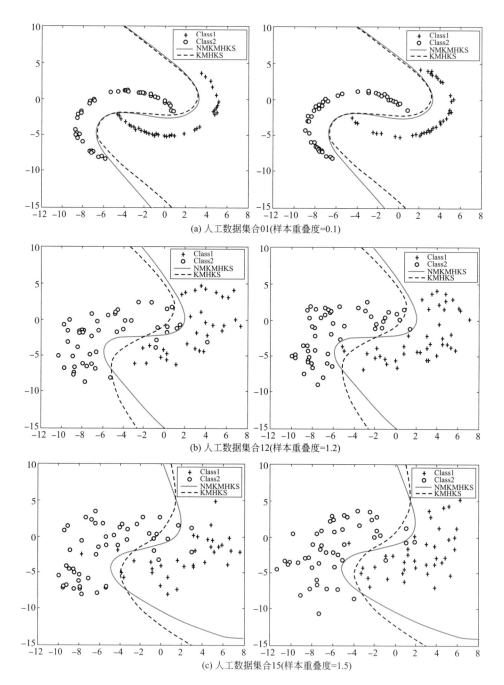

(a) 人工数据集合01(样本重叠度=0.1)

(b) 人工数据集合12(样本重叠度=1.2)

(c) 人工数据集合15(样本重叠度=1.5)

图 3-6　NMKMHKS 和 KMHKS 两种算法在"弯月"形人工数据集的三种不同重叠程度情况下的分类边界（左侧的三幅子图为训练数据集上的分类边界，右侧三幅子图为测试数据集上的分类边界）

很难分辨出"弯月"形，但是所提算法依然拥有比 KMHKS 算法优秀的分类边界线。为了更清晰地展示两种算法的分类性能，表 3-8 列出了 NMKMHKS 和 KMHKS 在训练样本集和测试样本集上的分类正确率。

表3-8　NMKMHKS和KMHKS两种算法在三种不同重叠程度的
人工数据集上的分类正确率　　　　　　　　　　　　%

项目	人工数据集 01		人工数据集 12		人工数据集 15	
	训练数据集	测试数据集	训练数据集	测试数据集	训练数据集	测试数据集
NMKMHKS	100	100	96	97	92	92
KMHKS	100	100	88	92	87	89

3.3.3.3　UCI 数据集实验验证

为了进一步验证所提算法的分类性能，本小节将 NMKMHKS 算法与 KMHKS、MultiV-KMHKS（即 MVKMHKS）、MKDA(SDP)、l_p-MKDA(SIP)、SVM-2K 和 MKL 算法在 UCI 数据集上进行实验比较。实验中所用到的经典 UCI 数据集的详细信息见表 3-9。

表3-9　UCI数据集描述

数据集	样本维度数目	样本类别数目	样本数目
Pima	8	2	768
Breast-cancer-wisconsin(Breast)	10	2	699
Clean	166	2	476
Class Identification(Class)	10	6	214
House-votes(House)	16	2	435
Housing	13	2	506
Arrhythmia	279	16	452
Ionosphere	34	2	351
Letter	432	10	500
Iris	4	3	150
Sonar	60	2	208
Water	38	2	116
Wine	12	3	178

（1）分类正确率的比较

对于每一个数据集，都采用十重交叉验证来统计其平均分类性能，实验结果如表 3-10 所示。通过表 3-10 可以发现，所提算法的分类正确率除了在数据集 Breast、Housing Arrhythmia 和 Letter 上弱于 MultiV-KMHKS 之外，在其他的 9 个数据集上的分类正确率都明显地优于 MultiV-KMHKS 算法。和 KMHKS 算法相比，所提出的算法在使用的数据集上有明显的优势，尤其是在 Sonar 数据集上。对比 l_p-MKDA 和 MKL 方法，NMKMHKS 在大部分数据集上的分类性能都可以胜出，如 Pima、Breast、House、Housing、Ionosphere、Iris、Sonar、Water 和 Wine。至于另外两个多核学习分类算法 MKDA 和 SVM-2K，同样可以得到这样的结论：在所采用的数据集上，NMKMHKS 拥有较优秀的分类性能。

在实验数据统计过程中，还分别计算 NMKMHKS 与 KMHKS、SVM-2K、MKDA(SDP)、l_p-MKDA(SIP)、MVKMHKS(MultiV-KMHKS) 这 几种对比算法之间的 t-test 值。p-value 代表着两个对比算法在测试数据集上分类正确率的显著差异性。给定假设 H0 表示 NMKMHKS 同对比算法正确分类的样本平均数目之间无显著不同，在这种假设条件下，定义每个验证结果对应的 p-value 值表示两种算法在测试集上分类正确率出现显著差异的概率，p-value 越小，就证明两种方法在测试集合上的分类结果显著性差异越大。设定 p-value 的阈值为 0.05。当 p-value 小于 0.05 时，表明两个对比算法在正确分类测试数据方面存在显著差异。表 3-10 给出了所提算法与对比算法在所用数据集上的 p-value 值。根据表 3-10 中的数据可以得知，除了数据集合 Housing 以外，NMKMHKS 算法和 SVM-2K 在对所使用数据集进行正确分类时存在显著性差异。对于数据集合 Glass 和 Breast，NMKMHKS 算法和 MultiV-KMHKS、MKDA(SDP)、l_p-MKDA(SIP) 和 SVM-2K 在正确分类方面均有显著性差异。

（2）运行时间的比较

本小节将讨论所提算法的时间复杂度，表 3-11 给出了 NMKMHKS 算法与其他对比算法在最优参数情况下的平均训练时间。根据表 3-11 可以得到以下结论：①与 MultiV-KMHKS 算法相比，NMKMHKS 在所有数据集上的训练时间显著较小；②与 KMHKS 算法相比，在大部分数

表3-10　算法NMKMHKS和KMHKS、MVKMHKS(MultiV-KMHKS)、MKDA(SDP)、
l_p-MKDA(SIP)、SVM-2K、MKL的分类性能(%)和p-value的比较

数据集	NMKMHKS 分类正确率 p-value	KMHKS 分类正确率 p-value	MVKMHKS 分类正确率 p-value	MKDA 分类正确率 p-value	l_p-MKDA 分类正确率 p-value	SVM-2K 分类正确率 p-value	MKL 分类正确率 p-value
Pima	**76.8±1.568**	76.6±1.55 0.7676	76.1±1.14 0.2817	65.2±0.00 0.0000*	75.3±2.33 0.0934	73.6±1.75 0.0004*	75.42±1.94 0.0804
Breast	66.05±0.20	65.67±1.10 0.3078	**73.22±1.00** 0.0000*	58.14+1.95 0.0000*	59.37±2.24 0.0000*	65.62±0.00 0.0000*	59.28±13.13 0.1209
Clean	89.07±2.34	87.68±2.54 0.2184	86.20±2.28 0.0124*	88.27±2.73 0.4901	**89.7±2.15** 0.5374	78.6±1.84 0.0000*	88.23±3.10 0.5006
Glass	96.29±1.52	97.24±1.7 0.2040	89.67±4.14 0.0000*	93.69±4.67 0.0400*	**98.38±1.10** 0.0024*	97.90±1.33 0.0207*	96.95±1.95 0.4045
House	**94.15±1.11**	93.78±1.60 0.0945*	93.56±1.35 0.6278	91.34±2.44 0.0146*	92.90±2.54 0.0180*	91.71±1.83 0.0146*	93.73±1.57 0.0327*
Housing	93.25±0.00	93.25±0.00 1.0000	**96.38±0.00** 0.0000*	87.86±1.85 0.0000*	88.57±1.56 0.0000*	93.25±0.00 1.0000	93.25±0.00 1.0000
Arrhythmia	61.57±1.36	**68.73±2.69** 0.0000*	67.90±2.49 0.0000*	62.63±3.82 0.4195	61.27±0.69 0.5449	63.56±1.07 0.0020*	68.03±2.49 0.0000*
Ionosphere	**93.94±1.48**	92.28±1.85 0.0403*	92.84±1.34 0.0000*	63.81±0.00 0.0000*	93.68±1.44 0.6977	87.03±2.26 0.0000*	85.6±16.29 0.1269
Letter	84.88±3.03	92.64±0.76 0.0000*	92.44±0.95 0.0985	90.29±1.88 0.0001*	92.42±1.57 0.0000*	91.40±1.38 0.0000*	**92.72±0.96** 0.0000*
Iris	**98.13±1.12**	97.33±0.89 0.0511	97.86±1.29 0.4645	96.67±1.30 0.0081*	96.40±1.78 0.0113*	97.67±1.30 0.0081*	96.80±1.43 0.0193*
Sonar	**85.05±2.68**	83.11±3.64 0.1908	81.29±3.23 0.2639	84.47±2.71 0.6344	84.95±2.56 0.9352	71.07±4.26 0.0000*	74.08±5.77 0.0000*
Water	**94.21±2.49**	92.81±2.92 0.2622	92.27±1.99 0.1586	92.81±3.14 0.2830	77.35±8.09 0.8842	84.56±6.76 0.0023*	88.60±5.18 0.0063*
Wine	**93.30±1.96**	93.07±1.81 0.7911	91.41±1.44 0.0251*	93.18±2.45 0.9112	91.13±3.98 0.2212	80.00±4.05 0.000*	92.45±1.74 0.3221

注：每个数据集最优的分类性能用粗体表示。* 表示算法与NMKMHKS有显著差异，p-value 值小于0.05。

表3-11　NMKMHKS算法和KMHKS、MVKMHKS(MultiV-KMHKS)、MKDA(SDP)、
l_p-MKDA(SIP)、SVM-2K、MKL在最优参数情况下的平均训练时间

数据集	NMKMHKS	KMHKS	MVKMHKS	MKDA	l_p-MKDA	SVM-2K	MKL
Pima	0.7845	*0.2325*	0.7962	459.68	20.5800	5.2249	178.3000
Breast	*0.0902*	0.2687	47.0722	181.9596	18.5672	2.7069	220.1110
Clean	2.1170	*0.2519*	103.9615	32.9330	2.3900	0.5697	88.2278
Glass	*0.0027*	0.0727	47.0426	36.6852	0.7301	1.4661	238.8950
House	0.6046	*0.0839*	29.0418	73.2846	6.6176	0.8254	52.1723
Housing	*0.0108*	0.1516	44.2225	119.8322	6.6737	0.5805	48.7114
Arrhythmia	*0.0008*	0.5118	7.0957	91.7000	1.8200	4.1121	1170.62
Ionosphere	0.1931	*0.0627*	0.7030	44.4100	1.9200	0.6085	47.7700
Letter	*0.0152*	0.3269	1.7123	230.2500	4.0100	3.5381	909.5100
Iris	0.0324	*0.0309*	12.0557	28.2533	0.3931	0.2465	57.9586
Sonar	0.0745	*0.0320*	25.9022	17.8652	0.7909	0.4042	24.9109
Water	*0.0055*	0.0279	31.0064	7.8781	0.0749	0.1855	20.7610
Wine	0.0347	*0.0269*	27.0440	30.3718	0.3416	0.6412	64.6480

注：对于每个数据集最小平均训练时间用斜体表示。

据集上两者具有差不多的平均训练时间，其中，在数据集合 Housing、Letter、Arrhythmia、Breast、Glass 和 Water 上的训练时间比 KMHKS 算法在这些数据集合上的对应训练时间小。同时，综合表 3-10 和表 3-11 可以发现，在数据集 Glass 上，尽管 l_p-MKDA（SIP）算法的分类精确度比 NMKMHKS 高，但是对比训练时间，l_p-MKDA（SIP）却逊色不少。MultiV-KMHKS 算法在 Breast-cancer-wisconsin 和 Housing 两个数据集上的分类正确率比所提出的算法高，但是同样地在训练时间方面却很难和 NMKMHKS 算法并驾齐驱。

3.3.3.4　进一步讨论

（1）泛化系数 C 对识别率的影响

图 3-7 给出了泛化系数 C 对于识别率的影响情况，C 从 2^{-4} 变化到 2^4。从图中不难看出，数据集 Glass、Clean、House-votes、Ionosphere、Water、Wine 和 Sonar 均在泛化系数 $C=2^{-4}$ 时获得最大识别率。

图 3-8 给出了 σ_2 与识别率之间的变化关系，从图中不同数据集的变化趋势可以看出，当 $\sigma_2 = 0.9\bar{\sigma}$ 时，大部分数据集可以获得最优识别率。除了数据集 Glass、Arrhythmia、Letter 和 Wine 以外，在大部分数据集中，σ_2 太大或者太小识别率都会下降。

（2）收敛性分析

根据式 (3-36)，可以发现 $\boldsymbol{\Gamma}$ 和 ω_0 这两个参数值都取决于 $\boldsymbol{b}$，算法中采用梯度下降的方法迭代计算 $\boldsymbol{b}$，式 (3-35) 给定了具体的计算方法。由此可以通过迭代的方法计算准则函数的值。图 3-9 给出在 8 个两类数据

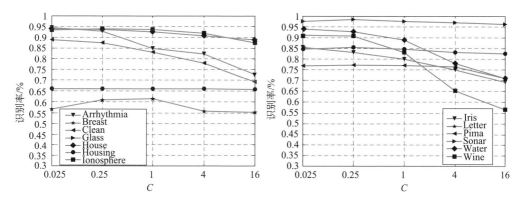

图 3-7　在 13 个数据集（Arrhythmia、Breast、Clean、Glass、House、Housing、Ionosphere、Iris、Letter、Pima、Sonar、Water 和 Wine）上，NMKMHKS 的泛化系数 C 与识别率之间的变化关系

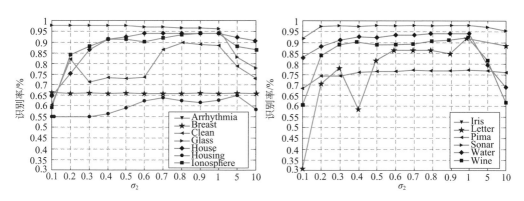

图 3-8　在 13 个数据集（Arrhythmia、Breast、Clean、Glass、Housing、House、Ionosphere、Iris、Letter、Pima、Sonar、Water 和 Wine）上，NMKMHKS 算法采用不同的 σ 值与识别率之间的变化关系

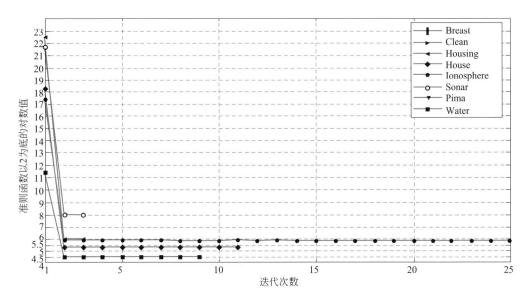

图 3-9　NMKHKS 准则函数表达式 (3-32) 中准则函数以 2 为底的对数值在 8 个两类数据集
（Breast、Clean、Housing、House、Ionosphere、Sonar、Pima、Water）上随迭代次数变化的趋势

集上迭代次数和准则函数以 2 为底取对数的变化关系。根据图 3-9 可以
发现，NMKMHKS 的准则表达式 (3-32) 在这 8 个数据集上都可以快速
地收敛到稳定值，也就是说所提算法只需要迭代 10 次左右就可以实现
收敛。通过对算法收敛性的分析可以知道，NMKMHKS 方法具有快速
稳定收敛的特性。

（3）*KA* 值分析

定理 3-3

核匹配（Kernel Alignment, KA），即核矩阵 $\boldsymbol{K}_1$ 和 $\boldsymbol{K}_2$ 在给定样本上
的匹配度（相关性）换为由式 (3-40) 给出：

$$S\left(\boldsymbol{K}_1, \boldsymbol{K}_2\right) = \frac{tr\left[\left(\mu_1 \boldsymbol{K}_1\right)^{\mathrm{T}}\left(\mu_2 \boldsymbol{K}_2\right)\right]}{\sqrt{tr\left[\left(\mu_1 \boldsymbol{K}_1\right)^{\mathrm{T}}\left(\mu_1 \boldsymbol{K}_1\right)\right]tr\left[\left(\mu_2 \boldsymbol{K}_2\right)^{\mathrm{T}}\left(\mu_2 \boldsymbol{K}_2\right)\right]}} \quad (3\text{-}40)$$

式中，$\boldsymbol{K}_1$ 和 $\boldsymbol{K}_2$ 为单源模式在给定核函数条件下生成的核矩阵；μ_1
和 μ_2 为对应核矩阵在多核学习中的核系数；$tr(\cdot)$ 为矩阵的操作符。

单源模式根据核方法采用多个核函数向高维空间映射的过程中，当所采用的核函数数目为 $M(M \geqslant 2)$ 时，这 M 个核函数之间的相关性可以由式 (3-41) 表示：

$$S = \frac{2}{M(M-1)} \sum_{i=1}^{M} \sum_{i \neq j}^{M} S(\pmb{K}_1, \pmb{K}_2) \tag{3-41}$$

每个核矩阵都是通过不同的核函数对单源模式数据集合作用的结果，因此可以看作是数据源的一种表示形式，S 可以被认为是核矩阵之间的余弦值，因此 S 满足 $-1 \leqslant S(\pmb{K}_1, \pmb{K}_2) \leqslant 1$ 这样一个不等式关系。在实验中，由于 $\pmb{K}_1$ 和 $\pmb{K}_2$ 都是实对称半正定矩阵，所以只取 $0 \leqslant S(\pmb{K}_1, \pmb{K}_2) \leqslant 1$。根据数理统计原理，如果 $S(\pmb{K}_1, \pmb{K}_2)$ 越大，$\pmb{K}_1$ 与 $\pmb{K}_2$ 的相关性关系也越大；当 $S(\pmb{K}_1, \pmb{K}_2)=0$ 时，$\pmb{K}_1$ 与 $\pmb{K}_2$ 则完全不相关；当 $S(\pmb{K}_1, \pmb{K}_2)=1$，$\pmb{K}_1$ 和 $\pmb{K}_2$ 绝对相关，并且 $\pmb{K}_2$ 可以用 $\pmb{K}_1$ 来表示，即 $\pmb{K}_2 = \varpi \pmb{K}_1$，$\varpi \in \mathbb{R}$，$\mathbb{R}$ 为实数集。图 3-10 给出了 KA 值和 σ 值之间的变化关系。从图 3-10 中可以发现，当 $\sigma=1.0$ 时，核矩阵 $\pmb{K}_1$ 与 $\pmb{K}_2$ 是完全相同的，此时 $\mu_1=\mu_2$，KA 值达到最大值 1。当 σ 开始比 1.0 小或者比 1.0 大，KA 值均开始变小。图 3-11 给出了 KA 和识别率之间的关系。根据实验中所用到的数据集合的识别率，可以发现当两个核矩阵完全相关时，NMKMHKS 可以达到最优识别率，这样的实验结论和先前论文中的不一样，所以对于这样的实验结论，经分析可能是由以下两种原因造成的：①当采用 Nyström 近似矩阵算法时，

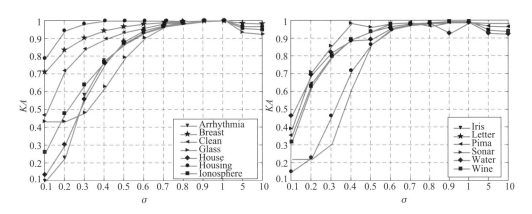

图 3-10　在 13 个数据集（Arrhythmia、Breast、Clean、Glass、House、Housing、Ionosphere、Iris、Letter、Pima、Sonar、Water 和 Wine）上，NMKMHKS 算法中的参数 σ 的值与 KA 值之间的变化关系

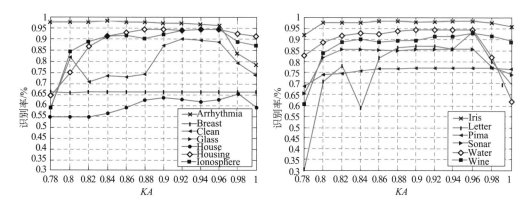

图 3-11 在 13 个数据集合（Arrhythmia、Breast、Clean、Glass、House、Housing、Ionosphere、Iris、Letter、Pima、Sonar、Water 和 Wine）上，NMKMHKS 算法的 *KA* 值与识别率之间的变化关系

随机选择 m 列数据构造近似核矩阵；②实验中选择一组 $\tilde{\pmb{K}}_p$ 来构造核矩阵 $\tilde{\pmb{G}}$，这和之前的算法是有很大差别的。

（4）Rademacher 复杂度分析

众所周知，泛化风险边界分析是检验学习算法性能的重要方法，而 Rademacher 复杂度是用来度量学习算法泛化误差边界的常用方法。经典的风险边界分析理论是由 Vapnik 和 Chervonenkis 提出的，以下给出 Rademacher 复杂度的定理。

定理 3-4

令 P 是集合 $\chi \times \{\pm 1\}$ 上的某一个概率分布，且集合 $\{x_i, y_i\}_{i=1}^{N}$ 是从 P 中独立地挑选出来的。那么，对于一个取值为 $\{\pm 1\}$ 并定义在 χ 上的函数类 F 而言，对于任何一个 N 都存在一个常量 $c \geqslant 0$，在概率至少为 $1-\delta$ 的情况下，每个属于 F 的 g 都应该满足：

$$P(y \neq g(x)) \leqslant \hat{P}_N(y \neq g(x)) + c\sqrt{\frac{VC(F)}{N}} \tag{3-42}$$

式中：$VC(F)$ 为 Vapnik-Chervonenkis 维 F；$\hat{P}_N$ 为函数 g 在样本集 $\{x_i, y_i\}_{i=1}^{N}$ 上的经验风险误差。

在这种情况下，可以用 $VC(F)$ 来估计类函数 F 的复杂度，因此，

Rademacher 复杂度被视为一个测试类函数 F 的复杂度替代概念而被提出。

定义 3-2

定义 μ 为数据集合 χ 上的一个可能性分布，假定 $\{x_i\}_{i=1}^N$ 是根据 μ 从 χ 上选择的独立样本，F 是从 χ 映射到 R 的函数类。令 $\{\sigma_i\}_{i=1}^N$ 是一组值为 $\{\pm 1\}$ 的独立分布集合，并且这是一组随机变量，那么首先定义随机变量为：

$$\hat{R}_N(F) = E\left[\sup_{g \in F} |\frac{2}{N}\sum_{i=1}^N \sigma_i g(x_i) \| x_1, \cdots, x_N\right] \tag{3-43}$$

式中，E 为计算随机变量的期望值操作符。那么 Rademacher 复杂度 $R_N(F)$ 可以定义为：

$$R_N(F) = E\hat{R}_N(F) \tag{3-44}$$

为了更清晰地表述 NMKMHKS、KMHKS、MultiV-KMHKS 这三种算法之间的关系，在这里给出它们的判别函数。算法 NMKMHKS 和 KMHKS 的判别函数相同，均为：

$$f(x) = \text{sign}\left(\sum_{i=1}^n \varphi_i \beta_i k(x, x_i) + \omega_0\right) \begin{cases} > 0, & x \in Class +1 \\ < 0, & x \in Class -1 \end{cases} \tag{3-45}$$

算法 MultiV-KMHKS 的判别函数为：

$$f(x) = \text{sign}\left(\sum_{p=1}^V \sum_{i=1}^n \mu_p \left(\varphi_i \beta_i^p k^p(x, x_i) + \omega_0^p\right)\right) \begin{cases} > 0, & x \in Class +1 \\ < 0, & x \in Class -1 \end{cases} \tag{3-46}$$

为了更方便地表达上述三种算法间的关系，用 $R_N(\text{NMKH})$、$R_N(\text{KH})$ 和 $R_N(\text{MVKH})$ 分别来表示 NMKMHKS、KMHKS 和 MultiV-KMHKS 的 Rademacher 复杂度。

首先通过三者的判别函数给出 $R_N(\text{NMKH})$、$R_N(\text{KH})$ 和 $R_N(\text{MVKH})$ 之间的关系。由判别函数式 (3-45) 和式 (3-46) 可以发现，当 $V=1$，$p=1$ 时，式 (3-46) 可以转化为式 (3-45)。因此，根据这种情况，可以得到这样一个关系表达式：$\{f_{\text{NMKMHKS}}\} = \{f_{\text{KMHKS}}\} \subseteq \{f_{\text{MultiV-KMHKS}}\}$。依据 Rademacher 复杂度的定义 [式 (3-43) 和式 (3-44)]，可以得到三种算法之间的 Rademacher

复杂度关系：

$$R_M(\text{NMKH})=R_M(\text{KH})\subseteq R_M(\text{MVKH}) \tag{3-47}$$

为了更清晰地给出 $R_M(\text{NMKH})$、$R_M(\text{KH})$ 和 $R_M(\text{MVKH})$ 之间的关系，参照式 (3-43) 通过实验来验证三者之间的关系。实验过程中，选用 7 个两类数据集作为计算三种算法的 Rademacher 复杂度对象。根据定义 3-2 式 (3-43) 中的变量 $\{\sigma_i\}_{i=1}^{N}$ 是一组值为 {±1} 的满足独立分布的随机变量集合，式 (3-43) 中的 F 取决于 $R_M(\text{NMKH})$、$R_M(\text{KH})$ 和 $R_M(\text{MVKH})$ 的判别函数中的类别数目。实验中计算 $\hat{R}_N(F)$ 十轮的平均值，并在图 3-12 中显示得到的实验结果。通过图 3-12 所示柱状图可以发现，其在 7 个数据集上所提算法和 KMHKS 算法的 $\hat{R}_N(F)$ 十轮平均值基本上是一致的，而在数据集 Clean、Ionosphere、Pima、Sonar、Water 上，MultiV-KMHKS 算法中的 $\hat{R}_N(F)$ 值均比算法 NMKMHKS 和 KMHKS 的大。因此，通过实验结果更进一步地验证了最初对三种算法之间关系的理论分析的合理性。

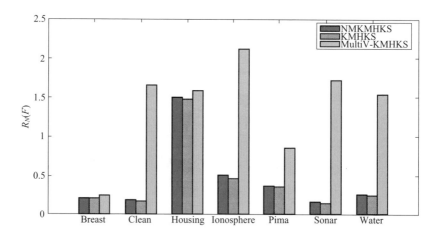

图 3-12　在数据集 Breast、Clean、Housing、Ionosphere、Pima、Sonar 和 Water 上，算法 NMKMHKS、MultiV-KMHKS 和 KMHKS 的 Rademacher 复杂度实验结果

3.4
Universum 的多视角分类学习算法

3.4.1 多视角学习算法

许多理论和实验都能证明多视角学习可以大大提高分类器的分类性能。但是，之前提出的多视角学习算法 MultiV-MHKS 仅仅考虑了单独的模型相同行或者相同列的像素点之间的关系，而忽视了模型的整个域信息。为了形成每个视角多个图像的域信息，在本节中将之前提出的多视角框架 MultiV-MHKS 和 Universum 学习相结合。Universum 学习是指在 Universum 样本的帮助下训练一个分类器，这些 Universum 样本不属于分类问题中的任何一类。在这种情况下，除了标签好的训练样本之外，还给定了一组无标签样本（称为 Universum 样本），这些样本是从和标签样本相同的域中采集来的，但是不属于任何一类。虽然现有很多学者正在对 Universum 学习进行研究，但是尚未有人将多视角学习与Universum 相结合，这样做具有一定的创新性，对分类器的分类性能也有所提高。该方法的主要研究目标是，在现有的多视角学习算法的基础上，结合 Universum 数据，提出一种新型的多视角学习算法，并将其应用于相关领域。

3.4.2 UMultiV-MHKS 模型

Universum 样本是不属于分类问题中任何一类的样本，但是这些样本包含一些在训练一个分类器时有用的域信息。为了弥补在每个视角中多个图像的域信息，将多视角框架 MultiV-MHKS 和 Universum 学习整合在一起，形成一种新的学习方法，称为 UMultiV-MHKS。为了和原始的 MultiV-MHKS 有所不同，在原始的 MultiV-MHKS 方法上加入了一个新的 Universum 正则化项。假设在单视角情况下有 N 个标签样本 $\{(x_i,\varphi_i)\}_{i=1}^{N}$ 和一些 Universum 样本 $\{(x_i^*,\varphi_i)\}_{i=1}^{u}$，其中 $x_i \in \mathbb{R}^d$，相应的类标签是 $\varphi_i \in \{+1,-1\}$，优化问题被表示如下：

$$\min L = \sum_{p=1}^{M} L_w^p + L_b \tag{3-48}$$

式中，L_w^p 用于保证每个视角都能正确地分类样本；L_b 通过使得每个视角的输出最大限度地和所有视角的平均输出权重相接近，来最小化它们的不一致性。L_w^p 有如下表示：

$$L_w^p = R_{\mathrm{emp}}^p + c^p R_{\mathrm{reg}}^p + \beta^p R_{\mathrm{uni}}^p \tag{3-49}$$

式中，c^p 和 β^p 为每个视角的正则化参数；R_{emp}^p 为经验风险项；R_{reg}^p 为正则化项；R_{uni}^p 为 Universum 正则化项。R_{emp}^p 和 R_{uni}^p 分别用来控制分类器和训练误差的复杂度。R_{emp}^p、R_{reg}^p 和 R_{uni}^p 的定义分别表示如下：

$$R_{\mathrm{emp}}^p = \sum_{i=1}^{N} \left(\varphi_i \left(g^p \left(A_i^p \right) \right) - 1 - b_i^p \right)^2 \tag{3-50}$$

$$R_{\mathrm{reg}}^p = (u^p)^{\mathrm{T}} S_1 u^p + (\tilde{v}^p)^{\mathrm{T}} S_2 \tilde{v}^p \tag{3-51}$$

$$R_{\mathrm{uni}}^p = \sum_{i=1}^{|\mathfrak{U}|} \left(g^p \left(A_i^{*p} \right) \right)^2 \tag{3-52}$$

式中，A_i^p 和 A_i^{*p} 分别为样本 x_i 和 x_i^* 的矩阵形式；$S_1 = m I_{m \times m}$、$S_2 = n I_{n \times n}$ 为两个矩阵；式 (3-50) 和式 (3-52) 进一步展开，所以 R_{emp} 和 R_{uni} 的详细描述如下所示：

$$R_{\mathrm{emp}}^p = \sum_{i=1}^{N} \left(\varphi_i \left((u^p)^{\mathrm{T}} A_i^p \tilde{v}^p + v_0^p \right) - 1 - b_i^p \right)^2 \tag{3-53}$$

$$R_{\mathrm{uni}}^p = \sum_{i=1}^{|\mathfrak{U}|} \left((u^p)^{\mathrm{T}} A_i^{*p} \tilde{v}^p + v_0^p \right)^2 \tag{3-54}$$

式中，u^p、$\tilde{v}^p$ 为两个权重向量；v_0 为偏差；b_i^p 为任意的标量。L_b 被定义如下：

$$L_b = \gamma \sum_{p=1}^{M} \sum_{i=1}^{N} \left(\varphi_i (u^p)^{\mathrm{T}} A_i^p \tilde{v}^p + v_0^p \right) - \sum_{q=1}^{M} r_q \varphi_i \left((u^q)^{\mathrm{T}} A_i^q \tilde{v}^q + v_0^q \right)^2 \tag{3-55}$$

在上面的公式中，γ 为双重变量；r_q 为相应视角的重要性，$r_q \geqslant 0$，$\sum_{q=1}^{M} r_q = 1$，r_q 越大，就表示相应的视角越重要。

结合式 (3-51)、式 (3-53) ～式 (3-55)，最后的优化公式如下所示：

$$\min L = L_1 + L_2 \tag{3-56}$$

$$\boldsymbol{u}^p \in \mathbb{R}^m$$

$$\boldsymbol{v}^p \in \mathbb{R}^{n+1}$$

$$p = 1, \cdots, M$$

L 包含两个子项：L_1 和 L_2。为了方便理解式 (3-56)，L_1 和 L_2 有如下定义：

$$
\begin{aligned}
L_1 = \sum_{p=1}^{M} \Bigg(& \sum_{i=1}^{N} \Big(\varphi_i \big((\boldsymbol{u}^p)^{\mathrm{T}} \boldsymbol{A}_i^p \tilde{\boldsymbol{v}}^p + \boldsymbol{v}_0^p \big) - 1 - \boldsymbol{b}_i^p \Big)^2 \\
& + c^p \Big((\boldsymbol{u}^p)^{\mathrm{T}} \boldsymbol{S}_1 \boldsymbol{u}^p + (\tilde{\boldsymbol{v}}^p)^{\mathrm{T}} \boldsymbol{S}_2 \tilde{\boldsymbol{v}}^p \Big) \\
& + \beta^p \sum_{i=1}^{|\mathfrak{u}|} \Big((\boldsymbol{u}^p)^{\mathrm{T}} \boldsymbol{A}_i^{*p} \tilde{\boldsymbol{v}}^p + \boldsymbol{v}_0^p \Big)^2 \Bigg)
\end{aligned}
\tag{3-57}
$$

$$
L_2 = \gamma \sum_{p=1}^{M} \sum_{i=1}^{N} \Big(\varphi_i (\boldsymbol{u}^p)^{\mathrm{T}} \boldsymbol{A}_i^p \tilde{\boldsymbol{v}}^p + \boldsymbol{v}_0^p \Big) - \sum_{q=1}^{M} r_q \varphi_i \Big((\boldsymbol{u}^q)^{\mathrm{T}} \boldsymbol{A}_i^q \tilde{\boldsymbol{v}}^q + \boldsymbol{v}_0^q \Big)^2
\tag{3-58}
$$

设置 $\boldsymbol{Y}^p = \big[y_1^p, \cdots, y_N^p \big]^{\mathrm{T}}$，$\boldsymbol{Y}^{*p} = \big[y_1^{*p}, \cdots, y_{|u|}^{*p} \big]^{\mathrm{T}}$，$\boldsymbol{y}_i^p = \varphi_i \big[(\boldsymbol{u}^p)^{\mathrm{T}} \boldsymbol{A}_i^p, 1 \big]^{\mathrm{T}}$，$\boldsymbol{y}_i^{*p} = \big[(\boldsymbol{u}^p)^{\mathrm{T}} \boldsymbol{A}_i^{*p}, \boldsymbol{1} \big]^{\mathrm{T}}$，$i = 1, \cdots, N$，$\boldsymbol{b}^p = \big[\boldsymbol{b}_1^p, \cdots, \boldsymbol{b}_N^p \big]^{\mathrm{T}}$，$\boldsymbol{v}^p = \big[(\tilde{\boldsymbol{v}}^p)^{\mathrm{T}}, \boldsymbol{v}_0^p \big]^{\mathrm{T}}$，式 (3-56) 的矩阵形式简化为：

$$
\begin{aligned}
\min_{\substack{\boldsymbol{u}^p \in \mathbb{R}^m, \boldsymbol{v}^p \in \mathbb{R}^{n+1} \\ p=1, \cdots, M}} L' = \sum_{p=1}^{M} & \Big(\boldsymbol{Y}^p \boldsymbol{v}^p - \boldsymbol{1}_{N \times 1} - \boldsymbol{b}^p \Big)^{\mathrm{T}} \Big(\boldsymbol{Y}^p \boldsymbol{v}^p - \boldsymbol{1}_{N \times 1} - \boldsymbol{b}^p \Big) \\
& + c^p \Big((\boldsymbol{u}^p)^{\mathrm{T}} \boldsymbol{S}_1 \boldsymbol{u}^p + (\boldsymbol{v}^p)^{\mathrm{T}} \tilde{\boldsymbol{S}}_2 \boldsymbol{v}^p \Big) + \beta^p \Big(\boldsymbol{Y}^{*p} \boldsymbol{v}^p \Big)^2 \\
& + \gamma \sum_{p=1}^{M} \Big(\boldsymbol{Y}^p \boldsymbol{v}^p - \sum_{q=1}^{M} r_q \big(\boldsymbol{Y}^q \boldsymbol{v}^q \big) \Big)^2
\end{aligned}
\tag{3-59}
$$

式中，$\boldsymbol{S}_2$ 是维度为 $n \times n$ 的矩阵，并且 $\tilde{\boldsymbol{S}}_2 = \begin{pmatrix} \boldsymbol{S}_2 & 0 \\ 0 & 0 \end{pmatrix}$。

$$
\begin{aligned}
\frac{\partial L}{\partial \boldsymbol{u}^p} = {} & 2 \sum_{i=1}^{N} \Big(\varphi_i \big((\boldsymbol{u}^p)^{\mathrm{T}} \boldsymbol{A}_i^p \tilde{\boldsymbol{v}}^p + \boldsymbol{v}_0^p \big) - 1 - \boldsymbol{b}_i^p \Big) \varphi_i \boldsymbol{A}_i^p \tilde{\boldsymbol{v}}^p + 2c^p \boldsymbol{S}_1 \boldsymbol{u}^p \\
& + \beta^p \sum_{i=1}^{|\mathfrak{u}|} 2 \Big((\boldsymbol{u}^p)^{\mathrm{T}} \boldsymbol{A}_i^{*p} \tilde{\boldsymbol{v}}^p + \boldsymbol{v}_0^p \Big) \boldsymbol{A}_i^{*p} \tilde{\boldsymbol{v}}^p \\
& + 2\gamma \sum_{i=1}^{N} \Bigg((1 - r_q)^2 \big((\boldsymbol{u}^p)^{\mathrm{T}} \boldsymbol{A}_i^p \tilde{\boldsymbol{v}}^p + \boldsymbol{v}_0^p \big) \boldsymbol{A}_i^p \tilde{\boldsymbol{v}}^p - r_q (1 - r_q) \sum_{q=1, q \neq p}^{M} \big((\boldsymbol{u}^q)^{\mathrm{T}} \boldsymbol{A}_i^q \tilde{\boldsymbol{v}}^q + \boldsymbol{v}_0^p \big) \boldsymbol{A}_i^p \tilde{\boldsymbol{v}}^p \Bigg)
\end{aligned}
\tag{3-60}
$$

$$\frac{\partial L'}{\partial v^p} = 2\left(Y^p v^p - \mathbf{1}_{N\times 1} - b^p\right)\left(Y^p\right)^{\mathrm{T}} + 2c^p \tilde{S}_2 v^p + 2\beta^p \left(Y^{*p} v^p\right)\left(Y^{*p}\right)^{\mathrm{T}}$$
$$+2\gamma\left(\left(1-r_q\right)Y^p v^p - r_q \sum_{q=1,q\neq p}^{M}\left(Y^q v^q\right)\right)\left(1-r_q\right)\left(Y^p\right)^{\mathrm{T}} \tag{3-61}$$

然后，将 $\dfrac{\partial L}{\partial u^p}$ 和 $\dfrac{\partial L'}{\partial v^p}$ 都设为 0，得出结果：

$$u^p = u_1^{-1} u_2 \tag{3-62}$$

类似于式 (3-56) ~ 式 (3-58)，为了便于理解，将 u^p 分成两个部分：u_1 和 u_2。详细公式如下：

$$u_1 = \left(1+\gamma\left(1-r_q\right)^2\right)\sum_{i=1}^{N} A_i^p \tilde{v}^p \left(A_i^p \tilde{v}^p\right)^{\mathrm{T}} + c^p S_1 + \beta^p \sum_{i=1}^{|\mathfrak{u}|} A_i^{*p} \tilde{v}^p \left(A_i^{*p} \tilde{v}^p\right)^{\mathrm{T}} \tag{3-63}$$

$$u_2 = \sum_{i=1}^{N} A_i^p \tilde{v}^p \left(\varphi_i\left(1+b_i^p\right) - v_0^p\left(1+\gamma\left(1-r_q\right)^2\right) + \gamma\left(r_q\left(1-r_q\right)\right)\right)$$
$$\sum_{q=1,q\neq p}\left(\left(u^q\right)^{\mathrm{T}} A_i^q \tilde{v}^q + v_0^q\right) - \beta^p \sum_{i=1}^{|\mathfrak{u}|} v_0^p A_i^{*p} \tilde{v}^p \tag{3-64}$$

并且：

$$v^p = \left(\left(1+\gamma\left(1-r_q\right)^2\right)\left(Y^p\right)^{\mathrm{T}} Y^p + c^p \tilde{S}_2 + \beta^p \left(Y^{*p}\right)^{\mathrm{T}} Y^{*p}\right)^{-1}$$
$$\left(Y^p\right)^{\mathrm{T}}\left(1+b^p+\gamma\left(r_q\left(1-r_q\right)\right)\sum_{q=1,q\neq p}^{M} Y^q v^q\right) \tag{3-65}$$

求式 (3-59) 对 b^p 的梯度，结果如下：

$$\frac{\partial L'}{\partial b^p} = -2\left(Y^p v^p - \mathbf{1}_{N\times 1} - b^p\right) \tag{3-66}$$

在式 (3-66) 中，将 b 在第 p 个视角下的第 k 次迭代表示成 b_k^p。为了使得样本分类正确，b_k^p 应该是非负的。对于每个特征空间，初始化 $b_1 \geqslant 0$，然后在每次迭代 k 中设置 $b_k^p \geqslant 0$。因此得到 b_k^p 的展开形式如下：

$$\begin{cases} b_1^p & \geqslant & 0 \\ b_{k+1}^p & = & b_k^p + \rho^p\left(e_k^p + \left|e_k^p\right|\right) \end{cases} \tag{3-67}$$

在第 k 次迭代中，第 p 个视角的误差向量为 $\boldsymbol{e}_k^p = \boldsymbol{Y}_k^p \boldsymbol{v}_k^p - \boldsymbol{1}_{N \times 1} - \boldsymbol{b}_k^p$，第 p 个视角的学习步长为 $0 < \rho^p < 1$。实际上，定义终止条件为：

$$\frac{\|L'_{k+1} - L'_k\|_2}{\|L'_k\|_2} \leqslant \xi \tag{3-68}$$

式中，$\xi \in \mathbb{R}$ 是一个小的正值。根据上面的描述，UMultiV-MHKS 的算法步骤能被总结在表 3-12 中。

表3-12　UMultiV-MHKS算法

输入：标签数据 $\{(x_i, \varphi_i)\}_{i=1}^N$，Universum 样本 $\{(x_i^*, \varphi_i)\}_{i=1}^u$，

之前定义的 M 种方式，满足条件 $mn = d$。

输出：UMultiV-MHKS 的输出结果 $\{u^p, \tilde{v}^p, v_0^p\}_{p=1}^M$。

1. 将 x_i 和 x_i^* 分别重置为 $\{\boldsymbol{A}_i^p\}_{p=1}^M$ 和 $\{\boldsymbol{A}_i^{*p}\}_{p=1}^u$。

通过之前定义的 M 种方法，并且 mn 的值和 d 的值相等。

随机初始化 $u_1^p, v_1^p, p=1, \cdots, M$；设置初始化的 $\boldsymbol{Y}$ 值，$\boldsymbol{Y}_1^p = [\boldsymbol{y}_1^p, \cdots, \boldsymbol{y}_N^p]^T$，$\boldsymbol{Y}^{*p} = [\boldsymbol{y}_1^{*p}, \cdots, \boldsymbol{y}_{|u|}^{*p}]^T$，$\boldsymbol{y}_i^p = \varphi_i[(\boldsymbol{u}_i^p)^T \boldsymbol{A}_i^p, 1]^T$，$i=1, \cdots, N$，$p=1, \cdots, M$；让 $k=1$。

2. 直到满足条件 (3-68)，以下过程才会终止：

a. 给定 $p=1, \cdots, M$：

i. 分别通过方程 (3-62)，方程 (3-65) 和方程 (3-67)，计算 $u_{k+1}^p, v_{k+1}^p, b_{k+1}^p$；

ii. 设置 $\boldsymbol{Y}_{k+1}^p = [\boldsymbol{y}_1^p, \cdots, \boldsymbol{y}_N^p]^T$，$\boldsymbol{Y}^{*p} = [\boldsymbol{y}_1^{*p}, \cdots, \boldsymbol{y}_{|u|}^{*p}]^T$，$\boldsymbol{y}_i^p = \varphi_i[(\boldsymbol{u}_{k+1}^p)^T \boldsymbol{A}_i^p, 1]^T$，$i=1, \cdots, N$。

b. 通过方程 (3-59) 计算 L'_{k+1}。

c. 增加 k 的值。

3. 返回最后的结果 $\{\boldsymbol{u}^p, \tilde{\boldsymbol{v}}^p, v_0^p\}_{p=1}^M$。

UMultiV-MHKS 将样本 $z \in \mathbb{R}^d$ 通过 M 种方式重置形成矩阵形式 $\{\boldsymbol{Z}^p \in \mathbb{R}^{m^p \times n^p}\}_{p=1}^M$，在这种情况下的判别公式如下所示：

$$g(z) = \frac{1}{M} \sum_{p=1}^M \left((\boldsymbol{u}^p)^T \boldsymbol{Z}^p \tilde{\boldsymbol{v}}^p + v_0^p \right) \begin{cases} > 0, z \in Class +1 \\ < 0, z \in Class -1 \end{cases} \tag{3-69}$$

最后发现，如果式 (3-57) 中的 β^p 设为 0，UMultiV-MHKS 就退化成 MultiV-MHKS；如果设置 $M=1$ 并且 $\gamma=0$，MultiV-MHKS 就退化成 MatMHKS；同时，如果进一步设置 $m=1$，$u=1$，相应的算法过程就退化成 MHKS。因此 MultiV-MHKS、MatMHKS，和 MHKS 分类器被看成是所提分类算法 UMultiV-MHKS 的特殊情形。

3.4.3 实验

UMultiV-MHKS 是在之前的多视角算法 MultiV-MHKS 的基础上提出来的。因此，为了证明所提算法，将对新的多视角算法 UMultiV-MHKS 和原始多视角算法 MultiV-MHKS 进行比较。除此之外，同时也和其他一些经典的分类算法进行比较，例如 MatMHKS、MHKS、和 SVM。

3.4.3.1 实验设置

本部分评估所提算法 UMultiV-MHKS 的有效性。首先，在实验中所提算法 UMultiV-MHKS 中所用到的参数设置说明如下：向量 $b_1^p = 10^{-6}$，学习步长为 $\rho^p = 0.99$，终止域为 $\xi = 10^{-4}$，$p = 1, \cdots, M$。对于原始的多视角算法 MultiV-MHKS，设 $b_1^p = 10^{-6}$，$\rho^p = 0.99$，$\xi = 10^{-4}$。在 UMultiV-MHKS 和 MultiV-MHKS 的实验过程中，双重参数 γ 和正则化参数 c^p 的值都是从集合 $\{10^{-2}, 10^{-1}, 10^0, 10^1, 10^2\}$ 中选出来的。在算法 UMultiV-MHKS 中，加入一个新的正则化参数 β^p，β^p 的值也是从集合 $\{10^{-2}, 10^{-1}, 10^0, 10^1, 10^2\}$ 中选出来的。在算法 MatMHKS 和算法 MHKS 中，参数的初始化设置和算法 UMultiV-MHKS 中对应的参数是一样的。在实验中，对于多类数据集采用一对一的策略。对于实验中用到所有的算法，在计算它们的分类正确率时，统一使用 MCCV 策略。将数据集随机地分成两个部分，一部分是训练集，一部分是测试集，然后重复 T 次。在实验中，将 T 设为 10。

（1）SVM 简介

传统的统计模式识别方法只有在样本趋向无穷大时，其性能才有理论上的保证。然而，在实际应用中，往往只有有限的样本数据。为了解决有限样本情况下的机器学习问题，统计学习理论（STL）研究了如何在有限样本情况下进行有效的模式识别。传统的统计模式识别方法强调经验风险最小化。然而，单纯的经验风险最小化可能会导致过拟合问题。这是因为模型过于复杂，过多地拟合了训练数据的噪声和特定的样本特征，而忽略了真实数据的整体分布特征。支持向量机（Support Vector Machines, SVM）是基于结构风险最小化准则，以置信范围值最小化作为优化目标，推广能力佳。SVM可得到唯一最优解。这意味着SVM能够找到一个最优的超平面来进行分类，使得不同类别的样本点尽可能地分开。这种特性使得SVM在模式识别问题中具有较好的性能。首先，SVM可以通过核函数将数据映射到高维空间中，从而解决非线性分类问题。其次，SVM通过最大化分类间隔来提高模型的泛化能力，从而降低过拟合的风险。SVM希望找到一个超平面，该超平面可以将数据分隔开来，在二维空间中这个超平面就是一条直线，其方程可以表示为：$w^Tx+b=0$。假设在超平面一边的数据点所对应的y全是-1，而在另一边的y全是1，具体来说，令$f(x)=w^Tx+b$，显然，如果$f(x)=0$，那么x是位于超平面上的点。不妨要求对于所有满足$f(x)>0$的点，其对应的y等于1，而$f(x)<0$则对应$y=-1$的数据点。从几何直观上来说，由于超平面是用于分隔两类数据的，越接近超平面的点就越难被分隔开来，因为如果超平面稍微地转动一下，它们就有可能跑到另一边去。反之，如果是距离超平面比较远的点，例如图3-13中的右上角或者左下角的点，则很容易分辨出它的类别。从图3-13中可以看出，超平面两边的间隔分别对应的两条平行的线（在高维空间中表现为两个超平面之间的间隔）上有一些点，这些点就叫作支持向量。从图中看到两个超平面上都会有点存在，假如两个超平面上没有点存在，此时就可以进一步扩大超平面两边的间隔，直到找到最大间隔为止。

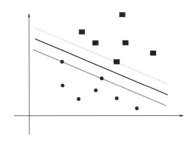

图3-13　SVM说明图

（2）多视角的生成方法

多视角学习方法的应用其实是基于半监督学习算法中的协同训练算法。当遇到标记样本较少的问题时，多视角学习能够很好地解决这个问题，因为具备了这种能力，多视角学习受到了关注。但是这种方法的应用常常只是在一些存在天然多视角的数据集中，因此当遇到一些没有多个视角描述的数据集时，多视角学习就无从下手了。后来，随着不断研究，当遇到一些只有单个视角数据集的问题时，就可以随意地对现有的单视角中的特征子集进行划分，划分可以形成多个视角，然后将形成的多个视角运用于多视角学习算法中。但这种随机划分属性集来形成多个视角的方法，如果想取得较好的效果，必须在属性集充分大的前提下，但是现实中的大多数问题并不具有充分大的属性集。因此，这种随机划分的方法存在着不稳定性。本实验中，视角的生成方法和在文献 [24] 中的 MultiV-MHKS 算法的实验中的方法是一样的。在此方法中，原始的模型集被重新组合成多个不同的矩阵，每个矩阵被看成是原始模型的一个视角。首先，根据模型中信息的尺寸，将模型分成单视角和多视角模型。每个模型中的每个信息都能形成一组特征集合，因此，每个特征集能被看作是模型的一个视角。对于单视角模型 $\{z_i\}_{i=1}^{N}, z_i \in \mathbb{R}^d$，使用一种简单的重置方法来生成多个视角。这种重置方法不存在模型组成之间的重叠。模型 z_i 用这种方法被分成许多个子向量，这些子向量的大小是相等的。然后，将这些向量按列重置成矩阵形式。用这种方法，不同大小的子向量能够自然形成不同的矩阵形式 z_i。从数学领域上来说，每个模型 $z_i \in \mathbb{R}^d$ 有多种不同的矩阵形式可以表示成 $A_i^p \in \mathbb{R}^{m_p \times n_p}, p = 1, \cdots, M$。在此次实验中，$M$ 设为 2，表示对于 UMultiV-MHKS 和 MultiV-MHKS 重置原始样本的方法数量为 2。由于一些数据集的矩阵形式多样（例如 Glass 的矩阵形式有 1×9、3×3 和 9×1），因此，我们在实验中选取了在 MHKS 算法中分类精确度排名第一和第二的矩阵形式。表 3-13 最后一列给出了在实验中对于每个数据集选取的矩阵形式。

（3）Universum 数据的选择

实验中加入了一些 Universum 样本。这些 Universum 样本用来反映分类问题的整个域信息。Universum 样本的选取对实验也是非常重要的。Weston 等人在参考文献 [25] 中提出了一些选取 Universum 样本的方法。这里，从这几种方法中选取一种叫作 Umean 的方法作为实验中的方法。在矩阵模型下，所有的输入都是图像，Umean 方法是指：先从两个不同的类中选取出来两张图像，然后再把这两张图像取平均就得到了实验中的图像。例如，在一个两类问题中，有 5 个正的样本和 5 个负的样本，根据一个结合参数，就会生成 25 个 Universum 样本，这个参数就是 0.5。

3.4.3.2 UCI 数据集实验验证

（1）分类正确率的比较

实验中所用到的数据集都是从 UCI 数据集中选取的，实验中使用到的数据集的详细说明都列在表 3-13 中，这里将数据集 Breast-cancer-wisconsin、Horse-colic 和 House-votes 简写成 Bcw、Hc 和 Hv。在进行实验数据统计的过程中，还分别计算了所提算法 UMultiV-MHKS 与 MultiV-MHKS、MatMHKS、MHKS、线性 SVM 和非线性 SVM 这几种对比算法之间的 t-test 值。p-value 代表着两种对比算法在测试数据集上分类正确率的显著差异性。给定假设 H0 表示 UMultiV-MHKS 同对比算

表3-13　UCI数据集描述

数据集	属性数	类别数	样本数	选取的视角（矩阵的大小）
Secom	591	2	1567	2×295；10×59
Sonar	60	2	208	3×20；4×15
Iris	4	3	150	1×4；2×2
Glass	9	6	214	1×9；3×3
Water	38	2	116	1×38；2×19
Pima	8	2	768	1×8；2×4
Lenses	4	3	24	1×4；2×2
Breast-cancer-wisconsin(Bcw)	10	2	699	1×10；2×5
Cmc	9	3	1473	1×9；3×3
Horse-colic(Hc)	27	2	366	1×27；3×9
Housing	12	2	506	2×6；3×4
Ionosphere	34	2	351	1×34；2×17
House-votes(Hv)	16	2	435	2×8；4×4
Transfusion	4	2	748	1×4；2×2

法正确分类的样本平均数目之间无显著不同。在这种假设条件下，定义每个验证结果对应的 p-value 值表示两种算法在测试数据集上分类正确率出现显著差异的概率，p-value 越小，就证明两种算法在测试数据集上的分类结果显著性差异越大。设定 p-value 的阈值为 0.05。当 p-value 小于 0.05 时，表明两种对比算法在正确分类测试数据方面存在显著差异。表 3-14 给出了所提算法与对比算法在所用数据集上的 p-value 值。

从表 3-14 中可以清楚地看出 6 种算法的分类正确率和 p-value 值的比较。在表中，6 种算法中分类正确率最高的用黑体表示，表的前面四列表示的 4 种算法中分类正确率最高的用斜体表示（已用黑体表示的除外）。从表 3-14 中可以看出，所提的多视角学习算法 UMultiV-MHKS 是有效的。表中 * 号表示和 UMultiV-MHKS 的差别小于 5%，即 p-value 值小于 0.05。从表 3-14 中可以看出，所提算法 UMultiV-MHKS 在大多数数据集上都要比 MultiV-MHKS 的分类正确率要高，尤其是在数据集 Iris、Cmc、Glass 和 Lenses 上。UMultiV-MHKS 的分类正确率在大多数数据集上也比矩阵算法 MatMHKS 要高，除了数据集 Housing。同时，从表 3-14 中可以发现，矩阵算法 MatMHKS 在数据集 Housing 上也只是仅仅比 UMultiV-MHKS 高了一点儿，两个算法在 Housing 上的分类正确率可以说是相等的。在和 MHKS 比较的结果中发现，在大多数数据集上 UMultiV-MHKS 要比 MHKS 的结果好。通过 p-values 值也可以发现，UMultiV-MHKS 和 MHKS 在数据集 Cmc 和 Transfusion 上有显著差异。在实验中，也将所提算法和线性 SVM、非线性 SVM 进行了比较。在实验中使用的核有：线性核 $k(\boldsymbol{x}_i, \boldsymbol{x}_j) = \boldsymbol{x}_i^\mathrm{T} \boldsymbol{x}_j$；多项式核 $k(\boldsymbol{x}_i, \boldsymbol{x}_j) = \left(\boldsymbol{x}_i^\mathrm{T} \boldsymbol{x}_j + 1\right)^d$，

其中 d=2；径向基核（RBF）$k(\boldsymbol{x}_i, \boldsymbol{x}_j) = \exp\left(-\dfrac{\|\boldsymbol{x}_i - \boldsymbol{x}_j\|_2^2}{\sigma^2}\right)$，其中 σ 的值是

从集合 $\{10^{-2}, 10^{-1}, 10^0, 10^1, 10^2\}$ 中选取的。在整个实验过程中，将在同一个数据集的情况下，从多项式核和径向基核中选取分类正确率最好的那个结果作为表 3-14 中非线性 SVM 的结果。通过比较线性 SVM 和非线性 SVM 可以发现，UMultiV-MHKS 在分类正确率方面要好于这两种分类器，除了数据集 Glass、Housing 和 Ionosphere。

表3-14 算法UMultiV-MHKS、MultiV-MHKS、MatMHKS、MHKS、线性SVM和非线性SVM在 UCI数据集上的分类正确率(%)和t-test值比较

数据集	UMultiV-MHKS 分类正确率 p-value	MultiV-MHKS 分类正确率 p-value	MatMHKS 分类正确率 p-value	MHKS 分类正确率 p-value	线性 SVM 分类正确率 p-value	非线性 SVM 分类正确率 p-value
Cmc	**52.48±0.79**	49.31±0.90 0.0085*	51.59±0.83 0.3793	47.07±0.15 0.0043*	51.29±1.60 0.2932	47.73±2.01 0.0019*
Lenses	**78.18±6.80**	76.43±7.90 0.4586	75.45±4.30 0.2622	76.59±3.10 0.4830	65.49±0.00 0.0023*	72.73±0.00 0.0082*
Glass	*97.95±0.34*	95.83±0.53 0.2040	96.81±0.24 0.3487	94.62±0.29 0.1409	96.00±0.58 0.2017	**98.45±0.49** 0.4207
Iris	**98.68±0.80**	96.73±0.92 0.4511	95.86±1.08 0.2645	95.40±0.67 0.1685	96.13±0.54 0.0013*	96.57±0.63 0.0081*
Water	**98.25±0.34**	97.14±0.48 0.2622	93.68±0.71 0.1386	94.56±0.69 0.1830	88.95±3.29 0.0000*	90.16±2.68 0.0023*
Pima	**70.93±0.18**	69.66±0.12 0.7419	70.01±0.30 0.8195	70.09±0.02 0.5449	66.01±3.90 0.0020*	65.26±2.70 0.0000*
Housing	92.91±1.25	92.91±0.00 1.0000	*93.25±1.79* 0.7415	92.01±1.68 0.8036	90.97±0.00 0.2396	**93.91±0.00** 0.5807
Sonar	**76.87±1.30**	75.63±1.97 0.2985	74.75±1.70 0.2622	73.59±1.80 0.1093	72.03±2.24 0.0000*	73.69±4.26 0.1459
BCW	**96.32±1.41**	95.15±1.19 0.3078	94.38±1.35 0.2587	95.50±1.18 0.3793	62.67±1.71 0.0000*	79.42±0.98 0.0000*
Ionosphere	*89.94±0.32*	87.17±0.42 0.1408	87.05±0.50 0.1097	86.34±0.26 0.0977	**90.40±1.10** 0.1269	86.79±2.09 0.1016
Transfusion	**88.75±0.15**	87.59±0.20 0.0706	88.23±0.08 0.0782	77.06±0.06 0.0057*	78.97±0.17 0.0043*	78.73±0.63 0.0487*
Secom	**93.79±0.59**	93.26±1.41 0.6742	93.15±1.32 0.4158	92.34±0.02 0.4244	84.69±0.00 0.0485*	93.35±0.00 0.0618
HC	**70.99±2.80**	69.94±1.50 0.5217	65.46±0.80 0.2311	70.03±0.46 0.7681	61.90±0.11 0.0000*	57.28±0.00 0.0000*
HV	**93.87±1.27**	92.33±1.33 0.0407*	92.83±0.30 0.0582	92.12±0.35 0.0379*	89.72±0.00 0.0000*	90.35±0.00 0.0197*

注：每个数据集合的最优识别率用黑体标识。* 表示算法与 UMultiV-MHKS 有显著差异，p-value 值小于 0.05。

（2）运行时间比较

表 3-15 给出了 UMultiV-MHKS 算法和其他对比算法在最优参数情况下的平均训练时间。根据表 3-15 可以得到以下结论：①与 MultiV-MHKS 算法相比，UMultiV-MHKS 在部分数据集上的训练时间很有竞争性，尤其是在数据集 Water 和 Transfusion 上，UMultiV-MHKS 的训练时间明显比 MultiV-MHKS 要少。虽然在数据集 Iris 和数据集 Secom 上，MultiV-MHKS 比 UMultiV-MHKS 的时间消耗要少一点，但是从数据集 Iris 和数据集 Secom 上的分类正确率上看，UMultiV-MHKS 的分类正确率要比 MultiV-MHKS 有所提升。因此，总的来说，UMultiV-MHKS 要比 MultiV-MHKS 更具有优势。②与 MatMHKS 算法相比，在大部分数据集上两者的平均训练时间相差不大，但是在分类正确率上，

表3-15　算法UMultiV-MHKS、MultiV-MHKS、MatMHKS、MHKS、线性SVM和非线性SVM在最优参数情况下的平均训练时间

数据集	UMultiV-MHKS	MultiV-MHKS	MatMHKS	MHKS	线性 SVM	非线性 SVM
Lenses	1.97	1.18	1.00	*0.55*	3.58	2.29
Glass	80.01	80.49	74.86	55.33	20.04	*18.58*
Iris	0.57	*0.55*	4.52	3.93	4.59	2.17
Water	3.95	6.60	11.97	9.64	9.95	9.76
Pima	7.37	6.35	6.51	*4.87*	10.23	26.98
Housing	2.13	2.61	*2.04*	3.22	4.36	3.19
Sonar	4.16	3.87	6.29	*2.19*	3.07	2.69
Bcw	17.48	18.96	15.66	14.34	6.43	*5.62*
Ionosphere	6.37	5.63	9.62	*4.26*	5.68	6.51
Transfusion	12.74	18.08	5.15	*2.79*	7.84	4.78
Secom	28.91	*21.21*	32.65	36.35	47.37	33.75
Hc	5.24	4.98	4.36	3.87	*3.39*	5.98
Cmc	7.63	8.61	8.95	6.90	*5.52*	6.58
Hv	8.54	7.34	4.42	*1.29*	7.80	9.11

注：每个数据集最小平均训练时间用斜体表示。

UMultiV-MHKS 的分类正确率要高于 MatMHKS 很多，由此也可以看出，多视角分类方法的确是可以在分类性能上有一定的帮助。③与线性 SVM 以及非线性 SVM 相比，发现在数据集 Hc、Cmc 以及 Bcw 上，虽然 SVM 具有较少的训练时间，但是对比分类正确率，同样地，UMultiV-MHKS 具有更好的分类正确率。同时，综合表 3-14 和表 3-15 可以发现，在数据集 Housing 上，尽管 SVM 算法的分类正确率比 UMultiV-MHKS 高，但是对比训练时间，SVM 却逊色不少。

3.4.3.3 图像数据集实验验证

以上实验都是在 UCI 数据集上做的，由于 UCI 数据集上数据的原始形式都是向量形式的，这里将讨论所提算法在矩阵形式下的实验性能。本实验中将使用三个数据集，分别是 Coil-20、Letter 和 ORL。Coil-20 是哥伦比亚大学图像数据库中的一个图像数据集，该数据集一共拥有 1440 张图像，包含 20 个目标对象，且每个对象包含 72 张 128×128 的图像数据信息。采样过程中令这 20 个目标对象每旋转 5° 拍一张照片，也就得到对应的编号从 0 到 71 的 72 张图像信息。Letter 数字文本库包含从 0 到 9 的 10 个数字文本图像类，每个类包含 50 张大小为 24×18 的图像信息。ORL 人脸数据库共包含 400 张灰度人脸图像，这 400 张灰度人脸图像分别来自 40 个不同的人，每个人有 10 张人脸图像。这些图像的背景都是统一的黑色，并且不是所有的人脸图像都是在同一时间段内获取的。参与图像拍摄的人在拍摄过程中可以有不同的面部表情，如：睁开眼睛或者闭上眼睛，微笑或者中性表情，戴眼镜或者不戴眼镜等。该数据库中所有图像均为 8 比特位的灰度图像，大小均为 92×112。

实验中，由于目前实验室所配备硬件设施的物理条件有限，首先将原始的 ORL 图像从 92×112 重构为 28×23，将原始的 Coil-20 图像从 128×128 重构为 32×32。图 3-14 给出了三个数据集对应的图像，第一行是 Coil-20 数据集的 10 个具有代表性的鸭子类样本，在原本的 72 个样本中，选择 5°，40°，75°，…，285°，320°这 10 个旋转角度下的鸭子图像作为代表来展示该数据库的图像特点。第二行显示的是 Letter 数

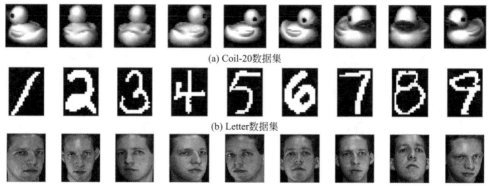

(a) Coil-20数据集

(b) Letter数据集

(c) ORL数据集

图 3-14　图像信息

据集中的 10 个类，选择每个类的第一个样本作为例子来展示该数据集的一些基本特点。第三行表示的是 ORL 人脸数据库的信息，用人脸数据库中第一个人的 10 幅图像为例子，显示该数据集所包含的信息特点。在本实验中，通过不断改变这三个图像数据集的训练样本的数量来观察每种算法的分类性能。实验中，ORL 数据集的训练样本尺寸从集合 {80, 120, 160, 200, 240, 280, 320} 中不断变化。同样地，Letter 数据集和 Coil-20 数据集的训练样本尺寸分别从集合 {100, 150, 200, 250, 300, 350} 和集合 {80, 200, 400, 600, 800} 中不断变化。

　　对于图像数据集，将 UMultiV-MHKS、MultiV-MHKS、MatMHKS、MHKS 和 SVM 这 5 种算法的分类正确率记录在图 3-15 上。图中的横坐标表示训练样本数，横坐标从左到右看，训练样本是不断增大的；图中的纵坐标表示分类正确率，从图 3-15 中可以看出：①在相同的图像数据集上，UMultiV-MHKS 比其他的 4 种算法有更好的分类正确率。在数据集 ORL 上，不管样本取多大的值，UMultiV-MHKS 的分类正确率曲线总是要高于其他 4 种算法的分类正确率。②从图 3-15 中可以发现，分类正确率的曲线是呈上升趋势的，也就是说，随着训练样本的增加，分类正确率也是逐渐增大的。从图 3-15(b) 所示的 Letter 子图中发现当训练样本超过 250 时，分类正确率曲线有了很明显的增长。③当输入样本是图像数据时，矩阵分类器有着很好的分类性能。

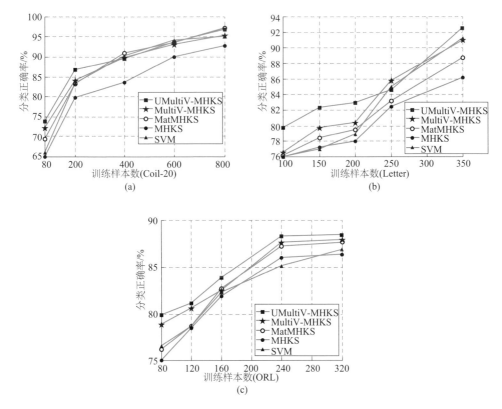

图 3-15 UMultiV-MHKS、MultiV-MHKS、MatMHKS、MHKS、SVM 在图像数据集 Coil-20、Letter 和 ORL 上随着训练样本数变化的分类正确率

3.4.3.4 进一步讨论

（1）收敛性分析

记录式 (3-57) 在每次迭代过程中的以 2 为底的对数值。图 3-16 给出在 10 个两类数据集上迭代次数和准则函数取以 2 为底的对数之间的变化关系。这些值证明了 UMultiV-MHKS 在有限的迭代次数内能快速收敛。在本次实验中，选取 10 个两类数据集，它们分别是：Housing、Pima、HV、HC、Ionosphere、Sonar、Water、BCW、Transfusion 和 Secom。通过图 3-16 可以发现，准则方程式 (3-56) 在 10 个数据集上能快速地得到一个收敛值，也就是说，UMultiV-MHKS 在 20 次迭代内就能收敛，取得较好的结果。实际上，将迭代次数设置为 20，这样能够避

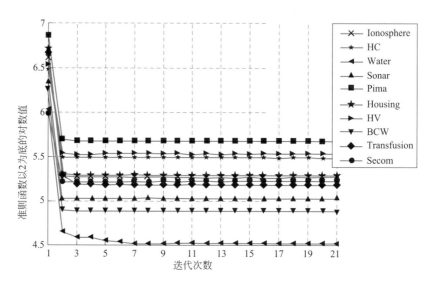

图 3-16　UMultiV-MHKS 准则函数表达式 (3-9) 中 T 的以 2 为底的对数值在 10 个两类数据集上随迭代次数变化的趋势

免冗余计算。这些值证明了 UMultiV-MHKS 在有限的迭代次数内能快速收敛。

（2）Universum 样本的规模大小分析

本节所提方法是在多视角算法 MultiV-MHKS 的基础上加入一些 Universum 样本所提出来的。根据文献 [26] 所说的，不同数量的 Universum 样本可能对分类性能有不同的影响。本部分将讨论 Universum 样本的规模对实验的影响。实验中使用到的数据集都是来自表 3-13 中列出来的 UCI 数据集。实验中，选取了 6 个数据集，分别是：Secom、Lenses、Glass、Water、Sonar 和 Iris。从表 3-13 中可以很清楚地发现选这 6 个数据集的理由，即：数据集 Secom 和数据集 Lenses 有着最多的样本数和最少的样本数；数据集 Glass 和数据集 Water 有着最多的类别数和最少的类别数，数据集 Glass 有 6 类，数据集 Water 有 2 类；数据集 Sonar 和数据集 Iris 有着最多的属性数量和最少的属性数量。最后，为了和这 6 个具有特点的数据集进行对比，从表 3-13 中任意地选择了其他 6 个没有特点的数据集，它们是：HV、Housing、Ionosphere、Transfusion、HC 和 Pima。

实验结果如图 3-17 所示，图 3-17(a) 所示是选取的 6 个有特点的数据集的实验结果，图 3-17(b) 所示是随机选取的 6 个数据集的实验结果。在这部分的实验中，只记录每个数据集最好的结果，因为不同的矩阵形式会有不同的结果，但这不是本小节讨论的重点。在图 3-17 中，

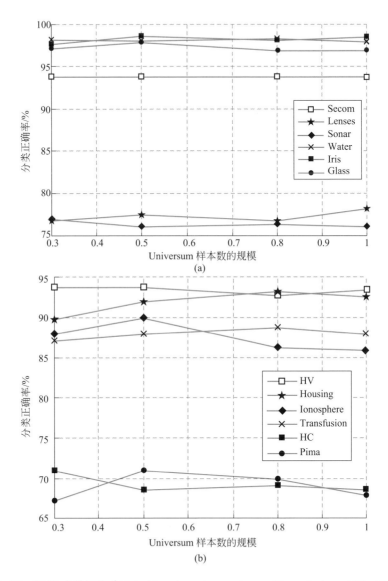

(a)

(b)

图 3-17　在 12 个数据集（HV、Housing、Ionosphere、Transfusion、HC、Pima、Secom、Lenses、Sonar、Water、Iris 和 Glass）上，随着 Universum 数据规模的变化，算法 UMultiV-MHKS 的分类正确率的变化

横轴表示 Universum 样本数的规模。Universum 样本数的规模是从集合 {0.3, 0.4, 0.5, 0.6, 0.7, 0.8, 0.9, 1} 中选取的。这就表示，如果选取 0.3，Universum 的样本数占训练集的 30%。纵轴表示分类正确率。观察实验所得图像，有如下结论：①从图 3-17 中可以发现，在大多数数据集上，当 Universum 样本的数量接近训练集的一半时，本节所提算法具有很好的分类正确率。当样本的数量从占训练集的一半慢慢变大时，分类正确率曲线的变化就很小了。②从图 3-17 中可以发现，不管 Universum 样本的数量在训练样本中所占的比例是多少，整个曲线可以看作是一条接近于直线的曲线。也就是说，Universum 样本的规模大小对此次实验也许是有影响的，但是这个影响是很小的，不会造成实验结果的改变。③比较图 3-17(a) 和图 3-17(b)，发现数据集的选择对此次实验不存在影响，不管所选数据集的样本数是多少，有多少个属性，都不会对实验造成影响。

（3）正则化参数 β^p 的分析

我们主要研究的内容是在原有的多视角分类学习方法的基础上加入一些 Universum 样本，因此，相较于之前的多视角分类学习方法的准则方程，新算法的准则方程就比原来 MultiV-MHKS 算法的准则方程多了一个 Universum 正则化项。β^p 就是新加入的 Universum 正则化项的 Universum 正则化参数。这个新加入的 Universum 正则化项表示如下：

$$R_{\mathrm{uni}}^p = \sum_{i=1}^{|\mathbf{u}|} \left(g^p \left(A_i^{*p} \right) \right)^2 \tag{3-70}$$

在本节实验中，β^p 的值是从集合 $\{10^{-2}, 10^{-1}, 10^0, 10^1, 10^2\}$ 中选取的。为了公平起见，在每个数据集上，其他参数的值都保持相同。β^p 选取不同值时的实验结果如图 3-18 所示。图 3-18 中所用的数据集和 Universum 样本的规模大小分析中用到的数据集是一样的。图 3-18(a) 中的 6 个数据集都是具有一定特点的数据集，图 3-18(b) 中的 6 个数据集是随机选取的没有特点的数据集。分析图 3-18 可以得出如下结论：①当 β^p 取值为 10^{-1} 时，数据集 Iris、Housing 有着最好的分类正确率，当 β^p 取值为 10^1 时，数据集 Hv、Iris 有着最好的分类正确率。由此发现，当 β^p 的取值不同时，不同的数据集具有不同的分类正确率，在某一点取值时具有最高

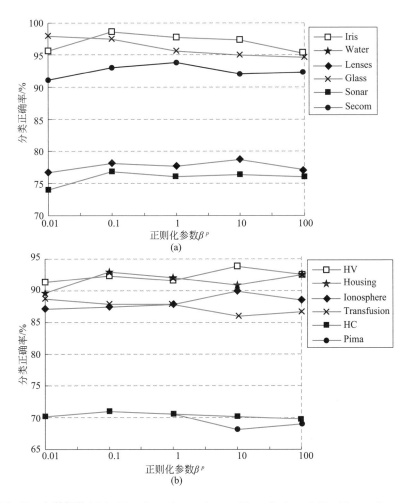

图 3-18 在数据集 HV、Housing、Ionosphere、Transfusion、HC、Pima、Secom、Lenses、Sonar、Water、Iris 和 Glass 上，UMultiV-MHKS 的分类正确率随着参数 β^p 的变化情况

的分类正确率，在其他取值点的分类正确率虽然小于最高点的分类正确率，但是相差值不会很大。从曲线的形状上来说，整个曲线没有明显的波动，相对而言是比较平缓的，偶尔有一定小的波动，但是对实验不会造成太大的影响。总的来说，在本小节的实验中使用的数据集上，β^p 的取值对实验的影响很小。②本小节的实验分别取了 6 个有特点的数据集和 6 个没有任何特点的数据集，从实验中可以看出，不管是在 6 个有特

点的数据集上还是在 6 个没有特点的数据集上，分类正确率的曲线的整体规律都是一致的。因此，可以说，数据集的选择不会对本小节的实验造成影响。

3.4.3.5 Rademacher 复杂度分析

泛化风险边界分析是检验学习算法性能的重要方法，而复杂度是用来度量学习算法泛化误差边界的常用方法。经典的风险边界分析理论是由 Vapnik 和 Chervonenkis 提出的，以下给出复杂度的定理。

定理 3-5

令 P 是集合 $\chi \times \{\pm 1\}$ 上的某一个概率分布，且集合 $\{x_i, y_i\}^N$ 是从 P 中独立地挑选出来的。那么，对于一个取值为 $\{\pm 1\}$ 并定义在 χ 上的函数类 F 而言，任何一个 N 都存在一个常量 $c \geqslant 0$，在概率至少为 $1-\delta$ 的情况下，每个属于 F 的 g 都应该满足：

$$P\big(y \neq g(x)\big) \leqslant \hat{P}_N\big(y \neq g(x)\big) + c\sqrt{\frac{VC(F)}{N}} \tag{3-71}$$

式中，$VC(F)$ 为 Vapnik-Chervonenkis 维度 F；$\hat{P}_N$ 为函数 g 在样本集 $\{x_i, y_i\}_{i=1}^N$ 上的经验风险误差。

在这种情况下，可以用 $VC(F)$ 来估计类函数 F 的复杂度，因此，Rademacher 复杂度被视为一个测试类函数 F 的复杂度替代概念而被提出。采用 Rademacher 复杂度来比较所提算法 UMultiV-MHKS 和其他三种分类方法。Rademacher 复杂度的定义用定义 3-3 的形式给出。

定义 3-3

定义 μ 为数据集合 χ 上的一个可能性分布，假定 $\{x_i\}_{i=1}^N$ 是根据 μ 从 χ 上选择的独立样本，F 是从 χ 映射到 R 的函数类。令 $\{\sigma_i\}_{i=1}^N$ 是一组值为 $\{\pm 1\}$ 的独立分布集合，并且这是一组随机变量，那么首先定义随机变量为：

$$\hat{R}_N(F) = E\left[\sup_{g \in F} |\frac{2}{N}\sum_{i=1}^N \sigma_i g(x_i)\| \, x_1, \cdots, x_N\right] \tag{3-72}$$

式中，E 为计算随机变量的期望值操作符。那么 Rademacher 复杂度

$R_N(F)$ 可以定义为：

$$R_N(F) = E\hat{R}_N(F) \tag{3-73}$$

接下来的定理 3-6 给出了用复杂度 $R_N(F)$ 给出的函数类 F 的一致性误差边界。

定理 3-6

定义 P 是一个在 $\chi \times \{\pm 1\}$ 上的概率分布，$\{x_i, y_i\}_{i=1}^N$ 是根据 P 随机选择的。然后，对于一个取值为 $\{\pm 1\}$ 的函数类 F 而言，域为 χ，在概率至少为 $1-\delta$ 的情况下要超过 $\{x_i, y_i\}_{i=1}^N$，每个属于 F 的 g 要满足：

$$P\left(y \neq g(x)\right) \leqslant \hat{P}_N\left(y \neq g(x)\right) + \frac{R_N(F)}{2} + \sqrt{\frac{\ln(1/\delta)}{2n}} \tag{3-74}$$

在这里，用 $R_N(g_{\text{UMVMHKS}})$、$R_N(g_{\text{MVMHKS}})$、$R_N(g_{\text{MatMHKS}})$ 和 $R_N(g_{\text{MHKS}})$ 来分别表示算法 UMultiV-MHKS、MultiV-MHKS、MatMHKS 和 MHKS 的复杂度。首先，给出 $R_N(g_{\text{UMVMHKS}})$ 和 $R_N(g_{\text{MVMHKS}})$ 之间的关系。在前面讨论过，UMultiV-MHKS 的决策公式如下：

$$g(z) = \frac{1}{M} \sum_{p=1}^{M} \left((\boldsymbol{u}^p)^{\mathrm{T}} \boldsymbol{Z}^p \tilde{\boldsymbol{v}}^p + \boldsymbol{v}_0^p \right) \begin{cases} > 0, & z \in Class +1 \\ < 0, & z \in Class -1 \end{cases} \tag{3-75}$$

在参考文献 [24] 中，发现算法 MultiV-MHKS 的方程和 UMultiV-MHKS 是一样的。即使算法 UMultiV-MHKS 和 MultiV-MHKS 有着相同的决策方程，但是在算法 UMultiV-MHKS 中，加入了一个新的正则化项。这个新的正则化项使得算法 UMultiV-MHKS 的解空间比 MultiV-MHKS 更小，因此可以说，UMultiV-MHKS 的解空间是包含在算法 MultiV-MHKS 的解空间中的。因此方程集 $\{g_{\text{UMVMHKS}}\} \subseteq \{g_{\text{MVMHKS}}\}$，所以得到 $R_N(g_{\text{UMVMHKS}}) \leqslant R_N(g_{\text{MVMHKS}})$。

最后分析 $R_N(g_{\text{MVMHKS}})$、$R_N(g_{\text{MatMHKS}})$ 和 $R_N(g_{\text{MHKS}})$ 之间的关系。参考文献 [24] 讨论了这三种算法的关系，并得出了如下结论：

$$R_N(g_{\text{MVMHKS}}) = R_N(g_{\text{MatMHKS}}) \leqslant R_N(g_{\text{MHKS}}) \tag{3-76}$$

根据式 (3-74) 和式 (3-76)，最后得出 $R_N(g_{\text{UMVMHKS}})$、$R_N(g_{\text{MVMHKS}})$、$R_N(g_{\text{MatMHKS}})$ 和 $R_N(g_{\text{MHKS}})$ 的关系如下：

$$R_N(g_{\text{UMVMHKS}}) \leqslant R_N(g_{\text{MVMIIKS}}) = R_N(g_{\text{MatMIIKS}}) \leqslant R_N(g_{\text{MHKS}}) \qquad (3\text{-}77)$$

以上都是对所提算法 UMultiV-MHKS 的理论分析，同样地，也可以通过实验的方法来证明以上所分析的 $R_N(g_{\text{UMVMHKS}})$、$R_N(g_{\text{MVMHKS}})$、$R_N(g_{\text{MatMHKS}})$ 和 $R_N(g_{\text{MHKS}})$ 关系的正确性。在实验中，从表 3-14 所示数据集中选取 10 个两类数据集来计算 UMultiV-MHKS、MultiV-MHKS、MatMHKS 和 MHKS 四种算法的复杂度。在这里选取的数据集和在收敛性分析中选取的数据集是一样的。根据定义 3-3 可知，式 (3-72) 中的参数 $\{\sigma_i\}_{i=1}^N$ 是随机独立的。式 (3-72) 中的 F 对应于算法 UMultiV-MHKS、MultiV-MHKS、MatMHKS 和 MHKS 的决策方程。对于每个数据集，分 10 次计算式 (3-72)，然后算出它们的平均值，结果都显示在图 3-19 上。

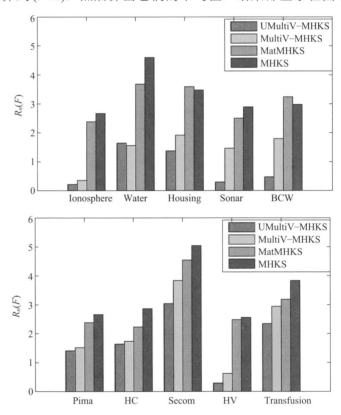

图 3-19　在数据集 Ionosphere、Housing、Sonar、Water、BCW、Pima、HC、HV、Transfusion 和 Secom 上，算法 UMultiV-MHKS、MultiV-MHKS、MatMHKS 和 MHKS 的 Rademacher 复杂度实验结果

图 3-19 的横轴表示在实验中选取的数据集，纵轴表示复杂度的值，用柱状图的形式来表示每个算法的复杂度。实验中 4 个算法的复杂度的值分别用 4 种不同颜色的柱形来表示。从图 3-19 中能够得出如下结论：①分析 UMultiV-MHKS 和 MHKS，能很清楚地看出在选取的 10 个数据集上 $R_N(g_{UMVMHKS})$ 的值比 $R_N(g_{MHKS})$ 小很多。②分析 UMultiV-MHKS 和 MultiV-MHKS，除了数据集 Water，在其他 9 个数据集上，$R_N(g_{UMVMHKS})$ 的值要比 $R_N(g_{MHKS})$ 小很多，这和式 (3-77) 的结论是一样的。③分析 $R_N(g_{UMVMHKS})$ 发现，$R_N(g_{UMVMHKS})$ 的值要比 $R_N(g_{MatMHKS})$ 的值小。因此，这个结果证明了对于 UMultiV-MHKS、MultiV-MHKS、MatMHKS 和 MHKS 这 4 个算法的复杂度的理论分析。

参考文献

[1] WANG Z, CHEN S, SUN T. MultiK-MHKS: a novel multiple kernel learning algorithm[J]. IEEE Transactions on Pattern Analysis and Machine Intelligence, 2008, 30(2):348-353.

[2] LANCKRIET G, CRISTIANINI N, BARTLETT P, et al. Learning the kernel matrix with semidefinite programming[J]. Journal of Machine Learning Research, 2004, 5:27-72.

[3] MALDONADO S, WEBER R, BASAK J. Simultaneous feature selection and classification using kernel-penalized support vector machines[J]. Information Sciences, 2011, 181(1):115-128.

[4] SUN J, LI X, YANG Y, et al. Scaling the kernel function based on the separating boundary in input space: a data-dependent way for improving the performance of kernel methods[J]. Information Sciences, 2012, 184(1):140-154.

[5] CHEN Z, FAN Z. Dynamic customer lifetime value prediction using longitudinal data: an improved multiple kernel SVR approach[J]. Knowledge-Based Systems, 2013, 43:123-134.

[6] WANG T, ZHAO D, FENG Y. Two-stage multiple kernel learning with multiclass kernel polarization[J]. Knowledge-Based Systems, 2013, 48:10-16.

[7] BAILI N, FRIGUI H. Fuzzy clustering with multiple kernels in feature space[C]// Proceedings of International Conference on Fuzzy Systems. New York: IEEE, 2012.

[8] DIETHE T, GIROLAMI M. Online Learning with (Multiple) Kernels: a Review[J]. Neural Computation, 2012, 1:1-59.

[9] HUANG H, CHUANG Y, CHEN C. Multiple Kernel Fuzzy Clustering[J]. IEEE Transactions on Fuzzy System, 2012,20(1):120-134.

[10] JIAN L, XIA Z, LIANG X, et al. Design of a multiple kernel learning algorithm for LS-SVM by convex programming[J]. Neural Networks, 2011, 24(5):476-483.

[11] GONEN M, ALPAYDIN E. Regularizing multiple kernel learning using response surface methodology[J]. Pattern Recognition, 2011, 44(1):159-171.

[12] LI J, PENG Y, LIU D. Quasiconformal kernel common locality discriminant analysis with application to breast cancer diagnosis[J]. Information Sciences, 2013, 223:256-269.

[13] GRAVES D, PEDRYCZ W. Kernel-based fuzzy clustering and fuzzy clustering: a comparative experimental study[J]. Fuzzy Sets and Systems, 2010, 161(4):522-543.

[14] BACHE K, LICHMAN M. UCI Machine Learning Repository, University of California, Irvine, School of Information and Computer Sciences, http://archive.ics.uci.edu/ml, 2013.

[15] KOLTCHINSKII V. Rademacher penalties and structural risk minimization[J]. IEEE Transactions on Information Theory, 2001, 47(5):1902-1914.

[16] LI M, KWOK J T, LU B U. Making large-scale Nyström approximation possible[C]// Proceeding of the 27th International Conference on Machine Learning. 2010: 1-8.

[17] WANG Z, CHEN S C, GAO D Q. A novel multi-View classifier based on Nyström approximation[J]. Expert Systems with Applications: 2011, 38: 11193-11200.

[18] YAN F, MIKOLAJCZYK K, BARMARD M, et al. l_p norm multiple kernel fisher discriminant analysis for object and image categorization[C]//International Conference on Computer Vision and Pattern Recognition. New York: IEEE, 2010.

[19] KOLTCHINSKII V. Rademacher penalties and structural risk minimization[J]. IEEE Transactions on Information Theory, 2001, 47(5):1902-1914.

[20] BARTLETT P, MENDELSON S. Rademacher and gaussian complexities: risk bounds and structural results[J]. Journal of Machine Learning Research, 2002, 3:463-482.

[21] MENDELSON S. Rademacher averages and phase transitions in glivenko-cantelli classes[J]. IEEE Transactions on Information Theory, 2002, 48(1):25 1-263.

[22] WANG Z, XU J, CHEN S C, et al. A regularized multiview machine based on response surface technique[J]. Neurocomputing, 2012, 97:201-213.

[23] VAPNIK V, CHERVONENKIS A. On the uniform convergence of relative frequencies of events to their probabilities[J]. Theory of Probability and its Applications, 1971, 2:264-280.

[24] WANG Z, CHEN S, GAO D. A novel multi-view learning developed from single-view patterns[J]. Pattern Recognition, 2011, 44(10):2395-2413.

[25] WESTON J, COLLOBERT R, SINZ F, et al. Inference with the universum[C]//Proceedings of the 23rd International Conference on Machine learning. Pittsburgh, Pennsylvania, USA, 2006: 1009-1016.

[26] SINZ F, CHAPELLE O, AGARWAL A, et al. An analysis of inference with the universum[C]// Advance in Neural Information Processing Systems. Vancouver, Canada: MIT Press, 2008, 20:1369-1376.

[27] ZHANG D, WANG J, WANG F, et al. Semi-supervised classification with universum[C]// Proceedings of SIAM International Conference on Data Mining. Atlanta, GA, USA, 2008. 323-333.

[28] KREBE U. Pairwise classification and support vector machines[C]//Proceedings of Advances in kernel methods. Cambrige: MIT Press, 1999: 255-268.

[29] XU Q S, LIANG Y Z. Monte Carlo cross validation[J]. Chemometrics and Intelligent Laboratory Systems, 2001, 56(1):1-11.

[30] BACHE K, LICHMAN M. UCI Machine Learning Repository[DB/OL]. University of California, Irvine, School of Information and Computer Sciences, 2013. http://archive.ics.uci.edu/ml.

[31] VAPNIK V N, CHERVONENKIS A Y. On the uniform convergence of relative frequencies of events to their probabilities[J]. Theory of Probability & Its Applications, 1971, 16(2): 264-280.

[32] KOLTCHINSKII V. Rademacher penalties and structural risk minimization[J]. IEEE Transactions on Information Theory, 2001, 47(5):1902-1914.

[33] PENG X, YU Z, YI Z, et al. Constructing the L2-graph for robust subspace learning and subspace clustering[J]. IEEE Transactions on Cybernetics, 2016, 47(4): 1053-1066.

[34] WANG Z, CHEN S C. Multi-View kernel machine on single-View data[J]. Neurocomputing, 2009, 72: 2444-2449.

[35] KIM S J, MAGNANI A, BOYD B. Optimal kernel selection in kernel fisher discriminant analysis[C]//Proceeding of the 23th International Conference on Machine Learning. New York: ACM, 2006: 465-472.

[36] FARQUHAR J D R, HARDOON D, MENG H. Two view learning: SVM-2k, theory and practice[C]//Advance in Neural Information Processing System. Vanconver, Canada: MIT Press, 2006: 355-363.

[37]SONNENBURG S, RATSCH G, SCHAFER C. A generai and efficient multiple kernel learning algorithm[C]//Advances in Neural Information Processing Systems. Vanconver, Canada: MIT Press, 2006: 1273-1280.

[38] SONNENBURG S, RATSCH G, SCHAFER C. Large scale multiple kernel learning[J]. Journal of Machine Learning Research, 2006, 7: 1531-1565.

Digital Wave
Advanced Technology of
Industrial Internet

Key Technologies and Applications
of Machine Learning

机器学习关键技术及应用

第 4 章

不平衡数据分类学习

4.1
概述

  不平衡学习旨在提供多种方法来解决机器学习和模式识别中经常遇到的不平衡数据集问题。实现不平衡学习的最先进的方法可以分为4组：①欠采样；②过采样；③过采样和欠采样的组合；④集成学习方法。现实世界中的数据集通常表现出这样的特殊性，即与其他类相比，给定类的样本数量不足。这种不平衡导致了"类不平衡"问题，即如何从具有少量样本的类中学习概念的问题。

  在数据挖掘领域，事件检测是一种预测问题，或者是数据分类问题。罕见事件发生的频率低、偶然性强，很难发现，但是，对罕见事件的错误分类可能会导致沉重的代价。罕见事件的发生削弱了数据分类问题的检测任务的不平衡性。不平衡数据是指在一个数据集中，其中一个或一些类比其他类有更多的例子。最普遍的类别被称为多数类别，而最罕见的类别被称为少数类别。虽然数据挖掘方法已被广泛应用于建立分类模型来指导商业和管理决策，但对这些传统的分类模型解决不平衡数据的分类问题提出了很大的挑战。

  不平衡的数据极大地损害了学习过程，因为大多数标准的机器学习算法期望均衡的类分布或相等的错误分类成本。因此，有几个方法被专门提出来处理这些数据集，其中一些方法主要是用 R 语言实现的。

  在分类问题中，通常将训练数据集的信息传入分类器中学习决策规则。然而，数据集由于各种采集或人为的原因，通常会存在噪声和冗余样本。因此，有必要通过样本选择（Instance Selection）方法，抽取原始数据集 T 的子集 S，使得在子集 S 中的数据量小于 T 中的数据量的情况下，尽可能保证 S 能充分表达 T 在分类问题中提供的信息。对于基于样本的算法，如 KNN 和 SVM，通过适当的采样方法对数据集进行约简，不仅可以节省大量的内存资源，而且可以提高训练速度。

  通过观察数据在其对应空间中的分布，所处不同空间位置的样本在分类任务中的重要性不同。通常，根据样本所处空间位置可以分为边界样本、内部样本和噪声样本。边界样本通常处于每一类样本分布的边界上，且靠近分类算法得出的分类超平面，在分类中起着更重要的作用。内部样本通常远离异类样本，对分类问题不起主要作用，但是因为会参与训练过程，所以会消耗额外的计算资源。噪声样本通常出现在不同类样本重叠区域，不仅会增加分类算法的训练难度，还会影响分类结果。除了根据样本空间位置判定样本外，在实际分类问题中还存在平衡和不平衡两种数据分布。根据数据所处空间位置信息、样本分布形式，现有的样本选择算法从实际细节来看，存在三大问题。首先，样本选择算法大多在平衡场景中选择关键样本。当面对不平衡数据时，往往会过多地删除少数类样本。例如，基于数据压缩的算法倾向保留多数类样本以提高整体的数据识别率。接着，样本选择算法对噪声实例非常敏感，比如迭代个案过滤（ICF）算法如果不使用编辑最近邻（ENN）算法清除噪声样本，会对获取数据信息造成严重影响。此外，许多样本选择算法所设计的规则过于复杂，会使算法陷入设计的局限，缺乏泛化性。最后，基于 KNN 算法的样本选择算法，虽然可以获取样本重要性，但难以确定样本所属的空间位置。

为了解决上述问题，本章提出了一个简单且实用的样本选择框架 NearCount。NearCount 将样本被异类样本选择为近邻的次数定义为引用计数，而后根据每个样本的引用计数，判定样本所处的空间位置及其重要性。虽然所提 NearCount 算法在数据压缩能力上和分类能力上都表现出了优秀的性能，但是针对不平衡问题，样本选择所抽取的样本子集无法代表真实的数据分布，采样方法会破坏数据的原始结构。为了克服上述不足，本章提出了一种基于树结构的空间划分与合并集成学习框架，即空间划分树（Space Partition Tree, SPT），从几何空间角度切分合并不平衡数据。在不平衡问题中，不同类别样本数量的不对称性给传统的分类器，特别是近邻分类器带来了很大的挑战。因此，很多处理不平衡问题的近邻分类器被提出，其中一种元启发式的万有引力固定半径最近邻分类器（GFRNN）在不平衡数据集上表现得很好。然而，GFRNN 仍然存在样本分布考虑不周、数据质量计算不合理以及距离度量不当等问题。为了克服上述不足，本章提出了一种基于熵和万有引力的动态半径近邻算法 EGDRNN。

4.2
基于数据空间信息的样本选择方法

4.2.1 样本选择框架 NearCount

基于 NearCount 分别提出了 NearCount-IM 和 NearCount-IS 两种针对不平衡和平衡数据的算法。在 NearCount-IM 中，少数类样本搜索其属于多数类的 k 个近邻，多数类样本通过统计其引用计数确定重要性。然后，根据样本重要性，NearCount-IM 选择与少数类等量的多数类样本，平衡了少数类与多数类在数量上的差距。在 NearCount-IS 中，为了选择每个类（目标类）中的重要样本，非目标类中的样本选择目标类中的 k 个近邻，并统计样本的引用计数。然后，NearCount-IS 选择引用计数值大于零且小于等于 k 的样本作为重要样本。

接下来，本章介绍了 NearCount 相关概念，以及针对不平衡和平衡场景设计的 NearCount-IM 和 NearCount-IS 算法，并分析与其他算法的关系。最后，通过实验验证无论在平衡还是不平衡问题上 NearCount 都可以达到较好的分类结果。

4.2.1.1 NearCount 算法框架

传统的近邻算法是样本通过主动搜索其周围的近邻，从而发现周围样本的分布情况。与传统的近邻搜索算法不同，所提出的 NearCount 算法通过被动地选择为近邻，即通过被其他样本选择为近邻的情况，确定当前样本在几何空间中的具体位置。假定数据集 $\{x_i, \varphi_i\}_{i=1}^{N}$（$\varphi_i \in \{1, \cdots, c\}$），用 S_ℓ 表示类标签为 ℓ 的样本集。NearCount 算法的目标是确定不同样本对分类问题的重要性，并选择保留重要性高的样本。因此，为了减少每一类样本集 Y_ℓ 中的数量，每个数据集中不属于 S_ℓ 的样本将搜索 k 个属于 S_ℓ 的近邻样本。如果一个属于 S_ℓ 的样本被选中为近邻，则该样本的引用计数加 1，具体定义如下。

定义 4-1

引用计数（Cited Count,CC）：样本 x 被不同类样本选择为近邻的引用计数 $CC(x)$：

$$CC(x) = \sum_{i=1,\ell(x_i)\neq\ell(x)}^{N} 1\{x \in knn(x_i, S_{\ell(x)})\} \tag{4-1}$$

式中，$\ell(x)$ 为样本 x 的类标签；$knn(x_i, S_{\ell(x)})$ 为与样本 x_i 选择为属于 $S_{\ell(x)}$ 的近邻样本，$1\{x \in knn(x_i, S_{\ell(x)})\}$ 则可以理解为样本 x 是否属于被 x_i 选择为近邻的样本。由此，可以获得每一个样本的引用计数，再通过样本的引用计数便可以确定样本在数据空间中的位置，以及对分类问题的重要性。

对于某一类样本，其内部样本的引用计数通常为零，因为它们远离不同类的样本，难以被不同类别的样本选择为近邻。对于噪声样本，通常这类样本具有较高的引用计数，因为这些样本与不同类样本互相交杂，所以在 NearCount 规则下经常会被不同类样本选择为近邻。而对于边界样本，通常具有较低的引用计数，并且能够提供相对平滑的类边界。因此在 NearCount 框架下倾向于保留引用计数较低的边界样本。

本章基于 NearCount 算法提出了两种算法：NearCount-IM 和 NearCount-IS。NearCount-IM 用于处理不平衡问题，NearCount-IS 用于保留平衡场景下的边界样本。图 4-1 和图 4-2 分别用平衡及不平衡数据演示了 NearCount 算法保留样本的过程，为了使图片更清晰，图中引用计数为零的样本不记录其引用计数。

4.2.1.2 针对不平衡问题的 NearCount-IM 算法

当数据集分布不平衡时，假定少数类和多数类样本的样本数目分别为 N^+ 和 N^- ($N^+ \ll N^-$)。由于少数类样本数量少且误分少数类样本的代价通常更高，NearCount-IM 算法通过样本的重要性保留与少数类等量的多数类边界样本，使得多数类和少数类样本在数量上达到平衡。如图 4-1(b) 所示，每一个少数类样本会搜索属于多数类的 K（图中设置为 3）个近邻。显然，引用计数高的多数类样本更加靠近少数类样本的分布，容易出现在重叠区域，并会对少数类样本的识别造成影响。引用计数为零的样本通常远离少数类样本，且对分类不起决定性作用。而对于引用计数较低

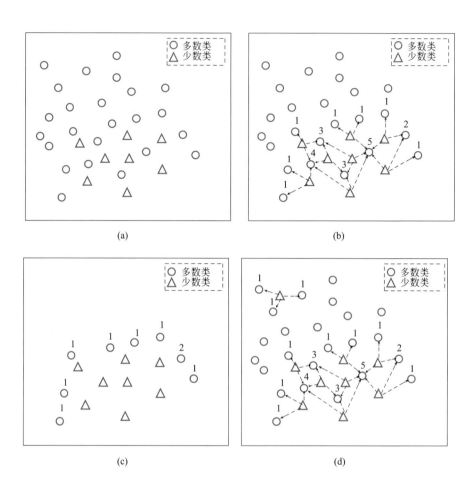

图 4-1 所提 NearCount-IM 算法选择多数类重要边界样本的过程

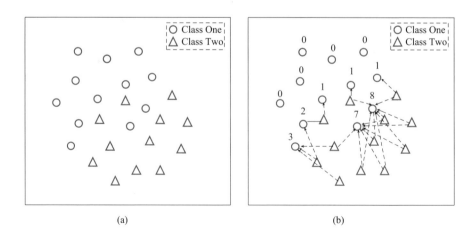

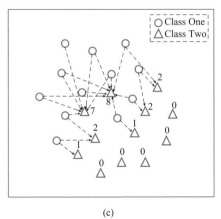 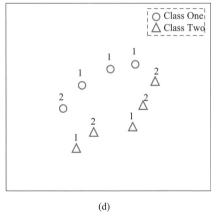

(c)   (d)

图 4-2　所提 NearCount-IS 算法选择所有类重要边界样本的过程

的样本，通常会出现在不同类样本的边界上。如图 4-1(c) 所示，多数类边界样本会将少数类样本包围，并形成一个平滑的类边界。

利用样本的引用计数，本章设计了 NearCount-IM 算法，选择多数类样本中的边界样本。具体来说，在不平衡问题中，通过少数类样本搜索其属于多数类的近邻样本，并记录多数类样本被选择为近邻的次数，即引用计数。而后，对于引用计数大于零的多数类样本，根据其引用计数按照升序排列，并保留前 N^+ 个样本。当样本数不足 N^+ 时，即保留所有引用计数大于 0 的多数类样本。在实际操作中，由于多数类样本远多于少数类样本，如果 K 值太小，则近邻搜索的覆盖范围也会很小，从而导致只能选择出多数类噪声样本。因此实际上，K 的选择应根据不平衡率的增加而增加，设计为参数 P 与不平衡率 IR 的乘积。该过程所对应的伪代码如表 4-1 所示。

根据表 4-1，所提出 NearCount-IM 算法的时间复杂度主要取决于每个少数类样本到所有多数类样本的距离。假设数据集中每个样本具有 d 维，则需要 $O(N^-d)$ 来计算其到所有多数类样本的距离，该过程重复 N^+ 次。因此，计算距离的时间复杂度是 $O(N^+N^-d)$。计算距离的同时，记录下每个多数类样本的被引用计数。接下来，这些多数类样本根据其引用计数的升序排序。如果使用快速排序，则排序过程的时间复杂度为 $O(N^-\log_2N^-)$。因此，NearCount-IM 算法的时间复杂度为 $O(N^-(N^+d+\log_2N^-))$。

表4-1　算法：NearCount-IM

输入：少数训练集 X_{min} 及其大小 N^+，多数训练集 X_{maj} 及其大小 N^-；

输出：临界多数实例集：T。

---

1. 初始化参数 P；

2. 计算不平衡比 $IR=\dfrac{N^-}{N^+}$ 和 $K=[IR×P]$；

3. 对于 X_{min} 中的每个实例；

4. 在多数类中选择 K 个最近的邻居，记录为 $CC(\{x|x \in X_{maj}\})$；

5. 循环结束

6. $X_A=\{x|CC(x)>0,x \in X_{maj}\}$，按 $CC(x)$ 的升序排列；

7. T 是 X_A 中的第一个 $\min\{|X_A|,N^+\}$ 实例；

4.2.1.3　针对平衡问题的 NearCount-IS 算法

当数据集分布平衡时，所提出 NearCount-IS 算法的主要目标是在保留尽量少的样本的情况下，依然可以保持甚至超越在保留全体样本情况下的分类精度。具体来说，假设需要选择重要样本的类别记为目标类，那么此时其他类别将被视为非目标类。接着，非目标类中的样本逐个搜索其在目标类中的 k 个近邻样本。然后，记录被选择为近邻的样本的引用计数。当样本的引用计数大于等于零且小于等于 k 时，标记该样本，并将被标记的样本视为重要样本保留。需要注意的是，当标记样本为空集时，即没有满足引用计数小于或等于 k 的样本时，则标记引用计数大于零的样本，并选择数量至多为当前目标类样本数量的 30% 的样本，作为重要样本。实现该过程的伪代码由表 4-2 给出。在实际应用过程中，还可以通过阈值调整标记数据的数量，控制不同类别边界样本之间的距离。

图 4-2 显示了 NearCount-IS 算法记录引用计数以及选择重要样本的详细过程。为了使图片更加清晰，这里近邻数量 k 设置为 2。如图 4-2(a) 所示，该数据集为具有重叠区域的二分类数据集。在图 4-2(b)、(c) 中，假定目标类为图中的 Class One，那么非目标类 Class Two 中的样本搜索 Class One 中的 k 近邻样本，然后记录 Class One 中样本的引用计数。可以发现，引用计数较低的样本通常出现在类边界附近，保留这些样本对分类有利。而引用计数太高的样本通常容易是噪声样本。因此，NearCount-IS 算法将被引用计数大于 0 且小于等于 2 的实例作为重要样本。同样地，接

表4-2 算法：NearCount-IS

输入：数据集 S ;

输出：结果集 T ;

1. 初始化参数 k ;

2. 对于每一类；

3. 记录当前类的实例数 n_c ;

4. 对于不在当前类中的每个实例；

5. 在当前类中选择 k 个最近的邻居，$CC(\{x|x\in current\ class\})$;

6. 结束循环；

7. 标记 $X_K=\{x|0<CC(x)\leqslant K,\ x\in current\ class\}$ 进行添加；

8. 如果 $|X_K|=0$;

9. $X_A=\{x|CC(x)>0,\ x\in current\ class\}$，按 $CC(x)$ 的升序排序；

10. 标记 X_A 中 $\min\{|X_A|,[n_c\times30\%]\}$ 实例进行；

11. 结束如果；

12. 结束循环；

13. 对于每个实例 $x\in S$;

14. 如果 x 标记为添加，则 $T=T+\{x\}$;

15. 结束循环。

下来将 Class Two 作为目标类，Class One 作为非目标类选择 Class Two 中的重要样本。图 4-2(d) 显示了 NearCount-IS 算法在该人工数据中的最终结果，可见所保留的样本均为两类边界样本，通过这些样本便可以确定一个较好的分类超平面。

根据表 4-2 所给出的伪代码，NearCount-IS 算法的时间复杂度会随着数据集类别数量及样本数的增加而增加。假设数据集的样本数为 N，样本的类别数量为 c，并且每个样本具有 d 维特征，那么计算每个目标类的近邻所对应的时间复杂度为 $O\left(\dfrac{N^2d}{c}\right)$。在最坏的情况下，即不存在引用计数小于或等于 k 的样本时，需要根据样本的引用计数进行排序，该操作的时间复杂度为 $O\left(\dfrac{N}{c}\log_2\dfrac{N}{c}\right)$。对于所有类别寻找重要样本，程序对应的时间复杂度为 $O\left(c\dfrac{N^2d}{c}+c\dfrac{N}{c}\log_2\dfrac{N}{c}\right)$，相当于 $O(N^2d)$。

4.2.1.4 NearCount 算法的重要样本分析

噪声样本对 NearCount 算法的影响：NearCount 算法与其他算法的不同之处在于 NearCount 算法通过被动选择为近邻的概念，并通过引用计数确定样本的重要性。NearCount 算法可以根据引用计数的概念将样本选择算法扩展到平衡和不平衡的场景，即对应算法 NearCount-IM 和 NearCount-IS。在平衡或者不平衡场景中，重要样本大致分布于类边界，这些边界样本可以提供很好的分类信息。无论是 NearCount-IM 算法还是 NearCount-IS 算法的样本选择规则都很简洁，所以都较容易实现。在不平衡场景中，NearCount-IM 算法通过选择与少数类样本等量的多数类边界样本，平衡了数据量。在平衡场景中，通过选择引用计数等于或小于最近邻数的关键样本，NearCount-IS 算法不仅可以消除冗余和噪声实例，而且还可以在保留较少样本的情况下依然得到对原始数据很好的分类结果。

此外，NearCount 算法对噪声样本不敏感，噪声样本不会产生较大的影响。在不平衡场景中，如图 4-1(d) 所示，可以发现左上角存在一个被多数类样本包围的少数类噪声样本。对于这个噪声样本，其周围的多数类样本会被该样本选择为近邻样本，且由于该少数类样本周围没有其他少数类样本，那么这些被选择为近邻的多数样本通常拥有很小的引用计数值，因此很容易被保留下来，那么就可以极大地抵消该少数类噪声样本在分类时的影响。图 4-2(b)、(c) 显示了平衡的场景，在这种情况下噪声实例通常具有较高引用计数，基于 NearCount-IS 算法的规则，这些噪声样本通常不会被保留。

在支持向量机中，支持向量也通常出现在类边界，支持向量机的目标函数如下所示：

$$
\begin{aligned}
\min \quad & \frac{1}{2}\boldsymbol{w}^{\mathrm{T}}\boldsymbol{w} + C\sum_{i=1}^{N}\xi_i \\
\text{s.t.} \quad & y_i\left(\boldsymbol{w}^{\mathrm{T}}\boldsymbol{x}_i + b\right) \geqslant 1 - \xi_i,\ i = 1,\cdots,N
\end{aligned}
\tag{4-2}
$$

对应的拉格朗日系数 α_i 不等于 0，那么对应于 α_i 的第 i 个样本即为支持向量。通常，支持向量出现在类边界也会包含边界样本和噪声样本，显然噪声样本会影响支持向量机的分类能力。如果通过使用 NearCount 算法对数据进行预处理，可以消除数据在不同类中的重叠分布，并清除噪声样本，从而进一步提高支持向量机的分类能力。图 4-3(a) 显示了原始数据的分布；图 4-3(b) 显示通过对偶优化算法求解后获得的支持向量，支持向量都位于类边界和重叠区域，在重叠区域中的噪声会影响支持向量机的分类能力；图 4-3(c) 显示了 NearCount-IS 算法选择的边界样本，在选择重要边界样本时噪声样本也被去除了，因此，此时利用支持向量机可以学习得到更好的分类超平面。

　　本章所提的 NearCount 算法，其原理与近邻感知（Hubness-Aware）、命中错过网络（HMN）和近邻错过 -3（NearMiss-3）算法的不同之处在于，NearCount 框架中，引用计数是指样本被具有不同类的样本选择为近邻的次数，NearCount 算法的引用计数与 Hubness-Aware 框架中的 bad k-occurrence 相关。但 NearCount 算法不考虑 good k-occurrence，即相当于同类近邻，只考虑 bad k-occurrence，即异类近邻。因此，NearCount 算法可以看作是 Hubness-Aware 框架在被动选择样本情况下的 bad k-occurrence 版本。此外，在一些复杂的情况下，尤其是对于不平衡问题，HMN 算法只寻找 1-NN 显然是不合适的。NearCount 算法对 HMN 算法中的概念进行了提取和修改，提出了一种新的引用计数概念。与 HMN 算法不同，NearCount 算法只使用引用计数来确定实例的重要性，然后只根据重要性选择样本。因此，NearCount 算法比 HMN 算法更直观，更容易实现，且具有更好的泛化性能。最后，NearMiss-3 算法并没有考虑每个选择的多数近邻的重要性。因此，通过结合 NearMiss-3 算法

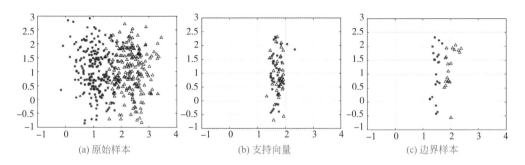

(a) 原始样本　　　　　　　(b) 支持向量　　　　　　　(c) 边界样本

图 4-3　SVM 中的支持向量与 NearCount-IS 算法所选择的边界样本

选择近邻并利用引用计数，NearCount 算法可以得到不同样本的重要性，然后便可以选择更加有利于分类的样本。

4.2.2 实验结果分析与讨论

4.2.2.1 实验设置

数据集：在本节所涉及的实验中，采用开源数据库 KEEL 中的 40 个不平衡数据集验证 NearCount-IM 算法在处理不平衡数据集时的效果，采用 20 个 UCI 标准数据集验证 NearCount-IS 算法在处理平衡数据集时的分类效果和数据压缩能力。此外，在可视化实验中，通过三个人工数据集和一个 UCI 真实数据集显示可视化时的分类结果。所采用的数据集的特征维度（Dim）、样本数（$Size$）和类别数（$Class$）由表 4-3 和表 4-4 描述。

分类算法：为了验证 NearCount 相关数据采样方法的有效性，采用了三种代表性分类器作为算法平台，包括 1-NN、SVM(L) 和 Adaboost 作为基分类器。其中，1-NN 对样本的分布最为敏感，通常也可以更好地反映采样后数据的分类效果，常用来评价样本选择算法。SVM 是

表4-3 平衡数据集

数据集	Dim	$Size$	$Class$	数据集	Dim	$Size$	$Class$
iris	4	150	3	waveform	21	5000	3
wine	13	178	3	banana	2	5300	2
sonar	60	208	2	WallFolloing	24	5456	4
horse colic	27	366	2	statlog	36	6435	6
house vote	16	435	2	twonorm	20	7400	2
wdbc	30	569	2	marketing	13	8993	9
hill valley	100	1212	2	gesture phase segmentation	19	9900	5
banknote authentication	4	1372	2	EEGEyeState	14	14980	2
cmc	9	1473	3	electricity board	4	45781	31
spambase	57	4601	2	connect4	42	67557	3

表4-4　不平衡数据集

数据集	Dim	Size	IR	数据集	Dim	Size	IR
glass1	9	214	1.85	ecoli067vs35	7	222	9.41
Pima	8	768	1.87	glass015vs2	9	172	9.54
yeast1	8	1484	2.46	yeast05679vs4	8	528	9.55
haberman	3	306	2.81	ecoli0147vs2356	7	336	10.65
vehicle2	18	846	2.89	glass016vs2	9	192	10.77
vehicle1	18	846	2.91	ecoli01vs5	6	240	11
vehicle3	18	846	3	glass0146vs2	9	205	11.62
ecoli1	7	336	3.39	glass2	9	214	12.15
new thyroid1	5	215	5.14	cleveland0vs4	13	173	12.8
new thyroid2	5	215	5.14	yeast1vs7	7	459	14.29
ecoli2	7	336	5.54	ecoli4	7	336	15.75
yeast3	8	1484	8.13	abalone9 18	8	731	16.7
ecoli3	7	336	8.57	yeast1458vs7	8	693	22.08
page blocks0	10	5472	8.79	yeast2vs8	8	482	23.06
yeast0359vs78	8	506	9.1	yeast4	8	1484	28.68
ecoli046vs5	6	203	9.13	yeast1289vs7	8	947	30.54
yeast0256vs3789	8	1004	9.16	yeast5	8	1484	32.91
yeast02579vs368	8	1004	9.16	yeast6	8	1484	41.39
ecoli01vs235	7	244	9.26	ecoli0137vs26	7	281	43.8
yeast2vs4	8	514	9.28	abalone19	8	4174	127.42

基于支持向量的方法，而支持向量通常会出现在类边界上，因此采用 SVM 来评估所选择的重要样本是否能够产生有效的分类结果。此外，Adaboost 可以从集成和决策树的角度对样本选择算法进行评价。

算法设置：在本节的实验中，当处理不平衡数据时，NearCount-IM 算法中的参数 P 是从 $\{0.5,1,1.5,2,2.5,3,3.5,4\}$ 中选取的。此外，处理不平衡数据时的对比算法包括 MWMOTE、Boderline-SMOTE、NearMiss-3、HMN-E、RENN。处理不平衡数据时应对比所提算法在原始数据集 D_0 上的结果。在平衡数据的实验场景中，NearCount-IS 算法的参数 k 从

{3, 5, 7, 9, 11} 中选择，选择了六种样本选择的算法与 NearCount-IS 算法进行比较。这些算法包括 INSIGHT、CNN、FCNN1、ENN、HMN-EI、ICF。还应对比所提算法在原始数据 D_o 上的结果。

评价标准：实验中数据集的训练与测试均采用五折交叉验证的方式，对于平衡的数据集，实验中采用总体精度 Acc 对数据集进行评估，该评价不关注具体类别的准确率，只评估被准确分类的样本占总体样本的比例。但是，当数据分布不平衡时，Acc 不适合验证算法的有效性，因为即使整体准确率高的结果，仍然存在少数类样本识别率较低的情况。为了平等对待少数和多数样本，本章涉及不平衡数据的实验均采用 $AAcc$ 作为评价标准。

4.2.2.2 可视化实验结果

本节显示了所提算法 NearCount-IM 和 NearCount-IS 分别在平衡以及不平衡人工数据集上的可视化结果。对于不平衡率 IR 为 10 的数据集，如图 4-4(a) 所示，该人工数据集存在重叠区域，即少数类样本和多数类样本混杂在一起。NearCount-IM 算法通过将不平衡率 IR 与参数 P 相乘确定搜索近邻的数量 k，即 P 越大，对应的 k 越大，搜索范围也相应地越大。为了显示不同参数下的可视化结果，P 从 {0.5, 1, 2, 3, 4} 中选择，对应的 k 为 {5, 10, 20, 30, 40}，图 4-4(b) ~ (f) 分别画出不同参数对应的采样结果。如图 4-4 所示，随着参数 P 的增加，所选的多数类边界样本逐渐远离少数类样本。

图 4-5(a) 所示的人工数据集显示了不平衡数据中的小连接问题。从图中可以看出，少数类样本不仅与多数类样本重叠，且少数类样本还可以形成多个簇。对于这类问题，NearCount-IM 算法依然可以很好地解决。如图 4-5(b) ~ (f) 所示，多数类边界样本一样会形成对少数类样本的包围圈，且随着参数 P 的增加，所选的多数类边界样本逐渐远离少数类样本。因此对于 NearCount-IM 算法，根据参数 P 确定合适的近邻数，可以得到清晰的多数类边界样本。

图 4-6 和图 4-7 分别显示了 NearCount-IS 算法在平衡数据集中选择重要样本的可视化效果。在图 4-6(a) 中，该人工数据集中三类样本都呈

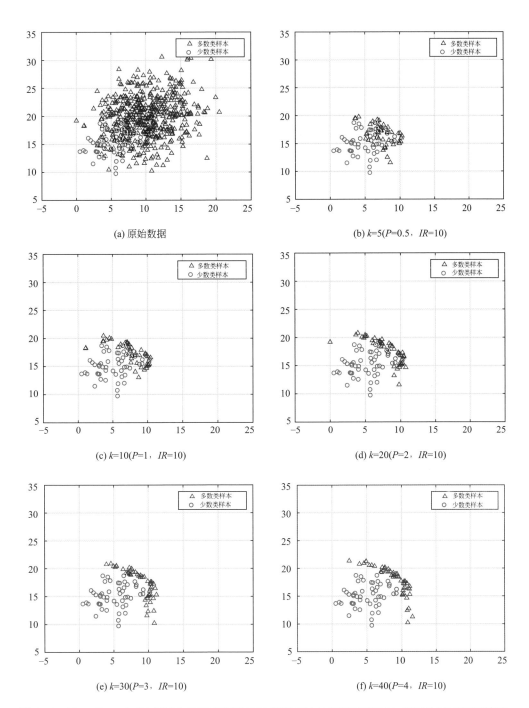

图 4-4　NearCount-IM 算法在重叠区域的不平衡数据上下同近邻数量 k 所对应的可视化结果

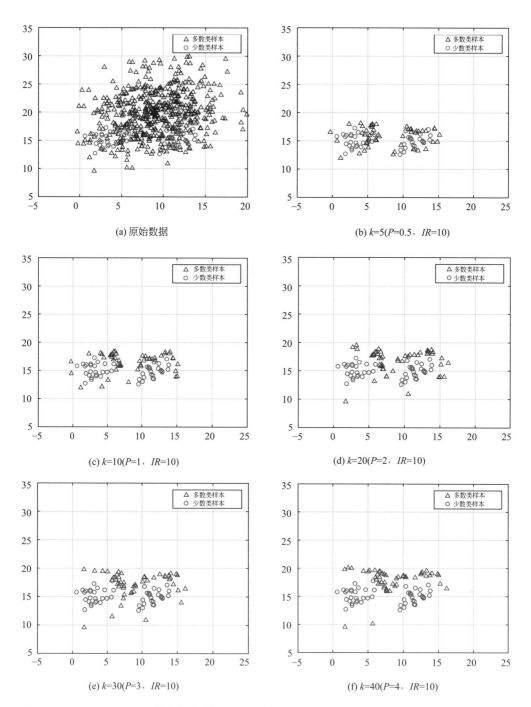

图 4-5　NearCount-IM 算法在小连接不平衡数据上不同近邻数量 k 所对应的可视化结果

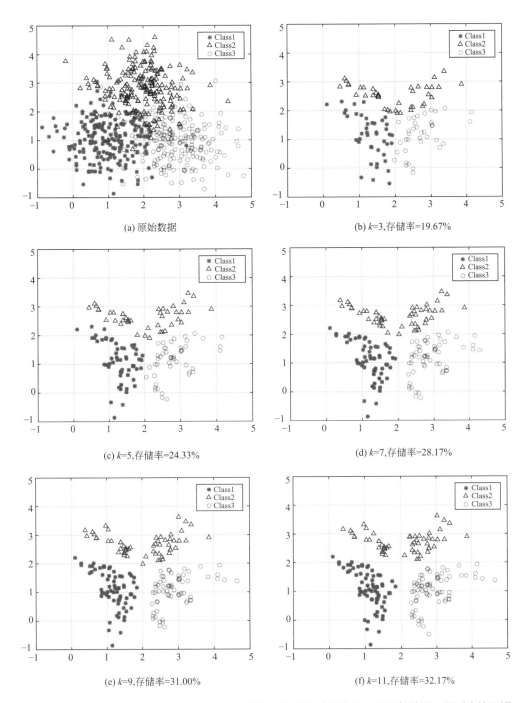

图 4-6 NearCount-IM 算法在具有双重区域的高斯分布数据集上不同近邻数量 k 所对应的可视化结果

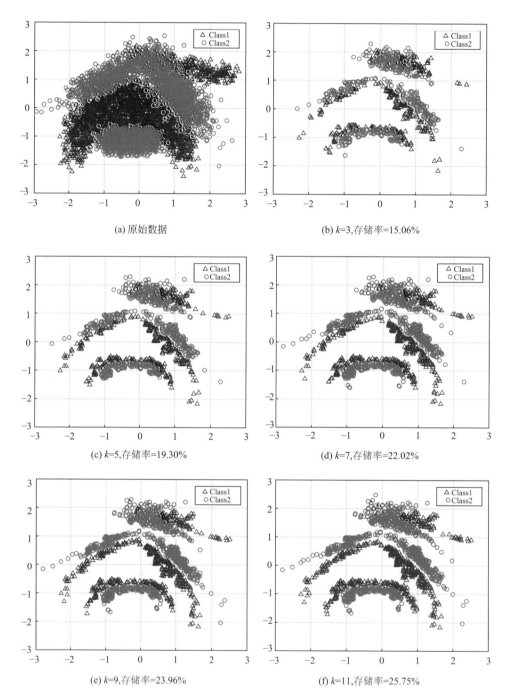

(a) 原始数据

(b) $k=3$,存储率=15.06%

(c) $k=5$,存储率=19.30%

(d) $k=7$,存储率=22.02%

(e) $k=9$,存储率=23.96%

(f) $k=11$,存储率=25.75%

图 4-7　NearCount-IM 算法在 banana 数据上不同近邻数量 k 所对应的可视化结果

现出高斯分布的特性，并且彼此的样本互相重叠。在 NearCount-IS 算法中，确定近邻数的参数 k 是从 {3, 5, 7, 9, 11} 中选择的，在不同参数下 NearCount-IS 算法的采样情况如图 4-6(b) ～ (f) 所示。如图所示，与不平衡数据中的情况类似，显然随着参数 k 的增加，近邻搜索范围变大，随之所选取的重要样本所形成的类边界开始互相远离。图 4-7 对应的是 UCI 标准数据集 banana 上的可视化结果，与图 4-6 中的情况类似，随着图中参数 k 的增加，属于不同类的类边界样本也逐渐远离。

根据本节实验中的结果，NearCount 相关的算法，通过选择合适的近邻数量，不仅可以获得相对平滑的类边界样本，而且还可以免受噪声样本的影响。在数据不平衡的情形下，随着近邻数目的增加，多数类边界样本逐渐远离。在平衡场景中，同样可以发现随着参数 k 的增加，不同类之间的边界样本距离越来越远。此外，还可以发现，NearCount-IS 算法在数据压缩方面具有很大的优势。

4.2.2.3 KEEL 及 UCI 数据集对比实验结果

NearCount-IM 算法在不平衡数据上的分类效果：NearCount-IM 算法分别基于三种分类器，即 1-NN、Adaboost 和 SVM。将这三种分类器作为实验平台，选择五种数据采样算法，包括 MWMOTE、Borderline-SMOTE、NearMiss-3、HMN-E 和 RENN，进行了分类结果比较。表 4-5 ～ 表 4-7 分别列出了三种分类器上采用不同采样算法时针对不平衡问题的分类结果。表中使用 Borderline 代替 Borderline-SMOTE。

表 4-5 显示了采样算法与 1-NN 分类器结合时的结果。NearCount-IM 算法在 40 个数据集中的多个数据集上获得了较好的分类结果。Win/Loss/Tie 的结果显示 NearCount-IM 在 40 个数据集中有 33 个数据集上的表现优于 MWOMTE，34 个数据集上的表现优于 Bordline-SMOTE，36 个数据集上的表现优于 NearMiss-3，34 个数据集上的表现优于 HMN-E，以及 30 个数据集上的表现优于 RENN。与 D_0 上的结果相比，1-NN 分类器在不平衡数据集上的分类效果也提高了。此外，根据表 4-5 所示所有数据集的平均结果来看，NearCount-IM 的分类结果好于其他方法。

表 4-6 显示了采样算法与 Adaboost 分类器结合时的结果，表中分类

表4-5 1-NN分类器上AAcc(%)的测试结果以及Win/Loss/Tie计数

数据集	NearCount-IM	MWMOTE	Borderline	NearMiss-3	HMN-E	RENN	D_o
	AAcc±std	AAcc±std	AAcc±std	AAcc±std	AAcc±std	AAcc±std	AAcc±std
glass1	80.10±7.12	82.29±7.46	80.90±6.83	79.99±7.58	78.85±9.26	81.44±10.41	81.43±6.92
Pima	69.57±1.74	66.31±2.34	65.41±2.69	64.22±2.02	68.85±1.69	70.67±3.78	64.52±1.94
yeast1	69.51±2.97	66.84±2.27	64.99±2.70	63.46±1.65	68.14±3.39	68.99±2.52	63.59±1.44
haberman	63.29±7.38	57.03±4.71	57.86±2.44	55.42±5.03	60.36±3.17	61.49±5.57	55.42±5.03
vehicle2	91.71±2.03	92.31±2.58	92.96±2.62	91.56±2.35	84.73±2.22	90.72±1.90	91.72±2.07
vehicle1	68.36±3.66	65.84±5.90	64.68±2.48	58.81±1.57	63.03±3.72	66.16±1.94	58.81±1.57
vehicle3	68.47±4.25	66.93±3.78	64.83±4.19	61.62±2.84	65.84±1.64	64.92±3.03	61.38±2.45
ecoli1	88.71±2.98	87.61±4.37	83.07±7.74	81.02±6.18	89.63±4.41	88.46±4.52	80.36±6.85
new thyroid1	98.29±3.82	99.72±0.62	99.44±0.76	98.29±3.82	86.31±13.87	98.29±3.82	98.29±3.82
new thyroid2	98.57±3.19	99.44±0.76	99.17±0.76	98.57±3.19	85.44±4.58	98.57±3.19	98.57±3.19
ecoli2	91.53±4.46	92.35±6.63	89.33±6.03	90.39±7.13	94.31±4.47	93.61±5.17	91.79±7.16
yeast3	88.61±2.73	86.92±1.21	84.73±2.60	80.90±2.05	84.50±2.65	84.50±2.10	79.78±3.03
ecoli3	90.60±1.69	83.65±7.89	81.56±7.70	74.32±3.60	80.20±7.86	85.09±6.08	74.65±3.41
page blocks0	92.82±1.68	92.58±1.03	90.79±1.97	88.15±2.23	87.20±2.11	90.18±2.46	87.81±2.58
yeast0359vs78	68.51±6.02	70.35±4.01	69.45±9.96	67.40±8.36	69.82±4.04	71.73±6.50	67.38±6.43
ecoli046vs5	93.15±4.41	86.96±14.77	86.15±13.99	86.96±14.77	91.96±10.74	89.46±9.82	86.96±14.77
yeast0256vs3789	76.61±4.87	75.94±5.64	74.94±5.42	76.03±3.34	78.66±3.27	77.81±1.59	76.25±2.82
yeast02579vs368	87.33±4.67	86.99±3.54	86.77±3.44	86.32±2.49	89.95±2.64	89.18±3.01	87.26±2.47
ecoli01vs235	87.27±7.34	82.68±14.23	84.45±14.08	80.91±15.33	86.32±9.50	81.64±11.78	79.14±14.79
yeast2vs4	89.66±4.78	88.72±5.12	87.31±4.69	85.32±7.58	82.02±4.69	87.32±5.97	85.32±7.58
ecoli067vs35	88.25±12.46	84.50±19.91	87.50±16.65	88.75±14.14	78.25±21.59	82.50±18.29	82.50±18.29

数据集	NearCount-IM	MWMOTE	Borderline	NearMiss-3	HMN-E	RENN	D_o
	AAcc±std	AAcc±std	AAcc±std	AAcc±std	AAcc±std	AAcc±std	AAcc±std
glass015vs2	72.98±2.17	67.53±8.37	66.24±8.04	60.16±12.05	60.48±5.23	64.78±9.76	61.45±12.19
yeast05679vs4	80.20±6.28	77.62±9.84	79.00±9.06	69.46±9.80	73.54±8.44	75.73±4.60	69.02±6.45
ecoli0147vs2356	86.34±5.66	84.38±2.55	85.40±7.61	83.05±8.40	85.69±3.42	81.70±5.56	81.70±5.56
glass016vs2	71.38±9.11	62.90±9.28	66.50±9.59	58.43±10.81	60.98±10.36	63.48±8.82	58.81±7.87
ecoli01vs5	93.64±5.49	87.27±15.08	86.82±15.09	87.27±15.08	92.05±6.77	89.77±10.20	87.27±15.08
glass0146vs2	71.56±7.23	71.12±19.26	68.36±17.13	62.44±12.44	62.98±11.61	70.56±6.51	63.24±11.96
glass2	75.71±6.53	66.39±16.84	66.21±11.45	55.81±11.33	57.33±18.69	69.01±5.62	60.87±10.58
cleveland0vs4	61.61±20.41	55.40±11.73	56.04±10.55	61.84±16.94	50.81±6.29	58.82±12.34	58.82±12.34
yeast1vs7	68.11±6.62	68.01±7.34	66.57±10.16	68.68±8.13	54.81±7.36	64.22±8.80	64.22±8.80
ecoli4	97.31±1.54	91.87±7.09	91.87±6.73	92.02±6.56	89.68±5.78	89.52±5.43	89.52±5.43
abalone9_18	69.07±12.73	87.28±13.98	87.90±10.79	77.05±16.56	63.92±11.74	70.79±15.68	70.79±15.68
yeast1458vs7	68.12±11.01	63.90±15.31	63.67±13.13	59.27±7.74	53.57±4.68	58.11±6.92	56.83±7.61
yeast2vs8	74.20±8.76	73.59±8.16	75.23±10.51	73.70±8.90	77.28±10.21	76.74±10.38	74.24±8.67
yeast4	84.46±6.49	76.46±9.37	74.04±7.55	67.49±7.43	65.62±7.39	69.47±9.41	66.65±7.02
yeast1289vs7	67.39±5.11	67.28±9.81	58.56±3.26	57.60±4.11	55.52±6.63	57.24±0.95	55.58±4.53
yeast5	97.26±0.38	93.16±4.15	90.87±4.97	86.53±5.12	86.88±6.03	91.25±3.22	84.62±3.48
yeast6	85.99±7.47	81.48±8.08	79.99±6.63	77.76±10.76	77.78±10.35	81.93±8.34	77.67±10.23
ecoli0137vs26	88.14±4.25	84.27±22.02	83.91±21.72	84.09±21.87	83.72±21.56	84.27±22.02	84.27±22.02
abalone19	67.62±6.46	59.48±10.04	60.33±12.72	56.70±8.81	53.81±4.07	51.05±3.00	51.05±3.00
平均值	80.82±5.65	78.38±8.18	77.60±7.91	74.94±8.00	74.52±7.20	77.28±6.78	74.24±7.43
Win/Loss/Tie	—/—/—	33/7/0	34/6/0	36/2/2	34/6/0	30/8/2	33/5/2

表4-6 Adaboost分类器上AAcc(%)的测试结果以及Win/Loss/Tie计数

数据集	NearCount-IM AAcc±std	MWMOTE AAcc±std	Borderline AAcc±std	NearMiss-3 AAcc±std	HMN-E AAcc±std	RENN AAcc±std	D_o AAcc±std
glass1	78.58±3.96	79.82±9.66	81.24±7.89	79.32±6.93	74.68±3.24	79.16±7.64	81.19±6.27
Pima	72.80±3.49	73.02±3.17	72.25±1.13	71.08±2.48	73.37±3.06	75.45±3.29	70.32±3.74
yeast1	70.71±1.76	70.32±1.75	69.85±1.61	67.89±2.31	69.26±4.40	72.61±3.31	68.23±1.85
haberman	65.11±6.48	61.90±5.77	60.54±4.35	56.16±8.35	60.43±5.94	63.37±5.83	56.58±10.73
vehicle2	96.11±1.58	98.31±1.28	98.38±0.91	98.21±2.12	96.83±1.45	98.52±1.31	98.53±1.25
vehicle1	75.94±3.83	71.47±5.17	73.24±4.30	72.07±3.19	69.57±6.04	73.43±5.23	67.96±4.78
vehicle3	74.49±2.52	73.32±3.87	72.35±3.75	69.87±2.70	69.08±2.65	73.47±1.57	68.60±3.27
ecoli1	90.35±3.68	88.42±6.08	88.19±4.33	88.01±4.48	85.24±7.36	91.47±5.06	84.77±4.42
new thyroid1	97.74±3.57	98.29±3.10	98.29±3.82	98.29±3.10	96.31±3.30	96.87±3.70	98.29±3.10
new thyroid2	99.44±0.76	96.59±4.11	98.29±3.10	99.17±0.76	97.14±3.91	99.72±0.62	96.87±3.70
ecoli2	91.53±5.36	89.05±7.32	89.47±9.43	89.79±7.21	87.61±7.75	92.23±5.02	88.41±7.12
yeast3	92.72±2.42	88.30±1.61	89.01±3.42	87.37±4.57	88.20±2.72	89.39±2.23	84.47±3.96
ecoli3	89.07±7.04	83.06±10.39	85.41±5.88	78.53±9.87	81.96±8.64	89.20±4.29	76.74±8.58
page blocks0	95.47±0.96	94.22±1.03	94.51±1.30	93.42±1.34	92.54±1.47	94.63±1.10	92.83±1.02
yeast0359vs78	67.48±6.08	65.39±8.74	64.50±7.65	64.38±3.07	59.03±4.15	69.92±4.96	62.69±4.53
ecoli046vs5	89.56±4.00	89.19±16.50	94.46±6.38	90.87±5.45	84.19±5.17	89.46±10.64	86.41±15.07
yeast0256vs3789	76.50±5.22	76.56±3.17	76.17±5.84	74.51±7.19	76.31±7.54	80.24±3.57	74.27±6.61
yeast02579vs368	88.35±3.95	87.52±2.64	88.68±2.79	88.12±4.21	88.51±4.90	90.56±2.80	88.59±2.47
ecoli01vs235	90.95±4.24	82.45±12.46	88.23±14.83	84.45±13.43	83.64±12.14	85.82±15.97	83.14±14.29
yeast2vs4	95.90±1.45	89.13±6.36	90.61±5.73	85.12±5.21	85.54±4.50	85.80±7.68	80.16±3.97
ecoli067vs35	88.00±16.53	86.75±20.98	87.00±21.15	89.25±17.54	81.50±15.24	87.75±21.51	87.25±21.31

数据集	NearCount-IM AAcc±std	MWMOTE AAcc±std	Borderline AAcc±std	NearMiss-3 AAcc±std	HMN-E AAcc±std	RENN AAcc±std	D_o AAcc±std
glass015vs2	76.13±3.68	63.90±19.76	73.31±14.37	59.92±17.78	52.04±8.25	62.10±22.19	56.91±14.05
yeast05679vs4	82.29±7.48	75.33±7.23	75.83±8.68	73.09±8.84	75.87±8.97	77.95±9.89	70.70±5.23
ecoli0147vs2356	89.52±2.61	88.53±6.61	86.71±6.33	88.54±6.56	82.19±4.75	89.18±7.24	87.52±7.46
glass016vs2	71.95±13.46	58.26±11.82	69.12±9.32	57.79±18.84	62.98±16.41	61.07±14.62	60.81±14.23
ecoli01vs5	91.14±10.46	86.36±8.54	88.86±10.55	91.14±10.76	86.59±12.25	86.82±12.52	84.09±16.37
glass0146vs2	75.91±10.26	65.72±14.46	74.56±14.11	62.10±7.91	53.97±8.43	67.57±13.54	63.98±17.29
glass2	77.41±7.11	64.94±15.43	68.03±15.70	60.92±18.36	61.48±14.31	65.46±14.48	62.37±16.37
cleveland0vs4	90.16±7.31	70.43±18.57	85.74±17.41	86.16±12.58	59.39±13.74	78.45±12.96	79.38±12.21
yeast1vs7	77.80±5.17	66.16±6.54	65.53±3.51	76.70±4.04	61.09±7.66	62.52±7.52	63.22±9.58
ecoli4	91.84±5.59	86.87±8.29	91.87±6.40	87.94±8.88	86.24±15.04	92.03±6.59	86.87±14.83
abalone9_18	74.18±9.77	83.72±7.81	82.11±11.16	72.66±13.74	65.11±14.32	73.38±13.95	69.77±15.86
yeast1458vs7	63.96±9.42	58.12±11.93	63.04±10.84	62.68±14.12	54.40±7.80	54.70±6.97	52.81±4.37
yeast2vs8	80.04±11.07	74.57±8.46	68.81±10.84	75.98±13.20	77.39±10.33	77.39±10.33	74.89±8.65
yeast4	85.12±4.78	73.47±7.94	70.91±8.57	66.06±5.01	64.08±5.89	69.82±6.19	60.29±4.13
yeast1289vs7	72.93±4.64	59.65±8.94	60.30±4.48	64.00±7.12	49.40±0.52	61.29±9.55	62.73±6.98
yeast5	95.73±2.31	91.42±6.39	90.38±4.71	88.82±7.20	88.13±4.09	92.50±2.32	85.94±2.92
yeast6	85.54±7.79	79.17±11.71	80.29±11.82	76.35±10.58	78.02±8.89	80.77±9.70	72.44±9.33
ecoli0137vs26	85.77±3.61	74.63±24.78	84.45±22.16	73.72±24.10	84.09±21.88	74.81±25.00	74.63±24.78
abalone19	66.02±6.81	51.28±3.54	55.72±3.51	51.60±8.12	51.30±3.73	49.99±0.03	51.67±3.73
平均值	83.06±5.56	77.89±8.60	79.90±7.76	77.55±8.33	74.87±7.57	78.92±8.07	75.43±8.51
Win/Loss/Tie	—/—/—	34/6/0	33/7/0	34/5/1	37/3/0	28/12/0	36/4/0

表4-7 SVM分类器上AAcc(%)的测试结果以及Win/Loss/Tie计数

数据集	NearCount-IM	MWMOTE	Borderline	NearMiss-3	HMN-E	RENN	D_o
	AAcc±std	AAcc±std	AAcc±std	AAcc±std	AAcc±std	AAcc±std	AAcc±std
glass1	61.55±6.33	60.94±2.15	55.94±8.34	58.99±4.73	55.35±5.19	56.40±7.34	50.52±0.83
Pima	75.13±4.35	73.72±3.43	73.87±3.63	73.26±2.47	72.86±2.35	73.40±4.43	71.67±2.98
yeast1	71.12±4.06	64.06±12.47	58.75±12.24	62.70±2.18	68.11±2.45	67.76±3.13	59.92±1.45
haberman	65.53±5.00	60.98±6.84	59.07±7.41	51.13±1.29	61.24±4.87	61.46±5.07	49.74±1.92
vehicle2	92.26±1.95	95.95±1.97	95.97±1.04	93.23±0.89	93.97±1.96	95.52±2.24	95.45±2.09
vehicle1	78.78±2.69	82.30±3.20	80.90±3.52	74.38±2.31	72.58±3.43	77.32±1.13	69.41±4.83
vehicle3	76.75±4.31	78.49±2.25	78.65±2.22	73.16±3.21	74.18±3.61	74.74±2.57	69.77±5.04
ecoli1	89.04±4.11	85.21±8.94	88.22±4.51	85.59±5.41	86.04±6.23	87.38±4.54	84.22±6.16
new thyroid1	99.72±0.62	99.44±0.76	96.87±3.70	99.44±0.76	93.73±3.71	96.59±1.81	96.59±3.45
new thyroid2	99.72±0.62	98.02±2.97	98.02±2.97	99.72±0.62	96.87±3.70	96.59±1.16	96.59±4.11
ecoli2	90.47±6.39	91.25±3.48	78.28±6.79	87.67±3.62	83.64±8.32	86.15±5.07	78.62±6.93
yeast3	91.01±1.25	72.64±20.68	81.92±17.89	86.66±2.89	86.55±4.55	86.30±0.96	76.68±15.33
ecoli3	88.35±3.17	89.80±5.66	86.15±5.77	80.03±13.82	84.48±12.50	87.50±8.49	79.60±11.05
page blocks0	91.22±1.43	90.38±1.52	87.62±4.65	81.61±4.64	77.13±10.09	80.28±1.41	69.29±10.12
yeast0359vs78	66.64±6.30	71.68±7.63	67.80±10.37	60.67±3.96	59.45±5.18	60.67±4.87	60.67±3.96
ecoli046vs5	87.13±6.02	90.86±11.38	85.11±7.88	86.69±9.38	89.19±11.15	86.69±12.47	86.96±8.87
yeast0256vs3789	78.94±4.64	72.34±12.77	72.63±6.20	77.19±2.99	77.08±5.81	73.13±5.53	59.47±5.75
yeast02579vs368	90.79±2.90	90.57±3.98	67.66±16.58	89.40±5.69	89.53±4.75	90.26±2.76	88.81±4.90
ecoli01vs235	88.27±6.30	85.77±13.60	83.95±13.44	83.82±16.95	81.82±16.90	83.82±14.16	81.59±19.15
yeast2vs4	91.20±3.03	88.37±2.29	84.15±6.68	82.72±5.19	86.52±5.41	82.59±2.02	81.70±5.87
ecoli067vs35	86.50±15.87	78.75±19.61	81.25±18.73	87.50±21.34	84.25±15.75	87.25±16.25	85.50±21.81

续表

数据集	NearCount-IM AAcc±std	MWMOTE AAcc±std	Borderline AAcc±std	NearMiss-3 AAcc±std	HMN-E AAcc±std	RENN AAcc±std	D_o AAcc±std
glass015vs2	76.20±4.17	73.90±12.95	83.52±9.13	64.84±21.74	52.04±6.42	50.00±9.85	50.00±0.00
yeast05679vs4	80.17±4.81	78.33±7.91	77.86±7.77	71.65±5.06	73.54±9.02	71.58±8.28	62.30±2.81
ecoli0147vs2356	84.02±5.05	84.59±5.17	82.45±4.79	83.85±2.56	85.84±3.45	84.34±7.94	84.34±2.74
glass016vs2	73.88±9.18	69.50±17.34	79.76±7.22	68.05±14.80	49.14±1.92	50.00±13.00	50.00±0.00
ecoli01vs5	87.95±5.94	88.64±9.94	82.50±10.62	85.91±13.19	87.05±12.23	87.05±9.18	86.82±12.25
glass0146vs2	79.76±8.71	68.06±16.82	85.64±5.91	58.44±14.99	49.20±1.20	50.00±7.47	50.00±0.00
glass2	74.60±14.70	70.71±22.30	82.29±7.72	55.10±14.58	49.23±1.72	50.00±15.53	50.00±0.00
cleveland0vs4	93.14±2.59	79.47±16.55	79.47±16.55	85.23±10.22	73.45±18.86	77.81±13.10	74.79±21.13
yeast1vs7	78.72±8.11	76.80±8.22	74.74±5.68	56.43±7.08	54.42±7.30	50.00±4.73	50.00±0.00
ecoli4	95.29±4.51	91.39±6.10	93.58±6.71	92.18±6.44	89.52±4.53	92.18±6.12	89.53±4.98
abalone9_18	82.55±8.21	89.36±4.72	90.41±2.89	75.81±8.79	70.12±9.84	64.93±4.33	64.93±6.46
yeast1458vs7	66.01±2.43	64.22±10.22	64.55±6.04	50.00±0.00	50.00±0.00	50.00±5.63	50.00±0.00
yeast2vs8	75.57±8.52	66.41±15.33	66.68±10.75	77.39±10.33	74.78±8.65	77.39±5.75	77.39±10.33
yeast4	82.75±1.61	79.46±1.79	81.52±3.88	50.00±0.00	59.33±5.49	50.00±4.40	50.00±0.00
yeast1289vs7	75.36±3.71	71.28±4.47	66.87±9.67	50.00±0.00	50.00±0.00	50.00±6.89	50.00±0.00
yeast5	96.35±0.66	94.58±7.39	93.40±7.23	77.53±5.77	79.86±2.72	82.22±0.53	65.38±11.03
yeast6	88.42±8.56	67.71±13.02	87.45±6.77	65.87±7.86	69.34±7.96	65.40±8.16	51.43±3.19
ecoli0137vs26	87.03±3.17	84.81±22.47	82.27±20.38	84.63±22.82	84.45±22.16	84.81±15.69	84.81±22.47
abalone19	69.99±6.30	70.46±16.54	72.94±10.71	50.00±0.00	50.00±0.00	50.00±7.57	50.00±0.00
平均值	82.71±5.07	79.78±9.17	79.76±8.12	74.46±7.01	73.15±6.53	73.24±6.54	69.61±6.10
Win/Loss/Tie	—/—/—	22/11/0	30/10/0	36/3/1	36/3/1	36/4/0	37/3/0

第4章 不平衡数据分类学习

177

结果的总体趋势与表 4-5 中结果相似。NearCount-IM 算法相比于其他对比算法，包括 MWMOTE、Borderline-SMOTE、NearMiss-3、HMN-E 和 RENN，其基本上在多数的数据集中表现得更为优秀。同样地，当采样算法与 SVM 结合时，表 4-7 也显示出了类似的结果。NearCount-IM 在多数的数据集中比其他采样效果更好。

除了 NearCount-IM 算法在分类结果上显示出的优势外，NearCount-IM 算法还是一种针对不平衡问题下采样的方法，对比于上采样方法 MWMOTE 和 Borderline-SMOTE，NearCount-IM 算法保留的数据量远远少于上采样方法。相比于其他下采样方法 NearMiss-3、HMN-E 和 RENN，NearCount-IM 算法的效果也远远好于这些方法。因此，NearCount-IM 算法不仅可以提高分类器在处理不平衡问题时的性能，还可以极大地减少训练数据的数量。

NearCount-IS 算法的数据压缩效果：NearCount-IS 算法所使用的分类器与 NearCount-IM 算法的一样，分别为 1-NN、Adaboost 和 SVM。对比的采样算法分别为 INSIGHT、CNN、FCNN1、ENN、HMN-EI 和 ICF。表 4-8～表 4-10 分别列出了所有分类器和采样算法组合的对应结果，包括反应总体准确率的 Acc，和反应数据压缩能力的存储率。

表 4-8 列出了基于 1-NN 分类器的所有采样算法的总体准确率 Acc 和存储率。首先观察表中算法在 Acc 方面的表现。从表 4-8 中可以发现，NearCount-IS 算法在总体准确率 Acc 上的结果比 INSIGHT、ENN 和 ICF 稍有优势，Win/Loss/Tie 计数上的表现也互相接近。当 NearCount-IS 算法与 CNN、FCNN1 和 HMN-EI 相比时，NearCount-IS 算法在多数数据集上的表现优于这三种算法。当 NearCount-IS 算法采样后的数据与原始数据集 D_o 相比时，NearCount-IS 算法在 Acc 和 $Storage$ 这两方面依然有优势。总体上来说，通过 NearCount-IS 算法采样所提供的重要样本可以为 1-NN 分类器提供更好的分类信息。观察 NearCount-IS 算法在存储率上的表现，毫无疑问，NearCount-IS 算法采样后数据集的规模可以极大地减小。根据其与 D_o 的比较结果来看，NearCount-IS 算法仅需要约 30% 的原始数据，便可以提供更好的分类结果。相比于 CNN、FCNN1 和 HMN-EI，虽然这些算法在存储率上稍落后于 NearCount-IS 算法，但

是在分类性能上的表现远弱于 NearCount-IS 算法。相比于 INSIGHT、ENN 和 ICF，虽然这些算法在分类性能上接近 NearCount-IS 算法，但是数据压缩能力上远不及 NearCount-IS 算法。

表 4-9 显示了基于 Adaboost 分类器下所有采样算法的总体准确率 *Acc* 和存储率。如表 4-9 所示，NearCount-IS 算法的分类结果并不是最优秀的，与 ENN、ICF 和原始数据集 D_o 相比时，其分类表现稍差于这三种方法。与 INSIGHT 相比，NearCount-IS 算法与之效果相当。与 CNN、FCNN1、HMN-EI 这三种算法比较时，NearCount-IS 算法在分类结果上表现得更好一些。从数据存储率上的表现来看，NearCount-IS 算法的表现显然是最优秀的。虽然 NearCount-IS 算法与 ENN、ICF 和原始数据集 D_o 的分类性能稍好，但是 ENN、ICF 在压缩数据的能力上远远落后于 NearCount-IS 算法。同样地，与 NearCount-IS 算法分类表现相当的 INSIGHT 在数据压缩上的表现更差。CNN、FCNN1 和 HMN-EI 这三种算法虽然数据压缩能力接近 NearCount-IS 算法，但是分类表现却很差。

表 4-10 中所记录的 *Acc* 和存储率对应于 SVM 分类器与所有采样算法结合的结果。从总体上来看，NearCount-IS 算法的表现良好，虽然平均 *Acc* 没有达到最好的结果，但是 NearCount-IS 算法在数据压缩上表现得依然优秀，其数据存储率是所有对比算法中最低的。从表中可以看出，NearCount-IS 算法在所有数据集上的平均 *Acc* 比 INSIGHT 低 0.06%，但是 NearCount-IS 算法的存储速率要比 INSIGHT 低 10% 还多。对于 CNN、FCNN1、HMN-EI 的表现，虽然在存储率上的表现接近 NearCount-IS 算法，但是其分类性能却远落后于 NearCount-IS 算法。对于 ICF 算法，虽然 ICF 的准确率 *Acc* 接近 NearCount-IS 算法，但其存储性能仍然不如 NearCount-IS 算法。

图 4-8 反映了 NearCount-IM 算法结合三种分类器时，与其他采样算法结合分类器时的结果对比。如图所示，在所有实验中，NearCount-IM 算法行的每个值都能达到 1，这就说明当 NearCount-IM 算法在 1-NN、Adaboost 和 SVM 分类器上时，NearCount-IM 算法通过选择重要的多数样本来平衡数据解决不平衡问题，并且其分类性能远超过其他采样算法。

表4-8 1-NN分类器上Acc(%)的结果、存储率(%)的结果以及Win/Loss/Tie计数

数据集	NearCount-IS		INSIGHT		CNN		FCNN1		ENN		HMN-EI		ICF		D_o	
	AAcc±std	存储率	AAcc±std	存储率	AAcc±std	存储率	AAcc±std	存储率	AAcc±std	存储率	AAcc±std	存储率	AAcc±std	存储率	AAcc±std	存储率
iris	96.67±3.33	14.67	96.67±2.36	30.00	94.67±2.98	14.00	96.00±3.65	13.17	97.33±2.79	95.83	96.67±3.33	46.67	97.33±2.79	62.33	96.00±2.79	—
wine	71.55±4.37	33.84	69.61±8.08	70.00	72.09±5.12	41.96	73.84±5.28	44.37	70.22±4.28	64.88	74.09±8.31	49.19	71.84±2.47	31.01	72.76±6.00	—
sonar	51.03±8.13	51.53	51.18±9.84	70.00	53.15±12.12	36.55	49.28±13.85	32.09	55.70±18.03	82.46	42.03±13.89	25.48	54.87±23.32	48.93	51.23±13.03	—
horse colic	73.27±4.01	41.12	73.55±3.47	20.00	67.23±5.16	50.85	68.26±4.46	54.91	70.53±4.20	71.65	68.58±3.87	35.85	71.88±4.09	46.78	66.94±4.73	—
house vote	91.05±4.16	52.24	89.47±2.71	50.00	87.89±5.90	20.40	87.14±3.09	20.86	90.13±3.01	91.84	88.29±2.88	27.53	89.44±1.78	46.96	89.92±4.36	—
wdbc	93.69±2.37	12.74	93.16±2.44	50.00	90.69±2.49	16.79	90.52±1.80	18.06	93.34±3.13	93.19	92.81±3.295	51.53	93.16±3.00	43.27	90.70±2.74	—
hill valley	52.64±2.85	46.02	51.98±2.49	10.00	52.56±2.62	68.17	51.32±2.49	72.20	53.05±3.05	50.35	51.57±2.81	17.37	53.13±3.05	29.93	52.14±2.25	—
banknote authentication	99.20±0.48	11.81	100.00±0.00	20.00	99.85±0.20	2.15	99.93±0.16	2.08	99.93±0.16	99.95	99.27±0.78	51.38	100.00±0.00	49.25	99.93±0.16	—
cmc	53.84±2.00	32.84	51.26±2.15	10.00	43.85±2.93	69.59	43.45±3.12	71.99	53.71±3.04	56.94	52.34±2.25	23.54	51.78±3.86	32.06	45.15±3.08	—
spambase	76.02±3.50	29.05	76.71±4.55	70.00	76.28±5.78	35.80	76.26±5.03	40.67	77.20±3.90	80.69	75.81±4.05	32.87	77.07±4.08	48.95	77.72±5.04	—
waveform	83.44±1.49	45.40	80.56±1.56	10.00	74.64±1.60	38.75	73.58±2.78	33.66	81.26±2.01	83.82	82.40±1.03	24.21	81.48±1.95	52.72	77.92±2.64	—
banana	90.40±0.53	26.04	89.42±1.08	20.00	86.15±0.98	22.65	86.17±1.19	26.27	89.91±0.65	89.79	89.60±1.02	53.32	90.00±0.66	50.09	86.72±0.56	—
wallFollowing	75.22±5.42	24.26	78.46±4.95	60.00	77.10±5.12	26.83	77.15±6.32	34.04	77.77±4.86	87.54	75.42±4.71	40.81	76.94±5.15	51.78	78.58±5.48	—
statlog	87.88±1.10	26.17	86.99±0.79	60.00	85.83±1.56	19.81	86.39±1.61	19.75	87.76±1.24	90.13	87.33±1.44	37.77	87.59±1.18	43.87	87.94±0.98	—
twonorm	96.54±0.75	34.24	96.01±0.88	20.00	90.37±1.10	17.34	89.82±0.77	14.85	95.64±0.51	96.40	96.82±0.87	23.82	95.59±0.40	61.97	94.70±0.38	—
marketing	30.79±0.93	11.65	28.83±0.73	10.00	25.36±1.36	82.35	25.65±1.57	82.55	31.55±1.87	23.19	29.26±1.93	26.01	30.43±2.07	20.27	26.23±1.41	—
gesture phase segmentation	16.97±7.90	5.67	17.03±11.19	10.00	13.81±11.34	14.50	14.21±11.02	13.29	14.06±11.00	96.67	13.88±10.96	63.10	13.69±10.93	48.34	14.22±10.84	—
EEGEyeState	48.83±8.92	42.40	49.05±9.43	50.00	48.72±8.06	13.03	46.98±5.56	15.72	46.31±7.29	96.41	47.92±8.57	37.14	46.90±7.44	55.46	46.30±7.35	—
electricity board	65.65±0.38	30.04	66.08±0.49	70.00	65.71±0.42	47.15	65.88±0.45	51.54	66.10±0.31	65.90	65.76±0.29	26.04	66.00±0.22	53.64	65.79±0.46	—
connect4	64.35±2.16	57.57	65.84±1.17	70.00	55.31±5.51	40.86	56.75±5.29	42.91	64.63±2.04	86.44	53.06±11.03	12.55	65.25±1.61	46.23	64.43±1.81	—
平均分类正确率	70.95±3.24		70.59±3.52		68.06±4.12		67.93±3.98		70.81±3.87		69.15±4.37		70.72±4.00		69.26±3.80	
平均存储率	31.47		39.00		33.98		35.25		80.20		35.31		46.19		—	
Win/Loss/Tie	—/—/—		10/9/1		14/6/0		15/5/0		11/9/0		14/5/1		11/9/0		12/8/0	

表4-9 Adaboost分类器上Acc(%)的结果、存储率(%)的结果以及Win/Loss/Tie计数

数据集	NearCount-IS AAcc±std	存储率	INSIGHT AAcc±std	存储率	CNN AAcc±std	存储率	FCNN1 AAcc±std	存储率	ENN AAcc±std	存储率	HMN-EI AAcc±std	存储率	ICF AAcc±std	存储率	D_o AAcc±std	存储率
iris	90.67±7.23	21.17	94.00±4.35	70.00	57.33±13.62	14.00	42.67±17.86	13.17	95.33±6.91	96.67	94.67±5.58	46.67	95.33±2.98	62.83	96.00±3.65	—
wine	89.19±8.76	32.86	91.99±4.99	60.00	88.52±6.80	41.96	90.68±6.64	44.37	93.51±4.10	68.29	88.11±10.22	49.19	91.77±6.21	36.01	95.68±4.10	—
sonar	62.93±11.50	35.56	64.18±12.96	20.00	67.47±5.95	36.55	66.55±11.55	32.09	65.06±12.25	78.25	62.84±13.17	25.48	66.09±13.19	40.54	65.43±8.57	—
horse colic	81.71±4.76	41.12	80.56±3.54	70.00	69.03±5.17	50.85	70.73±2.60	54.91	83.34±5.64	69.19	79.51±6.23	35.85	81.18±3.55	45.55	83.09±2.92	—
house vote	93.78±1.10	47.01	94.74±2.13	60.00	94.95±3.06	20.40	94.05±3.59	20.86	96.31±1.53	92.99	91.48±3.50	27.53	94.93±1.35	45.99	95.64±2.01	—
wdbc	94.04±2.12	18.28	95.07±2.41	60.00	91.21±1.96	16.79	94.03±1.65	18.06	95.26±2.18	92.66	92.81±2.28	51.53	94.74±1.32	43.27	96.16±1.89	—
hill valley	51.99±3.53	56.79	52.72±1.07	60.00	50.75±1.59	68.17	50.01±1.91	72.20	52.40±2.31	50.23	51.24±3.19	17.37	52.23±2.20	29.39	50.82±3.88	—
banknote authentication	98.69±1.38	13.61	99.49±0.55	30.00	97.16±1.30	2.15	83.97±10.29	2.08	99.78±0.20	100.00	98.69±0.85	51.38	99.85±0.20	49.31	99.93±0.16	—
cmc	56.14±3.49	32.89	52.94±1.83	40.00	47.52±1.95	69.59	49.29±1.06	71.99	55.65±3.78	56.94	54.83±3.35	23.54	54.51±2.79	32.06	50.56±2.90	—
spambase	91.76±4.04	29.05	91.75±5.14	60.00	90.21±7.46	35.80	90.14±7.36	40.67	91.69±5.37	81.10	89.75±6.85	32.87	92.02±5.17	49.73	91.91±5.67	—
waveform	84.52±1.17	29.05	83.32±1.75	40.00	82.58±0.37	38.75	82.64±0.41	33.66	84.76±1.00	83.82	82.78±0.95	24.21	84.88±1.39	51.09	83.94±1.00	—
banana	90.19±0.58	21.91	89.26±0.72	60.00	85.21±1.90	22.65	85.59±0.72	26.27	90.00±0.59	89.79	89.42±1.02	53.32	90.13±0.43	50.09	88.02±0.63	—
wallFollowing	96.45±1.78	24.26	98.96±0.49	70.00	99.30±0.65	26.83	99.32±0.66	34.04	99.01±0.74	87.54	96.43±0.86	40.81	98.44±1.80	51.23	99.12±0.69	—
statlog	86.74±1.85	22.42	88.75±0.99	60.00	86.71±1.65	19.81	86.70±1.72	19.75	88.77±0.85	90.13	86.48±1.23	37.77	88.33±1.17	45.04	89.85±1.03	—
twonorm	96.36±0.45	31.23	95.88±0.57	50.00	95.23±0.35	17.34	94.77±0.49	14.85	96.51±0.85	97.27	95.45±0.82	23.82	96.19±0.72	61.63	96.22±0.45	—
marketing	31.86±1.41	12.07	30.41±0.96	30.00	29.79±1.73	82.35	29.70±1.24	82.55	33.15±1.33	24.96	31.22±2.11	26.01	32.27±1.59	20.27	31.24±2.41	—
gesture phase segmentation	28.23±12.09	9.20	26.29±17.68	20.00	29.24±16.33	14.50	28.37±16.29	13.29	24.76±19.26	96.67	23.89±18.06	63.10	25.93±16.55	48.34	24.52±18.24	—
EEGEyeState	50.34±8.92	30.61	50.41±9.82	50.00	48.77±6.08	13.03	47.85±8.38	15.72	48.29±7.79	97.62	48.03±7.45	37.14	48.85±9.82	56.49	47.30±8.39	—
electricity board	65.49±0.41	30.04	65.88±0.41	50.00	37.97±0.69	47.15	37.95±0.39	51.54	65.65±0.51	65.94	65.61±0.46	26.04	65.68±0.30	52.10	65.60±0.36	—
connect4	56.56±14.41	56.12	50.94±28.56	70.00	53.67±12.31	40.86	54.88±11.36	42.91	58.75±9.17	97.27	47.59±15.32	12.55	59.29±10.92	46.23	56.54±11.18	—
平均分类正确率	74.88±4.55		74.88±5.05		70.13±4.55		68.99±5.31		75.90±4.32		73.54±5.17		75.63±4.18		75.38±4.01	
平均存储率	29.76		51.50		33.98		35.25		80.87		35.31		45.86		—	
Win/Loss/Tie	—/—/—		9/11/0		16/4/0		15/5/0		5/15/0		17/2/1		6/14/0		9/11/0	

表4-10 SVM分类器上Acc(%)的结果、存储率(%)的结果以及Win/Loss/Tie计数

数据集	NearCount-IS		INSIGHT		CNN		FCNN1		ENN		HMN-EI		ICF		D_o	
	AAcc±std	存储率	AAcc±std	存储率	AAcc±std	存储率	AAcc±std	存储率	AAcc±std	存储率	AAcc±std	存储率	AAcc±std	存储率	AAcc±std	存储率
iris	96.00±3.65	14.67	98.00±1.83	60.00	98.00±1.83	14.00	95.33±3.80	13.17	97.33±2.79	95.83	96.00±2.79	46.67	98.00±2.98	62.33	97.33±2.79	—
wine	95.01±3.93	33.84	95.88±6.10	50.00	95.01±6.41	41.96	93.80±2.96	44.37	96.22±5.92	68.29	91.64±9.48	49.19	94.59±7.88	38.65	96.63±1.17	—
sonar	59.11±15.48	35.56	63.14±14.67	50.00	65.23±11.75	36.55	53.15±12.12	32.09	63.29±8.42	68.13	61.07±12.37	25.48	67.57±9.33	48.93	63.02±16.62	—
horse colic	77.77±5.99	50.40	77.33±3.60	60.00	76.13±5.20	50.85	67.23±5.16	54.91	79.78±3.31	71.11	73.46±5.33	35.85	76.54±4.69	45.55	80.26±5.95	—
house vote	93.31±3.21	52.24	93.81±2.85	30.00	91.27±3.63	20.40	87.89±5.90	20.86	93.31±1.96	92.70	88.77±4.35	27.53	92.40±2.39	46.50	92.18±4.06	—
wdbc	95.60±1.63	12.74	96.83±1.03	70.00	94.73±1.07	16.79	90.69±2.49	18.06	96.83±1.01	93.19	96.30±1.46	51.53	95.94±1.52	43.27	97.73±0.97	—
hill valley	48.76±1.81	58.48	50.65±2.50	20.00	49.42±1.27	68.17	52.56±2.62	72.20	48.84±2.58	50.23	47.85±1.46	17.37	50.66±2.63	32.03	48.34±3.41	—
banknote authentication	98.40±0.99	13.61	98.47±0.60	30.00	94.82±1.35	2.15	99.85±0.20	2.08	98.32±0.84	99.95	97.52±0.95	51.38	98.47±1.10	49.31	98.18±0.68	—
cmc	52.54±1.19	33.15	50.80±4.20	20.00	46.81±4.59	69.59	45.32±4.90	71.99	47.15±5.58	54.70	48.60±3.16	23.54	50.55±4.18	32.88	41.39±6.63	—
spambase	88.67±2.70	45.21	91.47±4.46	50.00	90.30±5.17	35.80	76.28±5.78	40.67	88.75±5.76	80.69	89.82±4.21	32.87	89.52±4.16	47.43	63.08±17.50	—
waveform	86.50±0.78	45.40	86.32±1.09	40.00	86.62±0.75	38.75	74.64±1.60	33.66	86.92±0.90	81.22	84.92±1.11	24.21	86.46±0.71	52.22	86.76±1.02	—
banana	57.83±1.77	26.04	56.05±5.33	20.00	47.54±7.65	22.65	54.33±7.46	26.27	56.57±3.41	89.79	53.24±2.03	53.32	54.79±2.12	50.09	51.27±3.32	—
wallFollowing	70.15±2.91	34.49	69.99±2.88	40.00	64.39±3.13	26.83	77.10±5.12	34.04	71.34±2.61	82.36	69.09±2.88	40.81	70.23±3.84	50.20	68.33±2.44	—
statlog	84.52±0.56	22.42	83.62±2.72	70.00	82.25±2.25	19.81	85.83±1.56	19.75	84.53±1.70	89.40	83.41±2.95	37.77	84.03±1.89	44.23	84.34±2.28	—
twonorm	97.57±0.72	31.23	97.60±0.74	70.00	97.69±0.56	17.34	90.37±1.10	14.85	97.84±0.56	97.27	97.59±0.68	23.82	97.82±0.68	61.63	97.78±0.58	—
marketing	30.24±1.68	11.64	27.13±1.64	10.00	23.16±5.76	82.35	25.36±1.36	82.55	29.68±2.49	21.73	25.39±5.06	26.01	28.73±1.23	20.43	15.36±2.61	—
gesture phase segmentation	31.86±8.86	9.20	37.81±11.18	50.00	36.50±10.46	14.50	13.81±11.34	13.29	36.25±10.87	95.98	35.99±11.11	63.10	34.24±11.93	48.72	35.97±10.80	—
EEGEyeState	44.10±10.30	22.78	41.75±10.62	30.00	46.85±11.94	13.03	48.72±8.06	15.72	32.74±14.35	97.62	38.31±12.12	37.14	41.15±12.02	56.21	37.04±11.48	—
electricity board	65.47±0.32	30.04	65.43±0.47	10.00	55.73±3.46	47.15	65.71±0.42	51.54	65.44±0.34	65.88	65.18±0.44	26.04	65.39±0.39	52.77	65.15±0.39	—
connect4	47.05±14.88	57.57	39.53±26.53	70.00	39.10±15.40	40.86	55.31±5.51	42.91	41.69±12.63	89.13	36.82±17.78	12.55	39.96±11.33	45.36	38.70±15.23	—
平均分类正确率	71.02±4.17		71.08±5.25		69.08±5.18		67.66±4.47		70.64±4.40		69.05±5.09		70.85±4.35		67.94±5.50	
平均存储率	32.03±1.54		42.5		33.98±1.10		34.23±1.12		79.26±0.90		35.31±1.15		46.44±1.63		—	
Win/Loss/Tie	—/—/—		10/10/0		11/8/1		13/7/0		7/13/0		13/6/1		11/9/0		12/8/0	

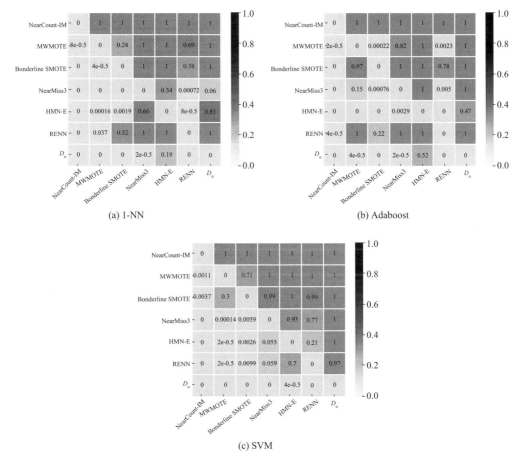

图 4-8　NearCount-IM 所对应分类结果的贝叶斯符号秩检验热力图

　　图 4-9 和图 4-10 分别显示了 NearCount-IS 算法以及其对比采样算法在结合分类器时的性能差异。在这些图中可以发现，NearCount-IS 算法结合每一种分类器与其他采样方法的比较结果是相似的。图 4-9 反映了 NearCount-IS 算法明显优于 CNN、FCNN1 和 HMN-EI。当 NearCount-IS 算法结合 1-NN 与 SVM 时，NearCount-IS 算法对应列中的所有值都接近于 0，这表明没有算法能够超越 NearCount-IS 算法的表现。当 NearCount-IS 算法结合 Adaboost 时，ENN 采样方法的表现以 70% 的概率优于 NearCount-IS 算法，但是图 4-10 反映了该方法在存储率中的表现要远差于 NearCount-IS 算法。此外，图 4-10 也同样反映了 NearCount-IS

算法在数据压缩能力上的绝对优势。通常，分类能力与 NearCount-IS 算法相当的采样方法在数据压缩能力上远落后于 NearCount-IS 算法，而数据压缩能力接近 NearCount-IS 算法的采样方法却在分类性能上远落后于 NearCount-IS 算法。所以，总体上 NearCount-IS 算法不仅具有很好的数据压缩能力，还能以较低的数据量达到较好的分类结果。

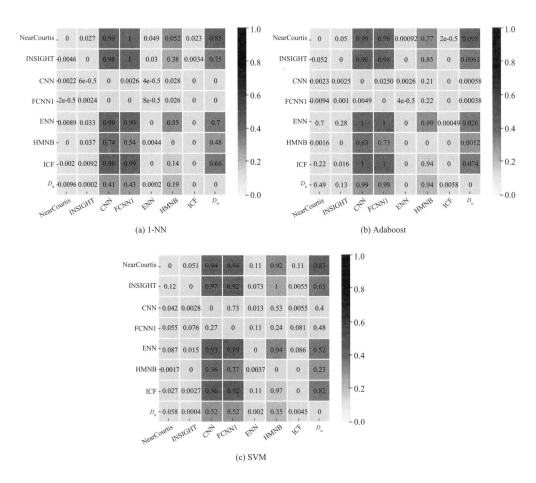

(a) 1-NN

(b) Adaboost

(c) SVM

图 4-9 NearCount-Is 所对应分类结果的贝叶斯符号秩检验热力图

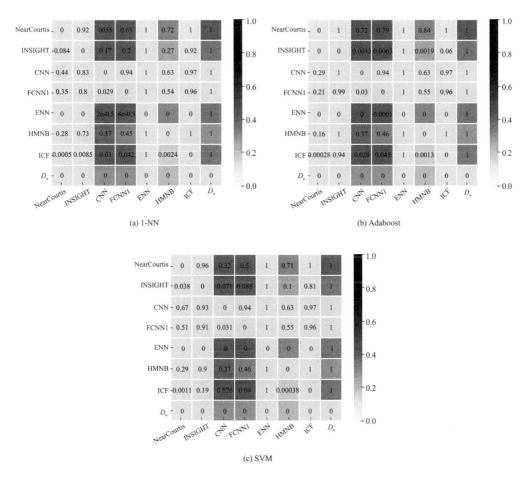

图 4-10　NearCount-ls 所对应数据存储率结果的贝叶斯符号秩检验热力图

4.3
基于二叉树结构的数据空间分治策略

4.3.1　SPT 算法

　　针对数据所处的空间位置，所提的 NearCount 样本选择算法通过异类近邻间的相互关系确定了样本所处的空间位置及其重要性。虽然所提 NearCount 算法在数据压缩能力上和分类能力上都表现出了优秀的性能，但是针对不平衡问题，样本选择所抽取的样本子集无法代表真实的数据分布，采样方法会破坏数据的原始结构。从数据空间的角度看，如果能够对数据空间进行合理的划分而非采样，并在划分区域学习并最终合并，这样既保留了原始数据，也能体现集成学习中的多样性特点。然而，面对不平衡问题时，当数据集的分布不规则时，如不同类数据的类边界非线性或呈现锯齿状时，会进一步加剧不平衡问题在分类时的困难。此外，现有的划分策略多基于聚类角度出发，并没有真正地从数据所处空间的划分和合并角度处理数据。

为了克服上述不足，本节提出了一种基于树结构的空间划分与合并集成学习框架，即空间划分树（Space Partition Tree, SPT），从几何空间角度切分合并不平衡数据。与传统的数据处理技术不同，SPT 算法以二叉树的结构为算法基础，使用一种层次结构递归地将原始数据空间划分为决策空间。在决策空间中，数据不平衡率大大降低，数据的不规则分布可以得到缓解。因此，在决策空间中可以更有效地识别出少数类样本。例如，对于半月形数据分布的情况，可以将原始数据空间划分为几个子空间，那么切分每个子空间中半月形数据的类边界可以是近似线性的。此外，与大多数基于权重组合的集成学习方法不同，SPT 算法通过从空间角度合并所有决策空间中的决策区域来提供原始数据的整个决策区域。因此，从空间几何角度切分和合并数据自然地表现出了几何直观性和数据多样性的特点。

SPT 算法的主要实现过程基于二叉树结构和递归策略。对于样本当前所处的空间，SPT 算法首先设计了针对不平衡数据的划分策略，即划分超平面的法向量为多数类样本投影最大散度方向，再由当前空间中多数类样本均值点确定划分超平面，将数据空间划为两个子空间。相应地，多数类样本也被一分为二到其相对应的子空间中。然后 SPT 算法继续递归地划分子空间，直至满足递归终止条件。第一个条件是划分后的子空间只包含多数类样本。第二个条件是划分的子空间中多数类样本满足预设的阈值。当两个终止条件中的任一个满足时，将划分的子空间作为决策空间，并在决策空间使用分类算法学习少数类和多数类的决策区域。最后，通过空间合并所有决策空间中的决策区域，SPT 算法为原始不平衡问题提供了整个决策区域。

在实验过程中，分别验证了 SPT 算法与 SVM、LR 以及 MSE 结合时在不平衡数据上的分类能力，并且与其他经典算法进行比较，验证了 SPT 算法可以极大地提升算法在处理不平衡数据时的分类能力。

本节主要从三个方面介绍 SPT 算法。首先介绍 SPT 算法的整体学习流程以及对应总体框架。然后介绍 SPT 算法利用数据空间信息进行划分的策略。最后给出 SPT 算法的实现过程，包括算法训练及测试过程的伪代码。

4.3.1.1　算法总体框架

所提出的 SPT 算法采用分而治之的策略模式。SPT 算法首先将原始数据空间划分为两个子空间：左子空间和右子空间。在相应的子空间中，多数类样本集也被相应地分成两个子集。然后，SPT 算法递归地划分子空间并将多数类样本集也划分为更小的子集。SPT 算法的步骤可概括如下：

① 划分：根据当前空间中多数类样本的最大类内散射投影及其均值点计算划分超平面。因此，超平面将数据空间划分为两个子空间，并将多数类样本集合划分为两个具有大致相同样本数的子集。

② 递归：递归地执行划分操作，直到满足任何一个终止条件。其中一个终止条件是一侧被划分的子空间是纯的，这种情况意味着子空间中只存在多数类样本。另一个终止条件是划分子空间中多数类的样本数量满足预定的值。

③ 学习：递归过程在子空间中满足递归终止条件，子空间被视为决策空间。在第一个终止条件下，SPT 算法将决策空间视为属于多数类的决策区域。在第二个终止条件下，使用基分类器学习少数类和多数类的决策区域。

④ 组合：SPT 算法的组合步骤是一个空间合并的过程。通过合并所有决策空间中的决策区域，SPT 算法为原问题提供了整个决策区域。

SPT 算法首先根据划分策略将原始数据空间划分为左右两个子空间，相应地划分超平面也将多数类数据集划分为两个多数类子集。针对

SPT 算法的分治策略，设置了两种递归终止条件，当两个终止条件中的任何一个满足时，将所划分的子空间作为决策空间，并且在决策空间中学习少数类和多数类的决策区域，落入少数类决策区域的样本都被判定为少数类样本，反之判定为多数类样本。其中，第一个终止条件是划分的子空间的一侧是纯的，这意味着划分超平面的一侧可以包含所有的少数样本。那么，另一侧只包含多数类样本，这一侧被称为纯子空间。在这种情况下，纯子空间无须再继续划分，且此空间属于多数类决策区域。第二个终止条件是所划分的子空间中多数类样本的数目满足预定阈值。此条件用于约束已划分子空间中大多数样本的数量。当所划分的子空间中的大多数样本数小于等于预定阈值时，该子空间被视为决策空间，不需要进一步分割。然后，利用基分类器学习决策空间中少数类和多数类的决策区域。

图 4-11 显示了 SPT 算法的整体流程。在图中，流程图顶部对应的是原始多数类数据集。然后根据划分策略将样本空间递归地划分为两个子空间，相应地会将当前空间中的多数类集合划分为对应子空间中的两个子集。通过划分，减少了划分子空间中多数类样本的数量，此时子空间中的多数类样本数量与所有少数类样本数量之间的不平衡比率也相应降低。当划分的子空间满足终止条件时，将该空间视为决策空间，在决策空间中学习少数类和多数类决策区域。通过 SPT 算法对数据空间进行划分，可将决策空间中的类边界从不规则变为局部规则。最后，合并决策空间中的所有决策区域，即可为原问题提供整个决策区域。显然，空间的分割和合并具有优越的几何直观性，并且自然而然地体现出了子集的多样性。

4.3.1.2 划分策略

SPT 算法中的划分策略将对应数据空间中的多数类样本划分为两个子集，从而降低子集中多数类样本与全部少数类样本的不平衡率。此外，划分策略应当使得子空间中的分类器更加容易分类，并有利于识别少数类样本。因此，SPT 算法中的划分策略所提供的划分超平面，其法向量为当前空间中多数类样本的最大类内散度方向，因为子空间中相对

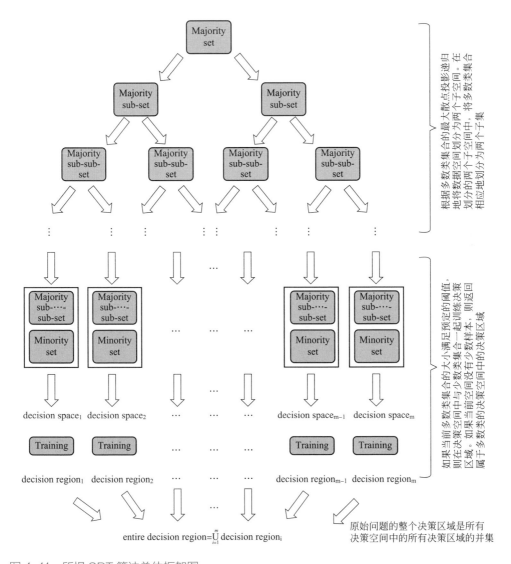

图 4-11　所提 SPT 算法总体框架图

分散的多数类样本会对少数类识别更加有利。为了确定划分超平面的位置，划分超平面与当前空间中多数类均值点相交，从而可以划分出两个多数类样本数量大致相等的子空间。划分策略的准则函数表示如下：

$$\max \quad \boldsymbol{w}^{\mathrm{T}}(\boldsymbol{X}_{\mathrm{maj}} - \boldsymbol{M}_{\mathrm{maj}})^{\mathrm{T}}(\boldsymbol{X}_{\mathrm{maj}} - \boldsymbol{M}_{\mathrm{maj}})\boldsymbol{w}$$
$$\text{s.t.} \quad \boldsymbol{w}^{\mathrm{T}}\boldsymbol{w} = 1$$
(4-3)

式中，$\boldsymbol{w} \in \mathbb{R}^{d \times 1}$ 为划分超平面的法向量；$\boldsymbol{X}_{\text{maj}}$ 为在当前空间中的多数类样本集的矩阵形式。假定多数类样本集包含 N^- 个样本，表示为 $\{\boldsymbol{x}_1, \boldsymbol{x}_2, \cdots, \boldsymbol{x}_{N^-}\} \in \mathbb{R}^{1 \times d}$。那么，其矩阵形式 $\boldsymbol{X}_{\text{maj}}$ 即为 $[\boldsymbol{x}_1^{\text{T}}, \boldsymbol{x}_2^{\text{T}}, \cdots, \boldsymbol{x}_{N^-}^{\text{T}}]^{\text{T}} \in \mathbb{R}^{N^- \times d}$。为了获得 $\boldsymbol{M}_{\text{maj}}$，需要先计算多数类样本的均值点 $\boldsymbol{m}_{\text{maj}}$：

$$\boldsymbol{m}_{\text{maj}} = \frac{1}{N^-} \sum_{i=1}^{N^-} \boldsymbol{x}_i \tag{4-4}$$

至此，对于 $\boldsymbol{M}_{\text{maj}}$，其每一行都是多数类样本的均值点 $\boldsymbol{m}_{\text{maj}}$，由 N^- 行 $\boldsymbol{m}_{\text{maj}}$ 构成。可以得到其表达形式为：$\boldsymbol{M}_{\text{maj}} = [\boldsymbol{m}_{\text{maj}}^{\text{T}}, \boldsymbol{m}_{\text{maj}}^{\text{T}}, \cdots, \boldsymbol{m}_{\text{maj}}^{\text{T}}]^{\text{T}} \in \mathbb{R}^{N^- \times d}$。最后，通过拉格朗日乘数法求解获得目标函数的解向量 $\boldsymbol{w}$，即可转换为：

$$\max \quad \boldsymbol{w}^{\text{T}} (\boldsymbol{X}_{\text{maj}} - \boldsymbol{M}_{\text{maj}})^{\text{T}} (\boldsymbol{X}_{\text{maj}} - \boldsymbol{M}_{\text{maj}}) \boldsymbol{w} + \lambda (1 - \boldsymbol{w}^{\text{T}} \boldsymbol{w}) \tag{4-5}$$

对于解向量 $\boldsymbol{w}$ 的偏导数可以计算为：

$$\frac{\partial}{\partial \boldsymbol{w}} = (\boldsymbol{X}_{\text{maj}} - \boldsymbol{M}_{\text{maj}})^{\text{T}} (\boldsymbol{X}_{\text{maj}} - \boldsymbol{M}_{\text{maj}}) \boldsymbol{w} - \lambda \boldsymbol{w} \tag{4-6}$$

通过将上式中偏导数的值设为 0，可得解向量 $\boldsymbol{w}$ 是 $(\boldsymbol{X}_{\text{maj}} - \boldsymbol{M}_{\text{maj}})^{\text{T}} (\boldsymbol{X}_{\text{maj}} - \boldsymbol{M}_{\text{maj}})$ 对应于最大特征值的特征向量。当得到划分超平面的法向量 $\boldsymbol{w}$ 时，超平面的阈值可以计算如下：

$$\theta = -\boldsymbol{m}_{\text{maj}} \boldsymbol{w} \tag{4-7}$$

4.3.1.3 算法完整流程

图 4-12 显示了将当前数据空间划分为两个子空间的过程。划分策略按照当前空间中多数集的最大散射方向求解划分超平面的法向量 $\boldsymbol{w}$ 及阈值 θ。上层图片中，虚线即为划分超平面。而后，划分超平面将当前数据空间一分为二，分别记为左、右子空间。如图 4-12 下层两个子图所示，下层左图灰色阴影覆盖的区域即为左子空间，下层右图灰色阴影覆盖的区域即为右子空间。

对于划分策略，其终止条件是前空间中多数类样本的数量少于阈值，假定阈值为少数类样本数量。如图 4-12 下层中左右子空间所示，其中多数类样本数量明显多于少数类样本数量，因此 SPT 算法继续执行划分

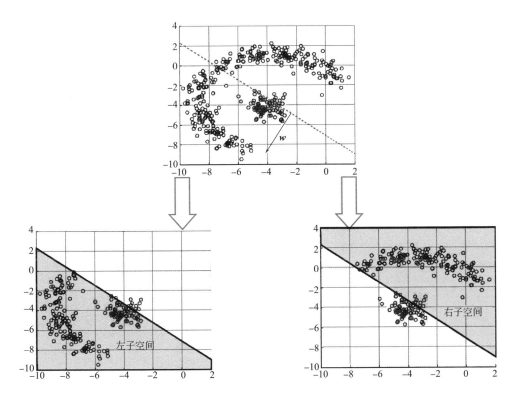

图 4-12　根据划分超平面将原始数据空间划分为两个灰色阴影覆盖的子空间（左子空间和右子空间）

过程。分别将图 4-12 中的左右子空间继续划分，其中左子空间被划分为左左子空间以及左右子空间，而右子空间被继续划分为右左子空间和右右子空间，相应地多数类样本也被所在的空间切分为多个子集。该过程如图 4-13 所示，其中继续划分的子空间用灰色阴影覆盖。

　　图 4-14 显示了 SPT 算法在子空间中的学习过程。如图中上层所示，左左子空间、左右子空间、右左子空间和右右子空间这四个空间中的多数类样本数量均小于或等于所有少数类样本数量，因此这四个子空间已经满足了递归终止条件，不再继续划分子空间。将这四个子空间划分为决策空间，并使用基分类器学习决策空间中的少数类和多数类的决策区域。在决策空间中，训练样本为决策空间中的多数类样本和全体少数类样本。在划分的子空间中使用整个少数类样本集而不是部分少数类样本

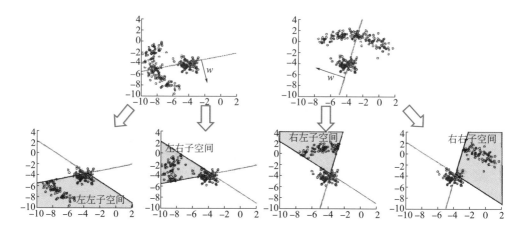

图 4-13　划分左子空间为两个灰色阴影覆盖的子空间（左左子空间和左右子空间），并且划分右子空间为两个灰色阴影覆盖的子空间（右左子空间和右右子空间）

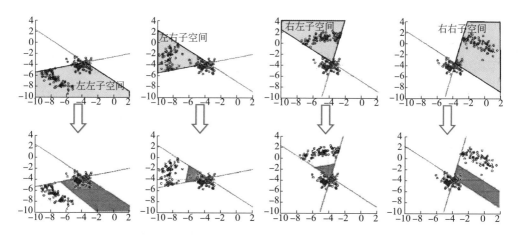

图 4-14　在划分空间满足终止条件时对应通过学习所获得的少数类决策区域

集的原因是为了保持少数类样本的总体分布趋势，这样更有利于少数类样本的识别。如图 4-14 下层图像显示，四个子空间被灰色阴影覆盖，即决策空间。在每个决策空间中，少数类的决策区域被绿影覆盖，多数类的决策区域是剩余的无阴影区域。最后，只需要将所有决策空间中的决策区域合并就可以提供原不平衡问题的整个决策区域。

　　图 4-15 展示了 SPT 算法的完整学习过程，包括了划分、递归、学习、组合。从图的顶层到底层，前三层对应于划分与递归过程；第四层

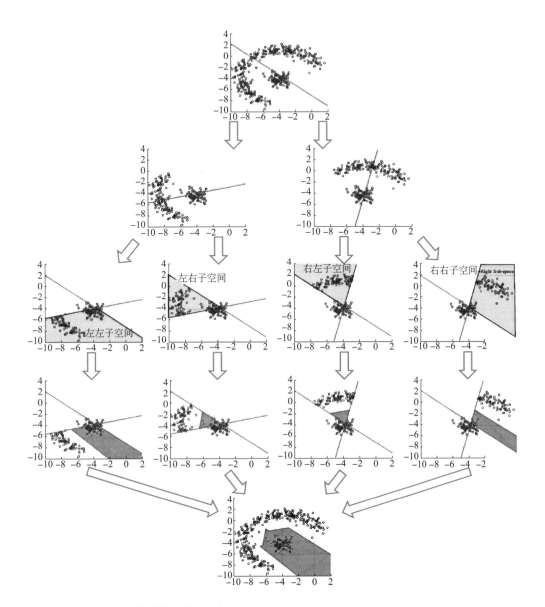

图 4-15　所提 SPT 算法的完整学习过程

是决策空间中的训练过程；最后一层代表整个决策区域，通过合并所有
决策空间中少数类和多数类决策区域，提供原始不平衡问题的解。第一
层代表原始数据以及学习得到的划分超平面。第二、第三层为划分过
程。第四层对应在决策空间学习多数类和少数类决策区域的过程。第五

层显示了合并所有决策空间中的决策区域的结果，即为原始不平衡问题整体的解。

SPT 算法的训练和测试过程的伪代码如表 4-11 和表 4-12 所示。在伪代码中，"−1"表示多数类的标签。表中所显示的二叉树结构中，左、右子级分别对应于决策或划分超平面的左右两侧。

表4-11　SPT算法训练过程：SPT_Training

输入：多数集合 X_{maj}，少数派集合 X_{min}，参数 C 控制 BP-SVM 中的松弛向量，参数 K 控制递归终止条件，SPT MyTree（初始状态为空）。

输出：SPT MyTree。

1. 判断：如果 $|X_{\mathrm{maj}}|<K\times|X_{\mathrm{min}}|$；

2. 使用基本分类器来训练决策函数 F_d 在当前空间中；

3. 记录决策函数 MyTree.decision=F_d 并设置 MyTree.p=null；

4. 其他的；

5. 获得法向量 w 和阈值 θ 的分割超平面；

6. 判断：记录分区超平面 MyTree.p=$[w^{\mathrm{T}},\theta]^{\mathrm{T}}$，并设置 MyTree.decision=null；

7. 判断：如果所有样本$\in X_{\mathrm{min}}$ 属于分区超平面的一侧，则

8. 如果所有样本$\in X_{\mathrm{min}}$ 属于分割超平面的右侧，则

9. 记录 MyTree.Left=−1；

10. 获得新的 $X_{\mathrm{maj}}^{\mathrm{Right}}$，等于 $\{x|xw+\theta>0, x\in X_{\mathrm{maj}}\}$；

11. MyTree.Right $=\mathrm{SPT-Training}(X_{\mathrm{maj}}^{\mathrm{Right}}, X_{\mathrm{min}}, C,$ K, MyTree.Right)；

12. 其他的；

13. 记录 MyTree.Right=−1；

14. 获得新的 $X_{\mathrm{maj}}^{\mathrm{Left}}$，等于 $\{x|xw+\theta<0, x\in X_{\mathrm{maj}}\}$；

15. MyTree.Left = 训练 $(X_{\mathrm{maj}}^{\mathrm{Left}}, X_{\mathrm{min}}, C, K,$ MyTree.Left)；

16. 结束判断；

17. 其他的；

18. 获得新的 $X_{\mathrm{maj}}^{\mathrm{Right}}$，等于 $\{x|xw+\theta\geqslant 0, x\in X_{\mathrm{maj}}\}$；

19. MyTree.Right = 训练的 SPT Training $(X_{\mathrm{maj}}^{\mathrm{Right}}, X_{\mathrm{min}}, C,$ K, MyTree.Right)；

20. 获得新的 $X_{\mathrm{maj}}^{\mathrm{Left}}$，等于 $\{x|xw+\theta<0, x\in X_{\mathrm{maj}}\}$；

21. MyTree.Left = 训练中的 SPT_Training $(X_{\mathrm{maj}}^{\mathrm{Left}}, X_{\mathrm{min}}, C, K,$ MyTree.Left)；

22. 结束判断；

23. 结束判断。

表4-12 SPT算法测试过程：SPT_Testing

输入：测试样本 x，SPT MyTree；
输出：x 的类标签；

1. 判断：MyTree 是一个数字标签；
2. x 的标签 等于 MyTree；
3. 其他的；
4. 判断：MyTree.decision $\neq$ null；
5. 根据决策函数 F_d(x) 获得 x 的标签；
6. 其他的；
7. 判断：样本 x 在分区超平面的左边 ([x,1]×MyTree.p<0)；
8. label(x)=SPT_-Testing(x, MyTree.Left)；
9. 其他的；
10. 标签 (x)=SPT_-Testing(x, MyTree.Right)；
11. 结束判断；
12. 结束判断；
13. 结束判断。

4.3.2 实验结果分析与讨论

4.3.2.1 实验设置

数据集：本章所涉及实验结果均采用开源数据库 KEEL 中的 50 个数据集。所选择数据集的样本维度 *Dim*、样本数 *Size* 以及不平衡率 *IR* 如表 4-13 所示。

对比算法：由于 SPT 算法基于的是一种数据划分策略，对于划分后的子空间已经对应的数据子集，仍需要用分类器来学习。因此，首先需要验证 SPT 算法对基分类器在处理不平衡数据时的提升效果。将 SPT 算法与 SVM 和 BPSVM 相结合，分别形成 SPT-SVM 和 SPT-BPSVM。然后，再通过 SPT-BPSVM、SPT-SVM、BPSVM 和 SVM 这四种算法在不平衡数据集上的实验结果验证 SPT 算法的改进。为了进一步验证 SPT 算法的通用性，在 SPT 算法中嵌入了两种额外的基分类器，分别为 MSE 和 LR。在接下来的实验中，将 SPT-BPSVM 与其他经典算法进行了比较，包括 MWMOTE-SVM、ABRS-SVM、EasyEnsble 和 RandomForest。

表4-13　不平衡数据集

数据集	Dim	Size	IR	数据集	Dim	Size	IR
ecoli0vs1	7	220	1.83	ecoli067vs5	6	220	10.00
glass1	9	214	1.85	ecoli0147vs2356	7	336	10.65
wisconsin	9	683	1.86	glass016vs2	9	192	10.77
glass0	9	214	2.05	ecoli01vs5	6	240	11.00
yeast1	8	1484	2.46	led7digit02456789vs1	7	443	11.21
vehicle2	18	846	2.89	glass06vs5	9	108	11.29
vehicle1	18	846	2.91	glass0146vs2	9	205	11.62
vehicle3	18	846	3.00	glass2	9	214	12.15
vehicle0	18	846	3.25	cleveland0vs4	13	173	12.80
new thyroid1	5	215	5.14	ecoli0146vs5	6	280	13.00
new thyroid2	5	215	5.14	shuttlec0vsc4	9	1829	13.78
ecoli2	7	336	5.54	yeast1vs7	7	459	14.29
segment0	19	2308	6.02	ecoli4	7	336	15.75
yeast3	8	1484	8.13	glass4	9	214	16.10
ecoli3	7	336	8.57	pageblocks13vs4	10	472	16.14
ecoli0234vs5	7	202	9.06	glass016vs5	9	184	20.00
ecoli046vs5	6	203	9.13	yeast2vs8	8	482	23.06
ecoli0346vs5	7	205	9.25	glass5	9	214	23.43
ecoli01vs235	7	244	9.26	shuttlec2vsc4	9	129	24.75
ecoli067vs35	7	222	9.41	yeast4	8	1484	28.68
glass04vs5	9	92	9.43	yeast1289vs7	8	947	30.54
ecoli0267vs35	7	224	9.53	yeast5	8	1484	32.91
glass015vs2	9	172	9.54	yeast6	8	1484	41.39
yeast05679vs4	8	528	9.55	ecoli0137vs26	7	281	43.80
vowel0	13	988	9.97	abalone19	8	4174	127.42

选择这些比较算法的原因是这些算法都是数据预处理算法以及基层算法的代表。其中，MWMOTE-SVM 是处理不平衡问题的一种有效的数据预处理技术。经典的 ABRS-SVM 集成是通过随机选取样本来处理不平衡问题的。SPT 算法具有树状结构，因此选择随机森林进行比较。

SPT 算法的参数设置：BPSVM 中的参数 C 和 σ 分别从 {0.01, 0.1, 1, 10, 100} 中选择。为了解决 MSE 伪逆过程中的不适定问题，从 {0.01, 0.1, 1, 10, 100} 中选取控制二范数正则化项的参数 c。在 SPT 算法中，控制多数类子集大小的参数 K 从 {0.5, 1, 2, 0.75×IR, 2×IR} 中选择，其中 IR 是所有多数类样本和所有少数类样本之间的初始不平衡率。当 $N^-/N^+ < K$ 时，递归过程停止，其中 N_- 和 N^+ 分别是划分子空间中的多数样本数和所有少数类样本数。在 BPSVM 相关的实验中，BPSVM 的参数 C_+ 被设置为 max{1, N^-/N^+}，而 C_- 被固定为 1。对于 K 的所有值，$K=0.5$ 表示分区子空间中的多数类样本数小于所有少数类样本数的一半。在这种情况下，C_+ 被设置为 1 而不是约 0.5，以防止多数类获得过多的优势。当 $K=1$ 时，表示多数类子集中的样本数小于所有少数类样本数。此外，$K=0.75×IR$ 通常表示多数类样本集被分成两个子集的情况。$K=2×IR$ 表示 SPT 算法不执行递归划分过程，因为开始时满足 $N^-/N^+ < 2×IR$。

评价标准：在本章实验中，数据集的训练与测试均采用五折交叉验证的方式，评价准则为不同类样本的算术平均 $AAcc$。此外，通过 Fridman 检验验证了所提算法的有效性，并反映了各对比算法之间的差异。

4.3.2.2 算法提升效果

为了验证所提 SPT 算法对分类器在不平衡数据上的提升效果，本小节给出基于 SVM 分类器在 SPT 分治策略下的分类结果。表 4-14 列出了 SVM(L) 相关算法的实验结果，这些算法包括结合 SPT 策略的 SPT-BPSVM(L)、SPT-SVM(L)，以及不结合 SPT 策略的 BPSVM(L) 和 SVM(L)。通过这四种算法之间的比较，体现 SPT 算法针对 SVM 相关分类器时的提升效果。

如表 4-14 所示，当 SPT 与 SVM(L) 相结合时，SPT 将 SVM(L) 的平均 $AAcc$ 从 78.68% 提升到了 88.19%。此外，SPT-SVM(L) 在 50 个数

表4-14　线性分类算法SVM(L)相关的SPT-BPSVM(L)、SPT-SVM(L)、BPSVM(L)和
SVM(L)在不平衡数据集上AAcc的分类结果　　　　　　　　%

数据集	SPT-BPSVM(L) AAcc±std	SPT-SVM(L) AAcc±std	BPSVM(L) AAcc±std	SVM(L) AAcc±std
ecoli0vs1	98.32±2.38	**98.67±1.83**	97.96±2.19	98.67±1.83
glass1	**70.91±7.53**	**70.91±7.53**	60.52±8.85	53.96±3.49
wisconsin	**97.38±1.03**	96.88±0.96	**97.38±1.03**	96.88±0.96
glass0	**79.31±6.72**	**79.31±6.72**	74.46±5.38	73.41±7.56
yeast1	**71.11±3.79**	69.73±1.99	**71.11±3.79**	59.92±1.45
vehicle2	**97.22±1.38**	**97.22±1.38**	96.26±1.74	95.45±2.09
vehicle1	**84.65±1.81**	**84.65±1.81**	81.27±3.12	71.48±3.84
vehicle3	**82.43±2.06**	**82.43±2.06**	78.57±3.53	70.16±3.42
vehicle0	**97.48±0.94**	**97.48±0.94**	96.90±1.70	95.84±1.35
new_thyroid1	**99.72±0.62**	98.33±2.28	99.44±0.76	98.02±3.71
new_thyroid2	**99.72±0.62**	98.61±0.98	99.44±0.76	98.02±2.97
ecoli2	**93.55±5.22**	**93.55±5.22**	90.73±3.38	78.97±6.74
segment0	**99.87±0.15**	99.37±0.61	99.42±0.96	99.37±0.61
yeast3	**91.99±1.89**	89.74±2.13	89.63±1.24	84.03±6.28
ecoli3	**90.73±5.55**	**90.73±5.55**	88.80±5.57	79.60±11.05
ecoli0234vs5	91.40±11.09	**91.95±11.50**	90.56±11.58	86.95±9.33
ecoli046vs5	**90.06±10.94**	89.46±10.64	**90.06±10.94**	87.23±9.32
ecoli0346vs5	**91.69±7.77**	**91.69±7.77**	89.53±5.87	86.96±8.38
ecoli01vs235	**91.18+10.68**	88.41±11.35	87.82±8.46	83.59±16.70
ecoli067vs35	**87.75±16.28**	**87.75±21.51**	86.75±15.53	85.50±21.81
glass04vs5	**98.75±2.80**	**98.75±2.80**	95.70±3.60	94.41±10.93
ecoli0267vs35	**89.77±6.67**	86.51±8.54	86.53±9.89	83.26±10.45
glass015vs2	85.22±5.07	**85.54±5.51**	72.93±13.34	50.00±0.00
yeast05679vs4	**79.27±6.44**	74.67±9.47	**79.27±6.44**	64.19±3.19
vowel0	**100.00±0.00**	**100.00±0.00**	97.55±1.03	91.17±3.92
ecoli067vs5	89.00±6.75	**90.00±5.59**	88.50±7.09	87.00±8.87

数据集	SPT-BPSVM(L) *AAcc±std*	SPT-SVM(L) *AAcc±std*	BPSVM(L) *AAcc±std*	SVM(L) *AAcc±std*
ecoli0147vs2356	**91.05±3.71**	**91.05±3.71**	89.38±8.38	84.34±2.74
glass016vs2	**82.79±15.80**	78.43±3.27	77.50±12.07	50.00±0.00
ecoli01vs5	91.59±7.21	**91.82±6.98**	90.45±7.30	86.82±12.25
led7digit	90.43±9.50	**90.80±7.98**	87.08±8.17	90.56±7.94
glass06vs5	99.50±1.12	99.47±1.18	99.47±1.18	99.47±1.18
glass0146vs2	**84.28±8.02**	73.91±15.73	79.38±3.57	52.23±4.99
glass2	**86.86±6.28**	76.92±13.44	**86.86±6.28**	51.73±3.87
cleveland0vs4	**94.19±7.08**	83.76±14.89	89.47±10.46	76.44±21.92
ecoli0146vs5	90.58±10.16	**91.15±10.39**	89.62±10.21	86.35±15.16
shuttlec0vsc4	**100.00±0.00**	**100.00±0.00**	**100.00±0.00**	**100.00±0.00**
yeast1vs7	**77.34±5.57**	66.57±1.74	**77.34±5.57**	50.00±0.00
ecoli4	**96.40±5.49**	**96.40±5.49**	94.97±5.08	91.87±5.98
glass4	**92.75±10.32**	**92.75±10.32**	90.77±11.63	62.33±13.30
pageblocks13vs4	**99.66±0.50**	**99.66±0.50**	95.40±4.30	83.33±2.82
glass016vs5	**98.86±1.20**	94.14±10.77	**98.86±1.20**	93.86±10.59
yeast2vs8	**79.46±10.88**	77.39±10.33	76.53±9.64	77.39±10.33
glass5	**99.27±1.09**	94.51±10.96	**99.27±1.09**	94.51±10.96
shuttlec2vsc4	**100.00±0.00**	**100.00±0.00**	94.60±10.99	94.60±10.99
yeast4	**82.41±1.86**	78.86±4.78	**82.41±1.86**	50.00±0.00
yeast1289vs7	**73.66±4.48**	64.21±6.57	**73.66±4.48**	50.00±0.00
yeast5	**97.85±0.56**	91.91±7.40	97.67±0.66	67.53±12.34
yeast6	**87.89±6.75**	86.27±7.08	**87.89±6.75**	51.43±3.19
ecoli0137vs26	**89.09±21.86**	**89.09±21.86**	86.90±20.68	85.00±22.36
abalone19	**79.96±6.64**	68.26±11.24	**79.96±6.64**	50.00±0.00
平均值	**90.29±5.45**	88.19±6.47	88.25±5.92	78.68±6.66

注：每个数据集最优的分类结果以粗体表示。

据集中的 26 个数据集上达到了最好的分类结果，而对于 BPSVM(L)，虽然使用了代价敏感策略，但只在 50 个数据集中的 13 个数据集上达到了最好的分类结果。因此，从数据集的优胜数量上来说，使用 SPT 策略的 SVM 比使用代价敏感的 BPSVM 在不平衡数据集上的表现更好。当然，也可以发现 SPT-SVM(L) 和 BPSVM(L) 的平均 $AAcc$ 相近，主要是因为 SPT-SVM(L) 在 yeast1vs7、yeast1289vs7 和 abalone19 这 3 个数据集上的表现较差。但是整体而言，SPT-SVM(L) 的分类性能仍然明显优于 BPSVM(L)。进一步地，当 SPT 和 BPSVM(L) 相结合时，SPT-BPSVM(L) 可以获得更加优越的分类能力。如表 4-14 所示 SPT-BPSVM(L) 在 50 个数据集中有 42 个达到了最高分类正确率，而 BPSVM(L) 仅在 50 个数据集中有 13 个达到了最高分类正确率。此外，与 BPSVM(L) 相比较，可以发现 SPT-BPSVM(L) 将平均 $AAcc$ 的结果从 88.25% 提高到 90.29%。因此，SPT 算法可以同时提高非代价敏感型 SVM(L) 和代价敏感型 BPSVM(L) 在处理不平衡问题时的分类能力。

除了将 SPT 算法与线性 SVM(L) 相结合外，表 4-15 中还列出了 SPT 算法与使用 RBF 核函数的非线性 SVM(R) 结合时的分类效果。在表 4-15 中，SPT 算法对 SVM(R) 的总体提升情况与表 4-14 相似。SPT 算法与 SVM(R) 结合时，SPT 策略将 SVM(R) 的平均 $AAcc$ 由 82.74% 提高到了 88.39%。此外，SPT-SVM(R) 在 50 个数据集中的 19 个数据集上达到了最好的分类结果，而使用代价敏感的 BPSVM(R) 在 50 个数据集中的 13 个数据集上达到了最高的分类结果。从数据集的优胜数量来看，即使在采用 RBF 核函数的情况下，使用 SPT 策略的 SVM(R) 也比使用代价敏感策略的 SVM 在不平衡数据集上的表现更好。从表中也可以发现，SPT-SVM(R) 在 glass0146vs2、glass2、yeast1vs7 和 abalone19 这 4 组数据集上的性能较差，在一定程度上降低了 SPT-SVM(R) 在平均 $AAcc$ 上的表现。当 SPT 算法和 BPSVM(R) 相结合时，表 4-15 显示 SPT-BPSVM(R) 的分类效果最好，SPT-BPSVM(R) 在 50 个数据集中的 47 个数据集上达到了最好的分类结果。此外，与 BPSVM(R) 相比，SPT-BPSVM(RBF) 将平均 $AAcc$ 从 89.68% 提高到了 90.81%。因此，SPT 算法也可以进一步提高 BPSVM(R) 在不平衡数据集上的分类能力，尽管相

表4-15　非线性分类算法SVM(R)相关的SPT-BPSVM(R)、SPT-SVM(R)、
BPSVM(R)和SVM(R)在不平衡数据集上 *AAcc* 的分类结果　　　　%

数据集	SPT-BPSVM(R) *AAcc±std*	SPT-SVM(R) *AAcc±std*	BPSVM(R) *AAcc±std*	SVM(R) *AAcc±std*
ecoli0vs1	98.31±1.67	**98.67±1.83**	97.96±2.19	**98.67±1.83**
glass1	**79.07±7.08**	**79.07±7.08**	75.86±4.14	74.03±7.75
wisconsin	**97.38±1.03**	96.88±0.96	**97.38±1.04**	96.88±0.96
glass0	84.54±4.19	**84.82±3.69**	84.54±4.19	84.82±3.69
yeast1	**71.81±4.39**	69.61±2.79	**71.81±4.39**	66.02±3.17
vehicle2	**98.14±1.64**	**98.14±1.64**	96.97±1.51	97.62±1.92
vehicle1	**85.89±3.38**	83.50±3.52	85.74±1.55	76.65±5.15
vehicle3	**83.77±2.74**	81.90±0.96	**83.77±2.74**	73.96±4.62
vehicle0	**98.55±0.75**	**98.55±0.75**	97.50±1.45	97.14±1.36
new_thyroid1	**99.72±0.62**	98.29±3.10	99.44±0.76	96.59±6.88
new_thyroid2	**99.72±0.62**	98.29±3.10	99.44±0.76	96.59±4.11
ecoli2	**94.52±4.43**	94.29±4.40	93.11±3.55	90.58±3.57
segment0	**99.39±0.41**	**99.39±0.41**	99.37±0.61	99.22±0.90
yeast3	**92.15+2.71**	88.97±1.62	91.47±2.15	86.34±2.71
ecoli3	**89.97±6.56**	89.14±5.46	89.73±7.89	79.43±10.85
ecoli0234vs5	**93.90±10.61**	**93.90±10.61**	91.39±11.09	87.22±12.86
ecoli046vs5	**92.23±10.97**	91.41±6.04	**92.23±10.97**	87.23±9.32
ecoli0346vs5	**95.41±2.05**	**95.41±2.05**	92.23±7.11	87.23±8.86
ecoli01vs235	**91.64±10.47**	89.86±9.86	**91.64±10.47**	84.05±17.02
ecoli067vs35	**88.00±16.46**	**88.00±21.68**	87.50±15.89	87.75±21.51
glass04vs5	99.41±1.32	**100.00±0.00**	99.41±1.32	**100.00±0.00**
ecoli0267vs35	**89.77±6.25**	89.26±5.48	86.84±9.43	87.50±12.50
glass015vs2	**82.72±10.64**	**82.72±10.64**	69.65±10.77	57.23±9.23
yeast05679vs4	**80.26±12.38**	74.52±10.65	79.27±6.44	68.74±6.16
vowel0	**100.00±0.00**	**100.00±0.00**	99.94±0.12	99.44±1.24
ecoli067vs5	**90.00±7.55**	89.75±5.76	88.50±5.82	89.75±5.76

数据集	SPT-BPSVM(R) AAcc±std	SPT-SVM(R) AAcc±std	BPSVM(R) AAcc±std	SVM(R) AAcc±std
ecoli0147vs2356	**90.73±3.33**	89.70±1.70	90.08±6.92	85.85±3.88
glass016vs2	**79.60±18.52**	75.50±12.76	79.19±5.65	62.17±15.66
ecoli01vs5	**92.73±6.51**	91.82±6.98	92.27±6.55	89.77±10.20
led7digit	**90.80±7.91**	**90.80±7.98**	86.71±8.79	90.68±8.11
glass06vs5	**100.00±0.00**	**100.00±0.00**	**100.00±0.00**	**100.00±0.00**
glass0146vs2	**84.56±7.41**	73.91±15.70	84.32±6.69	61.47±15.10
glass2	**84.24±13.69**	73.10±6.14	79.47±12.46	61.54±13.27
cleveland0vs4	**96.24±2.37**	80.45±13.79	**96.24±2.37**	75.74±21.74
ecoli0146vs5	**92.31±11.03**	91.15±10.39	**92.31±11.03**	89.81±13.52
shuttlec0vsc4	**100.00±0.00**	**100.00±0.00**	99.97±0.07	99.57±0.88
yeast1vs7	**78.98±6.00**	68.44±6.38	78.54±6.32	55.00±4.56
ecoli4	**96.55+5.54**	**96.55±5.54**	95.89±2.40	89.52±4.53
glass4	**93.75±10.57**	89.17±10.78	**93.75±10.57**	87.58±11.65
pageblocks13vs4	**99.55±0.62**	**99.55±0.62**	96.42±3.71	78.55±15.70
glass016vs5	**95.71±1.01**	94.43±10.88	94.14±10.77	89.43±22.05
yeast2vs8	**79.89±6.70**	77.39±10.33	79.35±10.65	77.39±10.33
glass5	**95.61±2.22**	89.02±13.98	**95.61±2.22**	84.51±14.17
shuttlec2vsc4	**100.00±0.00**	**100.00±0.00**	99.58±0.93	95.00±11.18
yeast4	**83.58±2.97**	79.49±4.88	83.10±0.80	66.66±4.26
yeast1289vs7	**74.37±4.83**	68.10±8.29	**74.37±4.83**	54.78±7.34
yeast5	**97.43±0.75**	92.15±6.58	97.15±0.70	81.32±6.30
yeast6	**88.50±9.16**	86.34±7.11	88.47±7.21	73.84±12.98
ecoli0137vs26	**89.09±21.86**	**89.09±21.86**	84.45±22.16	84.81±22.47
abalone19	**79.98±6.50**	69.13±13.18	**79.98±6.50**	51.51±3.71
平均值	**90.81±5.61**	88.39±6.40	89.68±5.57	82.74±8.35

注：每个数据集上最优的分类结果以粗体表示。

对于 BPSVM(L) 来说，BPSVM(R) 的提升效果相对较低。其原因可以归结为当 SVM 使用 RBF 核时，算法本身就可以处理非线性可分的问题，而 SPT 算法可以通过切分缓解非线性类边界的情况，所以通过 SPT 算法切分空间得到相对平滑的类边界后，SVM(R) 的获利也相对较少。

总而言之，高不平衡率和不规则分布可能会给不平衡数据的分类带来困难。本章所提出的 SPT 策略可以递归地将当前空间划分为两个子空间，从而降低子空间中多数类样本与全体少数类样本之间的不平衡率。此外，通过多数类样本最大散度方向切分空间，可以缓解边界不规则问题并且有利于少数类样本的识别。因此，分类器可以很容易地在 SPT 算法划分的决策空间中学习少数类和多数类的决策区域。在 SPT 策略中，针对基于代价敏感的分类器，递归地划分多数集直到多数子集中的样本数与全体少数类样本数近似相等时，分类结果并不一定是最好的，保持适当的、较低的不平衡率可以使代价敏感的分类器更容易地在决策空间中对不平衡问题进行分类。从集成角度看，通过 SPT 分割与合并策略，子空间以及对应的子集自然地表现出多样性的特性，可提供更好的分类性能。

为了进一步验证所提出的 SPT 策略对于分类器在不平衡问题上的有效性，将 SPT 算法与另外两种基本算法 MSE 和 LR 相结合的结果分别列在表 4-16 和表 4-17 中。表 4-16 所示的实验结果显示，当 SPT 算法与 MSE 算法相结合时，SPT-MSE 的分类结果有了显著的提高，50 个不平衡数据集中的 48 个数据集从 SPT 策略中收益，并且 SPT-MSE 将平均 $AAcc$ 的结果从 68.71% 提高到了 86.59%。当 SPT 算法与 LR 算法相结合时，可以发现 SPT-LR 提高了 50 个数据集中 43 个数据集的 $AAcc$ 结果，并且将平均 $AAcc$ 结果从 79.02% 提高到了 85.69%。MSE 算法对数据的不规则性和不平衡分布比较敏感，因此 SPT-MSE 通过将原始的不平衡数据划分为多个子空间，缓解了数据的不规则性和不平衡分布，从而显著提高了 MSE 算法在不平衡数据上的分类性能。相比于 MSE 算法，LR 算法可以通过迭代获得更好的分类结果，虽然提升效果不如 MSE 算法那么明显，但平均 $AAcc$ 仍提高了约 6.5%。

表4-16　MSE和SPT-MSE在不平衡数据集上$AAcc$的分类结果　　　　%

数据集	MSE	SPT-MSE
	$AAcc\pm std$	$AAcc\pm std$
ecoli0vs1	98.32±2.38	**98.67±1.83**
glassl	53.77±9.22	**70.65±6.60**
wisconsin	95.13±1.89	**96.35±0.87**
glass0	68.35±5.07	**76.11±11.25**
yeast1	61.93±2.37	**69.40±1.47**
vehicle2	95.46±2.61	**97.59±1.78**
vehicle1	68.88±5.56	**85.15±3.15**
vehicle3	67.10±3.01	**81.34±2.63**
vehicle0	93.24±2.70	**96.67±1.37**
new_thyroid1	81.43±10.83	**96.03±3.11**
new_thyroid2	78.57±8.75	**94.40±6.53**
ecoli2	79.50±6.64	**93.05±4.17**
segment0	96.58±0.89	**99.07±0.59**
yeast3	66.62±5.75	**90.16±1.69**
ecoli3	60.93±4.23	**88.87±6.92**
ecoli0234vs5	77.23±5.77	**91.68±12.04**
ecoli046vs5	77.23±14.07	**89.46±10.64**
ecoli0346vs5	77.23±13.14	**91.96±7.42**
ecoli0lvs235	78.27±12.40	**91.59±16.26**
ecoli067vs35	64.50±16.43	**88.00±12.17**
glass04vs5	80.00±11.18	**88.75±14.08**
ecoli0267vs35	66.50±16.36	**88.01±2.86**
glass015vs2	50.00±0.00	**77.90±11.63**
yeast05679vs4	56.00±5.48	**75.93±10.82**
vowel0	73.33±8.24	**98.94±0.41**
ecoli067vs5	67.50±11.18	**85.75±9.79**

数据集	MSE	SPT-MSE
	$AAcc \pm std$	$AAcc \pm std$
ecoli0147vs2356	63.01±9.55	**87.87±6.29**
glass016vs2	50.00±0.00	**72.36±5.31**
ecoli0lvs5	74.77±8.85	**89.09±10.43**
led7digit	50.00±0.00	**90.56±7.89**
glass06vs5	59.50±13.04	**94.00±10.69**
glass0146vs2	50.00±0.00	**69.70±17.46**
glass2	50.00±0.00	**71.33±7.39**
cleveland0vs4	71.04±18.31	**84.66±17.18**
ecoli0146vs5	70.00±18.96	**90.19±10.09**
shuttlec0vsc4	99.60±0.89	99.60±0.89
yeastlvs7	50.00±0.00	**65.28±5.91**
ecoli4	72.50±16.30	**95.61±5.05**
glass4	56.67±9.13	**89.92±12.18**
pageblocks13vs4	74.78±12.14	**99.10±0.75**
glass016vs5	55.00±11.18	**93.86±12.16**
yeast2vs8	77.39±10.33	77.39±10.33
glass5	50.00±0.00	**84.51±13.60**
shuttlec2vsc4	94.18±10.77	**95.00±11.18**
yeast4	50.00±0.00	**78.92±5.93**
yeast1289vs7	50.00±0.00	**62.67±8.06**
yeast5	50.00±0.00	**92.47±6.70**
yeast6	50.00±0.00	**88.25±4.84**
ecoli0137vs26	84.45±22.16	**88.54±21.59**
abalone19	50.00±0.00	**67.23±9.82**
平均值	68.71±6.96	**86.59±7.68**

注：每个数据集上最优的分类结果以粗体表示。

表4-17　LR和SPT-LR在不平衡数据集上$AAcc$的分类结果　　　　%

数据集	LR	SPT-LR
	$AAcc \pm std$	$AAcc \pm std$
ecoli0vs1	97.95±1.87	97.95±1.87
glassl	58.55±8.86	**68.20±7.65**
wisconsin	96.25±0.74	**96.35±0.85**
glass0	71.98±6.50	**75.34±7.11**
yeast1	63.32±3.02	**69.10±2.12**
vehicle2	95.28±1.49	**97.05±1.03**
vehicle1	71.46±4.40	**80.67±5.47**
vehicle3	68.54±2.76	**77.09±6.52**
vehicle0	95.57±1.17	**96.90±0.91**
new_thyroid1	98.02±2.97	98.02±2.97
new_thyroid2	96.87±3.70	**97.18±3.62**
ecoli2	78.97±6.74	**88.26±8.35**
segment0	98.74±0.84	**99.57±0.28**
yeast3	82.36±5.91	**88.59±2.08**
ecoli3	75.65±7.89	**87.44±8.53**
ecoli0234vs5	83.35±15.20	**87.52±9.62**
ecoli046vs5	86.42±9.37	**88.92±9.19**
ecoli0346vs5	86.15±8.00	**89.73±5.77**
ecoli0lvs235	85.14±16.21	**89.14±15.61**
ecoli067vs35	82.25±16.26	**82.75±20.60**
glass04vs5	92.65±10.08	92.65±10.08
ecoli0267vs35	85.26±8.94	**86.76±12.86**
glass015vs2	47.10±4.02	**76.34±12.65**
yeast05679vs4	68.30±6.36	**74.54±11.67**
vowel0	91.61±4.58	**100.00±0.00**
ecoli067vs5	86.75±9.30	**89.75±5.76**

数据集	LR	SPT-LR
	$AAcc \pm std$	$AAcc \pm std$
ecoli0147vs2356	84.18±6.54	**85.23±6.09**
glass016vs2	48.86±1.20	**78.43±14.70**
ecoli01vs5	81.36±10.92	**88.18±11.38**
led7digit	89.68±8.94	**90.56±7.97**
glass06vs5	99.50±1.12	99.50±1.12
glass0146vs2	53.42+7.41	**75.25±16.88**
gelass2	48.46±2.29	**76.92±12.67**
cleveland0vs4	75.81±21.62	**80.53±23.39**
ecoli0146vs5	86.54±15.14	**90.77±10.10**
shuttlec0vsc4	99.60±0.89	99.60±0.89
yeast1vs7	56.70±6.45	**60.76±6.81**
ecoli4	91.87±6.40	**92.18±6.44**
glass4	62.33+13.68	**81.26±18.03**
pageblocks13vs4	84.76+8.10	**98.99±1.08**
glass016vs5	93.29±10.30	93.29±10.30
yeast2vs8	74.89±8.65	**79.78±11.15**
glass5	93.78±10.58	93.78±10.58
shuttlec2vsc4	94.60±10.99	**95.00±11.18**
yeast4	56.61±2.45	**75.85±8.81**
yeast1289vs7	54.95±4.52	**57.59±5.24**
yeast5	72.15±8.18	**87.92±11.03**
yeast6	68.40±9.68	**79.72±11.50**
ecoli0137vs26	84.81±22.47	**87.81±21.71**
abalone19	49.99±0.03	**60.01±9.01**
平均值	79.02±7.31	**85.69±8.42**

注：每个数据集上最优的结果以粗体表示。

4.3.2.3 参数分析

图 4-16 显示了 SPT 策略与 BPSVM(L) 结合时，不空参数 K 对分类结果的影响。在分析参数 K 时，BPSVM(L) 将控制松弛向量的参数 c 固定为 1。如图 4-16 所示，随着数据不平衡率的变化，$AAcc$ 的结果存在振荡，所以 K 受到不平衡率的影响。具体来说，当 $K=0.5$ 时，有 12 个数据集达到了有效的结果。当 $K=1$ 或 2 时，相对较少的数据集可以获得令人满意的结果。当 $K=0.75 \times IR$ 时，18 个数据集获得了优异的结果。当 $K=2 \times IR$ 时，13 个数据集取得了令人满意的结果。更具体地说，与 $K=0.5$ 的结果相比，$K=0.75 \times IR$ 的结果是可比的，但是数量上的结果是

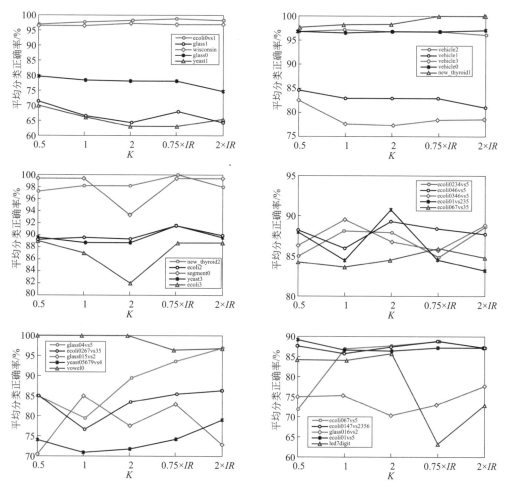

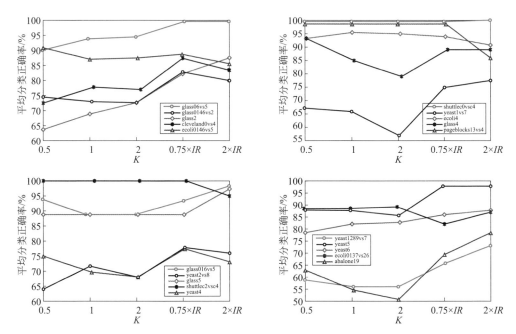

图 4-16　所有数据集上对应不同的参数 K 时 SPT-BPSVM(L) 的分类结果

K=0.75×IR 在 23 个数据集上显示出了优势，在 20 个数据集上显示出了劣势。此外，与 K=2×IR 的结果相比，K=0.75×IR 的结果在 22 个数据集上显示出了明显的优势，在 16 个数据集上显示出了劣势。这也就说明了当 SPT 策略与代价敏感的策略结合时，划分一次，即将原始空间一分为二，降低不平衡率，再依靠代价敏感的策略，或者划分得更细，即依靠 SPT 策略极大地降低不平衡率并且子空间中多数类的样本少于全体少数类样本数量时，可以获得较好的分类结果。

除 SPT 策略与线性分类器结合的结果外，图 4-17 说明了 SPT 策略与 BPSVM(R) 相结合时的结果。为了更好地讨论参数 K，并减少其他参数的影响，BPSVM(R) 中的参数 c 和 σ 被固定为 1。与图 4-16 中的结果类似的是，通过 SPT 策略的划分与合并，数据集的分类结果都得到了提升。但与图 4-16 中的结果不同的是，当参数 K 变化时，其对应 SPT-BPSVM(R) 的结果变化相对平稳。具体来说，当 K=0.5 时，SPT-BPSVM(R) 在 9 个数据集上获得了令人满意的结果。当 K 设置为 1 时，SPT-BPSVM(R) 在 17 个数据集上获得了优异的结果。当 K 设置为 2 时，

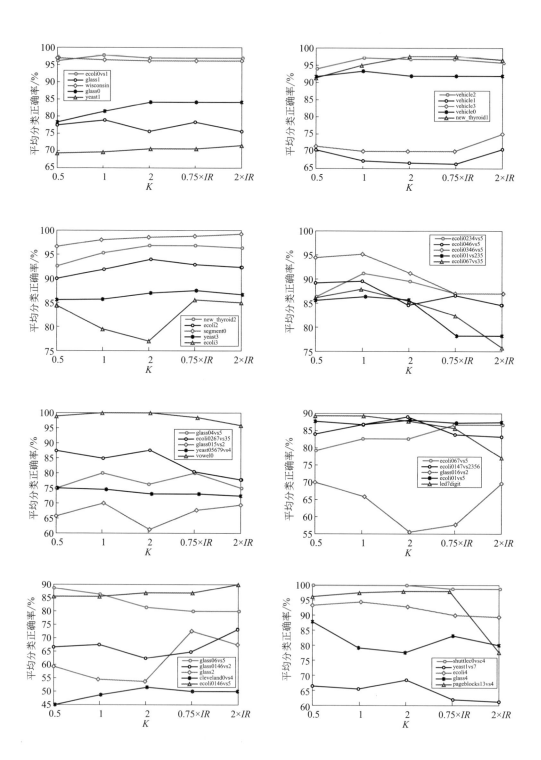

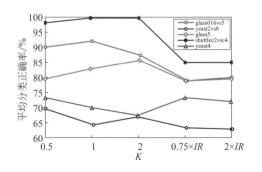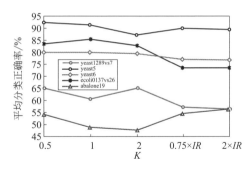

图 4-17　所有数据集上对应不同的参数 K 时 SPT-BPSVM(R) 的分类结果

SPT-BPSVM(R) 在 11 个数据集上获得了优异的结果。对于其余的两个值 K=0.75×IR 和 K=2×IR，SPT-BPSVM(R) 在相对较少的数据集上可以获得更好的结果。根据此结果，当从 {0.5, 1, 2} 中选择 K 时，SPT 策略将会对 BPSVM(R) 有较大的提升效果。更具体地说，与 K=0.5 的结果相比，K=1 的结果在 28 个数据集上表现出了明显的优势，在 14 个数据集上表现出了劣势。当与 K=2 的结果相比，K=1 的结果在 27 个数据集上显示出了明显的优势，在 15 个数据集上显示出了劣势。因此，当 SPT 策略与 BPSVM(R) 结合时，选择 K=1 可以获得在不平衡数据集上更好的分类结果。这也就说明了，当 SPT 策略与 BPSVM(R) 结合时，通过 SPT 策略将数据集划分至子空间中的多数类样本数与全体少数类样本数达到平衡时，SPT 策略可以提供在不平衡数据集上更好的分类结果。

4.3.2.4　训练时间

SPT 策略所涉及的运行时间与空间的划分程度相关，即依然与参数 K 相关。因此，本小节将通过 8 个样本数量超过 1000 的数据集，分析参数 K 与算法运行时间之间的关系。如图 4-18 所示，当 SPT 与 BPSVM(L) 相结合时，在 K 的值较低时，所需要的训练时间随着参数 K 的增加而下降。当 K=0.75×IR 时，综合各个数据集所需要的训练时间相对较少。具体来说，原始 BPSVM 的时间复杂度为 $O[(N^++N^-)^3]$，SPT 策略将数据空间划分为两个子空间所需要的训练时间复杂度约为 $O(d^3)$，其中 d 为数据的维度。因此当 K=0.75×IR 时，SPT-BPSVM 的时间复杂度约为

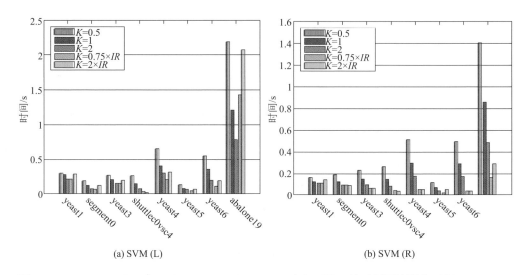

(a) SVM (L) (b) SVM (R)

图 4-18　SPT-BPSVM (L) 和 SPT-BPSVM (R) 对应不同 K 值时所需的训练时间

$O(d^3)+2O((N^++0.5N^-)^3)$。在不平衡数据集中，多数类样本数量远远多于少数类样本数量，因此将多数类样本集划分为两个子集后，训练时间远比在整个原始数据集上的训练时间小得多。需要注意的是，虽然通过不断地划分空间，空间中的多数类样本子集的样本数目不断地随 K 的增加而变小，但是随着进一步地划分，所对应的二叉树深度会不断地变深。所增加的层数会呈指数级地增加训练划分超平面以及子空间中分类器的数量。总体上来说，无论对线性的 BPSVM(L) 还是非线性的 BPSVM(R)，通过 SPT 策略将数据空间一分为二，会在训练时间上稍有优势。当然，在实际操作中，由于在同一层树结构中的操作可以并行进行，如果采用并行操作来实现 SPT 策略，所需要的训练时间则可以进一步降低。

4.3.2.5　KEEL 数据集对比实验结果

在前一小节中，通过实验验证了 SPT 策略对分类器在处理不平衡数据时的提升效果，根据之前的实验，SPT-BPSVM(R) 以及 SPT-BPSVM(L) 分别代表了线性与非线性分类器，并且这两种算法都取得了不错的分类结果。因此，在本小节中，将 SPT-BPSVM(R) 以及 SPT-BPSVM(L) 与其他 5 种分类算法进行比较。表 4-18 列出了所有算法在所选择的不平衡

表4-18 不平衡数据集上AAcc(%)的测试结果以及平均排名情况

数据集	SPT-BPSVM(L) AAcc±std	SPT-BPSVM(R) AAcc±std	MWMOTE-SVM(L) AAcc±std	MWMOTE-SVM(R) AAcc±std	ABRS-SVM(L) AAcc±std	EasyEnsemble-C4.5 AAcc±std	RandomForest AAcc±std
ecoli0vs1	98.32±2.38	98.31±1.67	**98.67±1.83**	98.31±1.67	98.31±1.67	97.26±1.93	98.31±1.67
glass1	70.91±7.53	**79.07±7.08**	66.54±5.14	78.18±6.94	64.82±5.22	78.18±9.89	76.57±9.23
wisconsin	97.38±1.03	97.38±1.03	**97.59±1.10**	97.49±0.89	**97.59±1.12**	97.15±0.98	97.19±0.46
glass0	79.31±6.27	84.54±4.19	74.78±4.78	**85.50±5.28**	72.46±2.43	85.25±4.78	84.79±5.68
yeast1	71.11±3.79	71.81±4.39	71.28±3.24	**72.38±2.30**	72.33±4.22	69.71±2.12	70.05±2.06
vehicle2	97.22±1.38	**98.14±1.64**	96.42±1.71	97.37±1.60	93.26±1.25	97.59±1.33	97.61±2.10
vehicle1	84.65±1.81	**85.89±3.38**	81.83±3.12	83.34±3.90	80.57±2.62	75.98±4.83	67.16±5.20
vehicle3	82.43±2.06	**83.77±2.74**	79.59±2.53	83.69±2.78	78.02±3.19	79.44±5.11	65.90±3.16
vehicle0	97.48±0.94	**98.55±0.75**	97.17±1.77	97.97±0.40	96.92±1.64	96.74±1.29	96.14±2.40
new_thyroid1	**99.72±0.62**	**99.72±0.62**	99.44±0.76	99.44±0.76	**99.72±0.62**	97.46±3.54	98.57±3.19
new_thyroid2	**99.72±0.62**	**99.72±0.62**	99.44±0.76	99.44±0.76	98.61±1.70	98.89±1.52	94.01±3.40
ecoli2	93.55±5.22	94.52±4.43	91.55±5.11	**94.69±4.08**	87.34±5.34	90.67±3.90	86.93±6.78
segmento	99.87±0.15	99.39±0.41	**99.90±0.16**	99.47±0.31	99.60±0.35	99.32±0.49	99.37±0.65
yeast3	91.99±1.89	92.15±2.71	89.46±1.41	91.57±3.20	91.28±3.04	**93.01±2.19**	83.80±3.89
ecoli3	**90.73±5.55**	89.97±6.56	90.14±6.73	89.14±5.42	88.41±4.52	87.15±7.97	74.38±8.12
ecoli0234vs5	91.40±11.09	**93.90±10.61**	90.56±11.20	90.29±12.08	88.63±12.82	89.46±11.45	89.17±10.35
ecoli046vs5	90.06±10.94	**92.23±10.97**	91.69±10.55	91.15±11.63	88.69±12.42	88.21±6.22	86.96±8.87
ecoli034vs5	91.69±7.77	**95.41±2.05**	90.88±6.70	91.42±6.69	91.49±6.47	91.28±11.87	86.96±8.38

数据集	SPT-BPSVM(L) AAcc±std	SPT-BPSVM(R) AAcc±std	MWMOTE-SVM(L) AAcc±std	MWMOTE-SVM(R) AAcc±std	ABRS-SVM(L) AAcc±std	EasyEnsemble-C4.5 AAcc±std	RandomForest AAcc±std
ecoli01vs235	91.18±10.68	**91.64±10.47**	88.50±9.75	89.41±9.10	87.82±4.00	86.64±10.59	81.59±15.76
ecoli067vs35	87.75±16.28	**88.00±16.46**	85.75±16.60	86.50±21.51	83.75±15.44	85.75±15.15	85.00±20.23
glass04vs5	98.75±2.80	**99.41±1.32**	**99.41±1.32**	99.41±1.32	96.91±3.83	92.57±10.28	**99.41±1.32**
ecoli0267vs35	89.77±6.67	**89.77±6.25**	84.77±11.69	85.51±11.64	84.60±8.88	85.59±9.62	82.77±10.97
glass015vs2	**85.22±5.07**	82.72±10.64	77.04±8.49	77.98±10.92	80.94±10.92	73.87±14.96	56.67±14.91
yeast05679vs4	79.27±6.44	80.26±12.38	80.31±7.86	**81.23±3.03**	80.39±3.93	78.55±8.96	66.91±10.18
vowel0	**100.00±0.00**	**100.00±0.00**	96.16±0.91	99.83±0.25	84.96±2.70	97.67±2.03	94.33±6.81
ecoli067vs5	89.00±6.75	**90.00±7.55**	88.75±5.66	89.50±5.90	85.00±8.52	87.75±8.22	87.25±15.32
ecoli0147vs2356	**91.05±3.71**	90.73±3.33	88.44±7.69	88.94±7.33	82.75±5.86	87.79±4.07	84.02±6.58
glass016vs2	**82.79±15.80**	79.60±18.52	78.90±8.97	82.21±9.74	76.95±6.84	67.31±10.49	55.83±8.12
ecoli01vs5	91.59±7.21	**92.73±6.51**	91.14±7.68	90.91±7.41	89.32±7.90	92.05±10.96	89.32±10.37
led7digit	90.43±9.50	90.80±7.91	**91.74±7.49**	80.75±4.45	85.63±5.83	88.91±8.59	89.68±8.94
glass06vs5	99.50±1.12	**100.00±0.00**	**100.00±0.00**	99.47±1.18	89.37±2.26	87.42±15.38	95.00±11.18
glass0146vs2	84.28±8.02	**84.56±7.41**	79.46±8.34	81.94±7.03	78.21±5.05	78.43±8.50	52.50±5.59
gass2	86.86±6.28	**96.24±2.37**	85.53±9.86	79.16±14.53	82.73±9.85	69.48±6.33	48.72±2.22
cleveland0vs4	94.19±7.08	84.24±13.69	91.45±14.74	92.30±7.02	91.35±6.27	86.95±12.03	71.35±18.38
ecoli0146vs5	90.58±10.16	92.31±11.03	90.38±10.77	91.15±10.63	90.00±11.12	87.69±6.25	86.92±17.18
shuttlec0vsc4	**100.00±0.00**	**100.00±0.00**	**100.00±0.00**	99.97±0.07	**100.00±0.00**	99.97±0.07	**100.00±0.00**

数据集	SPT-BPSVM(L) AAcc±std	SPT-BPSVM(R) AAcc±std	MWMOTE-SVM(L) AAcc±std	MWMOTE-SVM(R) AAcc±std	ABRS-SVM(L) AAcc±std	EasyEnsemble-C4.5 AAcc±std	RandomForest AAcc±std
yeast1vs7	77.34±5.57	**78.98±6.00**	78.27±5.41	75.91±4.08	78.42±6.73	75.40±5.51	59.42±9.41
ecoli4	96.40±5.49	**96.55±5.54**	95.76±6.45	95.76±6.45	91.62±1.85	92.60±6.04	87.34±15.15
glass4	92.75±10.32	**93.75±10.57**	90.52±11.49	93.01±10.80	93.54±2.36	84.76±7.87	75.92±18.75
pageblocks13vs4	**99.66±0.50**	99.55±0.62	93.27±4.00	97.54±3.99	90.98±2.70	98.54±0.94	96.22±5.19
glass016vs5	98.86±1.20	95.71±1.01	**99.43±0.78**	96.00±2.12	92.86±4.52	88.00±3.99	84.43±22.69
yeast2vs8	79.46±10.88	**79.89±6.70**	74.89±8.65	77.28±10.20	78.71±7.64	76.13±9.40	74.89±8.65
glass5	99.27±1.09	95.61±2.22	**99.76±0.55**	95.12±2.44	92.68±5.10	90.24±5.25	65.00±22.36
shuttlec2vsc4	100.00±0.00	100.00±0.00	94.60±10.99	99.58±0.93	**100.00±0.00**	90.00±22.36	95.00±11.18
yeast4	82.41±1.86	83.58±2.97	**84.88±3.52**	84.41±3.48	83.26±1.57	83.26±4.20	58.70±6.45
yeast1289vs7	73.66±4.48	74.37±4.83	73.08±4.78	**76.28±2.51**	74.37±6.33	68.70±10.39	54.73±4.45
yeast5	**97.85±0.56**	97.43±0.75	97.74±0.67	96.53±0.44	96.56±0.69	95.63±2.87	82.64±5.58
yeast6	87.89±6.75	88.50±9.16	89.27±6.63	**89.82±6.67**	87.97±5.76	84.98±8.83	71.22±10.07
ecoli0137vs26	89.09±21.86	89.09±21.86	85.00±22.36	87.63±22.06	**90.51±3.26**	77.58±19.67	84.81±22.47
abalone19	79.96±6.64	**79.98±6.50**	75.17±15.89	73.66±14.32	77.11±8.25	70.90±6.76	50.50±0.00
平均值	90.29±5.45	**90.81±5.61**	88.73±6.17	89.71±5.88	87.35±4.92	86.48±7.16	80.43±8.64
平均排名	2.77	2.06	3.69	3.24	4.69	5.38	6.17

注：每个数据集上最优的结果以粗体表示。

数据集上的分类结果。表中，SPT-BPSVM(R) 和 SPT-BPSVM(L) 的平均 *AAcc* 值居第一和第二位。此外，SPT-BPSVM(L) 在 50 个数据集中有 12 个获得了优势，而 SPT-BPSVM(R) 在 50 个数据集中有 28 个获得了优势，显然好于其他对比算法的分类结果。这也充分说明了与 SPT 策略结合所带来的优越性能。

进一步地，通过 Friedman 检验来进一步显示 SPT 策略的优越性，以及不同算法之间的差异性。根据表 4-18 中的结果，SPT-BPSVM(R) 达到了最低平均排名 2.06，显然 SPT-BPSVM(R) 在大部分数据集上获得了最好的分类结果。

当两种不同算法之间的平均排名差大于 1.27 时，表明这两种算法有明显的不同。从表 4-18 中的结果上来看，除了 SPT-BPSVM(L) 与 MWMOTE-SVM(R)，其他所有对比算法的平均排名均比 SPT-BPSVM(R) 的平均排名大 1.27，因此这也说明了 SPT-BPSVM(R) 在处理不平衡数据时的优秀分类性能。

4.4
基于熵和万有引力的动态半径近邻分类器

4.4.1 EGDRNN 模型

为了解决 GFRNN 算法存在的不足，提高万有引力近邻算法在不平衡数据问题上的分类性能，本章提出了一种基于熵和万有引力的动态半径近邻算法 EGDRNN。首先，与 GFRNN 不同，EGDRNN 根据每个测试样本在所有训练集中的实际分布，以动态、快速的方式确定候选集半径。其次，除了以不平衡率 *IR* 度量候选集样本的质量以外，EGDRNN 引入了信息熵的思想，采用信息熵作为候选样本质量的另一个权重，使不同位置的同类样本也具有不同的质量权重。最后，本章采用 L1 范数计算样本间的距离，即样本间的相似度，利用 L1 范数距离度量样本间的相似度，有效地提高了分类性能，并且降低了计算复杂度。为了验证所提 EGDRNN 算法的性能，我们在标准数据集上选择了六个解决不平衡问题的分类器进行了比较实验。实验结果表明，所提出的 EGDRNN 算法不仅具有最高的分类精度，而且在所有的比较算法中耗时最少。此外，本章为了分析模型中的参数、L1 范数的优势以及在多类问题上的应用，进一步设计了分析实验，验证了所提算法的有效性。

所提 EGDRNN 的主要贡献如下：

① 通过考虑每个测试样本在所有训练样本中的实际分布，根据每个测试样本与所有训练样本之间的距离动态地计算万有引力半径。分布在不同位置上的测试样本计算出的万有引力半径是不同的，从而由此半径得到的候选集更为合理。

② 通过引入信息熵的概念来计算训练样本的质量，训练样本的类确定性成为衡量样本质量的一种加权方法。在不平衡问题中，位于分类边界的样本通常对分类结果有很大的影响，而信息熵表示样本的类确定性，类确定性越小，熵值越大。因此，位于分类边界的样本的信息熵更大，从而其质量也更大。

③ 通过采用 L1 范数计算两个样本之间的距离，使得分类器的性能更好、效率更高，而且不需要计算乘法和平方根，因此降低了其计算复杂度。

4.4.1.1　EGDRNN 模型框架

与 GFRNN 算法相似，在我们提出的 EGDRNN 中，每个样本都被看作是一个具有相应质量的数据实体，且不考虑样本之间万有引力的方向。为确保 EGDRNN 的简洁性，认为所有候选集中的样本分布在一条直线上。在算法的实现过程中，EGDRNN 首先根据不同类别的训练样本的数量和样本间的距离，计算每个样本的不平衡率 IR 和信息熵。接下来，对于每个测试样本，利用 M.Muja、D.Lowe 等人 2014 年提出的 FRNN 模型选择其近邻样本，也被称为候选集样本，其中 FRNN 算法中的 R 由测试样本与训练样本之间的 L1 范数距离动态地计算得到。值得注意的是，不同的测试样本对应的 R 值是不同的。获得候选集及其样本对应的质量后，便可以计算作用在测试样本上的不同类的训练样本的万有引力合力。最后，测试样本的类别由受到的不同类别训练样本的万有引力的合力确定，并且与合力最大的样本的类别一致。如图 4-19 所示，"+"和"*"分别代表少数类和多数类样本，圆圈是测试样本，虚线的长度即计算得到的当前测试样本的候选集半径 R 的值。显然，菱形虚线内的样本是候选样本，其中菱形范围是由 L1 范数距离计算得到的。假设有一个二分类不平衡数据集，训练集 X_{all} 包括所有正类样本 X_{pos} 和负类样本 X_{neg}，测试集是 X_{test}。下面描述 EGDRNN 的详细过程。

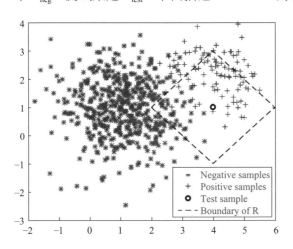

图 4-19　L1 范数计算的 R 选择区域的示例

4.4.1.2　候选集半径 R 的计算方法

为了得到作用在每个测试样本上的万有引力，在不平衡问题中，计算所有正负类训练样本对测试样本的万有引力显然是不公平且不合理的。因此，基于测试样本在所有训练样本中的实际分布，动态地计算候选集半径 R，以选择测试样本的近邻样本。只有这些候选样本会参与到测试样本万有引力的计算过程中。半径 R 可以计算如下：

$$R = \frac{1}{n_{pos}} \sum_{i=1}^{n_{pos}} dis_{pos_i} + \frac{1}{n_{neg}} \sum_{i=1}^{n_{neg}} dis_{neg_i} \tag{4-8}$$

式中，n_{pos} 和 n_{neg} 分别为所有训练样本集中正、负类样本的数目；$dis_{C_i} \left(C \in \{pos, neg\} \right)$ 为测试样本与 C 类训练样本中的第 i 个样本的距离，

如式 (4-9) 所示。

$$dis_{C_i}(C \in \{pos, neg\}) = d(y, X_{C_i}) \tag{4-9}$$

式中，y 为测试样本；函数 $d(\cdot)$ 为测量两个样本之间的距离，也可以看作两个样本之间相似性的度量。L1 范数也称为曼哈顿距离或城区距离，在这里用于计算两个样本之间的距离，并且可以写成：

$$d(y, x) = \|y - x\|_1 = \sum_{i=1}^{m} |y_i - x_i| \tag{4-10}$$

式中，m 为样本 x 的特征维度，计算得到测试样本的候选集 R 后，根据 FRNN 模型选择候选样本，只有这些被选择的候选样本才能参与该测试样本的万有引力计算。从训练样本中由半径 R 选出的候选集定义为：

$$Candi \mid Candi \in X_{\text{train}}, d(Candi, X_{\text{test}}) < R \tag{4-11}$$

4.4.1.3 万有引力的计算方法

如前所述，基于万有引力的最近邻分类器只是简单地计算万有引力的大小，正如所有的候选样本都位于一条直线上，而不考虑万有引力的方向。在 EGDRNN 模型中也是如此，以确保算法的简单性。EGDRNN 通过比较不同类别候选样本对测试样本产生的万有引力合力来进行分类。候选集中的样本对测试样本的万有引力计算如下：

$$F_C = \sum_{C \in \{pos, neg\}, x_i \in X_{Candi_C}} G \frac{m_y m_{x_i}}{d(y, x_i)^n} \tag{4-12}$$

式中，G 为万有引力常数；m_y 为测试样本 y 的质量。G 和 m_y 对分类结果没有影响，因此在所提出的 EGDRNN 中将它们设置为 1。此外，m_{x_i} 为候选样本中第 i 个样本的质量；$d(y, x_i)$ 为由式 (4-10) 计算的测试样本到候选集中第 i 个样本的距离；$d(y, x_i)^n$ 中的 n 用于调整测试样本与训练样本之间距离的权重。值得注意的是，在式 (4-12) 中，关键点是如何确定候选样本的质量和距离的权重。因此，我们设计了实验来寻找 n 的最佳值。4.4.2 节详细介绍了实验，结果表明 n 的最佳取值为 2.9。因此，式 (4-12) 可以写成：

$$F_C = \sum_{C \in \{pos, neg\}, x_i \in X_{CandiC}} \frac{m_{x_i}}{d(y, x_i)^{2.9}} \qquad (4\text{-}13)$$

4.4.1.4　候选样本质量的计算方法

　　在不平衡数据集中，少数类样本往往比多数类样本更有研究价值，这意味着应该更多地关注少数类样本。为了保证少数类样本的重要性，正如 GFRNN 算法一样，将少数类候选样本的质量设置为所有训练样本的不平衡率 IR，即 $\dfrac{n_{neg}}{n_{pos}}$。显然，IR 是一个大于 1 的常数，为保持平衡，多数类样本的质量设置为 1。结果表明，该方法是可行且有效的，因此，所提出的 EGDRNN 也同样采用了 IR 作为候选质量的一个加权策略。

　　此外，在 EGDRNN 中，将样本的类别确定性作为训练样本质量的另外一种加权方法。在信息论中，熵是每个接收到的消息中包含的平均信息量。此后，信息熵被用来描述信息源的确定性。例如，信息熵越大表明信息越不确定。当样本处于分类边界时，通常很难对其进行正确分类。显然，边界样本的类确定性是较低的。在不平衡问题中，决策边界附近的样本往往受到更多的关注，即决策边界附近样本的类别确定性越低，就越需要关注。因此，训练样本的类确定性可以用作训练样本质量的另外一个权重。根据式 (4-14) 可以发现，熵的值在 0 和 1 之间。为了更好地理解，这里给出了一个计算熵的例子。假设有二分类训练样本集 $x_i, y_i, i = 1, 2, \cdots, N, y_i \in \{+1, -1\}$。样本 x_i 属于正类时 $y=+1$，属于负类时 $y=-1$。我们定义 p_{i+} 和 p_{i-} 分别是样本 x_i 属于正、负类的概率。x_i 的信息熵计算如下：

$$E(x_i) = -p_{i_+} \ln(p_{i_+}) - p_{i_-} \ln(p_{i_-}) \qquad (4\text{-}14)$$

　　式中，$\ln(\cdot)$ 为自然对数函数。显然，在式 (4-14) 所示信息熵的定义中，确定每个样本属于正、负类的概率是至关重要的。在 EGDRNN 模型中，我们利用 FRNN 算法获得当前样本属于每一类的概率。对于训练集 X_{train} 中的训练样本，首先确定用于计算样本类别概率的候选集半径 r。r 的定义如下：

$$r = \max\left[d\left(\frac{1}{N}\sum_{i=1}^{N} x_i, x_j \right) \right], (j = 1, 2, \cdots, N) \tag{4-15}$$

由式 (4-15) 可知，r 是训练集的平均向量到每个训练样本的距离集合中的最大值。r 的设计是为了避免在半径为 r 的范围内选择的样本数为 0 的情况，也尽可能全面、合理地利用训练样本的全局信息和局部信息。在计算 r 之后，由 FRNN 算法选择的样本 x_i 的候选集可以确定为：

$$Candi_{x_i} \mid Candi_{x_i} \in X_{\text{train}}, d(x_i, Candi_{x_i}) < r \tag{4-16}$$

假设候选集 $Candi_{x_i}$ 中总共存在 n_{all} 个样本，其中正类和负类样本的数量分别为 n_+ 和 n_-。可以得到 x_i 属于正、负类的概率如下：

$$p_{i+} = \frac{n_+}{n_{\text{all}}}, p_{i-} = \frac{n_-}{n_{\text{all}}} \tag{4-17}$$

在计算 x_i 的类概率之后，可以通过式 (4-14) 计算信息熵。图 4-20 是一个计算样本信息熵的例子。方格和三角形分别代表训练集 X_{all} 中的正类和负类样本，圆点表示当前要计算信息熵的样本，线段表示计算得到的候选集半径 r。我们采用 FRNN 方法对由圆圈表示的 x_1 和 x_2 的概率进行评估。半径 r 是由式 (4-15) 计算得来的，其中的函数 $d(\cdot)$ 的计算见式 (4-10)。由于 r 是用 L1 范数距离计算的，所以半径小于 r 的范围形状是菱形，如图 4-20 所示。对于 x_1 和 x_2，在半径为 r 的范围内分别有 7 个和 5 个最近邻，计算它们的信息熵的相应变量见表 4-19。我们可以很容易地计算出 E_1=0.68，E_2=0，这表明 x_2 比 x_1 更确定属于某一类。在图 4-20 中，很明显 x_1 接近正类和负类的分类边界，而 x_2 几乎位于正类的内部。在不平衡分类中，当样本接近分类边界时，样本对分类结果有较大影响。换言之，当类别确定性较小时，样本对于分类更加重要。

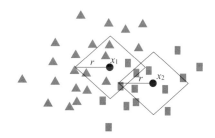

图 4-20 计算信息熵的例子

表4-19　计算样本x_1和x_2的信息熵的相关变量

样本	n_+	n_-	p_+	p_-	信息熵
x_1	3	4	3/7	4/7	0.68
x_2	5	0	1	0	0

4.4.1.5　EGDRNN 算法复杂度分析

本小节讨论 EGDRNN 和 GFRNN 的计算复杂度。在 EGDRNN 中，为了动态地计算每个测试样本的候选集半径，根据式 (4-9) 计算测试样本与所有正类样本和负类样本的距离。确定所有测试样本动态半径的计算复杂度是 $O(n_{\text{test}}n_{\text{train}})$，其中 n_{test} 和 n_{train} 是所有测试样本和训练样本的数目。为了计算训练集样本的信息熵，EGDRNN 首先获得选择最近邻的半径 r，然后基于 FRNN 算法对每个样本进行类别概率评估，可得训练样本的信息熵的计算复杂度为 $O(n_{\text{train}}^2)$。在获得测试样本的动态半径和训练样本的信息熵后，可根据式 (4-13) 计算测试样本受到的万有引力，这里的计算复杂度为 $O(n_{\text{test}})$。综上，EGDRNN 的计算复杂度为：

$$O\left(n_{\text{test}}n_{\text{train}} + n_{\text{train}}^2 + n_{\text{test}}\right) = O\left(n_{\text{train}}^2\right) \tag{4-18}$$

在 GFRNN 中，根据每对训练样本之间的距离计算候选集的固定半径 R，对应的计算复杂度为 $O(n_{\text{train}}^2)$。在测试阶段，对于每个测试样本，GFRNN 需要计算自身到所有训练样本的距离来选择候选集，其中复杂度为 $O(n_{\text{test}}n_{\text{train}})$。总的来说，GFRNN 的计算复杂度是 $O(n_{\text{train}}^2)$，与 EGDRNN 相同。但在实际应用中，由于 EGDRNN 不计算距离度量中的大量乘法和平方根，所以它比 GFRNN 更快一些。

4.4.2　实验

4.4.2.1　实验设置

在 EGDRNN 实验中，我们使用 50 个从"基于进化学习的知识提取数据库"（KEEL）中选取的真实的二分类不平衡数据集。表 4-20 给出了 50 个数据集的详细描述，包括不平衡率（*IR*）、特征维度（*Dim*）和每个数据集的大小（*Size*）。

为了验证 EGDRNN 的有效性，在选取的 50 个数据集上，我们选用 6 个具有代表性的经典分类器进行了不平衡问题的分类预测对比实验。

表4-20　二分类不平衡数据集

数据集	Size	IR	Dim	数据集	Size	IR	Dim
ecoli_0_vs_1	220	0.54	7	vowel0	988	9.97	13
glass1	214	1.85	9	ecoli067_vs_5	220	10.00	6
wisconsin	683	1.86	9	ecoli0147_vs_2356	336	10.65	7
yeast1	1484	2.46	8	ecoli01_vs_5	240	11.00	6
haberman	306	2.81	3	led7digit02456789_vs_1	443	11.21	7
ecoli1	336	3.39	7	glass06_vs_5	108	11.29	9
new thyroid1	215	5.14	5	ecoli0147_vs_56	332	12.25	6
new thyroid2	215	5.14	5	ecoli0146_vs_5	280	13.00	6
yeast3	1484	8.13	8	Shuttle_c0_vsc4	1829	13.78	9
ecoli3	336	8.57	7	ecoli4	336	15.75	7
ecoli034_vs_5	200	9.00	7	glass4	214	16.10	9
ecoli0234_vs_5	202	9.06	7	Page_blocks13_vs_4	468	16.14	10
yeast0359_vs_78	506	9.10	8	dermatology655tst.dat	358	16.88	35
ecoli046_vs_5	203	9.13	6	glass016_vs_5	174	20.00	9
yeast0256_vs_3789	1004	9.16	8	shuttle6_vs_2355tst.dat	230	22.00	10
yeast02579_vs_368	1004	9.16	8	yeast1458_vs_7	693	22.08	8
ecoli0346_vs_5	205	9.25	7	yeast2_vs_8	482	23.06	8
ecoli0347_vs_56	257	9.25	7	glass5	214	23.43	9
ecoli01_vs_35	244	9.26	7	Shuttle_c2_vs_c4	129	24.75	9
yeast_2_vs_4	514	9.28	8	yeast4	1484	28.68	8
ecoli067_vs_35	225	9.41	7	yeast1289_vs_7	937	30.54	8
glass04_vs_5	92	9.43	9	poker9_vs_755tst.dat	244	31.50	11
ecoli0267_vs_35	224	9.53	7	yeast5	1484	32.91	8
glass015_vs_2	172	9.54	9	yeast6	1484	41.39	8
yeast05679_vs_4	528	9.55	8	shuttle2_vs_555tst.dat	3316	67.00	10

用于比较实验的分类器包括 GFRNN、偏置惩罚 SVM（BPSVM）（Linear）、BPSVM（RBF）、MWMOTE-SVM（RBF）、MWMOTE-SVM（Linear）和集成算法 EasyEnsemble。值得注意的是，针对不平衡问题，本章用于比较的 SVM 算法是偏置惩罚 SVM（BPSVM），它是经典 SVM 分类器的一个变体，能够高效地解决不平衡问题。我们选择这些分类器的原因如下：SVM 被认为是模式识别领域中的经典分类器之一，尤其是 BPSVM 对于解决不平衡问题非常有效。另外一种解决不平衡问题的策略是对样本进行重采样，MWMOTE 模型能够对数据进行采样预处理，MWMOTE-SVM 分类器对解决不平衡问题具有强大的作用。此外，集成算法是解决不平衡问题的一个重要方法，EasyEnsemble 是一种有效、健壮的集成算法，因此，本章选择这 6 个分类器作为比较算法。

基于 SVM 的分类器的系数 C 是从集合 $\{10^{-2}, 10^{-1}, 1, 10^1, 10^2\}$ 中选择的，BPSVM(RBF) 分类器中的参数 σ 也是从集合 $\{10^{-2}, 10^{-1}, 1, 10^1, 10^2\}$ 中选择的。在 MWMOTE 分类器中，选择控制最近邻数的参数 K 的选择范围是 $\{3, 5, 7, 9, 11\}$，其他参数与相关文献中保持一致。在 EasyEnsemble 方法中，采样数设置为 4，每个子集的迭代次数设置为 10，与本章参考文献 [19] 中的描述保持一致。

整个实验采用五折交叉验证（5FCV），并采用网格搜索策略（GridSearch）寻找比较算法的最优参数。每个数据集被分成 5 个部分，其中一部分用于测试，剩余部分用于训练，分成的 5 个部分中，每一部分都进行一次测试，即该过程循环 5 次。为了保证公平性，不同的对比算法使用相同的训练和测试数据。此外，所有的计算都是在微软 Windows Server 2012、Matlab 2015 环境下进行的。在实验中，为了衡量比较算法在不平衡数据集上的性能，本章使用两个指标来评估对比实验中的算法性能：平均分类正确率（AAcc）和平均处理时间。表 4-21 给出了学习机器中不平衡问题的预测值与真实类别标签之间的关系。在表 4-21 中，正例是少数类，负例是多数类。基于混淆矩阵，AAcc 计算如下：

$$AAcc = \frac{1}{2}\left(\frac{TP}{TP+FN} + \frac{TN}{TN+FP} \right) \times 100\% \qquad (4\text{-}19)$$

表4-21　分类结果混淆矩阵

真实情况	预测结果	
	正例	反例
正例	TP（真正例）	FN（假反例）
反例	FP（假正例）	TN（真反例）

4.4.2.2 分类正确率比较

本部分将所提出的 EGDRNN 与处理不平衡问题的 6 个经典分类器进行了比较。表 4-22 显示了所有算法在选择的 50 个数据集上的实验结果。每个数据集上比较算法的最佳结果在表中加粗显示。最后两行列出了所有数据集的平均 $AAcc$ 值和平均排名。根据表 4-22 可以发现，所提出的 EGDRNN 的平均 $AAcc$ 值居首位，在 20 个数据集中排名第一。此外，EGDRNN 的平均 $AAcc$ 比基于 BPSVM(Linear) 和 BPSVM(RBF) 的算法分别高出约 2% 和 1%，甚至比 GFRNN 和 EasyEnsemble 分类器高约 4%。结果表明，与其他算法相比，EGDRNN 在处理不平衡数据问题上更具优势。

在实验中，我们还采用了无参数比较算法 Friedman 检验，将 7 个对比算法之间的差异进行了统计比较。在表 4-22 的最后一行中给出了 7 个分类器在 50 个数据集上排名的平均值。根据 Friedman 检验，变量 F_p 服从自由度为 $k-1$ 和 $(k-1)(N-1)$ 的 F 分布，F_p 计算公式为：

$$\tau_F = \frac{(N-1)\tau_{\chi^2}}{N(k-1)-\tau_{\chi^2}} \tag{4-20}$$

其中，计算 τ_F 的公式中的 τ_{χ^2} 可以如下计算：

$$\tau_{\chi^2} = \frac{12N}{k(k+1)}\left(\sum_{i=1}^{k} r_i^2 - \frac{k(k+1)^2}{4}\right) \tag{4-21}$$

式中，N 为实验用到的数据集的数目；k 为比较算法的数目，r_i 为第 i 个算法的平均排名。可以注意到，EGDRNN 以 3.08 的平均得分排名第一，MPSVM（RBF）以 3.11 的平均得分排名第二，等等。τ_{χ^2} 的值

表4-22 所有对比算法在50个KEEL不平衡数据集上的AAcc(%)值

数据集	EGDRNN	GFRNN	BPSVM(Linear)	BPSVM(RBF)	MWMOTE-SVM(Linear)	MWMOTE-SVM(RBF)	EasyEnsemble
ecoli_0_vs_1s	96.99±4.15	96.67±4.71	97.96±2.19	97.96±2.19	98.31±1.67	98.31±1.67	96.99±4.73
glass1	83.59±10.44	74.93±7.00	64.85±4.43	75.86±4.14	64.65±2.98	77.19±8.00	78.58±9.23
wisconsin	94.50±1.69	95.13±2.56	97.38±1.03	97.38±1.03	97.38±1.04	97.70±0.95	97.04±0.80
yeast1	74.01±3.17	70.21±2.72	71.25±4.02	71.81±4.39	71.34±2.91	72.14±2.22	72.94±3.52
haberman	60.77±5.83	58.43±9.08	61.83±5.29	62.88±4.58	61.97±4.38	66.51±3.77	63.94±11.16
ecoli1	91.12±3.72	89.72±4.50	90.58±3.80	90.00±4.52	89.80±4.21	89.91±4.01	91.06±5.40
new thyroid1	99.17±1.24	91.47±8.63	99.44±0.76	99.44±0.76	99.44±0.76	99.44±0.76	98.89±1.52
new thyroid2	99.17±0.76	92.90±3.34	99.44±0.76	99.44±0.76	99.17±0.76	99.44±0.76	98.61±1.70
yeast3	91.79±1.31	83.45±1.60	89.63±1.24	91.47±2.15	89.57±2.35	91.38±2.89	91.47±2.42
ecoli3	87.52±3.44	86.19±5.51	88.80±5.57	89.73±7.89	90.30±6.65	88.97±5.27	87.43±4.01
ecoli034_vs_5	95.83±7.01	90.00±11.17	90.56±11.13	91.94±11.51	92.78±6.83	90.83±11.39	92.22±6.83
ecoli0234_vs_5	95.30±5.99	88.93±12.79	90.56±11.58	91.39±11.09	93.06±10.96	90.29±12.08	91.68±11.71
yeast0359_vs_78	79.35±4.18	69.62±4.43	74.93±4.88	75.26±5.78	76.24±4.77	74.02±5.70	75.63±5.82
ecoli046_vs_5	95.32±5.18	93.09±7.67	90.06±10.94	92.23±10.97	91.42±11.82	91.42±11.82	92.27±5.70
yeast0256_vs_3789	81.81±6.48	81.66±4.69	80.09±4.48	81.86±4.80	79.57±4.87	79.40±6.85	79.14±6.85
yeast02579_vs_368	90.46±4.57	92.01±3.18	91.30±2.58	91.46±3.26	90.52±3.54	90.07±4.22	89.69±2.78
ecoli0346_vs_5	95.07±5.42	92.84±6.90	89.53±5.87	92.23±7.11	90.88±6.70	90.88±6.70	92.36±10.42
ecoli0347_vs_56	91.91±9.11	87.55±15.30	92.55±9.49	92.55±9.49	91.70±10.91	92.28±8.74	87.25±7.01
ecoli01_vs_35	90.05±10.01	85.59±9.57	87.82±8.46	91.64±10.47	88.50±9.56	88.95±8.63	88.50±4.72
yeast_2_vs_4	90.25±5.67	87.25±4.89	90.31±1.88	90.96±4.89	90.17±2.24	90.17±2.50	93.99±2.43
ecoli067_vs_35	88.75±18.20	86.00±17.01	86.75±15.53	87.50±15.89	85.75±16.36	86.00±16.16	88.25±16.59
glass04_vs_5	96.91±3.83	80.70±20.01	96.40±3.29	99.41±1.32	99.41±1.32	99.41±1.32	96.36±4.03
ecoli0267_vs_35	86.29±9.62	82.80±13.06	86.53±9.89	86.84±9.43	84.78±11.15	86.26±11.89	83.54±8.54
glass015_vs_2	71.64±7.11	62.26±5.66	72.93±13.34	69.81±11.75	81.02±10.90	76.18±11.11	68.17±8.49
yeast05679_vs_4	83.43±5.39	82.54±3.43	79.27±6.44	79.27±6.44	79.90±7.81	81.91±2.96	81.71±7.63
vowel0	99.22±0.31	98.78±0.42	97.55±1.03	99.94±0.12	96.16±1.05	99.83±0.25	96.89±3.60

数据集	EGDRNN	GFRNN	BPSVM(Linear)	BPSVM(RBF)	MWMOTE-SVM(Linear)	MWMOTE-SVM(RBF)	EasyEnsemble
ecoli067_vs_5	**90.00±5.80**	86.25±8.29	88.50±7.09	88.50±5.82	88.75±5.00	89.25±5.35	0.89±7.32
ecoli0147_vs_2356	89.42±6.69	85.15±4.77	89.38±8.38	**90.08±6.92**	89.09±7.81	88.93±7.47	84.61±7.25
ecoli01_vs_5	**95.45±5.39**	92.50±6.31	90.45±7.30	92.27±6.55	90.91±6.48	90.91±7.41	93.18±5.96
led7digit02456789_vs_1	84.65±8.91	86.50±8.19	86.75±9.35	87.85±7.33	90.51±6.34	**91.37±7.03**	89.03±7.74
glass06_vs_5	98.50±1.37	87.50±15.00	99.47±1.18	**100.00±0.00**	**100.00±0.00**	99.47±1.18	90.95±6.23
ecoli0147_vs_56	88.94±3.93	87.48±6.12	91.75±3.64	91.91±3.42	91.26±4.18	**92.05±5.08**	86.28±2.40
ecoli0146_vs_5	**95.19±4.46**	91.15±10.25	89.62±10.21	92.31±11.03	90.58±10.67	91.35±10.51	93.85±6.18
Shuttle_c0_vsc4	99.60±0.89	96.97±1.04	**100.00±0.00**	99.97±0.07	**100.00±0.00**	99.97±0.07	99.94±0.08
ecoli4	95.09±2.27	89.91±8.12	94.97±5.08	**95.89±2.40**	95.45±6.32	95.45±6.32	92.76±4.46
glass4	91.51±10.63	88.18±11.94	90.77±11.63	**93.75±10.57**	90.27±11.31	93.26±10.98	89.26±8.76
Page_blocks13_vs_4	96.62±1.60	86.88±8.02	88.85±12.93	96.42±3.71	95.29±4.06	97.43±3.91	**97.52±1.87**
dermatology655tst.dat	97.19±1.09	91.58±1.28	100.00±0.00	100.00±0.00	100.00±0.00	100.00±0.00	98.08±0.98
glass016_vs_5	96.00±0.64	91.57±12.58	**98.86±1.20**	94.14±10.77	**98.86±1.86**	95.71±1.75	90.86±7.33
shuttle6_vs_2355tst.dat	**100.00±0.00**	90.00±13.69	**100.00±0.00**	**100.00±0.00**	95.00±11.18	**100.00±0.00**	**100.00±0.00**
yeast1458_vs_7	66.89±10.18	60.72±12.88	68.04±5.13	66.83±8.35	68.09±9.27	69.61±5.79	67.22±6.65
yeast2_vs_8	**83.27±16.50**	77.39±10.33	76.53±9.64	79.35±10.64	74.68±8.66	74.46±8.48	79.50±11.33
glass5	95.61±2.64	89.39±10.56	**99.27±1.09**	95.61±2.22	99.27±1.09	98.05±1.85	85.00±13.31
Shuttle_c2_vs_c4	**99.60±0.89**	97.13±3.09	94.60±10.99	99.58±0.93	95.00±11.18	99.58±0.93	90.00±22.36
yeast4	85.31±5.82	**85.69±4.43**	82.41±1.86	83.10±0.80	84.02±2.30	84.48±1.65	84.52±6.13
yeast1289_vs_7	**76.52±7.46**	71.88±7.94	73.66±4.48	74.37±4.83	72.62±5.60	74.72±3.74	74.51±4.61
poker9_vs_755tst.dat	**89.92±9.66**	76.82±20.59	58.71±19.62	73.72±23.70	65.34±19.86	80.54±4.89	62.29±25.38
yeast5	95.52±0.59	94.62±0.51	97.67±0.66	97.15±0.70	**97.81±0.67**	96.56±0.43	95.10±1.94
yeast6	88.01±6.20	86.11±5.80	87.89±6.75	88.47±7.21	89.30±6.62	**89.54±7.15**	83.77±8.26
shuttle2_vs_555tst.dat	**100.00±0.00**	99.46±0.22	**100.00±0.00**	**100.00±0.00**	**100.00±0.00**	**100.00±0.00**	99.43±0.40
平均值	90.18±5.15	85.83±7.64	88.13±5.76	89.43±5.69	88.72±5.78	89.63±5.09	86.06±6.49
平均排名	3.02	5.73	4.27	3.13	3.93	3.33	4.59

计算为 58.59，τ_F 的值为 11.89。在置信度为 0.95 的情况下，$F(k\text{-}1,(k\text{--}1)$ $(N\text{--}1))=F(6,294)$ 的临界值为 2.1295。在我们的实验中，τ_F 的值等于 11.89，大于临界值 2.1295，因此，可以认为所使用的算法的性能有较大不同。此外，为了比较每两种算法之间的差异，我们还计算了 Nemenyi 后续检验中的临界差（CD）。经查表，当 α=0.05 且比较的算法数目为 7 时，CD 的计算公式中的值 q_α 等于 2.949。CD 的计算公式如下：

$$CD = q_\alpha \sqrt{\frac{k(k+1)}{6N}} \tag{4-22}$$

计算得到 CD 的值为 1.2741。这意味着，当平均排名之差超过 1.2741 时，这两种算法是显著不同的。根据表 4-22，EGDRNN 和 BPSVM(Linear)、MWMOTE-SVM（Linear）和 MWMOTE-SVM（RBF）的平均排名差分别为 1.25、0.91 和 0.31，这说明这 4 种算法的性能差别不大。但是，应该注意到，所提出的 EGDRNN 是一个无参数的、时间复杂度较低的分类器。与 BPSVM 和 MWMOTE 算法相比，EGDRNN 没有复杂的参数选择问题和样本预处理过程，这正是 EGDRNN 的另外一个显著优点。此外，EGDRNN 算法明显优于 GFRNN 和 EasyEnsemble 算法，平均排名之差超过 1.2741。

此外，本章还利用贝叶斯分析进一步比较了这些分类器在 50 个数据集上的 AAcc 值。与普通的零假设测试（Null Hypothesis Significance Testing, NHST）方法不同，贝叶斯分析摆脱了黑白思维的陷阱，给出了两个分类器性能不同（或相等）的概率。此外，贝叶斯分析同时考虑了数量级和样本不确定性，并做出了明智的自动决策。在 ρ=1% 的情况下，由贝叶斯秩检验得到的 7 个比较分类器的性能概率矩阵如图 4-21 所示。为了使图形看起来简洁，图中简化了算法名称（例如，将 MWMOTE 缩写为 M，将 Linear 和 RBF 分别缩写为 L 和 R）。从图 4-21 中可以看出，所提 EGDRNN 的性能明显超过其他算法，且性能概率均在 0.79 以上，其中 4 种算法接近或等于 1，这意味着 EGDRNN 几乎优于其他所有比较算法。

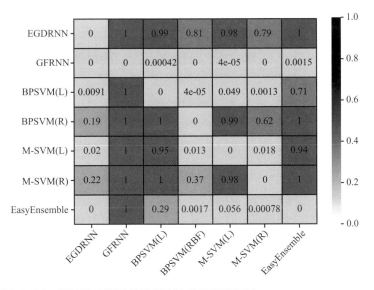

图 4-21　通过贝叶斯秩检验得到的性能概率矩阵

4.4.2.3　分类时间比较

　　所提 EGDRNN 的另外一个明显优势是时间成本低。表 4-23 显示了
50 个数据集上 7 个分类器的详细时间花销，其中比较时间包括整个分类
过程中的测试和训练时间。从表 4-23 中可以看出，EGDRNN 在 43 个数据
集中具有明显优势，所用时间均为最少，平均时间为 0.2231s，在所有比较
算法中也是最少的。另外，由于采样技术的原因，基于 MWMOTE 的 SVM
分类器必定比 SVM 算法花费的时间更多；而集成算法 EasyEnsemble 的
迭代过程也需要大量的时间，因此明显比其他算法花费的时间更多。值
得注意的是，EGDRNN、GFRNN 和 BPSVM（RBF）的平均时间花销
具有可比性，且均小于 0.37s。EGDRNN 和 GFRNN 的计算复杂度均为
$O(n^2)$。然而，可以看出，EGDRNN 比 GFRNN 更快，原因是 EGDRNN
在距离度量中不必计算大量乘法和平方根。此外，虽然 SVM 的记录时
间不包括复杂参数调优过程所需的时间，但其复杂的计算和迭代过程仍
比 EGDRNN 需要花费更多的时间。简言之，EGDRNN 在时间成本上具
有显著优势，在绝大多数数据集上花费的时间最少。

　　所提分类器 EGDRNN 是一种近邻分类算法，从表 4-22 所示的实验

表4-23 所有对比算法在50个数据集上的时间花销

数据集	EGDRNN	GFRNN	BPSVM(Linear)	BPSVM(RBF)	MWMOTE-SVM(Linear)	MWMOTE-SVM(RBF)	EasyEnsemble
ecoli_0_vs_1	**0.0358**	0.2847	0.4537	0.2140	0.6005	0.5029	0.9090
glass1	**0.0265**	0.3673	0.3266	0.2412	3.9334	0.8612	2.2878
wisconsin	**0.2201**	0.3224	0.2221	0.2517	1.1390	1.1883	3.0103
yeast1	**0.6587**	1.3210	15.7840	1.6378	6.4306	5.5802	8.0945
haberman	**0.0350**	0.2284	0.2443	0.3166	0.6137	1.0237	2.2152
ecoli1	**0.0437**	0.2171	0.3086	0.2316	0.9501	0.9824	1.5115
new thyroid1	**0.0275**	0.2010	0.1712	0.2238	0.3997	0.6017	1.0334
new thyroid2	**0.0257**	0.2824	0.1707	0.2163	0.4208	0.6512	0.9770
yeast3	0.8898	1.3248	**0.4525**	0.6881	3.5194	3.1981	2.3683
ecoli3	**0.0435**	0.2301	0.2852	0.2498	8.0095	0.9325	1.2064
ecoli034_vs_5	**0.0220**	0.1778	0.4375	0.2247	0.5406	0.5671	1.1623
ecoli0234_vs_5	**0.0221**	0.1771	0.1833	0.2322	0.4255	0.6981	1.0237
yeast0359_vs_78	**0.0930**	0.2401	0.2894	0.2967	1.0907	2.8419	1.7561
ecoli046_vs_5	**0.0221**	0.1618	0.1773	0.2212	0.5229	0.6259	1.1534
yeast0256_vs_3789	**0.2358**	0.4097	0.4502	0.4843	2.0877	2.0815	2.2101
yeast02579_vs_368	**0.2456**	0.4037	0.3110	0.3722	1.8117	2.2260	1.9075
ecoli0346_vs_5	**0.0361**	0.1563	0.1813	0.2311	0.4306	0.6057	1.1648
ecoli0347_vs_56	**0.0354**	0.1756	0.1871	0.2201	0.6368	0.7286	1.2582
ecoli01_vs_35	**0.0309**	0.1719	0.1857	0.2371	0.4700	0.6304	1.2540
yeast_2_vs_4	**0.1476**	0.2281	1.8998	0.3003	1.4446	1.0585	1.4744
ecoli067_vs_35	**0.0556**	0.1634	0.1929	0.2254	0.5672	0.7527	1.2305
glass04_vs_5	**0.0110**	0.1558	0.1677	0.2031	0.3763	0.3863	1.0710
ecoli0267_vs_35	**0.0272**	0.1734	0.1733	0.2391	0.6767	0.5763	1.2121
glass015_vs_2	**0.0199**	0.1697	0.2861	0.2564	0.6404	0.9425	1.3223
yeast05679_vs_4	**0.1691**	0.2331	0.2542	0.2909	7.7924	1.5367	1.7250
vowel0	0.5058	0.5169	18.5047	**0.3855**	2.0584	2.1472	1.6761

续表

数据集	EGDRNN	GFRNN	BPSVM(Linear)	BPSVM(RBF)	MWMOTE-SVM(Linear)	MWMOTE-SVM(RBF)	EasyEnsemble
ecoli067_vs_5	**0.0253**	0.1716	0.2000	0.2903	4.5764	0.6718	1.2048
ecoli0147_vs_2356	**0.0439**	0.1887	0.2017	0.2307	0.6785	0.8889	1.4193
ecoli01_vs_5	**0.0273**	0.1712	0.1852	0.2342	0.5617	0.5196	1.2027
led7digit02456789_vs_1	**0.0801**	0.2307	0.1773	0.2819	1.2312	1.1907	1.7330
glass06_vs_5	**0.0165**	0.1559	0.1836	0.2136	0.4358	0.3708	1.1421
ecoli0147_vs_56	**0.0528**	0.2009	0.1704	0.2235	1.0403	0.7666	1.3299
ecoli0146_vs_5	**0.0357**	0.1921	0.1997	0.2337	0.5139	0.7209	1.1640
Shuttle_c0_vsc4	1.0082	1.0486	**0.2421**	0.4477	2.6835	4.0739	1.3166
ecoli4	**0.1065**	0.2071	0.1875	0.2634	0.8221	0.8695	1.2402
glass4	**0.0633**	0.1882	0.1771	0.2382	0.9949	0.5244	1.1447
Page_blocks13_vs_4	**0.1684**	0.2271	0.3122	0.2917	1.2664	1.1473	1.2244
dermatology655tst.dat	**0.1608**	0.2628	0.1637	0.2275	0.8099	1.4965	1.2435
glass016_vs_5	**0.0278**	0.1667	0.3255	0.2347	0.6618	1.1582	1.1684
shuttle6_vs_2355tst.dat	**0.0552**	0.1724	0.1711	0.2137	0.6002	0.9027	1.2544
yeast1458_vs_7	**0.2101**	0.2973	0.5977	0.3548	1.4349	1.7950	1.5840
yeast2_vs_8	**0.1315**	0.2226	0.2413	0.5022	1.1622	1.5764	1.3280
glass5	**0.0243**	0.1605	0.3431	0.2267	0.5162	0.6047	1.0973
Shuttle_c2_vs_c4	**0.0136**	0.1646	0.1625	0.2155	0.3591	0.9912	1.0280
yeast4	0.7038	0.7810	**0.4763**	0.6509	2.7116	3.3030	1.6772
yeast1289_vs_7	**0.2151**	0.4173	0.3690	0.4145	1.9915	2.2309	1.5769
poker9_vs_755tst.dat	**0.0339**	0.1881	0.1796	0.2561	0.6136	1.1271	1.6768
yeast5	0.7629	0.7558	1.8358	**0.4254**	3.2349	3.0102	1.3274
yeast6	0.6848	0.7664	1.1785	**0.5009**	2.6399	2.9936	1.4352
shuttle2_vs_555tst.dat	2.8154	2.6346	**0.5263**	1.1761	8.4224	75.1284	2.1199
平均值	**0.2231**	0.3693	1.0222	0.3408	1.7510	2.8398	1.5771

注：每个数据集最优的结果以粗体表示。

第4章 不平衡数据分类学习

231

结果上来看，EGDRNN 的 *AAcc* 值高出 GFRNN 算法 4% 以上，GFRNN 算法已被证实优于其他近邻算法，因此可以说 EGDRNN 算法在近邻分类器中具有突出的优势。此外，虽然该算法与 BPSVM（RBF）和 MWMOTE-SVM（RBF）相比没有明显的改进，但从贝叶斯检验中可以看出，EGDRNN 的总体分类性能是优于 BPSVM（RBF）和 MWMOTE-SVM（RBF）的，且与 BPSVM（RBF）和 MWMOTE-SVM（RBF）相比，该算法在时间成本方面具有显著优势。因此，可以说本章提出了一种高效、无参数、低复杂度的近邻算法。

4.4.3 分析讨论

4.4.3.1 万有引力计算公式中参数 *n* 的讨论

在计算万有引力时，对应 $d(y, x_i)^n$ 中不同的 *n* 的取值，能够得到不同的分类结果。为了找到 *n* 的最佳取值，本小节设计了一个实验，比较了 50 个数据集在 *n* 取不同值时的平均 *AAcc*。在实验中，采用网格搜索法寻找参数 *n* 的最优值，首先将参数 *n* 的值设置为 $\{1,2,\cdots,8\}$。实验结果如图 4-22(a) 所示。当 *n* 等于 3 时，图 4-22(a) 中的曲线达到最大值。这表明，当 *n* 值介于 2 和 4 之间时，50 个数据集的平均 *AAcc* 最大。接下来，为了进一步找到 *n* 的最优值，*n* 的值被设置为 $\{2.1, 2.2,\cdots,4\}$。相应的分类结果如图 4-22(b) 所示。结果表明，当 *n*=2.9 时，平均 *AAcc*=90.18，

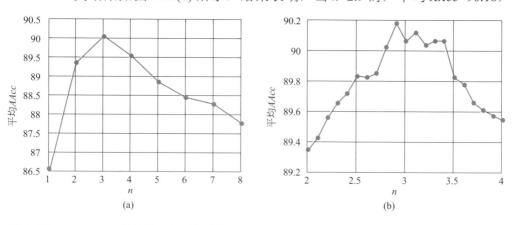

(a)   (b)

图 4-22 EGDRNN 算法的万有引力计算公式中不同的参数 *n* 在 50 个数据集上的平均 *AAcc*

此时的平均分类结果达到最大值。因此，万有引力计算公式中 $d(y, x_i)^n$ 的 n 在算法中设置为 2.9。

4.4.3.2 EGDRNN-L1 和 EGDRNN-L2 的讨论

人们通常认为 L1 范数距离是 L2 范数减少异常值影响的替代，从而能够提高模型的泛化能力和灵活性。为了验证 L1 范数距离的有效性，本章设置实验比较了 L1 范数和 L2 范数距离下 50 个数据集上 EGDRNN 的分类精度 $AAcc$，相应的分类器称为 EGDRNN-L1 和 EGDRNN-L2。与上一小节相同，在实验中，$d(y, x_i)^n$ 的 n 值设为 $\{1, 2, \cdots, 8\}$，两个样本之间的距离分别由 L1 范数和 L2 范数距离计算。实验结果如图 4-23 所示，其中虚线和实线表示 50 个数据集上的 EGDRNN-L1 和 EGDRNN-L2 在 n 取不同值时的平均 $AAcc$ 值，虚线明显高于实线，这意味着 EGDRNN-L1 的平均分类性能总是优于 EGDRNN-L2。此外，我们又进行了另外一个实验，验证了当参数 n 为最优值时，50 个数据集上的 EGDRNN-L1 和 EGDRNN-L2 的 $AAcc$ 是不同的。每个数据集上的最佳结果以粗体突出显示。实验结果如表 4-24 所示，在大多数数据集上，L1 范数的分类结果高于 L2 范数。经计算，表 4-24 中的 EGDRNN-L1 和 EGDRNN-L2 的 $AAcc$ 平均值分别为 91.06 和 90.26，进一步表明了在所提出的 EGDRNN 中，L1 范数的分类性能优于 L2 范数。同时，与 L2 范数相比，L1 范数

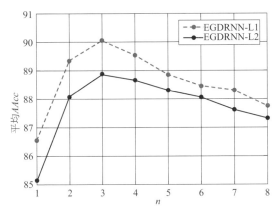

图 4-23 万有引力计算中 n 取不同值时 EGDRNN-L1 和 EGDRNN-L2 在 50 个数据集上的平均 $AAcc$

表4-24 万有引力计算公式中n取最优值时EGDRNN-L1和EGDRNN-L2在50个数据集上的AAcc值

数据集	EGDRNN-L1		EGDRNN-L2		数据集	EGDRNN-L1		EGDRNN-L2	
	AAcc	n	AAcc	n		AAcc	n	AAcc	n
ecoli_0_vs_1	97.3	3.6	**97.33**	3.8	vowel0	**99.94**	5.7	**99.94**	5.8
glass1	**83.59**	2.8	83.1	3.7	ecoli067_vs_5	90.5	3.2	**92**	3.3
wisconsin	**96.79**	7.1	96.27	5.5	ecoli0147_vs_2356	89.46	2.4	**89.72**	6.3
yeast1	**74.42**	3.1	73.6	2.9	ecoli01_vs_5	**97.05**	2.3	95.68	3.7
haberman	**62.65**	1.8	62.35	2.2	led7digit02456789_vs_1	**85.15**	5.8	84.65	7
ecoli1	**91.51**	3.3	91.12	2.9	glass06_vs_5	**98.5**	2.9	**98.5**	3
new thyroid1	99.44	3.8	**99.72**	7.3	ecoli0147_vs_56	**92.05**	6.6	91.88	5.9
new thyroid2	**99.72**	4.1	99.44	6.9	ecoli0146_vs_5	**96.15**	3.7	**96.15**	3.9
yeast3	**91.79**	2.9	91.25	3.7	Shuttle_c0_vsc4	**99.6**	0.3	**99.6**	2.2
ecoli3	**89.57**	4	**89.57**	5.4	ecoli4	96.07	5.8	**96.39**	6.2
ecoli034_vs_5	**96.94**	1.5	95	1.1	glass4	**92.75**	7.5	92.51	6
ecoli0234_vs_5	**97.25**	2.1	93.94	1.1	Page_blocks13_vs_4	**96.73**	3.6	94.95	1.7
yeast0359_vs_78	**79.79**	3.1	78.13	2.2	dermatology655tst.dat	**96.57**	3.8	92.14	5.2
ecoli046_vs_5	**97.55**	2.4	93.65	3.4	glass016_vs_5	**70.1**	8.7	69.65	8.9
yeast0256_vs_3789	**82.04**	4.6	81.2	0.9	shuttle6_vs_2355tst.dat	**83.48**	2.8	82.51	3.8
yeast02579_vs_368	**91.18**	2	**91.18**	1.4	yeast1458_vs_7	**95.61**	3.1	93.29	8.8
ecoli0346_vs_5	**96.49**	1.8	93.65	3.5	yeast2_vs_8	**99.6**	0.3	**99.6**	1.5
ecoli0347_vs_56	91.63	5.6	**92.27**	5.8	glass5	85.55	3.4	**86.69**	2
ecoli01_vs_35	**91.64**	2	90.5	3.1	Shuttle_c2_vs_c4	**76.63**	2.8	75.13	1.6
yeast_2_vs_4	90.47	2	**92.15**	5.4	yeast4	96.04	4	**96.63**	4.9
ecoli067_vs_35	89	3	**91.25**	1.3	yeast1289_vs_7	89.04	4.8	**90.08**	6.1
glass04_vs_5	**99.38**	7.6	**99.38**	5.2	poker9_vs_755tst.dat	**99.11**	8.8	96.02	7
ecoli0267_vs_35	**88.5**	7.1	**88.5**	6.1	yeast5	**91.4**	3.4	78.52	8.1
glass015_vs_2	**73.82**	1.7	73.74	2.3	yeast6	**100**	1.3	99.96	5.7
yeast05679_vs_4	**83.64**	3.6	82.69	2.2	shuttle2_vs_555tst.dat	**100**	0.2	**100**	0.2

注：每个数据集上最优的结果以粗体表示。

的计算更省时，因为不需要计算乘法和平方根。综上所述，通过采用 L1
范数计算两个样本之间的距离，EGDRNN 的性能更好，效率更高。

4.4.3.3　EGDRNN 在多类分类上的讨论

为了将所提算法推广到多类分类问题上，本小节设计了另外一个实
验来验证算法的有效性。实验中采用了一对一方法（OVO）将二分类算
法 EGDRNN 扩展到多类分类问题上。实验共使用 10 个选自 KEEL 数据
集的现实多类不平衡数据集，表 4-25 是这 10 个数据集的详细描述，包
括类的数量（Class）、不平衡率（IR）、特征维度（Dim）和每个类样本
的大小（Class Distribution）。比较算法和相应的参数与在 KEEL 数据集
上的二分类实验设置相同。此外，考虑到部分数据集样本数较少，实验
依然采用五折交叉验证方法，且利用网格搜索策略寻找比较算法的最优
参数。为了公平起见，不同的算法使用相同的训练和测试数据分区。特
别地，$d(y, x_i)^n$ 中的 n 的值设置为 $\{1, 2, \cdots, 8\}$，并且每个结果都是最大值。

表4-25　多类数据集介绍

数据集	Class	IR	Dim	Class Distribution
Hayes_roth_v	3	1.7	5	30,51,51
Wine_v	3	1.5	14	48,59,71
Glass_v	6	8.4	10	9,13,17,29,70,76
newthyroid v	3	5	6	30,35,150
ecoli_v	8	23.8	8	6,6,5,20,35,52,77,143
Pageblocks_v	5	82	11	6,8,12,32,492
Penbased_v	10	1.1	17	105,105,106,106,106,114,114,114,115,115
Contraceptive_v	3	1.9	10	333,511,629
Yeast_v	5	92.6	35	5,20,30,35,44,51,163,244,429,463
Shuttle_v	5	284.3	10	6,6,123,338,1706

实验结果见表 4-26。结果表明，BPSVM（RBF）的分类性能最好，
其次是 BPSVM（Linear）和 MWMOTE-SVM（Linear），EGDRNN 的分
类性能排名第四。EGDRNN 在多类分类问题上表现不佳，其原因可总
结为两点。首先，在处理高度不平衡的多类数据集时，最近邻的半径的
选择，受多数类的影响较大，导致分类结果明显偏向多数类。其次，正

表4-26　所有对比算法在10个多类KEEL不平衡数据集上的 *AAcc* 值　　　%

数据集	EGDRNN	GFRNN	BPSVM (Linear)	BPSVM (RBF)	MWMOTE-SVM(Linear)	MWMOTE-SVM(RBF)	EasyEnsemble
Hayes_roth_v	**83.58±0.06**	79.35±0.06	64.73±0.06	80.24±0.06	66.95±0.09	80.91±0.06	83.52±0.06
Wine_v	81.91±0.06	74.06±0.09	97.04±0.02	**98.00±0.02**	97.65±0.02	81.57±0.06	96.57±0.04
Glass_v	68.76±0.05	62.13±0.13	72.00±0.07	**73.11±0.10**	69.91±0.06	56.12±0.10	59.97±0.25
newthyroid_v	90.03±0.14	87.68±0.15	96.89±0.05	**97.33±0.05**	97.33±0.05	92.98±0.08	92.22±0.09
ecoli_v	77.68±0.04	82.16±0.05	82.66±0.06	**85.79±0.04**	82.76±0.06	82.16±0.08	12.50±0.00
Pageblocks_v	77.27±0.06	71.20±0.05	90.18±0.08	90.43±0.07	**90.63±0.07**	71.57±0.10	76.79±0.33
Penbased_v	96.63±0.01	90.04±0.02	96.47±0.02	**97.57±0.01**	96.37±0.02	92.27±0.03	95.65±0.02
Contraceptive_v	49.39±0.03	46.35±0.04	50.17±0.02	**52.15±0.01**	51.38±0.02	49.80±0.04	51.74±0.04
Yeast_v	47.04±0.07	56.61±0.06	**57.85±0.02**	57.24±0.03	53.61±0.07	41.58±0.08	10.00±0.00
Shuttle_v	**97.77±0.04**	95.76±0.05	96.91±0.04	97.43±0.04	95.87±0.04	93.41±0.09	79.75±0.35
平均值	77.00±0.06	74.53±0.07	80.49±0.04	**82.93±0.04**	80.25±0.05	74.24±0.07	65.87±0.12

注：每个数据集最优的分类结果以粗体表示。

类样本数量太少，而负类样本数量太多，降低了边界样本对分类结果的影响，即降低了熵对分类结果的影响。这两种情况都会影响投票和分类的结果。在未来的工作中，对于高不平衡性的多类数据集，可以通过定义更合适的候选集半径和更为合理的熵的计算来解决这一问题。

参考文献

[1] CORMEN T H, LEISERSON C E, RIVEST R L, et al. Introduction to algorithms[M]. 3rd ed. Cambridge: MIT Press, 2009.

[2] HE H, BAI Y, GARCIA E A. ADASYN: adaptive synthetic sampling approach for imbalanced learning[C]//2008 IEEE international joint conference on neural networks, New York: IEEE, 2008: 1322-1328.

[3] BARUA S, ISLAM M M, YAO X. MWMOTE: majority weighted minority oversampling technique for imbalanced data set learning[J]. IEEE Transactions on Knowledge & Data Engineering, 2014, 26(2):405-425.

[4] JAPKOWICZ N, STEPHEN S. The class imbalance problem: a systematic study[J]. Intelligent Data Analysis, 2002, 6(5):429-449.

[5] ZHU Y, WANG Z, GAO D. Gravitational fixed radius nearest neighbor for imbalanced problem[J]. Knowledge-Based Systems, 2015, 90: 224-238.

[6] RODRIGUEZ A, LAIO A. Clustering by fast search and find of density peaks[J]. Science, 2014, 344(6191): 1492-1496.

[7] RAKOTOMAMONJY A, BACH F R, CANU S. Simplemkl[J]. Journal of Machine Learning Research, 2008, 9(3):2491-2521.

[8] CORTES C, MOHRI M, ROSTAMIZADEH A. Learning non-linear combinations of kernels[J]. Advances in Neural Information Processing Systems, 2009, 22:396-404.

[9] CHAWLA N V, BOWYER K W, HALL L O. SMOTE: synthetic minority over-sampling technique[J]. Journal of Artificial Intelligence Research, 2002, 16(1):321-357.

[10] MASNADI-SHIRAZI H, VASCONCELOS N, IRANMEHR A. Cost-sensitive support vector machines[J]. arXiv preprint arXiv:1212.0975, 2012.

[11] ALCALÁ-FDEZ J, SANCHEZ L, GARCIA S, et al. KEEL: a software tool to assess evolutionary algorithms for data mining problems[J]. Soft Computing, 2009, 13(3): 307-318.

[12] KOHAVI R. A study of cross-validation and bootstrap for accuracy estimation and model selection[J]. International Joint Conference on Artificial Intelligence, 1995:1137-1143.

[13] HUANG J, LING C X. Using AUC and accuracy in evaluating learning algorithms[J]. IEEE Transactions on Knowledge & Data Engineering, 2005, 17(3):299-310.

[14] AR J. Statistical comparisons of classifiers over multiple data sets[J]. Journal of Machine Learning Research, 2006, 7(1):1-30.

[15] TVERSKY A. Features of similarity[J]. Psychological Review, 1977, 84(4):327.

[16] SHANNON C E, WEAVER W. Mathematical theory of communication[J]. Acm Sigmobile Mobile Computing and Communications Review, 1949, 5(3):379-423.

[17] CHEN Y, WU K, CHEN X, et al. An entropy-based uncertainty measurement approach in neighborhood systems[J]. Information Sciences, 2014, 279:239-250.

[18] ALCAL-FDEZ J, SNCHEZ L, GARCŁA S, et al. KEEL: a software tool to assess evolutionary algorithms for data mining problems[J]. Soft Computing, 2009, 13(3):307-318.

[19] LIU X, WU J, ZHOU Z. Exploratory undersampling for class imbalance learning[J]. IEEE Transactions on Systems, Man and Cybernetics Part B, 2009, 39(2):539-550.

[20] FUKUNAGA K. Introduction to statistical pattern recognition[M]. Amsterdam: Elsevier, 2013.

[21] CHANG C, LIN C. LIBSVM: a library for support vector machines[J]. ACM, 2011.

[22] HE H, GARCIA E A. Learning from imbalanced data[J]. IEEE Transactions on Knowledge and Data Engineering, 2008, 9: 1263-1284.

[23] HOLLANDER M, WOLFE D A. Nonparametric statistical methods[J]. Hoboken, New Jersey: John Wiley & Sons, 2013.

[24] BENAVOLI A, CORANI G, DEMSAR J, et al. Time for a change: a tutorial for comparing multiple classifiers through bayesian analysis[J]. Journal of Machine Learning Research, 2017, 18(1): 2653-2688.

[25] DEMSAR J. Statistical comparisons of classifiers over multiple data sets[J]. Journal of Machine Learning Research, 2006, 7(1):1-30.

[26] FERNNDEZ A, LPEZ V, GALAR M, et al. Analysing the classification of imbalanced data-sets with multiple classes: binarization techniques and ad-hoc approaches[J]. Knowledge-Based Systems, 2013, 42(2):97-110.

Digital Wave
Advanced Technology of
Industrial Internet

Key Technologies and Applications
of Machine Learning

机器学习关键技术及应用

集成学习

5.1
概述

  集成学习作为机器学习领域非常热门的一个研究领域，它的主要思想是建立多个模型，然后把这几个模型的决策结果融合，进而得到一个比单一模型性能更好的结果。所以，集成学习通常被看作是一个多模型系统，对于集成效果有影响的两个主要因素是单一模型的性能和模型之间的多样性。模型之间的差异性越大，集成之后的结果改善程度就越显著。通过集成多个子模型的方法，能够提升模型的泛化能力、有效性和可靠性。选择性集成建模方法通过有选择地融合具有较高贡献度的子模型，可以在保证性能的同时降低系统的复杂性，优化模型的效率和可用性。

  在机器学习领域，多视角集成对提升模型精度的作用主要表现在两个方面。首先，根据特征类别将样本划分为数个单视角数据子集，以达到降低特征维度的目地。一旦数据的所有特征都直接输入到机器学习模型，那么数据的特征维度将会特别高，因此可能出现维度灾难问题。维度灾难代表着当特征的维度增加时，特征空间体积增加得太快。降低特征维度的目地在于用低维空间来表示高维数据，以达到在减小特征空间体积的同时，揭示重要的潜在信息的目地。与所有特征相比，单个视角的特征维度会减小的更多，样本在单个视角的特征空间中的分布更紧凑。同时，多视角集成学习方法遵循一致性和互补性原则，即可以充分利用不同视角的特定信息进行集成学习。该方法通过利用各视角的互补信息，更加客观地表达了样本隐含的空间分布信息，从而使算法性能有更好的提升。通过空间组合策略设计的几何结构的集成分类算法，与传统的 Bagging 和 Boosting 的集成策略相比，展现了不同的组合方式，并在不平衡问题中展现出了有效性及高效性。一般情况下，Bagging 和 Boosting 可以通过组合多个基分类器来达到更高的分类性能。

  在工业生产过程中，高效的过程监测对提高产品质量和生产效率尤为重要。过程监测主要分为以下三个阶段：故障检测、故障识别和故障分类。高效地检测故障并进行分类能够有效地降低工业生产过程的成本，保障工业安全的同时提高生产质量。学者们提出了许多故障检测和分类的模型，故障检测方法包含如线性、非线性、非高斯、动态等模型，故障分类方法包括如支持向量机、判别分析等模型。但单一的分类器具有一定的局限性，如缺失数据敏感度、可解释性较差等问题，单一模型可能会对过程监测性能产生影响。因此，近年来有些学者提出了使用集成学习的方法进行过程监测，使用多模型集成的方法用于工业过程故障的检测、识别和分类。

在工业控制系统安全领域，人们通过计算机和网络技术，利用工业控制对传统的工业流程进行高效可靠的控制。工业控制广泛应用于交通、电力、天然气输送、水处理、石油化工等行业中，影响人民群众生活的方方面面。但工业控制系统也存在许多安全隐患，如工业控制系统中常用的协议多以明文格式传输，其不严格的身份验证导致其缺乏安全性和隐私性；工业控制系统中的操作系统缺乏及时的更新和漏洞修复，导致其网络存在病毒等恶意威胁。因此，需要结合计算机技术，使用机器学习来进行工业控制系统入侵检测，提高工业控制的安全性。集成学习融合多个机器学习算法来完成学习任务，包括了 Bagging、Boosting 和 Stacking 等方法，可以更充分地挖掘工业控制系统通信数据的有效信息，并通过集成学习的模型融合方法更有效地提高入侵检测的准确率，降低漏报率。

在工业产品生产时，产品的制造、组装和测试过程会产生大量的数据，数据中携带着决定产品质量的信息。因此，工业中常使用数据挖掘来预测所生产产品的质量，通过预先获取产品的质量信息来筛选优质的产品，及时进行调整以提高产品质量。数据挖掘已广泛应用于数字化工厂的产品质量评估中，包括缺陷检测与预测、故障预警、维护优化、过程优化与质量控制。工业上已有学者使用集成学习来对产品质量进行预测。2020 年，Wang 等人通过随机森林与贝叶斯优化相组合，来解决大规模维度数据的质量预测问题；同年，Schubert 等人通过随机森林算法对木纤维绝缘板的机械性能进行预测，并与人工神经网络和支持向量机进行了比较。

在工业产品质量分析阶段，改进企业制造过程的重要途径之一是对工业产品缺陷的分析，对于产品质量和生产效率的提高有着重要的应用价值。制造工业通过智能分析算法与工业生产过程中产生和存储的数据相结合来对工业品缺陷进行分析，以达到提升制造产品质量、降低缺陷产品数量，降低制造损失成本等目地。通过统计分析、数据挖掘、机器学习等计算机技术对产品质量检验数据、销售数据和缺陷之间的关系进行探索性分析，可以将缺陷种类与质量检测的关系问题转化为机器学习中的分类问题。对于此分类问题，单一的分类器结构上不稳定，而集成模型能够降低每个单一分类器的复杂度，集体给予个体一定程度的自由度和试错机会，从而达到集体决策在多数情况下优于个体决策的目地。

在工业产品营销阶段，精准营销能够帮助制造商和企业对客户进行精准分群，提供更高更有针对性的产品服务，提高客户产品使用体验。精准营销是大数据与个性化技术来实施的一种市场营销策略，其通过收集到完整的用户与市场信息，对每个用户制定个性化的营销策略，通过精准营销可以极大程度地提高市场营销的效果与效率，并且减少浪费与冗余。通过机器学习与数据挖掘可以满足工业产品在精准营销的需求，更好地分析理解消费者的行为、偏好和需求，从而提高市场营销效果。通过集成学习设计多模型交叉融合的用户精准营销策略预测方法，能够获取不同子模型在不同数据空间上的表达能力，以提高模型的泛化性能，能够更精确地从历史数据中找出工业产品的销售和购买规律，提高企业利润率，节省营销费用和降低工业产品的营销成本。

5.2
基于视角间相似度损失的多经验核集成学习模型

5.2.1　多视角与核学习的方法

多视角学习通过利用不同视角之间的互补信息获得比单视角数据更优的分类效果。多视角数据在现实中无处不在，此类数据由至少两种类型的特征集描述。不同类别的特征集来自不同的特征提取方法，每种类型的特征都构成单个视角。与单视角数据相比，多视角数据由于特征更加丰富，在描述样本时更加客观和全面。多视角学习已应用于现实生活中的各种疾病辅助医疗，如疾病诊断、图像分类、生物识别、活动识别、交通预测等。

核学习是一种使用核函数将样本隐式映射到核空间的技术，目的是使线性不可分的样本在核空间中线性可分。多核学习使用不同核函数的组合，并学习获得其最佳凸组合作为最终核函数。经验核学习可以在核空间中求解出样本的具体表达形式。因此，通过经验核，核方法可以扩展到其他机器学习方法中。

医疗数据是一种典型的多视角数据，患者的特征信息一般可以分为多个类别，如体检信息、用药信息和诊断信息。得益于技术的进步，医疗数据已经可以电子化为电子健康记录（Electronic Health Record, EHR）。近年来，利用机器学习分析 EHR 数据在辅助医疗领域有着重大的发展。机器学习是一种使机器从数据中学习，进而得到一个更加符合现实规律的模型的技术。通过机器学习技术不仅有利于减少医疗差错，而且有利于解决过度医疗问题。例如，Monika Fedorová 等人的研究结果表明从保险公司获得医疗保健数据的模糊系统方法可以为医疗实践中类似患者的药物选择过程中的最终决策提供有用信息。Nguyen 等人将代数图学习评分模型与机器学习算法相结合，从生物分子结构的低维图形表示中预测生物分子宏观特性，他们的研究表明，机器学习方法是分子对接和虚拟筛选的有力工具。本章提出的方法及上述方法均表明，将机器学习与传统医疗问题相结合是一种值得尝试的方法。

心衰（Heart Failure, HF）是指心脏无法泵出足够的血液以满足身体的需求，导致身体的器官和组织处于缺氧状态。HF 会引发一系列身体不适的症状，包括腿部肿胀、肝脾肿大、过度疲劳和呼吸困难。心衰患者的电子病历为机器学习方法研究心衰疾病提供了基础。近 10 年来，机器学习方法在心衰疾病上展开了广泛的研究。例如，有一些研究使用机器学习算法对 HF 进行初期检查，2009 年，S. Mehrabi 等人利用多层感知器和径向基函数神经网络来区分慢性阻塞性肺病和充血性心力衰竭疾病；2017 年，Edward Choi 等人使用深度学习来模拟 EHR 事件之间的时间关系，以提高预测心力衰竭诊断模型的性能。此外，也有利用机器学习算法进行 HF 恶化程度诊断的，如 Leandro Pecchia 等人通过分类与归树（Classification and Regression Tree, CART）分类器进行"心衰严重程度评估"，可以在早期检测 HF 患者病情的恶化情况。2016 年，R. Scott Evans 利用自动识别和预测工具帮助识别高危心力衰竭患者。2015 年，Jan Bohacik 等人开始使用数据挖掘方法预测心力衰竭患者的死亡率。另外，有一些机器学习方法应用于为 HF 病人提供个性化医疗服务，S. Sarkar 等人在贝叶斯信念网络（Bayesian Belief Network, BBN）框架中结合心力衰竭诊断信息，以提高识别患者何时处于高频住院风险的能力；2014 年，Okure U. Obot 等人提出了一种用于治疗心力衰竭的神经模糊决策支持模型，实验结果表明，该模型具有改进和增强医生基于诊断开出适当治疗的能力；2015 年，Maryam Panahiazar 等人根据 EHR 的特异性特征计算心衰存活风险评分，识别高风险患者并应用个性化治疗，以降低潜在死亡风险。更进一步，机器学习算法可以应用于防止心衰过度治疗以及节省医疗成本上，例如，2018 年，Sara Bersche Golas 等人利用病历数据预测心力衰竭患者 30 天内再入院的风险，以尽量减少再入院率和医疗保健成本。

如上所述，机器学习在 HF 疾病的辅助医疗上有了不少的研究，这些研究也取得了很大的进步。受这些研究的启发，本章设计了一种基于视角间相似度损失的多经验核集成学习模型对心衰病人的死亡做出预测。因此，本章首先将病人的特征多视角化为诊断视角、用药视角和检查视角。为了充分学习不同视角包含的信息，本章设计了视角间相似度损失用于多视角的融合学习，视角间相似度损失指的是对于每一个训练样本，它们在不同视角中的分类器的输出应该尽可能相差较小。HF 数据属于不平衡数据集，为了降低数据集的不平衡率，本节对样本集进行下采样处理，将负类样本随机分成 m 个子集，再将负类样本子集分别与正类样本组合形成新的样本子集，得到的这些新的样本子集与原数据集相比，不平衡率降低了很多，而且降低了经验核映射中的时间复杂度。最后将样本通过多经验核映射的方式映射到高维核空间，在核空间中进行分类。将新设计的多经验算法称为基于视角间相似度损失的多经验核集成学习模型（Multi-view Ensemble Learning with Empirical Kernel, MVE-EK）。

本节所提出 MVE-EK 的主要创新点如下：

① MVE-EK 利用样本的特征来源或者特征类别生成三种不同的视角，从三个不同的视角表达样本信息，并利用不同视角之间的一致性和互补性设计视角间相似度损失。以往的多核学习算法无差别地使用样本的所有特征信息，不仅弱化了不同特征类别之间的差异，而且使特征向量失去了其原有的物理意义。MVE-EK 利用视角间相似度损失保证同一样本在不同视角上的一致性，提高了模型分类性能。

② MVE-EK 将不平衡的数据集划分为 m 个相对平衡的子集，以便更好地处理不平衡数据集的分类问题。通过划分样本子集，可以将模型训练的时间复杂度从 $O(N^3)$ 降低到 $O(n^3)$，$n \ll N$。其中，N 是所有训练样本的数量，n 是子集中样本的数量。当训练样本集的数量很大时，模型依然能够较快地完成训练过程。

③ MVE-EK 使用经验核方法在核空间中显式地计算出样本的形式，将样本从原始特征空间映射到高维线性可分的核空间。下面实验部分将MVE-EK 拓展到应用领域，应用到 3 个现实世界中的心衰数据集中，进行心衰疾病的死亡预测，实验中验证了所提 MVE-EK 算法的分类性能。

5.2.2　MVE-EK 算法模型

如图 5-1 所示，MVE-EK 算法流程可以分成 3 个部分：生成多视角、样本下采样、经验核映射并基于以上 3 个部分进行分类器的训练。首先，心衰数据样本特征根据来源可以分成诊断特征、用药特征、检查特征，因此将心衰数据集多视角化为诊断视角、用药视角、检查视角。对所有

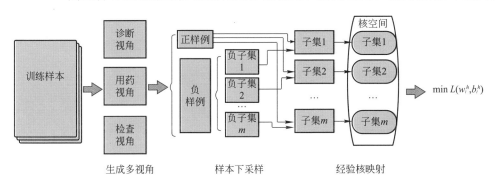

图 5-1　MVE-EK 算法流程

视角联合学习。其次，由于心衰数据集是非常不平衡的数据集，为了降低不平衡率过高带来的影响，采用负类样本降采样的方法获取新的样本子集。将所得的样本子集通过多经验核映射的方式映射到高维核特征空间中。最后，本节新设计的MVE-EK算法通过对高维空间所有视角的所有样本子集联合学习，最终通过投票法产生最后分类结果。

5.2.2.1　生成多视角

心力衰竭患者的住院记录包含的信息可分为诊断信息、用药信息和检查信息。诊断信息、用药信息和检查信息显示了通过不同的视角对病人的病况进行描述的状况。这3类信息通过不同的方面对病人最终的死亡预测产生着不同的影响，因此，如果将这3类信息同等对待进行死亡预测，可能会弱化不同类别特征之间的差异信息。由此可以根据这3类信息将特征多视角化：诊断信息构成诊断视角（Diagnostic View），每个患者的诊断视角为1222维矢量；用药信息构成用药视角（Medication View），每个样本的用药视角为11维特征；检查信息、年龄、性别和心率信息构成检查视角（Examination View），检查视角是一个具有69维特征的视角。本节提出的MVE-EK算法设计了视角间的相似度损失，以保证同一样本在不同视角中输出的一致性。三个视角的特征维度显示在表5-1中，诊断视角为1222维特征，用药视角为11维特征、检查视角包含69维特征。

表5-1　每个视角的特征维度

视角	维度
诊断视角	1222
用药视角	11
检查视角	69

5.2.2.2　样本下采样

心衰数据集是非常不平衡的。一方面，样本高不平衡性极大地增加了机器学习算法的困难，容易造成过拟合现象，预测结果容易偏向负类样本。为了尽可能减小样本的不平衡性对机器学习算法产生的影响，本实验采用降采样的方法，获取相对平衡的样本子集。另一方面，对于多经验核学习算法，当对全部样本的核矩阵进行核矩阵分解时，时间复杂度为 $O(N^3)$，但是对样本子集的核矩阵进行核矩阵分解时，时间复杂度降低为 $O(n^3)$，其中 N 为全部样本的个数，n 为子集中样本的个数。因此将每个视角的全部样本划分为多个子集，不但会降低正负类样本的不平衡率，而且进行核矩阵分解的时间复杂度也会大幅低降低。

如图 5-1 所示，将负类样本平均分成 m 份，m 的取值为 1 到样本不平衡率 IR，当无法整除时，m 向上取整，所以最后一份的样本个数可能略少。每一个负类样本子集分别与全部正类样本组合形成一个样本子集，因此，这样的样本子集相对来说不仅不平衡率降低了很多，而且进行核映射时复杂度也会降低很多。

5.2.2.3 经验核映射

核映射是通过核技巧将样本映射到高维特征空间的方法，使这些在原始特征空间中线性不可分的数据集在高维特征空间中线性可分。假设在训练子集 $\{(x_i, y_i)\}_{i=1}^{n}$ 中有 n 个训练样本，其中，$x_i \in \mathbb{R}^d$、$y_i \in \{+1, -1\}$ 表示样本的类别。X 表示大小为 $n \times d$ 的样本矩阵。假设该样本 x_i 通过 $\phi(x_i)$ 映射到核空间中。核矩阵可以表示为：

$$\boldsymbol{K}_{n \times n} = [\phi(x_i)\phi(x_j)]^{n \times n} \tag{5-1}$$

对于降采样得到的样本子集，使用 RBF 核进行核映射得到核矩阵：

$$\boldsymbol{K}_{n \times n} = \exp\left(-\frac{\|x_i - x_j\|^2}{2\sigma^2}\right) \tag{5-2}$$

式中，核参数为：

$$\sigma^2 = \frac{1}{n^2} \sum_{i,j=1}^{N} \left\|x_i - x_j\right\|_2^2 \tag{5-3}$$

式中，n 是样本集中的样本数。映射的核矩阵 $\boldsymbol{K}$ 是一个 $n \times n$ 矩阵。如果 $\boldsymbol{K}$ 的秩为 r，则 $\boldsymbol{K}$ 可以分解为：

$$\boldsymbol{K}_{n \times n} = \boldsymbol{Q}_{n \times r} \boldsymbol{\varLambda}_{r \times r} \boldsymbol{Q}_{n \times r}^{\mathrm{T}} \tag{5-4}$$

式中，$\boldsymbol{Q}_{n \times r}$ 为矩阵 $\boldsymbol{K}_{n \times n}$ 的特征向量；$\boldsymbol{\varLambda}_{r \times r}$ 为矩阵 $\boldsymbol{K}_{n \times n}$ 的特征值。假设从输入数据空间到 r 维欧几里得空间的映射方式为 $\phi_r^\theta: x \to R^r$，其本质

是经验核映射。由式 (5-1) 和式 (5-4) 可得到，经验核映射函数 $\Phi(x)$ 的计算公式如下：

$$\phi(x) = \Lambda^{-1/2} Q [ker(x, x_1), ker(x, x_2), \cdots, ker(x, x_N)]^{\mathrm{T}} \tag{5-5}$$

5.2.2.4 MVE-EK 算法流程

假设样本根据特征来源或类别分离出了 v 个视角。在训练过程中，本节设计的视角间相似度损失要求同一样本的不同视角的输出尽可能相同。因此，可以相互优化不同的视角，以提高模型分类性能。在测试过程中，三个视角的权重相同，并通过投票生成模型对测试样本的最终预测结果。每个视角执行下采样以获取 m 个子集，因此共有 $v \times m$ 个样本子集。对于子集中的样本，设计了以下目标函数：

$$L(w_l^h, b_l^h) = \sum_{h=1}^{v} \left\{ \sum_{l=1}^{m} \left[\boldsymbol{R}_{\mathrm{emp}} + c_l \boldsymbol{R}_{\mathrm{reg}} \right] + \lambda \boldsymbol{R}_{\mathrm{IFSL}}^+ \right\} + \gamma \boldsymbol{R}_{\mathrm{IVSL}} \tag{5-6}$$

式中，$\boldsymbol{R}_{\mathrm{emp}}$ 为经验损失；$\boldsymbol{R}_{\mathrm{reg}}$ 为正则化项；$\boldsymbol{R}_{\mathrm{IFSL}}^+$ 为函数间相似度损失；$\boldsymbol{R}_{\mathrm{IVSL}}$ 为视角间相似度损失；c_l、λ、γ 分别为调整上述三个损失部分的超参数。$\boldsymbol{R}_{\mathrm{emp}}$ 和 $\boldsymbol{R}_{\mathrm{reg}}$ 的表达形式如下：

$$\boldsymbol{R}_{\mathrm{emp}} = \left(Y_l^h w_l^h - \mathbf{1} - b_l^h \right)^{\mathrm{T}} W_l^h \left(Y_l^h w_l^h - \mathbf{1} - b_l^h \right) \tag{5-7}$$

$$\boldsymbol{R}_{\mathrm{reg}} = \hat{w}_l^{h\mathrm{T}} \hat{w}_l^h \tag{5-8}$$

式中，$Y_l^h = \left[y_1 \left(\phi_1^{l,h} \right)^{\mathrm{T}}, \cdots, y_i \left(\phi_1^{l,h} \right)^{\mathrm{T}}, \cdots, y_N \left(\phi_N^{l,h} \right)^{\mathrm{T}} \right]$，$\phi_i^{l,h} = \left[\phi^{l,h}(x_i), \mathbf{1} \right]$；$w_l^h$ 和 $\hat{w}_l^h$ 分别为视角子集中基分类器的权重矢量和增强权重矢量；b_l^h 为模型偏置；y_i 为样本 x_i 的标签；w_l^h 为第 h 视角中的第 l 样本子集的样本权重矩阵，其为对角矩阵。正类样本的权重计算方式为 $\dfrac{N_+}{N_+ + N_-}$，负类样本的权重计算方式为 $\dfrac{N_-}{N_+ + N_-}$，其中，正类样本数为 N_+，负类样本数为 N_-。

在每个视角中，负类样本被划分为 m 个部分，这些部分与所有正类样本相结合，以获得样本子集。因此，如图 5-2 所示，同一视角的每个样本子集都包含相同的正类样本，而负类样本则不同。同一视角不同子集中的相同正类样本可以通过正则化项相互优化。在此基础上，本节设计了针对正类样本的函数间相似度损失 R_{IFSL}^{+}。不同样本子集中的同一个正类样本的输出应该具有一致性，以优化正类样本的预测。R_{IFSL}^{+} 的形式如下：

$$R_{\mathrm{IFSL}}^{+} = \sum_{l=1}^{m}\left(Y_l^{h+}w_l^h - \frac{1}{m}\sum_{j=1}^{m}Y_j^{h+}w_j^h\right)^{\mathrm{T}}\left(Y_l^{h+}w_l^h - \frac{1}{m}\sum_{j=1}^{m}Y_j^{h+}w_j^h\right) \tag{5-9}$$

如图 5-3 所示，根据特征来源或特征类别，将样本处理成不同的视角。因此，对于同一个样本，其在不同视角中的输出结果必须尽可能接近，以优化不同的视角。在此基础上，本节设计了视角间相似度损失 R_{IVSL}。R_{IVSL} 的形式如下：

$$R_{\mathrm{IVSL}} = \sum_{h=1}^{v}\left[\sum_{l=1}^{m}\left(Y_l^h w_l^h - \frac{1}{v}\sum_{k=1}^{v}Y_l^k w_l^k\right)^{\mathrm{T}}\left(Y_l^h w_l^h - \frac{1}{v}\sum_{k=1}^{v}Y_l^k w_l^k\right)\right] \tag{5-10}$$

展开目标函数，可以得到式 (5-11) 所示的目标函数：

$$\begin{aligned}
L(w_l^h, b_l^h) = &\sum_{h=1}^{v}\left\{\sum_{l=1}^{m}\left[(Y_l^h w_l^h - 1 - b_l^h)^{\mathrm{T}}W_l(Y_l^h w_l^h - 1 - b_l^h) + c_l\hat{w}_l^{h\mathrm{T}}\hat{w}_l^h\right] + \right.\\
&\left.\lambda\sum_{l=1}^{m}\left(Y_l^{h+}w_l^h - \frac{1}{m}\sum_{j=1}^{m}Y_j^{h+}w_j^h\right)^{\mathrm{T}}\left(Y_l^{h+}w_l^h - \frac{1}{m}\sum_{j=1}^{m}Y_j^{h+}w_j^h\right)\right\} + \\
&\gamma\sum_{h=1}^{v}\left[\sum_{l=1}^{m}\left(Y_l^h w_l^h - \frac{1}{v}\sum_{k=1}^{v}Y_l^k w_l^k\right)^{\mathrm{T}}\left(Y_l^h w_l^h - \frac{1}{v}\sum_{k=1}^{v}Y_l^k w_l^k\right)\right]
\end{aligned} \tag{5-11}$$

式中，Y_l^{h+} 为在核映射之后，第 l 视角中第 h 子集中正类样本的增强矩阵。

为了最小化目标函数，即求 $\min L\left(w_l^h, b_l^h\right)$ 的值，对 w_l^h 求偏导并令

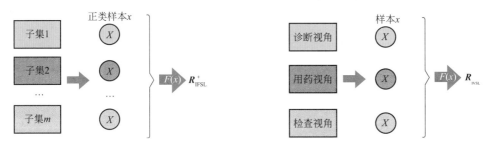

图 5-2　不同子集的正类样本构成 R_{IFSL}^+　　　　图 5-3　不同视角的每个样本构成 R_{IVSL}

导数为零，可得：

$$\boldsymbol{w}_l^h = \left\{ \left[\lambda \left(\frac{m-1}{m} \right)^2 + \gamma \left(\frac{v-1}{v} \right)^2 \right] \boldsymbol{Y}_l^{h\top} \boldsymbol{Y}_l^h + \boldsymbol{Y}_l^{h\top} \boldsymbol{W}_l^h \boldsymbol{Y}_l^h + c_l \boldsymbol{I} \right\}^{-1} \boldsymbol{Y}_l^{h\top}$$

$$\left(\boldsymbol{W}_l^h \boldsymbol{b}_l^h + \boldsymbol{W}_l^h + \frac{\lambda(m-1)}{m^2} \sum_{\substack{j=1 \\ j \neq l}}^{m} \boldsymbol{Y}_j^h \boldsymbol{w}_j^h + \frac{\gamma(v-1)}{v^2} \sum_{\substack{k=1 \\ k \neq h}}^{v} \boldsymbol{Y}_l^k \boldsymbol{w}_l^k \right) \tag{5-12}$$

对 $\boldsymbol{b}_l^h$ 求偏导并引入误差向量 $\boldsymbol{e}_l^h$，得：

$$\boldsymbol{e}_l^h = \boldsymbol{Y}_l^h \boldsymbol{w}_l^h - \boldsymbol{1} - \boldsymbol{b}_l^h \tag{5-13}$$

采用启发式梯度下降法来更新 $\boldsymbol{b}_l^h$：

$$\begin{cases} \left(\boldsymbol{b}_l^h \right)^1 \geqslant 0 \\ \left(\boldsymbol{b}_l^h \right)^{t+1} = \left(\boldsymbol{b}_l^h \right)^t + \eta \left(\boldsymbol{e}_l^t + \left| \boldsymbol{e}_l^t \right| \right) \end{cases} \tag{5-14}$$

式中，t 为迭代次数；$\eta(>0)$ 为学习率。第 t 轮迭代时，通过式（5-14）得到 $(\boldsymbol{b}_l^h)^t$，再利用 $(\boldsymbol{b}_l^h)^t$ 根据式 (5-12) 计算 $(\boldsymbol{w}_l^h)^{t+1}$，然后再利用 $(\boldsymbol{w}_l^h)^{t+1}$ 根据式 (5-14) 更新 $(\boldsymbol{b}_l^h)^{t+1}$；依次迭代下去，直到两次损失函数的结果满足收敛条件 $\|L^{t+1} - L^t\|_2 \leqslant \delta$ 时停止迭代，其中，$\delta(>0)$ 为预设的停止参数。所提算法 MVE-EK 的具体流程如表 5-2 所示。

表5-2 MVE-EK算法

输入：n 个训练样本 $\{x_i, y_i\}_{i=1}^n$，视角个数 v，子集个数 m。
输出：增广权向量 $\boldsymbol{w}_l^h$。

1. 将样本按照特征类别划分为 v 个视角；
2. 对于每个视角的样本集，将负类样本平均分为 m 份，分别与正类样本组合，得到 m 个样本子集；
3. 使用核函数将样本子集映射到各自的核空间中；
4. 初始化参数 $c_l \geqslant 0$，$\gamma \geqslant 0$，$\lambda \geqslant 0$，$\delta \geqslant 0$，$\boldsymbol{b}_l^h \geqslant 0$，并随机初始化增广权向量 $\boldsymbol{w}_l^h$，其中 $l=1,\cdots,m, h=1,\cdots,v$；
5. 初始化迭代次数 $t=1$；
6. 根据式 (5-12) 计算 $\boldsymbol{w}_l^h$；
7. 根据式 (5-13) 计算 $\boldsymbol{e}_l^h$；
8. 根据式 (5-14) 更新 $\boldsymbol{b}_l^h$；
9. 如果 $\|L^{t+1} - L^t\|_2 > \delta$，那么 $t=t+1$，并且转到第 6 步；否则转到步骤 10；
10. 返回 $\boldsymbol{w}_l^h$。

最后对于输入样本 x，对于正类 ω_1 和负类 ω_2，将其多视角化后，MVE-EK 算法的判别函数为：

$$F(x) = \frac{1}{vm} \sum_{h=1}^{v} \sum_{l=1}^{m} \left[\boldsymbol{\phi}_l^h \left(\boldsymbol{x}^h \right)^{\mathrm{T}}, \mathbf{1} \right] \boldsymbol{w}_l^h \begin{cases} > 0, x \in \omega_1 \\ \leq 0, x \in \omega_2 \end{cases} \qquad (5\text{-}15)$$

5.2.3 实验与分析

5.2.3.1 数据集描述

引起心衰的直接原因主要是心肌本身的损害导致心脏结构的改变，如心肌梗死和冠心病等。2015 年，全世界有 4000 万人患有心衰。心衰疾病的治疗是一个复杂且漫长的过程。因此，根据心衰病人的各项特征对其是否死亡做出预测变得非常有意义。

本节使用的 HF 数据集由上海中医药大学附属曙光医院收集，命名为上海曙光心力衰竭（Shanghai Shuguang Heart Failure, SSHF）数据集。数据集记录了 2009 年 3 月至 2016 年 4 月期间 4682 位心衰病人的 10203 条住院记录，这些患者的随访时间中位数为 0.96 年，其中 539 名患者在医院死亡。这些患者有一个主 ICD-10-CM 诊断编码（代码：I11.0、I13.0、I13.2、I50、I50.1、I50.2、I50.3、I50.4 和 I50.9）。每条记录不仅记录年龄、性别和心率，还记录了三个方面的信息：诊断信息、用药信息和检查信息。HF 患者的所有特征如表 5-3 所示，每个患者都有年龄、性别和心率信息。病人的年龄和心率保持原来的数值，性别转换为数值表示，男性用 1 表示，女性用 0 表示。诊断信息通过 ICD-10-CM 诊断编码反映了医生对病人疾病的诊断情况，ICD-10-CM 诊断编码有 1222 种，因此每位病人的诊断视角是 1222 维的向量。用药视角反映的是病人的用药信息，专业医疗人员将 61 种广泛使用的药物根据功能进一步分成 11 个类别，因此每位病人的用药信息是一个 11 维的向量。检查信息反映了病人各项医学检查的结果，专业医疗人员选出了 22 项关于 HF 的检查项目，根据参考标准将病人检查的结果分为 3 类：偏高，正常，偏低。每项检查结果转化为一个 3 维独热编码向量，所有检查结果共 66 维。

表5-3　HF数据集的特征含义和范围

特征	数量	取值范围
年龄	1	
性别	1	{0,1}
心率	1	
诊断信息	1222	{0,1}
用药信息	11	{0,1}
检查信息	66	{(1,0,0),(0,1,0),(0,0,1)}

根据这些临床记录，本节预测了以下 3 个目标：预测病人在住院期间是否死亡、出院 30 天内是否死亡、出院一年内是否死亡。HF 数据集非常不平衡，如表 5-4 所示，其中住院死亡（SSHF）数据集死亡人数为 539，存活人数为 9664；30 天内死亡（$SSHF_{month}$）数据集死亡人数为 652，存活人数为 5608；一年内死亡（$SSHF_{year}$）数据集死亡人数为 1182，存活人数为 3171。3 个数据集的不平衡率 IR 分别为 17.9、8.6 和 2.7。

表5-4　HF数据集的样本数量信息

数据集	死亡人数	存活人数	IR
SSHF	539	9664	17.9
$SSHF_{month}$	652	5608	8.6
$SSHF_{year}$	1182	3171	2.7

5.2.3.2　评估指标

本节在 SSHF、$SSHF_{month}$ 和 $SSHF_{year}$ 使用独立的五折交叉验证来展示所提算法和对比算法的分类性能。HF 数据集中正类样本的数量较少，负类样本的数量远远高于正类样本，因此数据集是不平衡的，使用分类正确率（Acc）无法显示出算法在两类样本上的表现。为了综合衡量算法在正类样本集和负类样本集上的预测能力，本节使用真正例率（TPR）、真负例率（TNR）和平均分类正确度（AA）、实验人员工作特性曲线（ROC）和 ROC 曲线下的面积（AUC）作为衡量指标。TPR 显示了算法在正类样本上的预测精度，*TNR* 显示了算法在负类样本上的预测精度。*AA* 是 *TPR* 与 *TNR* 的平均，显示了算法在正类样本与负类样本上的平均精度。ROC 曲线考虑不同的截断点，并根据预测结果对样本进行排序，显示算法的总体性能。*AUC* 是 ROC 曲线下的面积，可以反映算法的总体效果。分类结果的混淆矩阵如表 5-5 所示。*AA*、*TPR*、*TNR* 和 *AUC* 的计算方式如下：

$$AA = \frac{1}{2}[TP / (TP + FN) + TN / (TN + FP)] \tag{5-16}$$

$$TPR = TP / (TP + FN) \tag{5-17}$$

$$TNR = TN / (TN + FP) \tag{5-18}$$

$$AUC = \frac{1}{2}\sum_{i=1}^{N-1}(x_{i+1} - x_i)(y_i + y_{i+1}) \tag{5-19}$$

表5-5　分类结果的混淆矩阵

真实标签	分类结果	
	正类 (P)	负类 (N)
正类 (P)	*TP*	*FN*
负类 (N)	*FP*	*TN*

实验使用五折交叉验证的方式，将平均精度选择为模型评估指标。模型的参数 c_i、γ、λ 的范围为 $\{10^{-3}, 10^{-2}, 10^{-1}, 10^0, 10^1, 10^2, 10^3\}$，参数 m 的范围为 $\{1, 2, \cdots, IR\}$。在所有候选参数中，每种可能性都通过循环遍历进行尝试，性能最佳的参数作为最终的模型参数。

5.2.3.3　MVE-EK 的分类性能

实验将验证所提算法在 SSHF、$SSHF_{month}$ 和 $SSHF_{year}$ 数据集上的有效性。最终实验结果是五折交叉验证的平均值。根据算法流程，首先将每个数据集多视角化为诊断视角、用药视角和检查视角，再将每个视角通过降采样的方法分成 m 个样本子集。最后，将样本以经验核映射的方式映射到核空间中，使用启发式梯度下降算法优化目标函数，获得最终 MVE-EK 的分类器，测试数据集在分类器上的实验结果验证了所提算法的有效性。表 5-6 显示了所提 MVE-EK 算法在 3 个心衰数据集上的实验结果，ROC 曲线如图 5-4 所示。在 SSHF 数据集上，TPR 为 81.07%，TNR 为 77.35%，AUC 为 87.66%，AA 为 79.21%；在 SSHF$_{month}$ 数据集上，TPR 为 81.14%，TNR 为 80.24%，AUC 为 89.64%，AA 为 80.69%； 在 SSHF$_{year}$ 数据集上，TPR 为 85.20%，TNR 为 74.14%，AUC 为 89.14%，AA 为 79.67%。

表5-6　所提MVE-EK算法在3个心衰数据集上的分类结果

数据集	评价指标	MVE-EK	W/O m view	W/O m-subset	W/O m-view & m-subset
SSHF	AA/%	**79.21±0.96**	76.64±0.73	76.14±1.51	76.41±1.49
	TPR/%	**81.07±3.31**	77.18±2.16	66.76±3.39	75.32±3.14
	TNR/%	77.35±1.05	76.09±0.99	**85.51±0.57**	77.49±1.04
	AUC/%	**87.66±1.41**	84.95±0.18	83.20±1.38	84.87±0.28
	时间 /s	15.26±0.28	**8.89±0.77**	157.61±2.66	165.70±2.02
SSHF$_{month}$	AA/%	**80.69±1.36**	78.34±1.25	79.35±1.44	77.78±1.90
	TPR/%	81.14±2.88	**81.43±2.56**	73.76±3.30	70.40±3.96
	TNR/%	80.24±1.47	75.25±1.50	**84.93±1.16**	82.43±1.54
	AUC/%	**89.64±0.87**	85.80±0.84	86.50±0.71	85.92±1.24
	时间 /s	8.75±0.23	**7.61±1.69**	39.12±1.46	42.05±1.12
SSHF$_{year}$	AA/%	**79.67±0.87**	78.81±0.41	78.83±1.65	77.60±0.82
	TPR/%	**85.20±2.33**	81.05±1.91	78.01±2.32	78.60±2.50
	TNR/%	74.14±1.73	76.57±1.34	**79.66±2.23**	76.60±2.02
	AUC/%	**89.14±0.82**	85.80±0.75	86.18±1.14	84.00±1.15
	时间 /s	7.62±2.09	**6.99±1.60**	24.56±2.98	19.08±1.45

注：最优结果以粗体表示。

为了验证每个步骤的作用，本小节首先移除了生成多视角的步骤，保持其他实验设置和步骤不变进行实验。实验结果与所提算法相比，在 SSHF 数据集上的 AA 低了 2.57%，在 SSHF$_{month}$ 数据集上的 AA 低了 2.35%。在 SSHF$_{year}$ 数据集上的 AA 低了 0.86%。其次，本小节移除每个视角中的下采样步骤，并保持其他实验设置和步骤不变进行实验。实验结果在表 5-6 中显示，结果的形式是（均值 ± 方差），最优结果以粗体表示。ROC 曲线如图 5-4 所示。与删除多个视角相比，在 *AA* 指标上较为相似，但是它的时间比所提算法慢得多。具体来说，与所提算法相比，在 SSHF 数据集上的训练时间慢 9.33 倍，在 SSHF$_{month}$ 数据集上

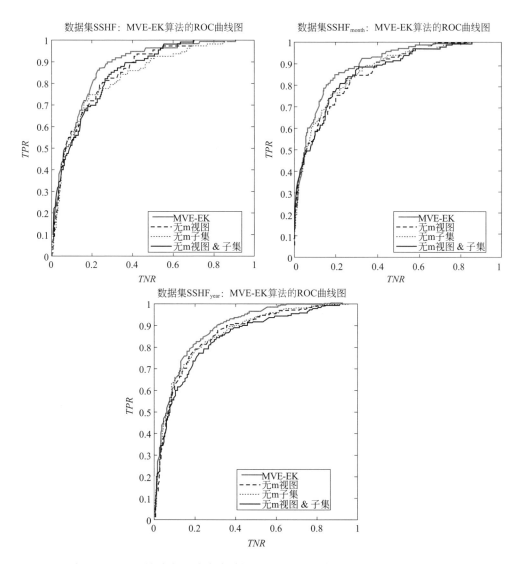

图 5-4　所提 MVE-EK 算法在 3 个心衰数据集上的 ROC 曲线

的训练时间慢 3.47 倍，在 $SSHF_{year}$ 数据集上的训练时间慢 2.22 倍。从 TPR 和 TNR 上来看，结果明显偏向于 TNR，移除下采样步骤会导致算法不能处理好不平衡数据的分类问题。最后，本节去除了同时生成多视角和下采样的步骤。实验结果表明，其他方法的 AA 和 AUC 比所提 MVE-EK 算法差，训练时间也更长。基于以上实验过程验证了利用特征集生成多视角和样本下采样的有效性。

5.2.3.4　对比实验分析与性能比较

为了对比所提算法与同类算法的分类效果，本小节选取了一些代表性的核学习算法作为对比算法，包括 SVM、MK_MHKS、IM_GLMK、SimpleMKL、XGBoost、EasyMKL和 DNN 算法。SVM 是解决非线性机器学习问题的代表性算法。MK_MHKS 是一种具有代表性的多经验核机器学习算法。IM_GLMK 是一种封闭形式的解决方案，根据 group-lasso 和 MKL 之间的等价来优化核权重。SimpleMKL 通过加权 L2 范数正则化来优化稀疏核组合，以进一步限制权重。XGBoost 是一个可扩展的端到端决策树增强模型，数据科学家广泛使用该系统，其在许多机器学习比赛上实现了较好的结果。EasyMKL 是一种时空高效的 MKL 算法，它可以轻松应对数十万个核。DNN 使神经网络能够模拟更复杂的情况。

所提算法和对比算法在 3 个心衰数据集上的分类结果如表 5-7 所示，分别展示了每个算法在 3 个心衰数据集上的平均分类精度、真正例率、真负例率、AUC 和训练时间，结果的形式是（均值 ± 方差），最优结果以粗体表示。图 5-5 展示了所提算法和对比算法的在 3 个心衰数据集上的 ROC 曲线。从表中可以看到，所提算法的 AA 和 AUC 在 3 个数据集上的分类性能是最高的，这表明所提算法在 3 个心衰数据集上的分类性能优于其他算法。从 TPR 和 TNR 的角度看，所提算法在 3 个心衰数据集上的 TPR 和 TNR 的结果相似，表明该算法能够很好地应对不平衡问题。然而，其他对比算法在 TNR 上的表现很好，但在 TPR 上表现不佳，表明它们偏向负类样本。与其他算法相比，SVM 算法在 TPR 和 TNR 上的性能较好，但 TPR 和 TNR 均低于所提算法。从训练时间上看，所提算法的训练时间明显低于其他对比算法。图 5-5 显示了所提算法和对比

表5-7 所提算法和对比算法在3个心衰数据集上的分类结果

数据集	评价指标	MVE-EK	MK_MHKS	SVM	IM_GLMK	SimpleMKL	XGBoost	EasyMKL	DNN
SSHF	AA/%	**79.21±0.96**	52.10±0.27	70.21±2.36	59.38±2.52	60.62±1.21	58.48±1.34	73.45±1.71	60.51±4.97
	TPR/%	**81.07±3.31**	4.27±0.50	62.13±4.70	21.01±5.35	23.58±2.18	19.31±2.98	46.89±3.42	21.98±10.61
	TNR/%	77.35±1.05	99.94±0.05	78.29±0.57	97.75±0.33	97.65±0.67	97.64±0.33	**100±0.00**	99.03±0.67
	AUC/%	**87.66±1.41**	65.12±2.08	77.60±1.91	74.35±2.46	79.03±1.93	78.13±1.34	77.95±0.79	69.88±0.55
	时间/s	**15.26±0.28**	201.99±3.03	34.08±1.86	157.21±12.33	2609.82±177.0	110.26±3.92	2250.50±273.60	109.05±1.36
SSHF$_{month}$	AA/%	**80.69±1.36**	57.97±0.87	71.76±2.73	66.25±1.60	66.89±1.87	68.58±2.31	69.42±0.89	69.08±0.50
	TPR/%	**81.14±2.88**	17.08±1.72	55.83±5.56	35.74±3.10	37.13±3.73	41.25±4.79	38.80±1.79	40.45±1.02
	TNR/%	80.24±1.47	98.86±0.08	87.70±1.42	96.75±0.59	96.65±0.45	95.90±0.34	**100±0.00**	97.70±0.10
	AUC/%	**89.64±0.87**	67.74±0.85	82.02±1.92	83.26±1.00	82.87±1.38	83.81±2.31	72.97±0.60	88.12±0.10
	时间/s	**8.75±0.23**	56.81±5.26	17.39±2.57	77.52±4.31	288.13±89.51	67.46±4.12	375.20±14.29	111.93±0.28
SSHF$_{year}$	AA/%	**79.67±0.87**	62.46±1.38	75.78±2.17	76.06±1.66	76.41±2.48	79.20±0.47	79.23±2.19	71.59±6.02
	TPR/%	**85.20±2.33**	37.48±2.40	62.60±3.45	61.26±4.14	61.50±4.55	68.10±1.75	58.45±3.63	51.18±12.19
	TNR/%	74.14±1.73	87.44±0.70	89.97±0.98	90.85±1.52	91.33±0.86	92.31±1.02	**100±0.00**	92.00±5.15
	AUC/%	**89.14±0.82**	64.68±1.31	88.54±0.99	85.60±0.83	86.71±2.21	88.63±0.47	72.30±1.81	84.38±0.77
	时间/s	**7.62±2.09**	21.07±2.67	15.34±0.53	78.14±4.55	482.13±34.12	64.36±3.47	173.41±22.78	43.69±3.24

注：最优结果以粗体表示。

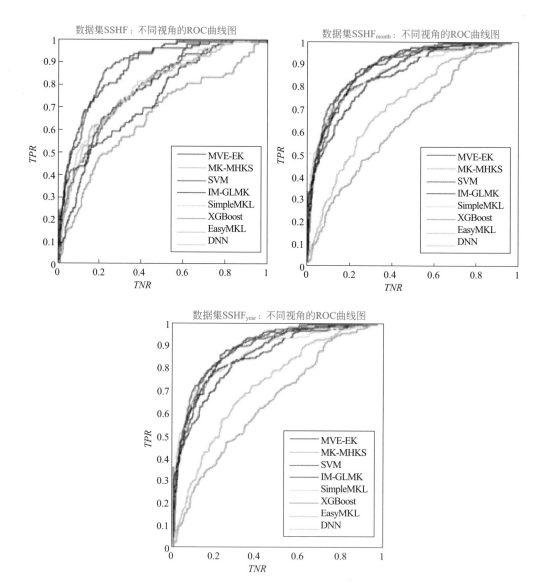

图 5-5 所提算法和对比算法在 3 个心衰数据集上的 ROC 曲线

算法在 3 个心衰数据集上的 ROC 曲线。结合表 5-6 中的 *AUC* 值，可以看出所提 MVE-EK 算法的分类性能是最好的。

5.2.3.5 单视角和多视角集成的分类性能比较

本小节对心衰数据集上的单视角学习和多视角集成学习的实验结果进行了进一步探讨。本小节分别尝试了诊断视角、用药视角和检查视角的分类结果，表 5-8 中显示了所提算法和每个单视角实验的结果，分类结果的形式为（均值 ± 方差），最优结果以粗体表示。所提算法和每个单视角实验结果的 ROC 曲线如图 5-6 所示。在 SSHF 数据集上，所提算法在 *AA*、*TPR* 和 *TNR* 上的结果明显优于其他 3 个单视角的结果；在 $\text{SSHF}_{\text{month}}$ 数据集上，所提算法在 *AA* 和 *TPR* 上的结果明显优于其他 3 个单视角的实验结果，但在 *TNR* 上略低于诊断视角；在 $\text{SSHF}_{\text{year}}$ 数据集上，所提算法在 *AA*、*TPR* 和 *TNR* 上的结果明显优于其他 3 个单视角的实验结果。以上实验表明，多视角集成学习在心衰数据集上是有效的。

表5-8　不同视角在3个心衰数据集上的分类结果

数据集	评价指标	MVE-EK	诊断视角	用药视角	检查视角
SSHF	*AA*/%	**79.21±0.96**	71.78±2.33	70.92±1.43	70.04±1.21
	TPR/%	**81.07±3.31**	66.94±5.00	73.50±2.77	74.76±2.72
	TNR/%	**77.35±1.05**	76.62±0.55	68.35±0.40	65.32±1.72
	AUC/%	**87.66±1.41**	80.18±2.99	78.79±1.03	75.75±1.08
$\text{SSHF}_{\text{month}}$	*AA*/%	**80.69±1.36**	75.41±2.81	72.88±1.58	71.81±1.97
	TPR/%	**81.14±2.88**	69.80±6.39	72.99±1.96	74.69±4.09
	TNR/%	80.24±1.47	**81.03±1.53**	72.75±3.05	68.94±1.18
	AUC/%	**89.64±0.87**	84.11±2.56	80.11±1.15	77.88±1.07
$\text{SSHF}_{\text{year}}$	*AA*/%	**79.67±0.87**	75.08±1.40	68.55±1.37	69.03±1.77
	TPR/%	**85.20±2.33**	78.26±3.05	74.54±3.06	69.37±3.94
	TNR/%	**74.14±1.73**	71.90±2.44	62.57±2.54	68.69±1.84
	AUC/%	**89.14±0.82**	82.40±1.29	74.80±1.46	73.46±1.06

注：最优结果以粗体表示。

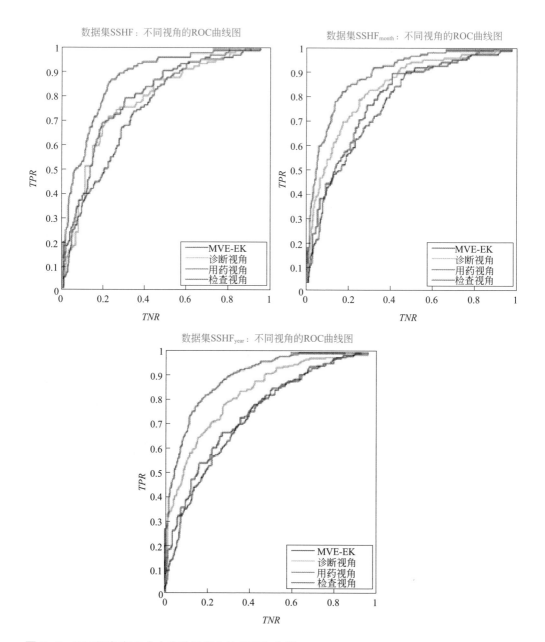

图 5-6 不同视角在 3 个心衰数据集上的 ROC 曲线

5.2.3.6　参数 *m* 对训练时间和分类性能的影响

在所提算法的训练过程中，本小节使用下采样将每个视角的样本划分为 *m* 个样本子集。参数 *m* 对所提算法的训练时间和分类效果有直接影响。假设样本个数为 N，如果不进行下采样，将样本分为 *m* 个样本子集，则当使用 RBF 核将样本映射到核空间时，此步骤的时间复杂度为 $O(N^2)$。然后再将所得的核矩阵进行特征值分解，此步骤的时间复杂度为 $O(N^3)$。然后，利用经验核映射的方式获得核空间中样本集的具体表示形式。算法的时间复杂度为 $O(N^2)+O(N^3)$，取高阶部分，时间复杂度是 $O(N^3)$。将 N 个样本划分为 *m* 个子集后，假设样本子集中的样本数为 n，每个子集使用 RBF 核获取核矩阵，然后对所有核矩阵进行特征值分解，最后得到核空间中所有样本子集的经验映射形式。总时间复杂度为 $m(O(n^2)+O(n^3))$，取高阶部分，时间复杂度为 $O(mn^3)$。因此，当 $m=1$ 时，n 的值为 N。随着 *m* 从 1 逐渐增加到 IR，训练时间将首先减少，然后增加，在中间取得最小值。

由于 *m* 的不同会导致样本子集中不平衡率的改变，算法的分类性能也发生了变化。具体而言，当 $m=1$ 时，数据子集具有最大的不平衡率，正类和负类样本的数量非常不平衡。该分类情况对机器学习算法极具挑战性，因此分类性能较差。随着 *m* 从 1 增加，样本子集的不平衡率逐渐减小。所提的 MVE-EK 算法设计了 $\boldsymbol{R}^{+}_{\text{IFSL}}$ 正则化项优化不平衡问题，使其相对适应不平衡问题的分类，因此当样本子集的不平衡率为 1 和 IR 之间的某个值时，MVE-EK 算法将实现最优的分类性能。当 $m=IR$ 时，样本子集为平衡数据集。当 *m* 从 1 逐渐增大到 IR 时，AA 先增加后减小，*m* 为 1 和 IR 之间的某个值时算法分类性能获得最优值。

如图 5-7 所示，参数 *m* 对模型的训练时间和分类性能方面的影响很明显。水平轴显示 *m* 从 1 到 IR 的变化。两个图形上的纵轴分别显示训练时间和平均分类正确率。可以看出，随着 *m* 的增加，模型训练时间先减小然后开始增大。在 SSHF 数据集上，子集个数为 5 时，训练时间达到最小，为 7.65s；在 $\text{SSHF}_{\text{month}}$ 数据集上，子集个数为 2 时训练时间最小，为 8.75s；在 $\text{SSHF}_{\text{year}}$ 数据集上，子集个数为 2 时训练时间最小，为 7.62s。

3 个 HF 数据集上的 *AA* 变化曲线证明了上述分析。在 SSHF 数据集上，当 *m*=12 时，*AA* 达到最大值 79.21%；在 SSHF$_{month}$ 数据集上，*AA* 在 *m* 为 2 时达到 80.69% 的最大值；在 SSHF$_{year}$ 数据集上，当 *m* 等于 2 时，*AA* 的最大值达到 79.67%。

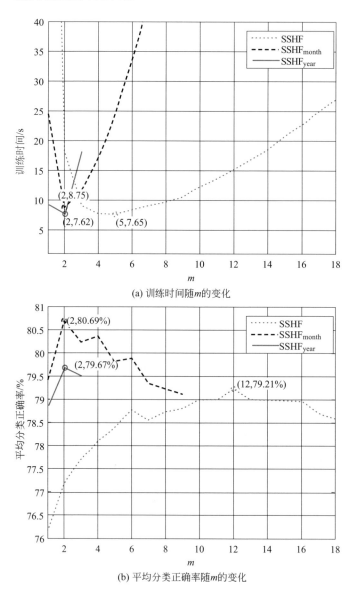

(a) 训练时间随 *m* 的变化

(b) 平均分类正确率随 *m* 的变化

图 5-7 训练时间和平均分类正确率随 *m* 的变化

5.3
基于数据全局空间特性的多平衡子集协同训练算法

5.3.1 多平衡子集协同训练算法

通过空间组合策略设计了几何结构的集成分类算法，相比于传统的 Bagging 和 Boosting 的集成策略，其展现了不同的组合方式，并在不平衡问题中显示出了有效性及高效性。通常，Bagging 和 Boosting 可以通过组合多个基分类器，以达到更高的分类性能。在不平衡问题中，通过结合采样和代价敏感的方法取得了一定的效果，尤其是对于基于 Bagging 的方法，如非对称采样（Asymmetric Bagging）通过随机选择与少数类样本等量的多数类样本，并与少数类样本组成一个平衡的训练子集。通过多次随机选择多数类样本可获取多个平衡的训练子集。比如，RUSBoost 和 EasyEnsemble 也基于这样的采样形式，在平衡的训练子集中训练，而后获取更好的集成结果。

尽管 Bagging 方法在处理不平衡问题时取得了一定的成绩，但在处理不平衡数据方面仍存在三个方面的不足。第一，在 Bagging 随机抽取样本生成若干平衡训练子集后，使用分类器在子集中各自学习并输出累加结果，因此 Bagging 缺乏统一的学习框架来同时指导多个子集的训练。第二，基分类器在每个子集中独立训练，因此基分类器的训练过程缺乏相互之间的联系。第三，Bagging 形成的子集可能与原始数据的分布不同。因此，子集中分类器的训练会忽略整个数据集的全局信息，从而导致基分类器可能陷入子集的局部最优解。

综上所述，Bagging 方法在处理不平衡问题时的突出问题是：①缺乏统一的学习框架；②基分类器之间缺乏联系；③子集中的训练缺乏全局信息的指导。因此，本节重构了 Bagging 策略，提出了一种基于数据全局空间特性的多平衡子集协同训练算法（Globalized Multiple Balanced Subsets with Collaborative learning, GMBSCL）来处理不平衡数据。GMBSCL 多次随机选取与少数类等量的多数类样本，将每次选取的多数类样本与整个少数类样本组合，形成多个平衡的训练子集。与传统的 Bagging 学习与集成策略不同，GMBSCL 将每个子集中的训练准则函数放入一个统一的学习框架中，通过基于此整体的准则函数可以导出所有基分类器的解向量。受多视角学习中协同学习要求多个视角中样本的输出尽可能一致的启发，GMBSCL 要求每个训练子集中的少数类样本的输出尽可能一致，为此设计了正则化项 $\boldsymbol{R}_\mathrm{s}$，建立起基分类器之间的联系。此外，还引入了正则化项 $\boldsymbol{R}_\mathrm{w}$，要求每个子集中解向量的方向接近整个数据集中解向量的方向，由此，每个子集的训练不仅关注于自身，还可以关注到整个数据集的情况。

5.3.2 基于数据全局空间特性的多平衡子集协同训练算法

统一学习框架是指在一个准则函数下完成不同子集的基分类器的训练过程。然后，通过得到准则函数对解向量的偏导数，可以学习每个基分类器的解向量。GMBSCL 将所有平衡子集的学习过程放在一个统一的学习框架中。框架如下：

$$\min L = \sum_{l=1}^{m}\Big[\boldsymbol{R}_\mathrm{emp}\left(f_l\right) + c\boldsymbol{R}_\mathrm{reg}\left(f_l\right) + \beta\boldsymbol{R}_\mathrm{w}\left(f_l\right)\Big] + \lambda\boldsymbol{R}_\mathrm{s} \tag{5-20}$$

式中，$\boldsymbol{R}_\mathrm{emp}(f_l)$ 为第 l 个子集中样本的经验误差，并且每个子集中的经验误差与 MHKS 中的形式类似；$\boldsymbol{R}_\mathrm{reg}(f_l)$ 为第 l 个子集中解向量的 L2 范数；$\boldsymbol{R}_\mathrm{w}(f_l)$ 表示第 l 个子集中解向量的方向与整个数据集中解向量方向的接近程度；$\boldsymbol{R}_\mathrm{s}$ 表示不同子集中少数群体样本的输出的一致程度；参数 c、β 和 λ 分别用于控制其对应项的重要性。

5.3.2.1 经验误差项

与原始 MHKS 不同，GMBSCL 通过 EKM 的方式计算映射函数 ϕ，并将原始数据空间 I 映射到核空间 F 中，使之适用于非线性可分问题。对于输入的训练数据 $\{x_i, \varphi_i\}_{i=1}^{N} (\varphi_i \in \{+1, -1\})$，结合显性核映射与 MHKS 算法，经验误差项的具体形式为：

$$\min_{\boldsymbol{w}, \boldsymbol{b} \geq 0} L(\boldsymbol{w}, \boldsymbol{b}) = \left(\boldsymbol{Y}\boldsymbol{w} - \boldsymbol{1}_{N \times 1} - \boldsymbol{b}\right)^\mathrm{T} \left(\boldsymbol{Y}\boldsymbol{w} - \boldsymbol{1}_{N \times 1} - \boldsymbol{b}\right) + c\boldsymbol{w}^\mathrm{T}\boldsymbol{w} \tag{5-21}$$

式中，Y 为核映射后数据集的矩阵模式表示。当 EKM 使用线性核时，$\phi(x)$ 等于 x。

在 GMBSCL 中每个子集的少数类样本都是相同的，多数类样本是从原始多数类样本中随机选择的，且随机选择的多数类样本与少数类样本数相同。具体来说，给定一个不平衡的数据集 $\{x_i, \varphi_i\}_{i=1}^N$，其中包含 N^+ 个少数类样本和 N^- 个多数类样本。通过 EKM，少数类样本集和多数类样本集分别映射为 $\{\phi(x_i), \varphi_i = +1\}_{i=1}^{N^+}$ 和 $\{\phi(x_i), \varphi_i = -1\}_{i=1}^{N^-}$。然后，从多数类样本集中随机选择 N^+ 个多数类样本，并将所选多数类样本与所有少数类样本合并，形成一个平衡子集。该过程重复 m 次，从而可以提供 m 个的平衡子集，经验误差项 $R_{\mathrm{emp}}(f_l)$ 的公式如下所示：

$$R_{\mathrm{emp}}\left(f_l\right) = \left(Y_l w_l - \mathbf{1}_{2N^+ \times 1} - b_l\right)^{\mathrm{T}} \left(Y_l w_l - \mathbf{1}_{2N^+ \times 1} - b_l\right) \tag{5-22}$$

式中，Y_l, $l = 1, 2, \cdots, m$ 为第 l 个平衡子集经显性核映射后的样本矩阵；b_l 初始化为 $10^{-6}_{2N^+ \times 1}$。

5.3.2.2 全局信息项

全局信息是指每个子集中的训练过程需要关注并且学习整体数据集的信息。如图 5-8 所示，全局解向量 w 具有最小类内距离和最大类间距离的特性。而后，每个基分类器的学习过程需要关注解向量的信息，即每个基分类器自身的解向量在方向上要与全局解向量趋近。具体来说，首先使用全部训练数据求解获得 MSE 准则函数下的解向量，求解方法如式 (5-23)、式 (5-24) 所示，并将获得的解向量记录为 w_{init}。显然，w_{init} 自然地代表了在全体数据上类内距离最小与类间距离最大的投影方向。

然后每个平衡子集中的全局信息项 $R_{\mathrm{w}}(f_l)$ 要求每个子集中分类器的解向量接近 w_{init}，从而避免了子集中陷入仅包含子集样本的局部最优解。R_{w} 的公式计算如下：

$$R_{\mathrm{w}}\left(f_l\right) = \left(w_l - w_{\mathrm{init}}\right)^{\mathrm{T}} I \left(w_l - w_{\mathrm{init}}\right) \tag{5-23}$$

式中，I 为单位矩阵，且最后一个元素的值为 0。

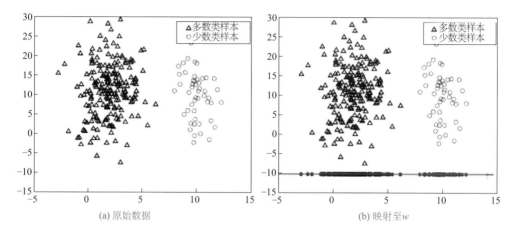

(a) 原始数据　　　　　　　　　　　　　　(b) 映射至 w

图 5-8　对应最小类内距离以及最大类间距离的解向量

5.3.2.3　协同学习项

协同学习是指将不同平衡子集中的分类器学习过程建立联系，使训练过程中分类器能够相互学习，相互补充，从而不再是单独训练。在 GMBSCL 中，通过要求不同平衡子集中的分类器对少数类样本的输出保持一致，建立了不同平衡子集中分类器学习过程的联系。通过这种方式，不同平衡子集中的分类器可以关注其他平衡子集中分类器的学习过程，并获得补充信息，以防止过度关注自身子集中的数据。

在式 (5-20) 中，由 λ 控制的项 R_s 代表了不同平衡子集间的协同学习。R_s 的具体实现形式如下：

$$\boldsymbol{R}_s = \sum_{l=1}^{m}\left(S_{w_l} - \frac{1}{m}\sum_{j=1}^{m}S_{w_j}\right)^{\mathrm{T}}\left(S_{w_l} - \frac{1}{m}\sum_{j=1}^{m}S_{w_j}\right) \tag{5-24}$$

式中，S_{w_l} 和 S_{w_j} 分别为类别 w_l 和 w_j 的分布。显然，L2 范数值 $\left\|S_{w_l} - \frac{1}{m}\sum_{j=1}^{m}S_{w_j}\right\|_2$ 越来越小，每一个平衡子集中少数类样本的输出值越接近于所有子集中少数类样本的平均输出。通过这种形式，不同子集中的少数类样本输出也可以互相接近。

由上述所有公式，可以得到 GMBSCL 准则函数的具体表达形式如下：

$$\min_{\boldsymbol{w}_l, \boldsymbol{b}_l \geqslant 0} L(\omega_l, b_l) = \sum_{l=1}^{m} \left[\left(\boldsymbol{Y}_l \boldsymbol{w}_l - \boldsymbol{1}_{2N^+ \times 1} - b_l \right)^{\mathrm{T}} \left(\boldsymbol{Y}_l \boldsymbol{w}_l - \boldsymbol{1}_{2N^+ \times 1} - b_l \right) + c \boldsymbol{w}_l^{\mathrm{T}} \boldsymbol{I} \boldsymbol{w}_l \right.$$

$$\left. + \beta \left(\boldsymbol{w}_l - \boldsymbol{w}_{\mathrm{inite}} \right)^{\mathrm{T}} \boldsymbol{I} \left(\boldsymbol{w}_l - \boldsymbol{w}_{\mathrm{inite}} \right) \right] \qquad (5\text{-}25)$$

$$+ \lambda \sum_{l=1}^{m} \left(\boldsymbol{S} \boldsymbol{w}_l - \frac{1}{m} \sum_{j=1}^{m} \boldsymbol{S} \boldsymbol{w}_j \right)^{\mathrm{T}} \left(\boldsymbol{S} \boldsymbol{w}_l - \frac{1}{m} \sum_{j=1}^{m} \boldsymbol{S} \boldsymbol{w}_j \right)$$

5.3.2.4 求解过程

在迭代求解的过程中，每一个平衡自己的解向量 $\boldsymbol{w}_l$ 首先初始化为 $\boldsymbol{w}_{\mathrm{init}}$。接着，第一次迭代所获得的误差向量 $\boldsymbol{e}^k$ 的计算方式如下所示：

$$\boldsymbol{e}_l^k = \boldsymbol{Y}_l \boldsymbol{w}_l^k - \boldsymbol{1}_{2N^+ \times 1} - \boldsymbol{b}_l^k \qquad (5\text{-}26)$$

式中，k 为当前的迭代次数，并且首次迭代时 k 的值初始化为 0。获得了当前的误差向量 $\boldsymbol{e}_l$ 后，则 $\boldsymbol{b}_l$ 的更新过程为：

$$\boldsymbol{b}_l^{k+1} = \boldsymbol{b}_l^k + \rho \left(\boldsymbol{e}_l^k + | \boldsymbol{e}_l^k | \right) \qquad (5\text{-}27)$$

式中，ρ 为学习率。

通过得到式 (5-25) 对每个平衡子集中 $\boldsymbol{w}_l$ 的偏导数，并且设置偏导数的值为 0，可以得到解向量的更新。具体计算公式如下所示：

$$\boldsymbol{w}_l^{k+1} = \left(\boldsymbol{Y}_l^{\mathrm{T}} \boldsymbol{Y}_l + c \boldsymbol{I} + \beta \boldsymbol{I} + \lambda \frac{m-1}{m} \boldsymbol{S}^{\mathrm{T}} \boldsymbol{S} \right)^{-1}$$

$$\left(\boldsymbol{Y}_l^{\mathrm{T}} \left(\boldsymbol{1}_{2N^+ \times 1} + \boldsymbol{b}_l^{k+1} \right) + \frac{\lambda}{m} \boldsymbol{S}^{\mathrm{T}} \boldsymbol{S} \sum_{j=1; j \neq l}^{m} \boldsymbol{w}_j^k + \beta \boldsymbol{I} \boldsymbol{w}_{\mathrm{init}} \right) \qquad (5\text{-}28)$$

然后，再根据更新后的裕量 $\boldsymbol{b}_l$ 以及解向量 $\boldsymbol{w}_l$，得到新的误差向量 $\boldsymbol{e}_l$ 的计算方式如下：

$$\boldsymbol{e}_l^{k+1} = \boldsymbol{Y}_l \boldsymbol{w}_l^{k+1} - \boldsymbol{1}_{2N^+ \times 1} - \boldsymbol{b}_l^{k+1} \qquad (5\text{-}29)$$

如果 $\left\| \boldsymbol{e}_l^k - \boldsymbol{e}_l^{k+1} \right\|_2$ 的 L2 范数值小于等于预设的阈值 ς，或者迭代次数达到预设的最大值迭代次数 maxiter，那么迭代过程终止，返回每个平衡子集的解向量。GMBSCL 的伪代码形式如表 5-9 所示。

表5-9 GMBSCL训练过程

输入：训练样本 $\{x_i, \varphi_i\}_{i=1}^N$ 包括少数类样本 $\{x_i, \varphi_i = +1\}_{i=1}^{N^+}$ 和多数类样本 $\{x_i, \varphi_i = -1\}_{i=1}^{N^-}$。

输出：权重向量 $w_l, l = 1, \cdots, m$。

1. 获取映射函数 ϕ 并将样本映射到核空间中；

2. 计算 $w_{\text{init}} = (Y^{\mathrm{T}}Y)^{-1}Y^{\mathrm{T}}\mathbf{1}_{N \times 1}$；

3. 初始化 $k=0$，$b_l^k \geqslant 0$，$w_l^k = w_{\text{init}}$，$l = 1, \cdots, m, \varsigma = 0.001$；

学习率 $\rho = 0.99$，最大迭代次数 maxiter$=500$；

4. 从 $l=1$ 到 m；

5. 获取每个平衡子集的矩阵 Y_l；

6. $e_l^k = Y_l w_l^k - \mathbf{1}_{2N^+ \times 1} - b_l^k$；

7. $\text{Pinv}w_l = \left(Y_l^{\mathrm{T}}Y_l + cI + \beta I + \lambda \dfrac{m-1}{m}S^{\mathrm{T}}S\right)^{-1}$；

8. 结束 for 循环；

9. 当 $k \leqslant$ maxiter 时；

10. 从 $l=1$ 到 m；

11. $b_l^{k+1} = b_l^k + \rho\left(e^k + \left|e_l^k\right|\right)$；

12. $w_l^{k+1} = \text{Pinv}w_l\left(Y_l^{\mathrm{T}}\left(\mathbf{1}_{2N^+ \times 1} + b_l^{k+1}\right)\dfrac{\lambda}{m}S^{\mathrm{T}}S\sum\limits_{j=1; j \neq l}^m w_j^k + \beta I w_{\text{init}}\right)$；

13. $e_l^{k+1} = Y_l w_l^{k+1} - \mathbf{1}_{2N^+ \times 1} - b_l^{k+1}$；

14. 结束 for 循环；

15. 判断：如果 $\sum\limits_{l=1}^m \left\|e_l^k - e_l^{k+1}\right\|_2 \leqslant \varsigma$；

16. 退出；

17. 结束判断；

18. $k = k+1$；

19. 结束 while 循环。

测试样本 x 的计算形式如下：

$$F(x) = \frac{1}{m}\sum_{l=1}^m w_l \tag{5-30}$$

如果 $F(x)$ 的值大于 0，那么测试样本 x 的标签为 "+1"，即表示 x 为少数类样本。否则 x 的标签为 "−1"，即 x 为多数类样本。

5.3.3 实验与分析

本节通过实验结果展示了 GMBSCL 算法的运行效率和分类性能。

具体来说，该节共分为五个部分。5.3.3.1 节介绍了具体的实验设置，包括对比算法、算法设置和评价标准。5.3.3.2 节展示了所有分类算法在 KEEL 数据集上的分类结果。5.3.3.3 节给出了 GMBSCL 中不同参数的作用以及在分类中的表现。5.3.3.4 节通过图像数据集验证了 GMBSCL 在高维数据集上的表现。5.3.3.5 节通过实验分析说明了 GMBSCL 的运行效率。

5.3.3.1 实验设置

对比算法：在实验中，选择了 5 种经典比较算法进行了比较，包括 EasyEnsemble、RUSBoost、OGE、AdaKNN2GISH 和 MWMOTE，其中 MWMOTE 为基于边界和权重的上采样方法，因此其与使用 RBF 核的支持向量机相结合。

算法设置：在本节的实验中，GMBSCL 作为整体算法框架，对于具体数据可以选择线性核或是 RBF 核计算显性核映射函数，然后利用核函数将数据映射到对应的核空间中，从而解决数据的非线性可分问题。当 GMBSCL 采用线性核函数时，其对应的样本特征空间不变，即保持数据的原始特征。当 GMBSCL 使用 RBF 核时，采用固定参数的方式计算 RBF 核函数 $ker(x_i, x_j) = \exp\left(-\dfrac{\|x_i - x_j\|^2}{2\delta^2}\right)$，参数 δ 设置为 $\|x_i - x_j\|^2$，$i, j = 1, \cdots, N$，即所有样本两两之间欧氏距离的平均值。

评价标准：本节涉及的实验数据集均采用五折交叉验证，且采用 *GMean* 和 F1-score 作为评价标准。此外，还通过使用贝叶斯符号秩检验显示了所提 GMBSCL 和对比算法之间的差异以及优劣。

5.3.3.2 KEEL 数据集对比实验结果

本节实验中，首先选取 KEEL 中的 30 个不平衡数据集，用以验证 GMBSCL 和其他对比算法的分类性能。关于这些不平衡数据集的详细描述列于表 5-10 中，其中 *Size* 是数据集的样本数，*Dim* 是样本维度，*IR* 是不平衡率。

表5-10　不平衡数据集

数据集	Dim	Size	IR	数据集	Dim	Size	IR
ecoli0vs1	220	7	1.84	ecoli067vs5	220	6	10.00
wisconsin	683	9	1.86	glass2	214	9	12.15
yeast1	1484	8	2.46	glass4	214	9	16.10
haberman	306	3	2.81	glass016vs5	184	9	20.00
vehicle0	846	18	3.25	shuttle6vs23	230	9	22.00
ecoli1	336	7	3.39	yeast1458vs7	693	8	22.08
ecoli034vs5	200	7	9.00	yeast2vs8	482	8	23.06
ecoli0234vs5	202	7	9.06	glass5	214	9	23.43
ecoli046vs5	203	6	9.13	shuttle_c2vs_c4	129	9	24.75
yeast02579vs36	1004	8	9.16	yeast4	1484	8	28.68
ecoli0346vs5	205	7	9.25	poker9vs7	244	10	31.50
ecoli01vs235	244	7	9.26	yeast5	1484	8	32.91
ecoli0267vs35	224	7	9.53	yeast6	1484	8	41.39
yeast05679vs4	528	8	9.55	winequality_white3vs7	900	11	44.00
vowel0	988	1	9.97	abalone19	4174	8	127.42

表 5-11 显示了所有算法在所选取的 30 个不平衡数据集上 *GMean* 的测试结果。如表 5-11 所示，其中 GMBSCL(R) 在 30 个数据集中的 18 个数据集上取得了最好的结果，并且达到了最高的平均分类正确率值（88.69%）。此外，GMBSCL(L) 在 30 个数据集上的分类表现达到了次优结果 (86.99%)。相比于其他对比算法，GMBSCL(R) 的平均 *GMean* 结果比 MWMOTE-SVM 高出了 2% 左右，比 OGE 高出了 3% 左右。当 GMBSCL 使用线性核时，GMBSCL(L) 的分类表现与 MWMOTE-SVM 相当。

贝叶斯符号秩检验也体现了不同对比算法之间分类能力的差距。如热力图 5-9 所示，GMBSCL(R) 显然在实际应用中优于其他比较算法。具体而言，GMBSCL(R) 以 100% 的概率优于 EasyEnsemble、RUSBoost、OGE 和 AdaKNN2GISH 等算法。除此之外，还分别以 89% 和 97% 的概率

表5-11 不平衡数据集上GMean的测试结果

数据集	GMBSCL (L) GMean±std	GMBSCL (R) GMean±std	EasyEnsemble GMean±std	RUSBoost GMean±std	OGE GMean±std	AdaKNN2GISH GMean±std	MWMOTE-SVM GMean±std
ecoli0vs1	**98.31±2.39**	98.28±1.70	97.57±1.56	97.96±2.20	97.33±1.50	95.45±4.21	98.28±1.70
wisconsin	**98.09±0.75**	97.31±0.80	97.14±0.99	96.08±1.43	96.95±1.22	96.84±1.43	97.49±0.71
yeast1	72.19±3.50	**73.04±3.57**	70.90±2.32	70.66±3.94	70.18±2.14	69.40±3.23	71.62±2.59
haberman	**69.72±4.83**	68.05±5.81	64.51±5.50	58.59±8.37	64.62±5.87	58.50±5.34	63.35±4.06
vehicle0	97.05±1.41	**98.26±0.75**	96.37±0.91	94.67±1.69	96.35±0.84	92.52±2.14	97.88±0.42
ecoli1	**91.04±3.53**	90.01±3.96	87.31±6.54	88.33±4.62	88.36±4.07	90.37±4.15	89.47±5.45
ecoli034vs5	90.59±7.30	**93.84±7.26**	91.67±5.74	87.62±12.66	89.45±13.12	92.25±7.60	89.93±12.95
ecoli0234vs5	88.80±4.31	**94.79±6.25**	86.82±12.13	91.95±12.67	90.33±12.36	85.82±15.65	89.99±13.20
ecoli046vs5	89.18±6.08	**93.58±6.92**	92.75±6.24	86.44±10.89	91.74±7.25	85.71±13.08	90.25±13.13
yeast02579vs36	90.82±2.77	**91.12±2.03**	89.48±2.33	89.33±3.67	90.20±2.16	90.13±2.55	90.06±3.93
ecoli0346vs5	89.60±6.94	**93.59±6.99**	90.93±8.33	87.25±11.36	89.13±7.22	92.87±7.95	90.94±7.10
ecoli01vs235	90.59±5.07	**91.97±12.82**	81.00±17.95	87.01±10.19	85.46±9.86	82.08±19.25	87.72±10.68
ecoli0267vs35	87.25±6.59	87.41±11.70	81.44±14.18	83.04±12.89	83.73±13.03	**87.43±11.75**	83.76±13.59
yeast05679vs4	80.45±4.88	81.00±5.04	80.02±6.68	77.90±12.34	80.52±6.29	73.61±5.85	**81.29±3.66**
vowel0	96.67±0.87	**100.00±0.00**	97.36±2.62	95.20±4.89	98.99±0.32	97.23±0.43	99.83±0.25
ecoli067vs5	85.59±5.60	**91.94±6.51**	86.43±6.20	83.11±9.23	87.98±7.63	85.83±5.08	88.38±5.81

数据集	GMBSCL (L) GMean±std	GMBSCL (R) GMean±std	EasyEnsemble GMean±std	RUSBoost GMean±std	OGE GMean±std	AdaKNN2GISH GMean±std	MWMOTE-SVM GMean±std
glass2	78.43±10.76	**78.56±6.31**	74.48±4.94	56.72±35.94	73.80±9.64	67.78±12.29	77.31±14.57
glass4	93.47±4.48	**97.96±2.14**	82.88±13.07	90.81±11.33	89.68±11.62	91.67±8.07	92.19±12.54
glass016vs5	91.00±2.48	**97.38±1.61**	84.14±10.71	92.79±4.80	87.19±13.27	90.51±12.37	95.61±1.06
shuttle6vs23	100.00±0.00	100.00±0.00	100.00±0.00	100.00±0.00	100.00±0.00	94.14±13.10	**100.00±0.00**
yeast1458vs7	66.00±2.69	65.28±8.31	59.32±8.79	59.40±3.59	64.08±5.62	41.81±24.98	**68.05±5.99**
yeast2vs8	79.52±7.28	**81.92±6.54**	69.17±15.14	79.76±10.97	76.32±11.49	80.00±21.75	72.74±14.87
glass5	91.50±4.67	**98.02±1.42**	91.34±7.73	82.83±15.30	91.24±4.55	91.18±13.64	94.97±2.59
shuttle_c2vs_c4	100.00±0.00	100.00±0.00	80.00±44.72	80.00±44.72	99.60±0.90	94.14±13.10	99.58±0.94
yeast4	84.46±2.00	85.01±2.15	85.45±3.45	84.06±8.74	83.61±3.97	77.55±11.21	**85.18±1.97**
poker9vs7	71.64±14.13	73.87±10.83	60.37±36.72	49.72±46.65	63.40±37.58	**92.49±12.65**	77.73±5.38
yeast5	96.39±0.58	96.19±2.18	94.30±2.67	95.63±2.89	96.68±0.46	**97.15±0.63**	96.54±0.52
yeast6	89.25±6.26	89.41±5.95	85.39±9.97	87.36±7.19	88.50±5.64	84.08±13.53	**89.47±7.43**
winequality_white3vs7	72.58±11.46	**78.92±11.11**	75.04±11.32	70.12±14.73	59.36±34.07	46.00±29.81	63.66±7.93
abalone19	**79.37±6.84**	73.84±7.32	75.82±10.23	54.85±13.95	80.53±5.97	42.39±25.77	71.73±9.34
平均值	86.99±4.68	**88.69±4.93**	83.65±9.32	81.97±11.46	85.18±7.99	82.23±10.75	86.50±6.15

注：每个数据集最优的分类结果以粗体表示。

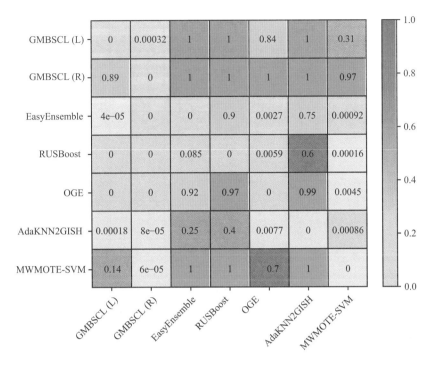

图 5-9 不平衡数据集上对应 *GMean* 结果的贝叶斯符号秩检验热力图

优于 GMBSCL(L) 和 MWMOTE-SVM。除了 GMBSCL(R) 和 MWMOTE-SVM 算法外，GMBSCL(L) 也显示出了在不平衡数据集上的分类优势。与 MWMOTE-SVM 相比，GMBSCL(L) 以 31% 概率优于 MWMOTE-SVM，而 MWMOTE-SVM 则仅以 14% 概率优于 GMBSCL(L)，所以总体而言，对于 GMBSCL 框架，无论使用线性核还是 RBF 核，都具有相当不错的分类性能。

除了 *GMean* 的分类结果外，本章还列出了在所选 30 个不平衡数据集上所有算法对应 F1-score 的实验结果。如表 5-12 所示，GMBSCL(R) 在 30 个数据集中的 20 个数据集上的分类结果达到了最好，且 F1-score 平均得分达到最高，为 69.77%。MWMOTE-SVM 的 F1-score 平均得分达到了第二高，为 69.06%。虽然此结果接近 GMBSCL(R)，但是 GMBSCL(R) 比 MWMOTE-SVM 在更多的数据集上的表现更好。尽管 GMBSCL(L) 的性能相比于 GMBSCL(R) 和 MWMOTE-SVM 要差一些，但与 EasyEnsemble、

表5-12 不平衡数据集上F1-score的测试结果

%

数据集	GMBSCL (L) F1-score±std	GMBSCL (R) F1-score±std	EasyEnsemble F1-score±std	RUSBoost F1-score±std	OGE F1-score±std	AdaKNN2GISH F1-score±std	MWMOTE-SVM F1-score±std
ecoli0vs1	97.98±2.39	**98.01±1.82**	96.80±2.10	97.33±2.79	97.29±1.52	94.49±4.22	98.01±1.82
wisconsin	**96.76±0.75**	96.09±1.32	95.72±1.63	94.47±2.21	95.67±1.53	95.47±1.86	96.29±0.94
yeast1	60.11±3.50	**61.05±4.23**	58.54±2.80	58.25±4.70	56.87±3.19	56.81±3.72	59.44±3.02
haberman	**55.78±4.83**	53.49±6.51	49.63±6.78	42.42±9.69	52.02±5.95	42.57±6.45	49.11±6.32
vehicle0	93.20±1.41	**95.28±2.77**	90.02±1.91	87.90±2.47	90.58±4.95	82.79±3.07	95.05±2.66
ecoli1	79.51±3.53	**80.67±7.63**	75.29±9.38	78.76±8.08	76.89±4.74	80.49±6.43	80.37±12.38
ecoli034vs5	68.55±7.30	**88.14±11.47**	65.97±13.39	77.78±18.74	78.43±15.29	77.55±14.56	81.90±19.46
ecoli0234vs5	66.22±4.31	**85.66±15.41**	65.19±18.49	79.31±19.69	72.12±15.32	68.64±17.84	81.90±19.46
ecoli046vs5	64.43±6.08	**86.03±12.11**	80.47±6.86	71.99±14.42	75.24±20.80	66.78±20.80	80.92±18.76
yeast02579vs36	70.11±2.77	**80.63±5.94**	69.66±5.03	66.64±3.53	72.19±2.47	68.69±4.17	75.25±2.60
ecoli0346vs5	65.67±6.94	**85.92±9.51**	73.80±21.84	75.44±9.43	73.90±18.35	80.44±14.44	83.14±10.41
ecoli01vs235	65.16±5.07	**80.46±13.88**	58.15±14.33	70.38±8.11	64.39±10.88	71.11±27.26	77.22±11.18
ecoli0267vs35	57.24±6.59	**76.75±14.23**	57.95±20.61	66.34±10.06	59.66±14.36	64.27±11.94	70.32±14.09
yeast05679vs4	45.83±4.88	**55.40±13.28**	44.15±8.04	47.06±14.81	47.48±10.51	44.32±7.09	50.12±10.78
vowel0	78.46±0.87	**100.00±0.00**	85.85±3.72	81.53±6.85	91.38±1.26	78.67±2.52	98.41±2.36
ecoli067vs5	51.62±5.60	**81.40±8.84**	57.23±7.78	64.11±11.61	64.42±11.49	62.67±3.65	80.40±9.30

数据集	GMBSCL (L) F1-score±std	GMBSCL (R) F1-score±std	EasyEnsemble F1-score±std	RUSBoost F1-score±std	OGE F1-score±std	AdaKNN2GISH F1-score±std	MWMOTE-SVM F1-score±std
glass2	34.78±10.76	35.78±8.11	29.66±5.12	30.91±21.20	29.88±9.75	30.69±13.03	**53.11±18.57**
glass4	57.10±4.48	**82.00±17.54**	36.75±19.78	64.24±5.42	54.34±12.58	55.13±8.63	80.48±21.85
glass016vs5	45.86±2.48	67.43±18.25	32.25±4.76	45.71±9.58	54.76±31.49	54.00±19.21	**85.33±14.45**
shuttle6vs23	100.00±0.00	100.00±0.00	100.00±0.00	100.00±0.00	100.00±0.00	93.33±14.91	**100.00±0.00**
yeast1458vs7	15.53±2.69	17.32±3.88	11.74±2.80	14.16±1.38	12.78±4.28	11.35±6.83	**20.05±13.13**
yeast2vs8	**70.62±7.28**	64.14±19.72	18.80±5.84	43.71±12.05	31.76±11.96	40.46±22.26	64.67±14.40
glass5	37.22±4.67	70.76±19.83	49.78±30.89	41.87±32.59	43.58±23.29	58.60±30.08	**81.33±27.24**
shuttle_c2vs_c4	100.00±0.00	100.00±0.00	82.86±38.33	80.00±44.72	100.00±0.00	93.33±14.91	93.33±14.91
yeast4	29.25±2.00	**40.53±11.09**	25.03±0.59	30.77±7.10	27.97±1.99	25.84±6.41	35.66±8.60
poker9vs7	12.95±14.13	34.67±33.47	15.15±11.07	15.27±15.46	19.23±11.69	**64.76±20.85**	46.67±44.72
yeast5	46.56±0.58	69.82±9.05	48.47±9.49	59.90±6.01	48.20±3.95	52.45±5.19	**71.96±5.05**
yeast6	28.08±6.26	**55.81±9.83**	22.85±4.52	28.39±5.55	28.73±4.77	27.85±9.05	52.53±11.29
winequality_white3vs7	11.87±11.46	**44.73±31.24**	14.98±4.78	22.73±9.75	12.87±8.88	15.65±11.49	19.15±10.77
abalone19	4.80±6.84	5.07±2.65	3.94±1.05	3.05±1.69	5.04±0.86	5.96±3.86	**9.74±6.65**
平均值	57.04±8.07	**69.77±10.45**	53.89±9.46	58.01±10.66	57.92±8.94	58.84±11.22	69.06±11.91

注：每个数据集最优的分类结果以粗体表示。

RUSBoost、OGE 和 AdaKNN2GISH 相比仍具有一定的竞争力。因此，当 GMBSCL 选择 F1-score 得分作为评价标准时，结合 RBF 核可以获得更好的分类性能。

进一步地，本章还对 F1-score 的分类结果进行了贝叶斯符号秩检验。如图 5-10 所示，除了对比算法 MWMOTE-SVM 外，GMBSCL(R) 的分类性能比其他算法高 100%，表明其分类性能远超这些算法。当与 MWMOTE-SVM 相比时，GMBSCL(R) 的分类性能以 89% 的概率优于 MWMOTE-SVM。反之，MWMOTE-SVM 的分类性能仅仅以 0.1% 的概率优于 GMBSCL(R)。因此，通过贝叶斯符号秩检验，也可以验证 GMBSCL 使用 RBF 核时，对 F1-score 评分下的不平衡问题具有更好的分类性能。

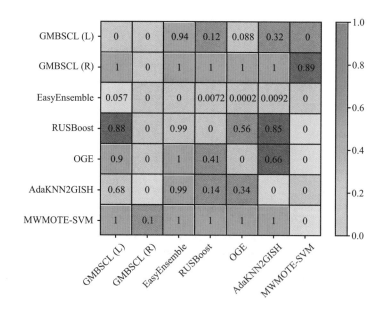

图 5-10　不平衡数据集上对应 F1-score 结果的贝叶斯符号秩检验热力图

在所选的 KEEL 数据集中，GMBSCL 的优良分类性能可以归功于将 Bagging 的学习过程融入了统一的学习框架，该框架提供一个在集成环境下统一 Bagging 子集分散学习过程的解决方案。GMBSCL 在理论推导下，求解每个子集中的解向量，并设计了每个子集的学习和预测过程，而不再是基于 Bagging 算法的多个独立子集分散学习。除了统一的框架外，GMBSCL 的其他两个正则化项在分类任务中也起着重要作用。R_s 实现了所有子集之间的协同工作，在 R_s 的指导下，不同子集中学习的分类器建立了相互之间的关联。R_w 使每个子集中的解向量与整个数据集中的解向量有关。在 R_w 的指导下，每一个子集中学习的分类器可以从全局的角度审视其在自身子集中学习得到的分类超平面。

5.3.3.3　参数分析

根据表 5-11 和表 5-12 所示的分类结果，显然 GMBSCL(R) 的分类结果要优于其他对比算法。因此，参数讨论均针对 GMBSCL(R)，且对应 *GMean* 的分类结果。因为 GMBSCL(R) 拥有三个参数，分别是 c、λ 和 β，所以每个数据集对应 GMBSCL(R) 的参数组合对应 125 个分类结果。当讨论其中某一个参数的具体值时，需要固定该参数的值，那么此时对应 25 个分类结果。通过对这 25 个分类结果进行平均，以反映该参数在某一个数据集中的整体情况。

图 5-11 显示了 GMBSCL(R) 对应不同 c 时的分类结果。参数 c 对应于控制解向量稀疏性的 L2 范数正则化项。从图 5-11 中可以看出，在大部分数据集上，当 c 小于或等于 0.1 时，GMBSCL(R) 可以获得良好的分类性能。因此，当 c 设置为 0.01 或 0.1 时，GMBSCL(R) 可以在不平衡数据集上获得更好的分类性能。参数 c 选择较小的值之所以可以获取更好的分类性能，是因为在计算显性核映射函数时，核矩阵特征分解后选取特征值为正的特征向量。实际计算中存在许多负的特征值，因此通过显性核函数映射样本到核空间的维度已经降低了。如果 c 的取值大于 1，那么 GMBSCL(R) 可能会过度降低解向量中某些特征的重要性，从而会在训练过程中提高分类误差。

图 5-12 显示了 GMBSCL(R) 对应不同 λ 时的分类结果。参数 λ 控制表达协同学习的正则化项 R_s。结果表明，和参数 c 的情况类似，当 λ 小于或等于 0.1 时，GMBSCL(R) 可以获得良好的分类性能。λ 也需要选择较小的值，这说明需要关注不同的训练子集中少数类样本的输出是否一

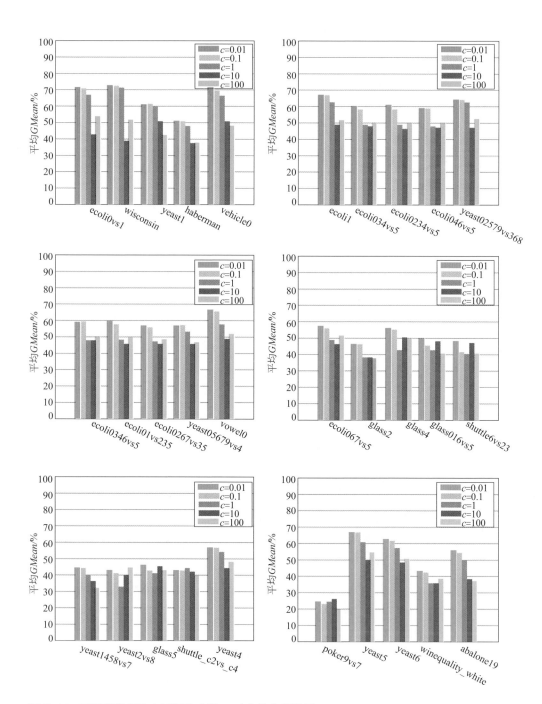

图 5-11 不平衡数据集上不同的参数 c 对应的分类结果

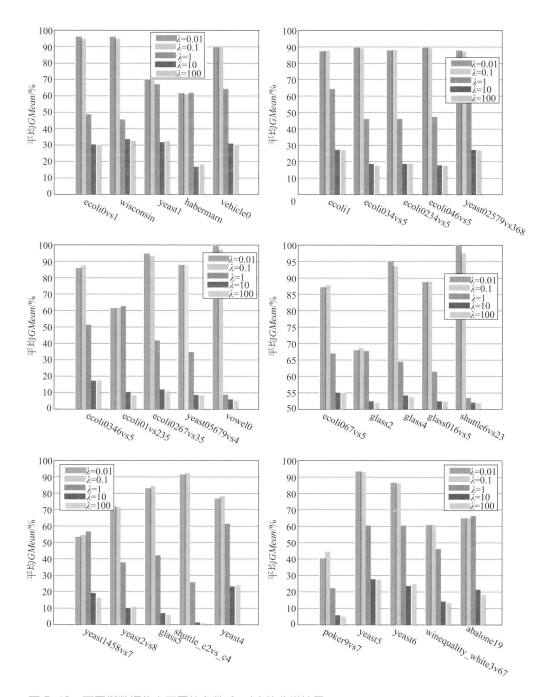

图 5-12　不平衡数据集上不同的参数 λ 对应的分类结果

致。但是过分关注一致性并不能为不平衡数据的分类提供帮助，这是因为数据集中多数类样本是从原始数据集中随机选取的，而在不同的子集中，多数类样本由于随机的原因，分布可能完全不同，而 GMBSCL(R) 会关注少数类样本的输出一致性，在结合多个子集协同学习的过程中会有利于少数类样本的正确率，但是过度关注少数类样本的正确率则会不利于多数类样本的正确率，反而降低了 GMBSCL(R) 针对不平衡数据的分类性能。

图 5-13 显示了 GMBSCL(R) 对应不同 β 时的分类结果。参数 β 控制了整个数据集中的解向量与每个子集中的解向量之间拟合度的重要性。从图 5-13 中可以看出，在大部分数据集上，当 β 等于 0.1 时，GMBSCL(R) 可以获得良好的分类性能。从几何空间的角度看分类问题，显然将不同类别样本投影到解向量后，具有较小类内距离及较大类间距离的解向量可以提供更好的分类结果。GBMSCL(R) 利用针对全局的分类信息，调节每个子集中的解向量，为每个子集中的训练提供了全局信息，使得子集的训练过程不再仅关注自身的数据，避免陷入局部最优。

5.3.3.4　图像数据集对比实验结果

在不平衡问题中，因为少数类样本数量稀少，所以会对实际分类造成困难。但是虽然少数类样本稀少，却不能随意地误分。此外，如果不平衡数据的维度较高，那么高维以及不平衡性会给分类问题带来极大的困难。本节测试了 GMBSCL 在高维不平衡图像数据上的分类性能，其中不仅仅涉及数据不平衡的问题，还需要考虑过拟合的风险。本节涉及的实验数据集为 Yale 以及 YaleB，其中 Yale 是一个高维小样本数据集，而 YaleB 是 Yale 的扩展形式。图 5-14 显示了在 Yale 数据集中每个人的人脸图像。

具体来说，Yale 数据集包含 15 个人，每个人仅有 11 张 1024 维的图像，所以样本数远远小于数据的特征维度。为了验证 GMBSCL 对不平衡图像数据集的有效性，通过 OVA 的形式选取一个人的图像作为少数类样本，而其他人的图像作为多数类样本。然后，可以将原始的 Yale 数据集划分为 15 个不平衡数据集。在实验所对应的表格中，Yale1 选

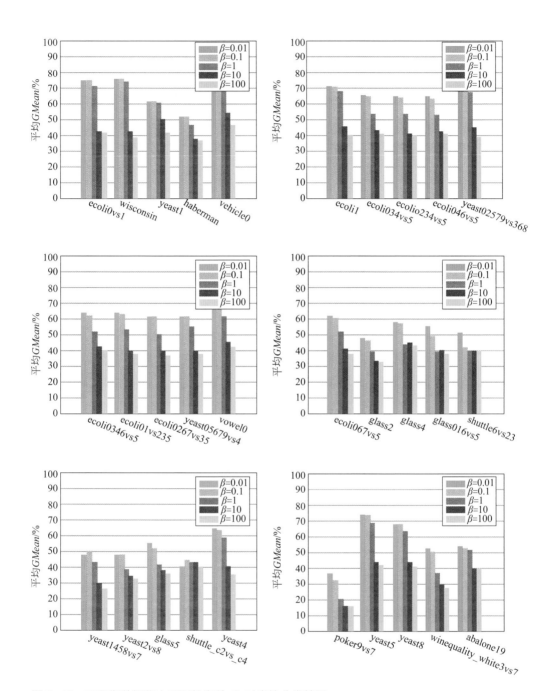

图 5-13　不平衡数据集上不同的参数 β 对应的分类结果

图 5-14 Yale 数据集中的图片

择第一个人的图像作为少数类样本，其他人的图像作为多数类样本。同理，Yale2 选择第二个人的图像作为少数类样本。显然，原始的 Yale 数据集可以划分为 15 个不平衡率是 14 的不平衡数据集。由于 Yale 数据集的规模相对较小，实验过程中增加了 YaleB 数据集，该数据集是 Yale 数据集的扩展形式。YaleB 将 Yale 中的人物数量由 15 个扩展到 38 个，并且每个人有 64 张 1024 维的图像。类似地，对于 YaleB，其划分后可以提供 38 个不平衡数据集，每个数据集的不平衡率为 37。

GMean 标准下的实验结果及分析：表 5-13 列出了 GMBSCL 相关算法以及对比算法在不平衡图像数据集 Yale 和 YaleB 上 *GMean* 的测试结果。如表 5-13 所示，在 53 个不平衡图像数据集中，GMBSCL(L) 在其中 35 个数据集上达到了最好的分类效果，相比于其他算法，GMBSCL(L) 显然具有更好的分类性能。此外，根据在 53 个数据集上的平均 *GMean* 值，GMBSCL(L) 达到了最高值 (92.38%)，GMBSCL(R) 达到第二高值 (87.58%)。对于其他对比算法，只有 EasyEnsemble 的分类结果接近于 GMBSCL(R)，但仍然比 GMBSCL(R) 低了约 2%，且比 GMBSCL(L) 低了约 7%。

贝叶斯符号秩检验也同样显示了 GMBSCL 相比于其他分类算法的优势。如图 5-15 所示，GMBSCL(L) 以 100% 的概率超过了其他对比算法的分类性能。此外，除了 GMBSCL(L) 和 EasyEnsemble 外，GMBSCL(R) 同样以 100% 的概率优胜其他对比算法。

表5-13 不平衡数据集Yale和YaleB上GMean的测试结果

%

数据集	GMBSCL (L) GMean±std	GMBSCL (R) GMean±std	EasyEnsemble GMean±std	RUSBoost GMean±std	OGE GMean±std	AdaKNN2GISH GMean±std	MWMOTE-SVM GMean±std
Yale1	86.82±10.35	**90.53±18.39**	77.76±13.08	81.06±14.03	85.34±17.95	75.44±15.04	82.83±16.88
Yale2	**96.04±2.97**	88.69±15.50	63.98±26.92	75.19±13.19	74.85±14.66	75.14±12.93	86.02±14.04
Yale3	**86.19±16.02**	67.61±40.25	64.45±25.52	69.65±15.96	59.42±35.10	58.89±34.63	64.61±38.05
Yale4	**91.84±6.67**	87.95±15.75	88.94±8.04	91.53±11.81	91.70±8.18	80.19±12.84	88.28±16.04
Yale5	**93.39±5.79**	92.40±12.70	85.31±9.38	79.22±12.68	81.95±6.88	75.75±12.86	91.23±12.57
Yale6	**87.67±17.78**	84.72±14.30	80.06±12.28	83.42±17.00	69.45±19.24	80.59±18.35	87.45±15.88
Yale7	99.40±1.34	**99.70±0.66**	86.71±18.14	73.61±43.15	99.07±1.36	98.70±0.73	99.70±0.66
Yale8	95.35±2.70	**96.30±3.37**	73.65±18.52	78.08±9.66	89.36±7.24	77.69±14.92	91.97±7.10
Yale9	**88.56±16.01**	79.27±10.34	73.24±18.07	55.80±33.59	83.86±12.24	64.17±38.00	72.11±12.27
Yale10	84.43±19.78	**88.28±16.04**	83.10±12.28	69.42±41.40	75.20±14.67	83.13±16.21	86.67±15.37
Yale11	**100.00±0.00**	**100.00±0.00**	89.08±11.59	92.59±12.95	**100.00±0.00**	87.65±15.48	98.30±2.10
Yale12	**91.85±8.15**	86.03±14.70	60.73±18.84	53.51±30.98	65.20±13.36	86.81±11.90	76.71±15.07
Yale13	**92.83±8.39**	88.33±10.50	79.37±20.57	88.18±16.05	89.44±6.27	74.27±16.12	86.98±11.25
Yale14	83.66±7.74	**85.52±16.88**	71.27±16.26	80.69±16.20	70.60±17.23	75.42±17.07	78.52±12.98
Yale15	**87.48±4.65**	79.11±13.84	78.65±12.31	56.61±34.72	72.32±13.96	59.04±34.59	70.11±15.17
YaleB1	**94.39±10.22**	87.41±15.35	81.95±17.15	86.14±17.90	72.04±23.35	67.52±18.63	85.14±20.34
YaleB2	92.82±6.19	85.56±19.29	**95.35±2.52**	84.51±27.75	79.65±18.68	75.50±16.77	84.65±18.64
YaleB3	**92.97±4.76**	87.51±15.40	86.03±18.64	81.60±23.88	74.13±21.13	65.28±17.78	85.96±14.69

数据集	GMBSCL (L) GMean±std	GMBSCL (R) GMean±std	EasyEnsemble GMean±std	RUSBoost GMean±std	OGE GMean±std	AdaKNN2GISH GMean±std	MWMOTE-SVM GMean±std
YaleB4	**92.23±8.53**	89.97±13.26	80.57±20.33	70.06±40.00	75.42±21.31	69.99±11.71	90.18±13.42
YaleB5	98.82±0.70	97.03±6.30	98.57±1.41	93.76±10.30	91.92±9.17	78.71±13.06	**99.06±1.86**
YaleB6	**93.67±8.94**	85.32±20.77	84.00±17.81	73.97±30.56	72.01±22.51	69.15±17.56	81.97±23.19
YaleB7	**88.90±13.53**	84.77±22.02	85.15±18.90	72.05±40.94	68.45±18.92	63.63±15.84	77.18±32.93
YaleB8	**93.14±4.80**	87.03±16.33	90.19±16.46	88.67±14.66	73.36±26.75	74.94±13.75	85.21±18.18
YaleB9	92.95±3.69	**93.75±6.80**	90.81±12.70	88.70±13.82	81.68±21.03	75.86±15.91	88.71±14.69
YaleB10	**91.46±2.49**	83.69±16.94	86.43±16.18	87.24±21.11	66.62±21.09	62.47±18.74	78.33±25.98
YaleB11	**93.03±9.11**	85.69±20.13	88.11±17.63	89.07±15.14	79.93±21.09	74.64±10.33	85.60±20.05
YaleB12	**94.60±11.60**	91.88±11.88	91.17±11.62	88.76±20.53	80.05±24.75	77.98±21.78	86.67±18.80
YaleB13	91.11±4.25	85.75±21.37	**95.17±6.81**	86.19±20.67	80.90±24.12	84.59±17.74	88.95±17.82
YaleB14	**90.68±11.05**	85.69±20.13	84.94±21.13	76.16±29.50	76.10±30.72	69.87±20.00	86.79±18.28
YaleB15	**93.95±10.66**	85.83±16.39	86.93±6.28	77.23±17.86	72.88±15.72	63.43±15.70	85.53±16.13
YaleB16	**91.68±7.70**	83.58±20.70	81.67±19.53	80.33±11.94	73.14±20.41	62.70±18.05	77.80±29.16
YaleB17	**96.49±4.10**	89.82±13.85	88.67±16.92	83.33±26.72	80.16±26.69	75.69±14.85	88.94±15.41
YaleB18	**90.63±15.16**	85.61±13.42	84.69±17.04	78.95±26.70	76.01±22.11	63.55±15.76	85.16±20.36
YaleB19	**91.19±15.52**	86.12±17.14	89.38±8.51	65.88±36.63	61.79±24.35	62.29±20.36	82.18±20.43
YaleB20	**92.63±7.65**	86.14±17.16	90.45±13.35	91.66±14.51	77.86±24.74	75.08±15.22	80.64±24.73
YaleB21	**98.50±3.00**	88.59±18.62	98.29±3.35	98.23±3.18	74.70±27.79	80.23±15.41	80.70±25.63

续表

数据集	GMBSCL (L) GMean±std	GMBSCL (R) GMean±std	EasyEnsemble GMean±std	RUSBoost GMean±std	OGE GMean±std	AdaKNN2GISH GMean±std	MWMOTE-SVM GMean±std
YaleB22	**93.42±8.92**	85.11±20.32	81.85±18.64	83.77±8.14	71.20±26.49	69.34±20.17	77.99±29.79
YaleB23	98.11±1.83	89.40±16.76	**99.40±1.16**	99.22±1.27	77.10±25.00	74.63±13.21	91.47±14.66
YaleB24	88.62±10.95	86.62±17.34	**90.69±17.07**	83.42±23.93	73.57±20.15	75.65±12.75	79.79±23.96
YaleB25	**95.42±7.87**	86.37±18.92	87.57±8.79	78.95±19.71	72.49±31.30	76.30±16.16	84.03±21.94
YaleB26	96.68±1.77	91.23±10.83	**97.10±5.38**	96.06±8.11	80.38±23.64	73.75±13.61	95.26±3.23
YaleB27	96.56±1.92	95.54±5.20	**97.70±1.68**	93.73±7.05	96.01±2.64	80.62±13.74	97.14±4.36
YaleB28	89.13±12.64	83.29±22.25	**90.59±9.38**	80.13±14.66	72.26±24.58	71.91±18.43	78.49±26.12
YaleB29	**92.42±9.51**	85.27±18.27	86.53±15.22	79.67±22.28	69.20±28.86	67.40±15.77	80.61±24.62
YaleB30	**93.47±4.19**	88.11±17.19	82.29±20.44	72.02±31.75	72.59±21.04	67.03±13.11	85.35±18.28
YaleB31	96.08±1.68	96.63±3.28	95.80±4.40	93.90±6.04	93.80±4.44	84.37±8.68	**96.64±3.66**
YaleB32	**96.08±3.71**	86.53±14.88	88.23±18.82	70.49±26.60	71.60±24.41	67.23±13.92	82.18±23.25
YaleB33	91.79±1.42	90.65±11.79	**95.78±2.66**	84.78±17.07	80.50±17.85	70.38±19.09	88.94±13.49
YaleB34	92.29±4.66	88.52±14.79	**96.93±2.97**	94.59±5.74	77.81±19.70	73.86±15.24	82.12±20.09
YaleB35	**79.41±12.26**	75.12±25.86	76.62±17.24	54.53±32.50	59.82±25.75	51.50±20.90	71.11±33.33
YaleB36	92.05±4.47	88.23±15.14	**93.14±5.07**	83.14±20.75	70.74±25.36	62.20±17.54	82.91±22.35
YaleB37	**94.01±4.82**	86.79±15.69	80.92±14.59	88.22±13.36	68.34±20.10	73.26±18.22	79.76±25.28
YaleB38	**89.05±8.82**	86.97±17.83	87.00±16.95	83.32±27.51	77.16±27.02	72.18±15.70	85.06±20.30
平均值	**92.38±7.43**	87.58±15.34	85.72±13.33	80.96±20.27	77.00±19.30	72.79±16.66	84.64±17.83

注：每个数据集最优的分类结果以粗体表示。

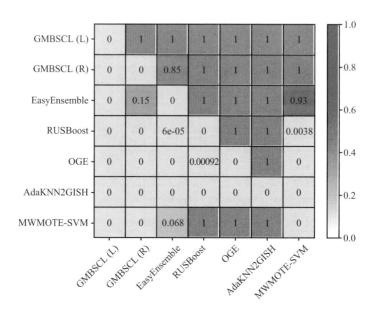

图 5-15 不平衡数据集 Yale 和 YaleB 上对应 *GMean* 结果的贝叶斯符号秩检验热力图

具体而言，GMBSCL(R) 的分类性能好于 EasyEnsemble 的概率为 85%，反之，EasyEnsemble 的分类性能优于 GMBSCL(R) 的概率仅为 15%。GMBSCL(R) 对高维不平衡图像数据集具有良好的分类性能，是因为高维图像数据集需要更多的样本来充分表达数据分布。而全局信息项 R_w 准确地提供了整个数据集的全局分布信息。此外，R_s 还建立了子集训练过程中的协同信息。因此，GMBSCL(R) 可以很好地处理高维不平衡数据集。

根据表 5-13 和图 5-15 所示的贝叶斯符号秩检验结果，可以发现 GMBSCL(R) 的分类结果在高维数据集以及 *GMean* 评价准则下，比 GMBSCL(L) 要差一些。*GMean* 是少数类样本正确率和多数类样本正确率的几何平均数。由于少数类样本相对更加稀有，少数类样本的正确率相比于多数类样本的正确率更加重要。GMBSCL(L) 求解得到的线性分类超平面可以提供一个相对较大的少数类决策区域，在该区域中，样本均被归类为少数类样本。在测试集中，GMBSCL(L) 所提供的少数类决策区域可能会误判一些多数类样本为少数类样本，因此，可以提供更好的少数类样本正确率，会提高 *GMean* 的分类结果。而 GMBSCL(R) 采用非线性的 RBF 核，因此，GMBSCL(R) 更趋向于拟合多数类样本和少数类样本的边界。这就导致了在非线性边界的训练集中，GMBSCL(R) 会拟合少数类的边界，不会像 GMBSCL(L) 一样只提供一个更加宽广的线性边界少数类决策区域。此外，高维图像数据可能会导致 GMBSCL(R) 更好地拟合训练数据，从而进一步地缩小少数类决策区域。显然，少数类决策区域会对测试集中少数类样本的正确率产生很大的影响，较小则不利于 *GMean* 的结果。所以，GMBSCL(L) 在 *GMean* 评价准则下的表现会优于 GMBSCL(R)。

F1-score 标准下的实验结果及分析：除了 *GMean* 的测试结果外，本节还列出了 GMBSCL 相关算法以及对比算法在不平衡图像数据集 Yale 和 YaleB 上 F1-score 的测试结果，如表 5-14 所示。结果表明，不同于 *GMean* 评价准则的情况，GMBSCL(R) 在近一半的数据集上达到了最好的分类效果。根据在 53 个数据集上的平均 F1-score 值，GMBSCL(R) 达到了最高值(78.12%)，比 MWMOTE-SVM 的次优值(75.94%)高出约 2%。如果 GMBSCL 使用线性核函数，GMBSCL(L) 的分类结果不是很理想，且 GMBSCL(L) 的分类结果比 GMBSCL(R) 低 15% 左右。对于其他对比算法，包括 EasyEnsmble、RUSBoost、OGE 和 AdaKNN2GISH，在选择 F1-score 作为评价标准时，它们的分类性能都相对较差。

此外，贝叶斯符号秩检验也同样显示了 GMBSCL(R) 相比于其他分类算法的优势。如图 5-16 所示，GMBSCL(R) 比其他对比算法的结果好。对于其他对比算法，只有 MWMOTE-SVM 可以获得较好的分类性能，其他算法都不能在 F1-score 的评价标准下获得较好的结果。因此，当针对高维不平衡数据时，GMBSCL 使用 RBF 核将数据从原始空间映射到核空间，可以在 F1-score 评价准则下获得更好的分类效果。

不同于评价标准下，GMBSCL(L) 可以获得较好的分类结果，针对 F1-score 评价准则，需要使用 RBF 核函数。在 F1-score 的评价准则中，错误地将多数类样本归类为少数类样本也会产生不良影响。由于线性核很难拟合少数类的边界，GMBSCL(L) 倾向于提供一个更大的线性边界的少数类决策区域，从而导致一些多数类样本被误分为少数类样本。不同于线性核，GMBSCL(R) 中 RBF 核提供非线性分类超平面，更倾向于

表5-14 不平衡数据集Yale和YaleB上F1-score的测试结果

%

数据集	GMBSCL (L) F1-score±std	GMBSCL (R) F1-score±std	EasyEnsemble F1-score±std	RUSBoost F1-score±std	OGE F1-score±std	AdaKNN2GISH F1-score±std	MWMOTE-SVM F1-score±std
Yale1	68.19±32.40	72.41±18.39	32.58±12.58	56.00±27.73	61.59±28.62	35.23±13.95	62.41±32.04
Yale2	69.43±20.39	80.00±15.50	34.07±30.24	49.71±22.44	33.54±26.20	35.05±9.95	73.33±14.91
Yale3	68.00±29.50	60.00±40.25	24.05±18.68	36.11±17.79	22.69±15.83	22.94±14.38	62.67±37.59
Yale4	70.67±32.86	82.67±15.75	52.88±9.12	71.43±16.50	58.67±27.61	38.84±9.22	86.67±18.26
Yale5	58.58±19.86	82.22±12.70	41.57±10.26	55.05±28.76	32.48±10.80	29.07±9.20	70.00±18.26
Yale6	61.00±26.08	73.33±14.30	36.19±12.97	53.33±30.83	24.40±11.92	40.76±20.83	80.00±18.26
Yale7	96.00±8.94	97.14±0.66	51.84±27.92	67.14±42.74	91.00±12.45	85.14±8.67	97.14±6.39
Yale8	71.33±27.85	80.00±3.37	27.76±15.36	47.05±14.08	47.71±19.70	47.38±20.03	79.33±21.65
Yale9	63.33±33.99	61.33±10.34	25.80±10.90	32.61±24.75	44.49±8.88	35.58±21.55	52.22±36.35
Yale10	65.33±29.38	86.67±16.04	37.38±17.63	40.67±29.66	30.89±11.23	50.23±22.89	73.33±25.28
Yale11	100.00±0.00	100.00±0.00	59.33±22.32	76.48±19.03	100.00±0.00	79.81±14.04	93.33±14.91
Yale12	72.00±41.47	72.00±14.70	19.50±13.25	33.11±27.12	21.69±8.23	47.76±18.07	56.00±31.83
Yale13	65.45±32.49	61.05±10.50	40.42±21.09	61.15±34.18	45.30±14.74	33.96±19.67	67.33±23.85
Yale14	48.62±35.46	71.33±16.88	26.29±14.14	40.45±18.66	25.67±14.93	30.18±13.73	72.67±18.62
Yale15	45.86±13.61	48.10±13.84	29.56±11.68	30.44±19.75	28.49±13.15	27.05±17.52	52.67±31.31
YaleB1	88.59±15.18	85.00±15.35	36.57±13.52	51.60±16.92	16.42±8.11	13.53±7.17	81.87±23.10
YaleB2	34.02±11.95	81.76±19.29	58.92±22.38	60.78±28.71	26.51±9.38	23.56±10.91	79.16±24.85
YaleB3	53.53±15.43	80.92±15.40	42.53±29.92	42.57±33.29	20.59±11.48	15.61±10.92	65.58±27.38

数据集	GMBSCL(L) F1-score±std	GMBSCL(R) F1-score±std	EasyEnsemble F1-score±std	RUSBoost F1-score±std	OGE F1-score±std	AdaKNN2GISH F1-score±std	MWMOTE-SVM F1-score±std
YaleB4	47.23±26.25	78.94±13.26	29.71±23.48	27.61±19.95	16.00±6.26	14.90±5.82	**80.85±17.72**
YaleB5	76.38±14.65	88.72±6.30	72.49±23.38	70.59±24.99	56.53±20.60	33.07±13.45	**96.62±3.57**
YaleB6	**82.89±12.79**	82.86±20.77	39.22±22.06	40.97±20.61	20.25±11.26	16.43±10.69	75.76±25.01
YaleB7	55.33±16.53	**71.30±22.02**	27.88±14.80	27.10±16.55	11.24±4.22	9.31±4.13	60.80±35.94
YaleB8	53.95±26.11	**84.23±16.33**	53.35±24.31	56.59±31.82	20.17±10.94	19.53±7.86	77.12±25.55
YaleB9	42.90±26.04	**92.03±6.80**	58.10±26.31	52.67±19.75	41.37±19.29	21.09±8.54	87.30±16.91
YaleB10	36.95±18.61	**77.96±16.94**	31.86±12.21	48.19±12.58	15.00±7.10	12.99±5.79	72.80±32.23
YaleB11	**86.64±8.16**	83.33±20.13	47.25±28.96	48.18±16.67	35.05±19.41	26.87±9.62	80.48±21.85
YaleB12	88.80±16.74	**90.26±11.88**	50.82±16.87	61.52±13.21	37.79±23.37	29.52±18.17	84.58±21.88
YaleB13	47.01±23.87	82.74±21.37	78.54±16.42	73.70±20.77	52.94±21.69	52.32±12.99	**87.31±21.19**
YaleB14	80.48±19.07	83.33±20.13	56.25±34.80	52.26±32.09	35.68±20.50	23.99±13.54	**84.76±21.14**
YaleB15	75.20±16.18	71.97±16.39	33.57±8.65	33.33±14.44	19.53±2.23	12.94±6.85	**83.59±18.73**
YaleB16	57.03±23.16	**80.10±20.70**	31.50±10.01	34.09±5.97	21.42±9.99	13.31±6.55	66.71±34.06
YaleB17	86.07±12.90	86.43±13.85	63.00±21.17	53.87±21.59	37.33±17.32	24.18±9.40	**87.46±17.53**
YaleB18	72.32±16.61	81.29±13.42	45.46±20.11	42.79±21.56	22.32±7.14	10.52±5.82	**82.67±23.77**
YaleB19	62.93±18.87	**82.27±17.14**	39.62±14.07	26.58±20.77	10.49±5.75	11.40±9.02	72.15±22.17
YaleB20	62.09±17.31	**82.27±17.16**	75.63±26.22	71.12±14.25	29.65±12.44	25.63±7.70	75.29±30.56
YaleB21	**94.30±6.10**	86.84±18.62	83.47±25.78	80.67±26.44	31.69±17.36	42.06±10.33	76.41±30.12
YaleB22	76.84±15.50	**81.07±20.32**	38.49±30.35	41.93±17.05	23.00±15.94	18.04±11.30	64.98±34.07

数据集	GMBSCL (L) F1-score±std	GMBSCL (R) F1-score±std	EasyEnsemble F1-score±std	RUSBoost F1-score±std	OGE F1-score±std	AdaKNN2GISH F1-score±std	MWMOTE-SVM F1-score±std
YaleB23	85.70±8.30	83.46±16.76	88.89±18.59	85.39±21.04	28.81±14.27	18.19±4.57	**89.57±17.01**
YaleB24	45.80±27.44	**82.73±17.34**	52.28±18.93	46.90±22.42	18.79±8.74	18.68±3.79	74.42±29.73
YaleB25	**86.55±8.30**	83.44±18.92	53.88±24.38	43.66±16.19	27.04±13.37	23.38±7.39	79.07±24.35
YaleB26	53.49±23.51	89.61±10.83	86.09±10.15	87.09±9.91	30.67±12.63	24.02±5.58	**95.11±3.37**
YaleB27	53.66±24.64	89.02±5.20	60.08±23.43	64.57±25.37	51.42±15.04	29.22±9.45	**95.53±6.15**
YaleB28	73.86±13.06	**80.46±22.25**	52.49±23.08	41.35±13.61	31.21±24.02	35.35±23.09	73.99±32.17
YaleB29	72.47±10.57	**82.27±18.27**	51.08±28.62	33.89±11.79	15.24±8.84	13.58±5.24	74.05±26.79
YaleB30	58.54±12.72	**79.19±17.19**	33.23±26.36	29.65±22.33	15.03±7.62	11.60±3.33	76.83±22.19
YaleB31	43.68±10.79	62.81±3.28	69.52±22.94	67.24±25.47	43.78±13.35	31.07±6.59	**73.85±21.70**
YaleB32	58.14±18.72	61.79±14.88	46.96±23.53	33.54±20.60	14.82±7.53	14.36±5.71	**66.17±24.31**
YaleB33	40.64±18.52	**83.42±11.79**	50.41±16.73	59.71±23.89	25.97±11.72	15.87±7.40	81.96±17.84
YaleB34	36.10±7.88	**75.16±14.79**	68.88±28.45	66.06±24.55	17.73±7.98	17.78±6.59	71.41±37.04
YaleB35	25.20±14.22	39.35±25.86	21.70±8.89	15.21±10.94	10.50±6.54	8.43±6.30	**47.92±40.69**
YaleB36	41.01±16.76	69.57±15.14	44.62±24.71	43.19±23.10	17.16±12.67	13.37±5.32	**73.21±31.31**
YaleB37	48.19±13.35	52.01±15.69	32.53±12.36	52.09±23.79	13.74±8.52	18.43±10.95	**69.13±33.70**
YaleB38	40.76±13.81	**82.22±17.83**	51.48±30.24	57.14±26.92	26.62±15.77	21.69±4.55	79.00±22.22
平均值	63.19±18.96	**78.12±21.03**	47.12±19.91	50.49±21.62	31.28±13.11	26.88±10.49	75.94±23.95

注：每个数据集上最优的分类结果以粗体表示。

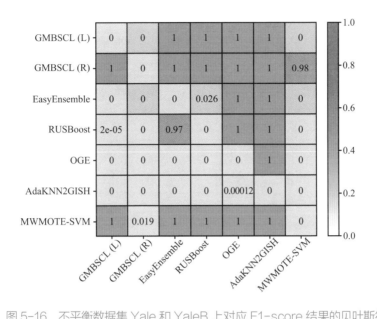

图 5-16　不平衡数据集 Yale 和 YaleB 上对应 F1-score 结果的贝叶斯符号秩检验热力图

拟合少数类和多数类的类边界，所以区域大小相对于线性分类超平面会小一些。在测试集中，GMBSCL(R) 尽管会误分一些少数类样本，但却不会过多地将多数类样本误分为少数类样本，所以 GMBSCL(R) 的 F1-score 得分较高。这就是 GMBSCL(R) 比 GMBSCL(L) 在 F1-score 评价准则下的表现更好的原因。

5.3.3.5　训练时间

图 5-17 显示了所有算法在 KEEP 数据集上所需的训练时间。由于不同算法所需的训练时间可能存在很大差异，为了使不同算法间的对比更加明显，所有算法的训练时间只显示其在 1s 内的情况。该训练时间为 *GMean* 取得最佳分类结果时所对应的结果。

如图 5-17 所示，显然 GMBSCL(L) 所需的训练时间在大部分数据集中均为最低。虽然 GMBSCL(L) 和 MWMOTE-SVM 的分类结果相当，但 GMBSCL(L) 的训练时间远远小于 MWMOTE-SVM 所需的训练时间。与 GMBSCL(L) 相比，虽然 GMBSCL(R) 可以提供最好的分类结果，但是

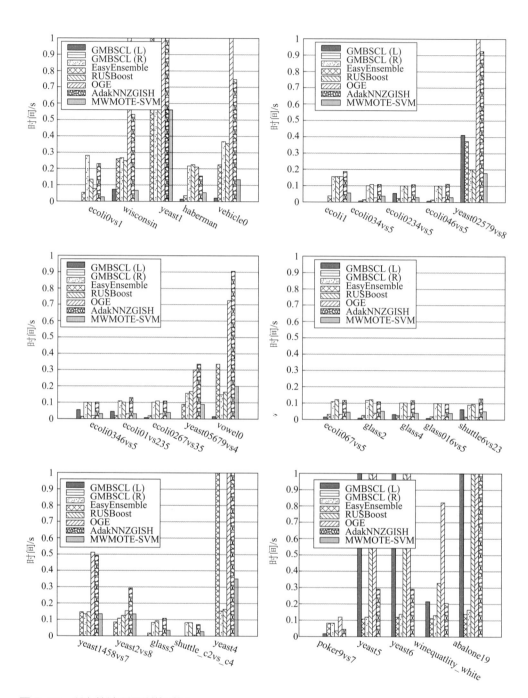

图 5-17　所有算法所需训练时间

在大部分训练过程中却要消耗更多的时间。OGE 采用非对称采样，因此需要训练的子集数量随着不平衡率的增加而增加，训练时间也随之增加。对于 EasyEnsemble 和 RUSBoost 来说，从图 5-17 中也可以看出，在大部分情况下其比 GMBSCL 花费的训练时间更多。由于 AdaKNN2GISH 是基于 KNN 的算法，虽然不需要训练过程，但在测试过程中需要花费大量时间。实验中记录了 AdaKNN2GISH 的测试时间。结果表明，由于 AdaKNN2GISH 需要计算许多额外的信息，在运行时间上没有优势。总体来说，GMBSCL 在分类能力和训练速度上都有优势。当 GMBSCL 使用 RBF 核时，虽然训练时间会增加，但分类能力会得到进一步的提高。

观察 GMBSCL 的求解过程可以发现，GMBSCL 的计算量主要集中在求逆矩阵上。当数据维度为 d 时，计算成本为 $O(d^3)$。此外，如果使用 RBF 核，计算核映射函数还涉及核矩阵的特征分解过程。核矩阵的大小与样本数相关，因此对于样本数量为 N 的数据集，矩阵特征值分解所涉及的计算复杂度为 $O(N^3)$。需要注意的是，当样本被核映射函数映射到核空间后，数据维度远小于 N。根据图 5-18 所示所有算法在图像数据集上的训练时间，也可以发现 GMBSCL 的训练时间与样本数量以及特征维度的关系。

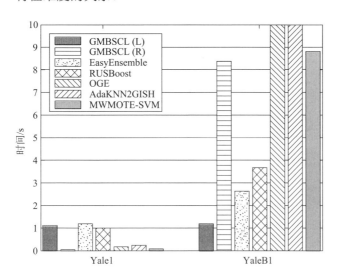

图 5-18　Yale 和 YaleB 上所有算法所需训练时间

从算法的角度来看 GMBSCL，由于 Yale 和 YaleB1 在线性空间中的维度相同，GMBSCL(L) 对这两个数据集的训练时间是相似的。不同的是，由于 YaleB 的样本数量大于 Yale1，GMBSCL(R) 在 Yale 相关数据上花费的训练时间相对较少，而在 YaleB 相关数据上花费的时间较多。从数据集的角度来看，Yale1 是一个高维小样本的数据集，通过显性核映射函数将数据空间转换，该转换的复杂度也仅与样本数相关。此外，映射后其在核空间的维度也极大地减少，此时逆矩阵操作也与样本数相关。因此，GMBSCL(R) 的训练时间与数据量密切相关，训练时间随样本数量的增加而增加。这就是为什么 GMBSCL(R) 在 Yale1 上比 GMBSCL(L) 更高效。对于数据量较大的 YaleB，GMBSCL(L) 在 YaleB1 上比 GMBSCL(R) 更高效。

5.4
基于熵与置信度的下采样 Boosting 集成

5.4.1　基于熵与置信度的下采样 Boosting 集成方法

传统的集成算法并没有对不平衡问题进行针对性的优化，因此往往在集成中会整合数据预处理，该方法称为基于数据预处理的集成算法 DPE。本节主要考虑对多数类进行下采样的策略。大多数 DPE 算法都是基于静态采样的，即算法主体和采样两个部分是分离的。模型与采样策略的孤立策略导致了采样过程中重要的样本信息无法得到有效的保障，容易丢失。另外，与算法模型关联的动态采样策略又面临着对边界样本过拟合的风险，从而严重破坏了样本的整体结构信息。显然仅仅基于样本的边界距离这一个信息不足以保证下采样的可靠性。此外，这些采样策略都依赖基于边界与迭代优化策略的基算法，这使得动态采样算法的推广性受到了制约。为了在下采样时尽可能地保护结构信息，基于聚类的下采样算法 USBC 被提出，但是 USBC 对于噪声和离群点过于敏感，并且聚类算法在很多情况下并不能保证收敛性。因此大多数基于 USBC

改进的算法都是启发式的。

本节基于现有 DPE 算法的这些问题，受到信息熵公式的启发，引入基于样本模糊隶属度得到的类确定度熵（Class Certainty Entropy）和基于样本结构信息的结构分布熵（Structural Distribution Entropy），并将其与算法置信度整合作为动态采样的依据。其中，类确定度熵能够抵抗边界离群噪声的影响，样本结构分布熵能够保护样本整体结构紧密的关键样本点，从而在保护多数类重要样本信息的同时有效避免了边界过拟合的现象，提高了算法的泛化性能。比起其他策略，信息熵的最大优势在于其只需在算法启动时计算一次，之后可以随意复用，时间复杂度较低。本节将该采样策略与 Boosting 集成算法结合，使其使用场景不受限于迭代优化的基算法。例如在 Boosting 集成的情况下，该下采样策略能够适用于随机森林等基于决策树的模型。本节将新提出的 DPE 算法称为基于熵与置信度的下采样 Boosting 集成算法（Entropy and Confidence based Undersampling Boosting, ECUBoost）。

本节所提 ECUBoost 的主要创新点如下：

① 本方法首次将动态下采样策略通过基分类器的置信度和 Boosting 集成算法相结合，使其对不平衡问题有更理想的分类性能。

② 本方法同时利用两种信息熵和置信度作为采样时样本选择的基准。这个策略有效确保了下采样后多数类样本结构分布的可靠性。

③ 本方法通过 Boosting 集成以及新的样本选择策略，将动态采样的思想推广至更多的基分类器，并且所提方法以分类回归树（Classification And Regression Trees, CART）以及随机森林（Random Forest, RF）作为基分类器，对人工数据集和 KEEL 不平衡数据集进行了实验，验证了该算法的有效性及可靠性。

5.4.2 ECUBoost 算法模型

5.4.2.1 ECUBoost 算法流程

在一个典型的不平衡的二分类问题中，本节定义训练集为 $X \in \{X_n, X_p\}$，其中包含了 N_n 个多数类样本 X_n 和 N_p 个少数类样本 X_p。基分类器随机森林 RF 在这里表示为 $f_j(x)(j=0, 1, \cdots, L)$，其中 L 表示 Boosting 集成的总迭代次数。ECUBoost-RF 算法的流程图见图 5-19，ECUBoost-RF 算法的详细步骤见表 5-15。主要步骤的对应说明如下：

步骤 1：分别计算多数类中每个样本的类确定度熵 $E_i^{cer}(i=1,2,\cdots,N_n)$ 和结构分布熵 $E_i^{str}(i=1,2,\cdots,N_n)$。

步骤 2：首先使用全部少数类样本 X_p 和通过随机下采样（Random Undersampling, RUS）得到的与少数类等量的多数类样本 $X_n^0(N_n^0=N_p)$ 训练第一个 RF 作为基分类器。

步骤 3：将由现有的基分类器 $f_j(X_n)(j=0,1,\cdots,l-1)$ 得到的平均多数类置信度 $Conf_i^n(i=1,2,\cdots,N_n)$ 与步骤 1 得到的两种信息熵加权求和，其中 l 表示当前的集成迭代次数，并将同时基于置信度和信息熵得到的值 $Rank_i(i=1,2,\cdots,N_n)$ 作为排序基准。

步骤 4：在第 l 次集成中，通过选择持有最低 $Rank_i$ 的 $N_n^l=N_p$ 个多数类样本和全部少数类样本来训练下一个 RF 基分类器 $f_l(x)$。在 l 没有超出最大集成次数 L 的情况下返回到第三步继续集成训练。

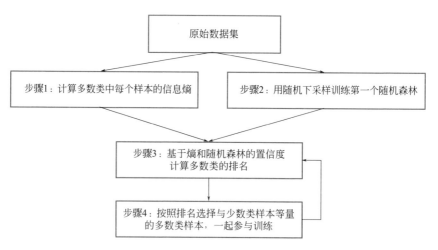

图 5-19　ECUBoost-RF 算法流程图

这里需要注意的是，第一个基分类器 $f_0(x)$ 将会对每次 $Rank$ 的评估起到作用。通过启发式的实验，本节通过随机下采样来训练得到 $f_0(x)$，这样能够有效避免通过初始化的模型下采样时过分破坏边界样本的结

表5-15　ECUBoost-RF算法步骤

输入：训练数据 $X \in \{X_n, X_p\}$，多数类、少数类数量分别为 N_n、N_p，集成次数 L，置信度与熵之间的权重系数 λ，近邻系数 k，RF 中 CART 树数量 T。

输出：集成 RF 分类器 $f_i(x)(j=0,1,\cdots,L)$。

步骤 1：通过近邻数 k 计算多数类样本的类确定度熵 E_i^{cer} 和结构分布熵 E_i^{str}；

$E_i^{all} = norm(E_i^{cer}) + norm(E_i^{str})$；

步骤 2：$X_n^0 = RUS(X_n)$ $(N_n^0 = N_p)$；

$f_0(x) = RF(T, \{X_n^0, X_p\})$；

$l=1$；

While $l <= L$　do

a. 步骤 3：通过图 5-20 得到置信度 $Conf_i^n$；

b. $Rank_i = (1-\lambda)norm(Conf_i) + \lambda E_i^{all}$；

c. 步骤 4：从 X_n 中选择持有最低 $Rank_i$ 的 $N_n^l = N_p$ 个样本 X_n^l；

d. $f_l(x) = RF(T, \{X_n^l, X_p\})$；

e. $l=l+1$；

End While。

构。不同于自适应增强（AdaBoost）算法，本方法中的置信度并不仅仅基于前一个基分类器，而是基于所有已训练的基分类器，以确保足够的鲁棒性。在步骤 3 中，N_n 个多数类样本的置信度是依赖于 l 个已训练的 $f_i(x)(j=0,1,\cdots,l-1)$ 得到的。

当 RF 作为基分类器时，样本 $x_i \in X_n$ 在 ECUBoost 中的置信度 $Conf_i^n(x_i)$ 的计算方式见图 5-20。这个步骤可以总结为：x_i 所处的节点中多数类样本的占比可以作为其置信度。其他算法（例如 SVM）如果要获取置信度，需要通过普拉特度量（Platt Scaling）额外训练逻辑回归模型来进行判断，这无疑对依赖于推断的 ECUBoost 模型是不理想的。因此为了兼顾算法性能以及效率，本节优先选择决策树分类算法中的佼佼者 RF 作为基分类器。然而置信度 $Conf_i^n$ 仅仅是最终 $Rank_i$ 的一部分，其余关于 E_i^{all} 的部分将在 5.4.2.2 节中介绍。

这里需要强调的是，在 ECUBoost 中的 Boosting 主要体现于在每次集成迭代时对多数类样本采用的更新策略，而这些更新又是依赖于之前集成的结果。不同于传统的基于 Boosting 的集成算法（例如 AdaBoost），ECUBoost 使用基于熵和置信度的 $Rank_i$ 来代替以往使用的分类正确率作

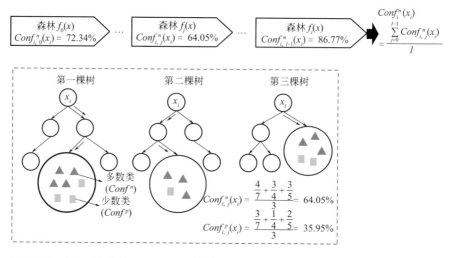

图 5-20 通过 $f_j(x_n)(j=0,1,\cdots,l-1)$ 计算置信度 $Conf_i^n(x_i)$ 的方式

为评估标准，使用下采样策略代替对样本加权，并且使用所有已训练的基分类器而不是仅使用前一个分类器来参与验证评估。

5.4.2.2 基于信息熵的动态下采样

为了能够同时保证动态采样中的结构信息并且避免边界过拟合，降低算法受到的离群点和噪声的影响，ECUBoost 同时通过基于模糊隶属度的类确定度熵和基于结构信息的结构分布熵来保证下采样的可靠性。具体而言，在 Boosting 集成时通过计算每个多数类样本 x_i 的类确定度熵 E_i^{cer} 和结构分布熵 E_i^{str} 作为下采样的基准，借此来同时过滤噪声样本，保留样本结构信息。之所以将其归为信息熵，是因为这两种评估标准的计算都受到香农熵计算公式的启发。香农熵对样本 x_i 的计算公式为：

$$E_i = -\sum_{j=1}^{|c|} P^j(x_i)\ln P^j(x_i) \tag{5-31}$$

式中，$|c|$ 为类别总数；$P^j(x_i)$ 为样本 x_i 属于类别 j 的概率。式 (5-31) 的值越高，也就是 $P^j(x_i)$ 趋于 0.5，x_i 的类别隶属度越模糊；反之 $P^j(x_i)$ 趋于 0 或者 1，则 x_i 的类别隶属度越确定。对式 (5-31) 拓展应用的一个典型例子就是决策树。

（1）类确定度熵

在基于熵的模糊支持向量机（Entropy-based Fuzzy Support Vector Machine, EFSVM）中，作者将式 (5-31) 在二分类问题中改进为：

$$E_i^{\text{fuz}} = -\frac{num_i^n}{k}\ln(\frac{num_i^n}{k}) - \frac{num_i^p}{k}\ln(\frac{num_i^p}{k}) \tag{5-32}$$

式中，k 为 x_i 的 k 个基于欧氏距离得到的近邻（包括多数类和少数类）；num_i^p 为近邻中少数类的数量；num_i^n 为近邻中多数类的数量，当 $num_i^n=k/2$ 时，式 (5-32) 会达到最大值 $E_{\max}^{\text{fuz}} = -\ln 0.5$，当 $num_i^n=k$ 或 0 时，式 (5-32) 会达到最低值 $E_{\min}^{\text{fuz}} = 0$。在 EFSVM 中，式 (5-32) 被使用以评估样本模糊隶属度。然而式 (5-32) 存在一个问题，它对于噪声和离群点会有错误的判断。假设多数类 x_i 的 k 个近邻样本全部都是少数类，显然 x_i 很可能是一个深陷少数类的噪声样本，但是对于式 (5-32)，E_i^{fuz} 的值为 0，从而导致算法以极高的优先级认为样本 x_i 是一个"纯净"的样本，显然这是不合理的。为了使式 (5-32) 对噪声足够鲁棒，在 E_i^{fuz} 的计算基础上，本节对式 (5-32) 进行了一些使其单调化的简单而有效的改进：

$$E_i^{\text{cer}} = \begin{cases} 2E_{\max}^{\text{fuz}} - E_i^{\text{fuz}} & , \quad num_i^n < \dfrac{k}{2} \\ E_i^{\text{fuz}} & , \quad num_i^n \geqslant \dfrac{k}{2} \end{cases} \tag{5-33}$$

式中，$E_{\max}^{\text{fuz}} = -\ln 0.5$。$E_i^{\text{cer}}$ 的斜率是先减后增的，这使得其能够给予噪声样本更大的区分度，同时对其余适中确定度的样本有足够的容忍度。这样一来，有着极高 E_i^{cer} 值的噪声样本很可能会在下采样时被抛弃，除非它的其余两项 E_i^{str} 和 $Conf$ 足够低，能够使其仍然保留在训练样本中。此外，E_i^{cer} 倾向于保护安全的多数类这个举动是为了接下来介绍的结构分布熵所服务的。

（2）结构分布熵

同样受香农熵式 (5-31) 的启发，本节提出了一种新颖的结构熵来表示多数类样本 $x_i \in X_n$ 的局部结构分布：

$$E_i^{\text{str}} = \frac{1}{-\sum\limits_{j=1}^{k} \dfrac{d_{i,j}}{\sum\limits_{j=1}^{k} d_{i,j}} \ln\left(\dfrac{d_{i,j}}{\sum\limits_{j=1}^{k} d_{i,j}}\right)} \tag{5-34}$$

式中，$d_{i,j} = \|x_i - x_j\|(j = 1, 2, \cdots, k)$ 为多数类 x_i 的 k 近邻之间的欧氏距离。根据决策树中信息熵的概念，式 (5-34) 中的分母可以看作是有着 k 个不同离散值的特征的信息增益率。如果 $d_{i,j}(j=1,2,\cdots,k)$ 之间的差异较大，那么式 (5-34) 的分母会变小，从而 E_i^{str} 相应变大，并且这意味着 x_i 周围的结构是不稳定的。反之，若 E_i^{str} 较小，则表示 x_i 周围的结构是稳定的。图 5-21 直观表示了多数类 E_i^{str} 之间的关系。

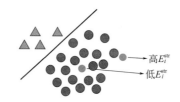

图 5-21　多数类 E_i^{str} 的直观表示

（3）熵与置信度的结合方法

由于 E_i^{cer} 和 E_i^{str} 有着不同的值域，本节需要在使用它们之前将其进行归一化。本节使用 min-max 归一化：

$$norm(x) = \frac{x - x_{\min}}{x_{\max} - x_{\min}} \tag{5-35}$$

接下来每个多数类样本 $x_i \in X_n$ 的 E_i^{all} 可以由下式得到：

$$E_i^{\mathrm{all}} = norm(E_i^{\mathrm{cer}}) + norm(E_i^{\mathrm{str}}) \tag{5-36}$$

最终多数类样本选择的标准 $Rank_i$ 是通过加权混合 $Conf_i^n$ 和 E_i^{all} 得到的，其中 $Conf_i^n$ 也需要进行相同的归一化。在下采样时，本节优先保留持有低 $Rank_i$ 的多数类样本，$Rank_i$ 为：

$$Rank_i = (1 - \lambda)norm(Conf_i^n) + \lambda E_i^{\mathrm{all}} \tag{5-37}$$

式中，λ 可以看作 $Conf_i^n$ 和 E_i^{all} 之间的权衡系数，用于适应不平衡问题中各种不同的数据分布。当 $\lambda=0$ 时，ECUBoost 就退化为完全基于置信度的下采样 Boost 集成算法（Confidence based Undersampling Boost, CUBoost）。值得一提的是，E_i^{cer} 和 E_i^{str} 都是基于近邻之间的欧氏距离计算出来的，因此这些熵的计算仅仅依赖于样本分布，而和具体的基分类器无关。

为了评估 $Conf_i^n$ 和 E_i^{all} 之间的相关性，本节在实验部分引入了皮尔逊相关系数（Pearson correlation coefficients, PCC）。PCC 可以用来判断两组变量的组合效果。如果两组变量的 PCC 绝对值高，就意味着这两组变量存在负相关或者正相关，并且高的相关性意味着这两个变量的组合是无意义的，因为其中一个值几乎总是随着另一个值同增同减，两者效果被互相稀释。反过来说，如果 PCC 绝对值低，那么它们各自带有独特分布的信息，它们的结合就是有意义的。

5.4.2.3 ECUBoost-RF 时间复杂度的分析

在考虑 ECUBoost-RF 的时间复杂度时需要考虑 3 个主要步骤：①独立计算熵的过程；②根据获取的 $Rank_i$ 对 N_n 个多数类样本进行排序的过程；③训练多个 RF 的过程。第一步中，熵的计算复杂度主要体现于 k 近邻，并且由于这个过程是在集成外进行的，在依赖于 k-dimensional (k-d) 树策略时其复杂度可以降低到 $O(N\log_2 N + N_n\log_2 N_n)$。第二和第三步的时间复杂度分别是 $O(LN_n\log_2 N_n)$ 和 $O(LTdN\log_2 N)$，其中，L、T 分别表示集成的迭代次数和 RF 中 CART 树的数量，d、$N(N=N_n+N_p)$ 分别表示数据集特征和样本的数量。因此 ECUBoost-RF 的总时间复杂度为：

$$O(N\log_2 N + N_n\log_2 N_n + L(N_n\log_2 N_n + TdN\log_2 N))$$
$$= O(LN_n\log_2 N_n + LTdN\log_2 N) < O(L(Td+1)N\log_2 N) \tag{5-38}$$

其中，本节认为 $O(L(Td+1)N\log_2 N)$ 是 ECUBoost-RF 的时间复杂度上界。值得一提的是，CUBoost 和 ECUBoost 有着几乎一样的时间复杂度，因为熵的计算是独立于集成的，所以复杂度 $O(N\log_2 N + N_n\log_2 N_n)$ 能够在最终统计中被忽略。相比较下，单纯的随机下采样的 RF 复杂度为 $O(LTdN\log_2 N)$，只比 ECUBoost 节省一点排序的时间，但是后者对不平衡问题的分类性能则较大幅度地领先于前者。

5.4.3 实验与分析

5.4.3.1 评价标准

对不平衡问题而言，评价标准的选择是至关重要的。当不平衡率为 99 的数据集 X 被某个分类器全部分为多数类时，它的最终正确率（Accuracy）为 99%。但是这个分类器显然在数据集 X 上的表现并不理想。

（1）平均正确率（$MACC$）

本节将平均正确率（Mean Accuracy Rate）作为评价标准之一，其可以写作：

$$MACC = \frac{TPR + TNR}{2} \tag{5-39}$$

式中，$TPR = \dfrac{TP}{TP + FN}$，$TNR = \dfrac{TN}{FP + TN}$，分别表示少数类和多数类的正确率。

（2）受试者工作特征曲线下面积（AUC）

引入受试者工作特征曲线（Receiver Operating Characteristic curve, ROC）来判断一个分类器的置信度是否良好。ROC 曲线的 x 轴和 y 轴分别是 TPR 和 FPR。假设 ROC 曲线上的离散点为 $\{(x_1, y_1), (x_2, y_2), \cdots, (x_n, y_n)\}$，其是通过对分类器的置信度用不同分类阈值得到的，ROC 曲线下面积（Area Under ROC curve, AUC）可以计算如下：

$$AUC = \frac{1}{2} \sum_{i=1}^{n-1} (x_{i+1} - x_i)(y_i + y_{i+1}) \tag{5-40}$$

基于排名的 AUC 关注结果的置信度，因此不同于 TPR 和 TNR 的标准，但是依然对不平衡问题是有价值的。

同时引入 $MACC$ 和 AUC 能够客观有效地评估算法在不平衡数据集上的表现。

（3）皮尔逊相关系数（PCC）

PCC 用于度量两个变量之间的相关性，值域为 $[-1,1]$。当两变量正相关时 PCC 趋于 1，负相关时趋于 -1。变量 X、Y 的 PCC 的计算方法如下：

$$PCC = \frac{Cov(X, Y)}{std(X)std(Y)} \tag{5-41}$$

式中，$Cov(X, Y)$ 为 X 和 Y 的协方差；$std(X)$ 和 $std(Y)$ 分别为 X 和 Y 的标准差。在本节中，X 能够被看作 $Conf$，而 Y 被看作是 E_i^{all}。

5.4.3.2　数据集介绍

（1）人工数据集

本节所使用的人工数据集见图 5-22（图中横、纵轴表示特征值）。其中，图 5-22(a) 和图 5-22(c) 都是人工双月数据集，总样本数分别是 400 和 1000，不平衡率分别是 1:3 和 1:9。图 5-22(b) 和图 5-22(d) 是人工高斯分布数据集，总数分别为 500 和 1000，对应的不平衡率是 1:4 和 1:9。很显然，双月数据集和高斯分布数据集的分布是不同的，同时它们也有着不同的不平衡率。图中横坐标表示特征值。

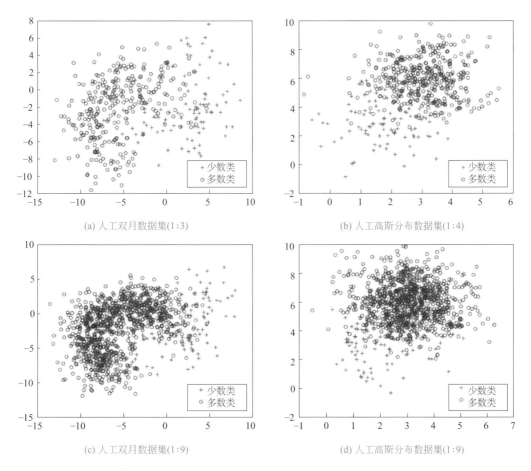

(a) 人工双月数据集(1:3)　　　　　(b) 人工高斯分布数据集(1:4)

(c) 人工双月数据集(1:9)　　　　　(d) 人工高斯分布数据集(1:9)

图 5-22　四个人工数据集

（2）KEEL不平衡数据集

本节使用了 64 个来自 KEEL 数据库的真实不平衡数据来验证所提算法的分类性能。从 KEEL 数据库中选择数据集时，本节排除了一些多分类以及为研究噪声问题特制的特殊数据集。所有的数据集可以根据不平衡率（IR）进一步分成三类，分别是低不平衡率数据集（$IR \leqslant 9$）、中不平衡率数据集（$9 < IR \leqslant 20$）以及高不平衡数据集（$IR > 20$）。这些数据集对应的特征、数量和不平衡率等信息已经展示于表 5-16。

5.4.3.3　人工数据集实验分析

（1）实验设置

由于人工数据集是二维数据集，当采用 RF 默认的特征选择策略时，仅有 $\log_2 2 = 1$ 个特征被选择参与分类，可能呈现病态的结果。因此本节采用 CART 树作为人工数据集的统一基分类器。在所有人工实验中，本节使用二折交叉验证，即使用 50% 的样本用于训练，另外 50% 样本用于测试。评价标准选择 $MACC$。

参与实验比较的算法中，ECUBoost-CART 除了基分类器之外和表 5-15 中描述的没有差别，集成次数 L 为 5，权重系数 λ 选自 {0,0.2,0.4,0.6,0.8}，近邻数 k 固定为 5。当 $\lambda=0$ 时 ECUBoost-CART 将会退化为 CUBoost-CART。此外，不同的 CART 树和基于随机下采样的 RUS-CART 集成也会参与比较，RUS 的集成次数同样设置为 5。

（2）实验结果分析

实验结果展示于表 5-17，实验结果显示 ECUBoost-CART 在四个数据集上均领先于其他算法。RUS-CART、CUBoost-CART 和 ECUBoost-CART 在四个人工数据集上的分类边界见图 5-23。可见 RUS 的决策面在集成次数为 5 的情况下泛化性能非常差，甚至在图 5-23(d) 中对高斯分布数据集（1∶9）出现了对少数类极端的过拟合现象。显然 RUS 需要更多的数据以及集成次数来确保稳定性。另外，CUBoost-CART 是以 $\lambda=0$ 为前提的算法，因此样本的采样完全依赖于分类器的置信度。虽然这种方法避免了对少数类的过拟合，但它仍然对边界样本有着明显的过拟合现象。然而 ECUBoost-CART 能够在有限的迭代次数中，在四个数据集

表5-16 选自KEEL数据集的64个不平衡二分类数据集的信息

类别	数据集	特征数	样本数	$IR(N_n/N_p)$	数据集	特征数	样本数	$IR(N_n/N_p)$
低不平衡率数据集（$IR \leqslant 9$）	ecoli0vs1	7	220	0.54	ecoli1	7	336	3.39
	glass1	9	214	1.85	newthyroid1	5	215	5.14
	wisconsin	9	683	1.86	newthyroid2	5	215	5.14
	Pima	8	768	1.87	ecoli2	7	336	5.54
	glass0	9	214	2.05	segment0	19	2308	6.02
	yeast1	8	1484	2.46	glass6	9	214	6.43
	haberman	3	306	2.81	yeast3	8	1484	8.13
	vehicle2	18	846	2.89	ecoli3	7	336	8.57
	vehicle1	18	846	2.91	pageblocks0	10	5472	8.79
	vehicle3	18	846	3	ecoli034vs5	7	200	9
	vehicle0	18	846	3.25				
中不平衡率数据集（$9 < IR \leqslant 20$）	ecoli0234vs5	7	202	9.06	glass016vs2	9	192	10.77
	yeast0359vs78	8	506	9.1	ecoli01vs5	6	240	11
	ecoli046vs5	6	203	9.12	led7digit0245678 9vs1	7	443	11.21
	yeast0256vs3789	8	1004	9.16	glass06vs5	9	108	11.29
	yeast02579vs368	8	1004	9.16	glass0146vs2	9	205	11.62
	ecoli0346vs5	7	205	9.25	glass2	9	214	12.15
	ecoli0347vs56	7	257	9.25	ecoli0147vs56	6	332	12.25

续表

数据集	特征数	样本数	$IR(N_n/N_p)$	数据集	特征数	样本数	$IR(N_n/N_p)$
中不平衡率数据集（$9 < IR \leq 20$）							
ecoli01vs235	7	244	9.26	cleveland0vs4	13	173	12.8
yeast2vs4	8	514	9.28	ecoli0146vs5	6	280	13
ecoli067vs35	7	222	9.41	shuttlec0vsc4	9	1829	13.78
glass04vs5	9	92	9.43	yeast1vs7	7	459	14.29
ecoli0267vs35	7	224	9.53	ecoli4	7	336	15.75
glass015vs2	9	172	9.54	glass4	9	214	16.1
yeast05679vs4	8	528	9.55	pageblocks13vs4	10	472	16.14
vowel0	13	988	9.97	abalone918	8	731	16.7
ecoli067vs5	6	220	10	glass016vs5	9	184	20
ecoli0147vs2356	7	336	10.65				
高不平衡率数据集（$IR > 20$）							
yeast1458vs7	8	693	22.08	yeast1289vs7	8	947	30.54
yeast2vs8	8	482	23.06	yeast5	8	1484	32.91
glass5	9	214	23.43	yeast6	8	1484	41.39
shuttlec2vsc4	9	129	24.75	ecoli0137vs26	7	281	43.8
yeast4	8	1484	28.68	abalone19	8	4174	127.42

表5-17　参与人工数据集比较的算法的MACC结果　　　　　　　　　%

数据集	ECUBoost-CART	CUBoost-CART	RUS-CART	CART
人工双月数据集（1:3）	**90.50±2.12**	86.83±0.71	86.50±1.17	80.83±7.78
人工高斯分布数据集（1:4）	**88.38±1.23**	80.50±2.47	83.13±0.18	79.38±0.18
人工双月数据集（1:9）	**91.78±2.35**	81.39±0.07	88.56±0.94	76.83±8.25
人工高斯分布数据集（1:9）	**89.60±1.97**	81.83±1.96	87.89±0.94	73.56±5.02

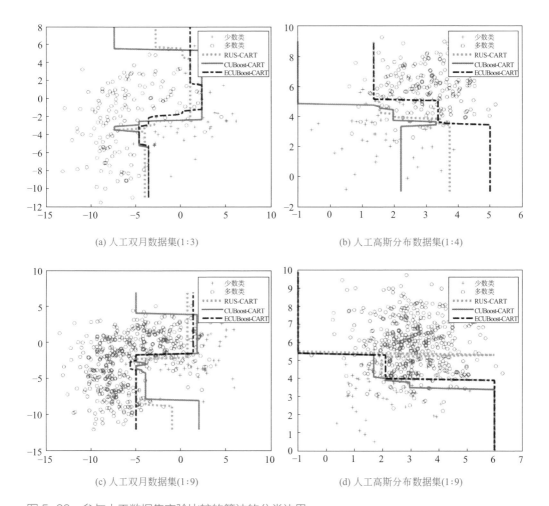

(a) 人工双月数据集(1:3)　　　　　　　　　(b) 人工高斯分布数据集(1:4)

(c) 人工双月数据集(1:9)　　　　　　　　　(d) 人工高斯分布数据集(1:9)

图5-23　参与人工数据集实验比较的算法的分类边界

中划分出稳定的分界面，并且在尽可能区分出少数类的前提下保护了多数类的结构。

（3）不同 λ 的采样效果分析

为了进一步分析采样的效果，图 5-24 展示了双月数据集（1:3）在参数 λ 变化于 {0,0.2,0.4,0.6,0.8}、k 固定为 5 时的结果。图 5-24(a) 是原数据集，图 5-24(b) 是 RUS 后的结果，图 5-24(c) ～ (g) 则是不同 λ 的 ECUBoost 下采样结果。显然 RUS 后的结果丢失了很多多数类的信息，然而几个离群点却仍然残留着。不同于基于距离的分类算法，决策树的边界点并不规则地分布在一个超平面上。从图 5-24(c) 中可以看出，大多多数类在采样后仍混合在少数类中，这破坏了多数类原有的数据结构。随着 λ 的增大，结构信息逐渐还原，且噪声点也被逐渐过滤。

5.4.3.4　KEEL 数据集实验分析

（1）实验设置

所有的数据集基于五折交叉验证进行调参测试，数据集的分割由 KEEL 官方提供。参与对比的算法及其对应的超参数配置如下。

① ECUBoost-RF：RF 中的 CART 树数量 T=50 即可满足大多数 KEEL 数据集的需求，特征采样数 d' 保持 RF 原文献推荐值 $\log_2 d$，其中 d 为数据集特征数。该配置的 RF 应用于本节所有以其作为基分类器的算法。RF 为集成算法，因此作为基分类器而言其分类性能已经有了一定的保

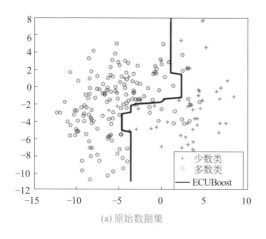

(a) 原始数据集

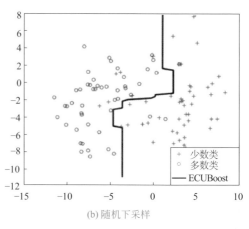

(b) 随机下采样

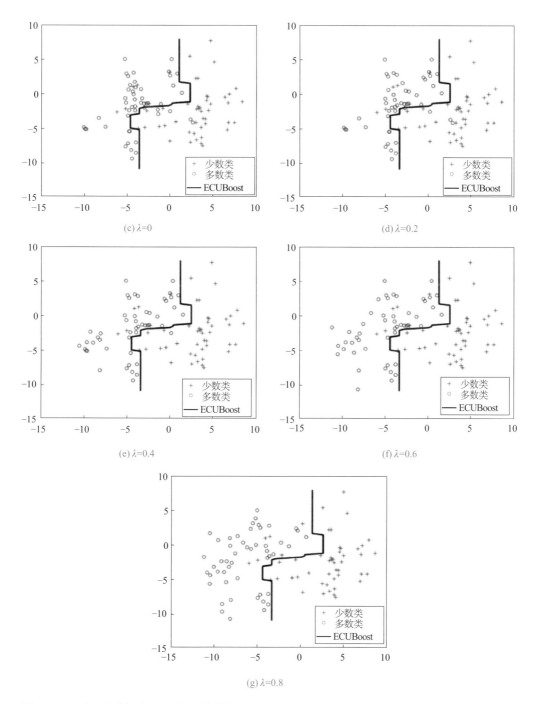

(c) $\lambda=0$

(d) $\lambda=0.2$

(e) $\lambda=0.4$

(f) $\lambda=0.6$

(g) $\lambda=0.8$

图 5-24　对双月数据集 1 : 3 的训练数据进行下采样的结果

障，ECUBoost 的集成次数 L 仅从 5 和 10 中择优选择即可（本实验中使用 $L=5$），通过对比实验可以得知更高的集成次数 L 难以取得进一步的提升。此外，权重系数 λ 和近邻系数 k 分别选自 $\{0,0.2,0,4,0.6,0.8\}$ 和 $\{3,5,7,\cdots,15\}$。

② CUBoost-RF：当 ECUBoost 中的权重系数 $\lambda=0$ 时，它就退化为下采样完全依赖于置信度的 CUBoost 算法。

③ RUSBagging-RF 和 RUSBoost-RF：随机下采样 RUS 作为这两个算法公用的数据预处理方法，它们所用的集成方法分别为 Bagging 和 AdaBoost，集成次数均设置为 10。

④ USBC-RF：基于 RF 的聚类下采样算法。聚类方法使用的是 K-means，其聚类中心数选自 $\{3,5,7,\cdots,15\}$。

⑤ EasyEnsemble-RF：选择 RF 作为 EasyEnsemble 的基分类器，其 Bagging 和 Adaboost 的集成次数分别为 5 和 10。

⑥ XGBoost：本节的对比算法使用二分类逻辑回归作为损失的 XGBoost，XGBoost 的 Boosting 集成次数为 50，学习率为 0.1，最大树深选自 $\{3,4,5\}$，最小叶节点权重选自 $\{0.1,0.5,1\}$。类别不平衡系数选自 $\{1,3,5,7,IR\}$，其中 IR 表示该数据集的不平衡率。其余参数配置保持默认。

⑦ EFSVM：EFSVM 基于径向基核函数 (Radial Basis Function, RBF)

$$ker(x_i, x_j) = \exp\left(-\frac{\| x_i - x_j \|^2}{2\sigma^2}\right)，\quad 其中\ \sigma = \frac{1}{N^2}\sum_{i,j=1}^{N} \| x_i - x_j \|^2，\ N\ 表示数$$

据集的总数量。松弛系数 C 选自 $\{2^{-6},2^{-4},2^{-2},2^0,2^2,2^4,2^6\}$，$k$ 近邻数选自 $\{3,5,7,\cdots,15\}$。

⑧ SMOTE-SVM 和 SMOTE-RF：两者使用的 SMOTE 采样策略基于的近邻数都选自 $\{3,5,7,\cdots,15\}$，而 SVM 和 RF 的配置与 EFSVM 的配置相同。

⑨ BEBS：该算法是基于 Bagging 的边界 SMOTE 推断 SVM（Bagging of Extrapolation Borderline-SMOTE SVM, BEBS）。本节从 BEBS 的 RBF 核和线性核结果中进行择优选择。其 Bagging 集成次数为 10，SVM 的配置与 EFSVM 相同，SMOTE 的 k 近邻选自 $\{3,5,7,\cdots,15\}$。危险系数设置为 $\alpha=0.5$。

（2）*MACC* 和 *AUC* 结果分析

表 5-18 展示了所有对比算法在 *MACC* 上的结果，同时基于决策树类算法的 *AUC* 结果见表 5-19。表 5-19 还展示了 *PCC* 系数和对应的最优 λ 系数。各算法的平均表现被列在表中最后一行。

在表 5-18 和表 5-19 中，低不平衡率数据集的 *MACC* 和 *AUC* 结果大部分优于高不平衡率数据集，显然高不平衡率数据集对算法而言是更大的挑战。全局来看，所提的 ECUBoost-RF 能够同时在两个评价指标中取得最优的结果。对结果进一步分析，*MACC* 在低不平衡率数据集中的提升是有限的，ECUBoost-RF 在其中取得了 8 个最优结果，优势并不明显。但是 ECUBoost-RF 在中、高不平衡率数据集中的表现有了明显的提高，分别取得了 16 个和 6 个最优的结果。ECUBoost-RF 的最终平均 *MACC* 是 90.17%，比同标准排名第二的 USBC-RF 高出了 1.63%。

相比起 *MACC*，所有参与比较的算法在 *AUC* 上的结果差距并没有那么大。大量实验都表明了提高基于排序的评价标准 *AUC*，比起单纯提升 *TPR* 和 *TNR* 要更加困难。然而所提的 ECUBoost-RF 在 *AUC* 标准上仍然有着出色的表现，它甚至在 9 个数据集中取得了 100% 的 *AUC* 结果，这一点明显领先于其他方法。值得一提的是，即使在 *AUC* 中取得了 100%，这并不意味着 *MACC* 也同样能取得 100%。这是因为在二分类问题中 *MACC* 的分类阈值是固定于 0.5 的，但是 *AUC* 并不依赖固定的分类阈值，是根据排序进行评估的。

除了 ECUBoost-RF 以外的其他方法中，CUBoost-RF 也取得了可以接受的结果。基于 RF 的 RUSBagging 和 RUSBoost 作为传统集成方法表现得中规中矩，但是它们都缺乏明显的优势。基于聚类的 USBC-RF 在 *MACC* 上取得了不错的成绩，整体排名第二。但是 USBC-RF 并没有在 AUC 中展现它的优势。作为最具有竞争力算法之一的 XGBoost 显然难以在有限的超参数调整下适应所有的 64 个 KEEL 数据集，但是它依然能够在 *AUC* 中取得排名第二的位置。另外，EFSVM、SMOTE-SVM、BEBS 这三个 SVM 算法是作为不同基分类器的比较引入的。EFSVM 表现相对较差，SMOTE-SVM 能够在几个特定数据集上取得最优的成绩，但是它的标准差显然高于其他算法，这代表它的稳定性无法得到保证。相

表5-18 64个KEEL不平衡二分类数据集的MACC结果

%

数据集		ECUBoost-RF	CUBoost-RF	RUSBagging-RF	RUSBoost-RF	USBC-RF	SMOTE-RF	EasyEnsemble-RF	XGBoost	EFSVM	SMOTE-SVM	BEBS
低不平衡率数据集（$IR \leqslant 9$）	ecoli0vs1	98.32±2.38	98.32±2.38	97.96±2.19	97.96±2.19	**98.67±1.83**	98.32±2.38	97.26±1.93	**98.67±1.63**	97.96±2.19	**98.67±1.83**	**98.67±1.63**
	glassl	82.15±7.03	81.48±6.52	79.07±6.05	79.39±5.65	81.5±4.42	82.41±6.11	81.2±5.12	**83.69±5.0**	69.55±5.29	74.28±5.83	79.69±10 13
	wisconsin	**98.33±0.73**	97.6±0.72	97.69±0.51	97.8±0.43	98.12±0.64	97.91±0.67	97.57±0.83	97.38±0.78	97.28±1.0	97.78±0.54	97.88±0.41
	Pima	76.61±2.98	73.6±4.45	75.93±2.57	73.98±2.52	76.04±4.28	75.68±3.15	73.62±1.89	**76.73±1.8**	71.15±4.88	74.84±2.82	75.03±1.81
	glass0	88.39±5.42	86.93±5.57	85.57±3.85	85.6±5.36	**88.4±5.39**	86.29±6.36	87.04±6.37	85.9±4.77	76.55±10.81	80.01±8.07	80.31±5.6
	yeastl	73.87±2.8	72.78±2.57	**74.17±2.94**	73.65±2.53	73.23±2.63	72.66±1.78	72.34±2.13	73.91±2.53	69.35±2.63	73.26±4.69	71.93±2.55
	haberman	**68.05±6.83**	60.73±5.54	64.56±6.78	63.8±6.97	65.78±9.75	59.8±5.57	64.21±7.09	64.49±5.87	65.96±3.54	65.25±4.7	67.45±3.55
	vehicle2	**98.39±1.78**	**98.39±1.78**	97.74±1.07	97.67±1.31	98.13±1.21	98.24±1.43	98.35±0.99	97.68±1.67	75.27±6.18	98.03±1.59	93.4±2.63
	vehicle1	77.77±2.66	73.01±4.86	78.42±4.98	77.13±3.08	77.82±2.88	74.51±3.45	78.66±4.79	78.51±5.32	65.81±4.19	**84.35±3.18**	72.23±3.44
	vehicle3	77.47±4.07	72.14±3.4	77.95±3.07	78.66±3.24	78.64±3.01	73.95±4.03	77.39±2.45	80.05±3.23	65.58±3.16	**81.72±2.99**	69.01±2.58
	vehicle0	**97.57±1.35**	97.45±1.05	95.56±1.59	96.2±0.78	96.37±0.7	97.28±1.63	97.37±0.74	96.93±1.64	85.42±4.11	97.36±0.96	96.77±1.12
	ecolil	**92.82±3.96**	87.48±5.24	90.88±4.43	90.89±4.5	91.2±4.56	89.91±6.49	90.96±4.93	89.57±2.93	90.67±4.23	90.3±4.47	90.62±3.63
	newthyroid1	**100.0±0.0**	96.87±3.7	98.61±1.39	99.72±0.62	99.17±1.24	95.44±6.18	96.9±5.5	98.29±2.77	94.09±7.28	99.72±0.62	99.72±0.56
	newthyroid2	**99.72±0.62**	97.14±3.91	98.06±3.62	99.17±1.24	99.17±1.24	95.44±4.2	98.33±1.81	97.74±3.2	95.52±3.94	**99.72±0.62**	99.44±0.68
	ecoli2	93.26±4.73	91.52±5.28	90.32±4.93	91.58±4.0	92.46±4.58	90.88±3.74	91.85±4.45	89.99±2.94	92.4±3.5	**94.69±4.25**	94.34±4.18
	segment0	99.55±0.35	99.49±0.47	99.27±0.36	99.34±0.33	99.47±0.45	99.54±0.42	99.62±0.38	99.39±0.35	81.99±2.03	99.22±0.9	**99.82±0.19**
	glass6	94.73±4.84	93.06±4.09	94.5±4.28	**94.77±4.74**	94.5±3.82	94.46±5.18	94.23±3.86	94.19±4.24	92.61±3.35	92.52±6.5	93.11±4.2
	yeast3	93.49±2.35	89.4±2.17	93.61±1.75	**93.69±1.55**	93.53±1.4	90.83±3.05	92.46±1.28	92.55±1.75	89.18±1.99	91.52±2.61	92.97±2.57
	ecoli3	**91.56±5.75**	87.77±6.45	89.18±4.95	86.99±5.99	89.84±4.01	83.49±4.61	90.93±2.57	86.01±5.09	90.83±5.84	90.5±4.94	91.5±4.38
	pageblocks0	95.86±0.83	95.0±1.12	**96.23±1.38**	95.82±1.52	96.13±0.81	94.94±1.51	96.11±0.9	96.13±1.3	64.91±6.94	83.19±1.05	50.11±3.07
	ecoli034vs5	94.17±7.38	91.67±7.01	**94.72±4.95**	94.17±6.32	93.89±5.94	93.89±7.19	93.61±6.1	91.94±6.6	93.06±7.08	91.94±11.51	93.06±7 45

数据集	ECUBoost-RF	CUBoost-RF	RUSBagging-RF	RUSBoost-RF	USBC-RF	SMOTE-RF	EasyEnsemble-RF	XGBoost	EFSVM	SMOTE-SVM	BEBS
ecoli0234vs5	**94.18±12.25**	88.9±10.67	92.51±10.77	91.68±11.46	93.35±5.98	93.9±11.38	90.85±11.15	89.45±9.87	90.84±11.57	91.4±11.09	90.84±10.18
yeast0359vs78	**78.94±4.6**	73.41±6.09	75.84±4.64	76.06±8.87	76.74±7.64	70.4±5.83	76.52±4.45	72.26±3.39	70.59±7.5	76.03±5.97	75.26±4.62
ecoli046vs5	93.64±6.09	91.41±6.61	93.98±6.06	92.28±5.7	**95.32±5.34**	93.91±6.56	95.05±5.84	89.18±9.22	92.28±7.62	91.69±10.55	93.38±6.05
yeast0256vs3789	**82.95±6.92**	82.39±6.22	80.74±6.18	80.96±8.29	81.25±8.4	79.86±5.53	78.78±6.51	81.73±6.83	80.92±3.34	82.44±5.28	81.97±4.45
yeast02579vs368	91.76±2.58	90.7±4.15	91.27±2.54	90.85±3.85	91.19±4.97	91.42±3.12	89.85±1.62	91.53±3.97	90.13±2.96	91.76±2.02	**92.01±3.23**
ecoli0346vs5	**95.34±4.68**	89.19±3.54	93.72±8.18	93.11±6.59	94.53±7.23	93.92±7.18	94.8±6.92	89.46±5.37	91.76±6.43	92.23±7.11	90.61±6.23
ecoli0347vs56	92.71±8.59	90.71±8.25	89.49±8.1	89.91±8.57	93.32±1.6	91.14±8.97	89.96±5.18	89.35±5.99	**94.35±4.99**	92.28±13.08	91.41±8.65
coli01vs235	**93.23±5.8**	89.14±15.61	90.73±4.93	87.36±8.97	90.5±7.52	89.18±9.41	91.86±6.36	87.59±13.32	89.41±4.33	90.09±9.84	86.91±12.78
yeast2vs4	**95.3±2.82**	89.84±5.37	93.9±2.03	93.9±2.27	93.79±1.7	90.36±4.1	95.08±4.39	92.26±4.74	88.95±4.91	91.5±4.26	91.15±2.85
ecoli067vs35	88.75±17.48	88.75±16.26	83.5±13.39	85.75±16.81	87.0±16.07	88.75±16.49	86.25±14.95	**89.25±15.03**	88.25±17.74	88.25±16.43	86.5±19.26
glass04vs5	99.41±1.32	99.41±1.32	98.24±2.63	**100.0±0.0**	98.24±3.95	**100.0±0.0**	96.36±4.03	99.41±1.18	98.75±1.71	90.0±22.36	**100.0±0.0**
ecoli0267vs35	85.78±12.25	83.52±10.32	82.29±10.89	83.54±11.38	84.06±9.22	86.27±12.21	80.57±11.64	86.27±11.5	**88.53±10.92**	87.5±9.19	88.27±8.89
glass015vs2	**81.37±2.88**	75.54±7.73	75.4±10.3	70.94±14.77	70.54±12.85	64.27±11.61	66.88±12.66	65.75±13.05	70.62±17.49	79.27±11.27	78.41±7.42
yeast05679vs4	**83.89±6.43**	81.46±5.95	79.8±6.22	80.9±7.97	82.53±2.94	80.34±10.11	80.76±5.42	82.12±3.41	80.01±4.94	80.32±7.76	81.42±6.13
vowel0	98.28±3.64	98.11±3.61	97.22±2.05	97.16±2.63	98.72±0.43	99.28±1.31	97.72±1.66	96.83±3.64	89.87±4.03	**100.0±0.0**	**100.0±0.0**
ecoli067vs5	**91.75±7.26**	91.25±6.96	87.0±6.41	89.75±6.09	90.5±6.77	89.0±5.55	89.25±6.03	86.75±13.48	90.75±6.29	91.25±6.31	89.25±5.45
ecoli0147vs2356	**92.23±7.07**	89.87±6.53	86.81±3.63	87.31±6.08	88.17±8.02	90.36±5.65	85.68±6.85	90.36±5.57	89.35±5.18	90.73±7.14	86.41±5.84
glass016vs2	80.93±2.2	71.81±7.57	74.02±5.75	72.71±10.62	77.0±8.02	59.57±11.53	71.24±13.6	61.29±1.85	70.43±8.68	**84.14±8.93**	80.31±7.76
ecoli01vs5	**96.36±5.04**	91.82±10.92	89.32±10.77	92.5±7.21	94.09±5.7	91.82±10.94	92.73±11.27	86.59±11.75	92.05±6.07	91.82±6.5	88.86±9.33
led7digit02456789vsl	90.68±8.13	89.32±10.53	89.16±7.72	86.98±8.13	87.47±6.57	**90.93±7.84**	86.37±7.56	**90.93±7.01**	90.61±8.09	**90.93±7.84**	90.43±6.85
glass06vs5	99.0±1.37	97.97±2.22	93.87±5.1	97.5±3.06	97.42±3.22	99.5±1.12	89.89±3.07	94.5±9.8	93.5±13.18	94.5±10.95	**100.0±0.0**
glass0146vs2	**85.06±7.1**	80.4±8.71	83.49±3.88	70.82±7.3	78.34±11.86	65.71±13.09	68.3±13.04	68.74±14.78	72.08±8.19	81.82±4.72	81.81±9.62

中不平衡率数据集（9<IR≤20）

数据集		ECUBoost-RF	CUBoost-RF	RUSBagging-RF	RUSBoost-RF	USBC-RF	SMOTE-RF	EasyEnsemble-RF	XGBoost	EFSVM	SMOTE-SVM	BEBS
中不平衡率数据集 (9<IR≤20)	glass2	**86.01±3.36**	79.38±4.62	77.9±10.39	80.74±3.93	82.94±5.41	69.26±13.37	77.91±10.46	67.77±12.95	71.31±8.87	82.0±5.32	84.83±6.09
	ecoli0147vs56	92.86±5.16	92.86±5.16	88.29±3.82	86.93±3.4	90.13±3.81	**93.02±5.28**	91.8±3.77	89.84±6.33	91.72±6.5	90.86±4.71	91.19±7.1
	cleveland0vs4	90.85±14.33	90.85±14.83	88.35±13.97	**94.19±7.31**	91.97±8.35	81.67±17.08	87.33±10.94	78.13±11.78	63.25±13.28	78.46±21.52	86.76±14.01
	ecoli0146vs5	**94.81±5.38**	90.58±9.86	93.85±5.46	90.0±9.65	94.04±6.71	93.85±6.75	91.54±12.11	86.92±10.99	90.58±11.49	91.92±10.72	90.19±9.29
	shuttlec0vsc4	**100.0±0.0**	**100.0±0.0**	**100.0±0.0**	**100.0±0.0**	**100.0±0.0**	**100.0±0.0**	**100.0±0.0**	**100.0±0.0**	99.88±0.12	99.91±0.13	**100.0±0.0**
	yeast1vs7	**81.76±5.81**	77.46±10.24	78.22±4.33	79.39±7.33	78.14±3.62	66.04±9.09	76.97±6.15	71.27±5.36	74.21±6.14	77.46±10.69	79.35±4.06
	ecoli4	96.71±5.46	93.74±6.1	94.34±5.02	94.65±6.28	94.33±6.08	92.03±6.59	94.18±5.57	84.21±11.63	96.69±3.22	96.39±6.78	**97.16±0.94**
	glass4	93.25±10.93	93.25±10.09	91.01±10.41	87.44±11.77	90.5±8.95	91.17±12.27	91.25±9.19	93.25±9.24	93.8±4.69	**94.5±10.92**	94.25±9.64
	pageblocks13vs4	99.89±1.0	99.89±1.0	96.73±1.87	99.55±0.62	96.51±2.84	**100.0±0.0**	97.98±1.97	99.78±0.45	78.28±11.14	83.97±7.55	71.77±18.85
	abalone918	84.47±3.95	81.49±11.42	81.14±7.47	82.01±10.17	80.64±6.09	84.4±7.48	78.72±9.84	81.1±8.89	67.86±9.56	90.84±2.38	**91.56±3.84**
	glass016vs5	98.0±2.75	97.43±2.26	90.57±4.8	94.29±5.35	92.57±3.1	94.43±11.68	92.57±1.56	89.43±12.38	87.57±11.31	93.0±11.72	**99.14±1.14**
高不平衡率数据集 (IR>20)	yeast1458vs7	**71.06±5.42**	63.72±12.17	69.48±5.93	60.83±4.26	67.96±5.49	59.1±7.6	65.01±4.88	60.55±3.5	61.73±6.98	63.7±8.87	68.25±4.11
	yeast2vs8	**86.87±14.02**	82.41±16.8	78.83±9.97	74.59±11.34	80.8±3.48	79.46±13.91	79.17±12.52	79.46±9.65	78.6±10.33	79.78±11.01	78.04±6.33
	glass5	98.54±1.81	95.37±3.49	91.95±5.15	94.88±4.83	94.63±3.06	94.76±11.06	90.0±5.13	94.76±9.89	90.73±5.29	87.44±8.85	**99.02±1.2**
	shuttlec2vsc4	**100.0±0.0**	**100.0±0.0**	**100.0±0.0**	**100.0±0.0**	**100.0±0.0**	**100.0±0.0**	**100.0±0.0**	95.0±10.0	**100.0±0.0**	**100.0±0.0**	**100.0±0.0**
	yeast4	**86.4±5.44**	82.75±4.98	84.58±5.15	82.75±4.24	85.46±3.75	75.17±8.31	83.05±5.63	79.9±6.67	84.55±3.27	84.43±0.62	85.36±2.06
	yeast1289vs7	**78.11±9.45**	74.03±11.14	73.77±6.36	73.08±6.55	76.81±5.97	62.93±11.04	73.77±6.64	62.68±6.41	65.95±4.02	72.35±4.74	73.85±5.28
	yeast5	96.91±2.25	92.43±2.49	97.22±0.48	97.22±0.91	97.05±0.84	92.6±2.29	95.59±2.4	94.48±2.43	95.14±2.08	96.84±0.54	**97.53±0.69**
	yeast6	87.74±8.43	87.07±7.67	87.13±6.65	84.51±10.64	88.38±5.19	79.41±13.55	85.08±5.82	85.73±9.52	87.46±7.96	**90.25±6.11**	90.08±5.24
	ecoli0137vs26	85.44±19.53	85.26±19.53	81.99±21.36	81.35±20.21	82.88±22.0	84.45±22.17	78.15±19.59	74.81±22.36	**91.0±10.12**	84.27±22.02	86.7±18.39
	abalone19	**77.61±4.81**	70.6±11.24	74.96±13.56	70.82±10.47	74.91±10.08	59.45±5.83	71.38±11.71	58.86±6.64	60.12±10.4	72.53±9.45	76.45±9.28
	平均值	**90.17**	87.46	87.70	87.33	88.54	85.92	86.79	85.61	83.74	87.81	87.40

注：每个数据集最优的结果以粗体表示。

表5-19　64个KEEL不平衡二分类数据集的AUC(%)、最优λ和PCC系数结果　%

数据集	PCC	λ	ECUBoost-RF	CUBoost-RF	RUSBagging-RF	RUSBoost-RF	USBC-RF	SMOTE-RF	EasyEnsemble-RF	XGBoost
ecoli0vs1	−0.3911	0.2	99.31±0.95	98.94±1.48	99.17±1.18	98.94±1.5	98.6±2.17	99.45±0.77	98.78±2.14	**99.56±0.67**
glass1	−0.3700	0.2	90.84±4.44	89.44±5.1	88.69±6.28	89.18±5.88	89.7±3.92	**91.39±4.41**	90.28±3.62	89.91±2.82
wisconsin	0.0718	0.4	99.32±0.36	99.22±0.42	99.27±0.4	99.31±0.42	98.95±0.55	99.23±0.4	99.18±0.64	**99.36±0.34**
Pima	−0.5448	0.2	83.33±1.86	82.16±2.54	83.04±1.72	82.86±1.59	83.1±2.77	82.32±2.03	81.21±2.2	**83.41±1.71**
glass0	−0.4238	0.8	**94.54±3.33**	93.48±3.24	93.8±3.87	93.08±4.0	91.38±5.71	93.75±3.99	92.06±4.47	92.04±3.28
yeast1	−0.4480	0.2	81.49±2.29	79.78±2.42	**81.55±2.81**	**81.55±2.73**	80.15±1.67	80.97±2.88	78.61±2.62	81.38±2.36
haberman	−0.3842	0.6	**71.77±10.22**	67.38±9.21	68.74±7.87	66.75±7.97	66.14±10.08	68.18±5.02	65.86±8.04	68.51±7.28
vehicle2	−0.3666	0.4	99.89±0.1	99.89±0.1	99.81±0.17	99.79±0.15	99.8±0.15	99.86±0.09	**99.95±0.04**	99.81±0.15
vehicle1	−0.4812	0.2	85.42±2.76	85.12±2.77	85.27±3.46	84.53±2.75	84.45±3.55	85.95±3.44	**87.08±3.75**	86.05±3.62
vehicle3	−0.6369	0.4	86.69±2.0	85.05±2.76	85.67±2.33	85.78±3.36	85.22±2.2	86.49±1.92	86.58±1.74	**87.57±1.46**
vehicle0	−0.3925	0.2	99.66±0.23	99.66±0.23	99.42±0.58	99.5±0.43	99.07±0.81	99.57±0.27	**99.69±0.31**	99.6±0.25
ecoli1	−0.5296	0	96.72±2.99	96.72±2.99	96.49±2.8	96.32±3.07	95.28±3.32	96.29±3.38	96.11±3.15	**97.03±2.53**
newthyroid1	−0.4277	0.4	**100.0±0.0**	99.92±0.18	99.76±0.35	99.92±0.18	**100.0±0.0**	99.84±0.35	99.68±0.71	**100.0±0.0**
newthyroid2	−0.4062	0.6	**100.0±0.0**	99.92±0.18	99.76±0.53	99.92±0.18	99.76±0.35	99.84±0.35	99.92±0.18	99.84±0.2
ecoli2	−0.4585	0	**97.87±1.8**	96.75±2.95	96.16±3.9	96.07±4.06	95.93±3.79	96.66±2.44	97.0±2.27	96.52±3.32
segment0	−0.1666	0.2	99.99±0.01	99.99±0.02	99.99±0.02	99.99±0.02	99.98±0.03	**100.0±0.01**	99.99±0.02	99.96±0.06
glass6	−0.3469	0.2	**99.37±0.75**	98.24±2.44	98.11±2.71	98.74±1.9	97.03±3.7	98.42±1.54	98.02±2.56	96.4±4.14
yeast3	−0.3306	0.4	**97.63±0.8**	96.67±1.44	97.55±0.99	97.61±0.93	97.23±1.46	97.08±1.17	97.01±1.08	97.58±0.88
ecoli3	−0.3341	0.6	**95.7±2.22**	95.08±2.5	93.83±2.77	92.17±4.09	94.71±1.66	93.0±3.2	94.02±3.11	94.44±2.25
pageblocks0	−0.4266	0.2	**99.25±0.36**	99.24±0.36	99.15±0.38	99.06±0.47	98.92±0.64	99.04±0.47	99.03±0.44	99.24±0.28
ecoli034vs5	−0.0719	0.4	**99.31±0.98**	98.89±1.26	98.75±2.05	98.61±2.73	99.17±1.24	99.03±1.35	98.89±1.81	98.75±1.55

低不平衡率数据集（IR ≤ 9）

数据集		PCC	λ	ECUBoost-RF	CUBoost-RF	RUSBagging-RF	RUSBoost-RF	USBC-RF	SMOTE-RF	EasyEnsemble-RF	XGBoost
	ecoli0234vs5	−0.2933	0.6	**99.18±1.21**	98.7±1.52	98.91±1.76	98.63±1.92	96.58±4.81	98.98±1.62	98.49±2.07	98.35±1.54
	yeast0359vs78	−0.0660	0.6	**83.56±6.82**	80.31±7.02	81.68±5.66	81.59±6.96	82.77±5.81	78.83±5.87	80.13±7.67	82.74±5.26
	ecoli046vs5	−0.3041	0.4	99.19±1.46	98.92±1.56	98.92±2.06	98.64±1.97	98.5±1.47	**99.39±1.18**	99.19±1.46	98.78±0.99
	yeast0256vs3789	−0.0115	0.6	**87.79±5.86**	85.25±6.91	84.04±7.66	85.0±4.86	85.79±7.04	83.49±6.99	82.33±8.08	85.67±5.8
	yeast02579vs368	−0.2416	0.6	**97.45±1.52**	96.98±1.16	96.02±2.54	94.67±4.02	95.28±3.48	96.97±3.07	95.71±2.78	96.47±3.16
	ecoli0346vs5	−0.3412	0.4	**99.73±0.6**	98.51±2.63	97.97±3.51	99.19±1.81	97.7±4.2	98.78±2.72	99.05±1.76	98.24±2.28
	ecoli0347vs56	−0.2974	0.2	**98.38±2.07**	96.83±4.04	96.75±3.24	97.35±4.49	97.22±2.94	97.64±2.56	97.26±2.22	97.85±2.26
	ecoli01vs235	−0.2069	0.4	96.11±4.68	93.05±9.27	95.67±4.73	93.77±8.28	96.55±3.56	94.82±8.62	**96.64±4.11**	96.16±4.59
	yeast2vs4	−0.2606	0.4	98.69±0.86	98.33±0.35	98.52±0.62	98.55±0.58	98.13±0.73	98.39±0.86	**98.74±0.92**	98.57±0.44
	ecoli067vs35	−0.3152	0.4	96.9±5.64	96.45±7.13	95.72±6.46	96.15±6.85	94.41±8.02	**98.08±3.69**	94.48±7.9	96.0±7.04
中不平衡率数据集(9<IR≤20)	glass04vs5	−0.2340	0.4	100.0±0.0	100.0±0.0	100.0±0.0	100.0±0.0	100.0±0.0	100.0±0.0	100.0±0.0	100.0±0.0
	ecoli0267vs35	−0.3165	0.6	96.02±3.46	94.33±5.32	93.96±4.64	95.1±5.11	93.66±6.35	**96.36±3.01**	93.26±5.15	93.47±5.29
	glass015vs2	−0.0701	0.2	85.94±5.94	83.01±10.84	78.28±12.92	79.78±17.39	74.35±17.65	85.86±9.01	80.0±14.46	**86.61±9.08**
	yeast05679vs4	−0.2091	0.2	**91.7±3.14**	91.14±2.26	90.19±5.04	89.39±3.85	89.91±2.26	90.49±3.57	89.19±4.27	90.64±3.82
	vowel0	−0.3503	0.4	**99.99±0.03**	**99.99±0.03**	99.85±0.2	99.75±0.37	99.78±0.13	99.97±0.06	99.93±0.17	99.64±0.61
	ecoli067vs5	−0.3617	0.6	**97.81±2.05**	96.25±4.15	95.25±4.21	95.5±4.47	95.56±4.39	97.44±2.03	95.75±4.27	95.5±3.78
	ecoli0147vs2356	−0.3216	0.6	96.45±3.06	96.15±3.29	95.09±4.77	95.3±4.71	94.49±4.87	**96.61±3.03**	95.33±4.58	96.08±2.47
	glass016vs2	−0.0355	0	**85.62±4.19**	79.45±10.78	79.57±4.15	78.62±10.74	75.9±16.63	81.62±10.35	80.36±10.46	81.76±7.1
	ecoli0lvs5	−0.1137	0.2	**99.49±0.98**	98.86±1.06	98.3±1.56	98.75±1.16	98.18±2.32	98.75±1.41	98.75±1.3	98.41±1.36
	led7digit0245678 9vs 1	0.1801	0.2	95.56±3.38	95.28±3.93	**95.63±3.6**	95.39±3.79	95.6±3.81	95.0±3.99	95.18±3.62	**95.63±3.34**
	glass06vs5	−0.5300	0.6	100.0±0.0	100.0±0.0	100.0±0.0	99.5±1.12	100.0±0.0	100.0±0.0	100.0±0.0	100.0±0.0
	glass0146vs2	0.0656	0	88.71±1.88	86.63±5.96	86.92±6.99	84.53±6.16	79.33±21.4	90.31±4.09	80.37±13.76	**91.55±4.57**

数据集		PCC	λ	ECUBoost-RF	CUBoost-RF	RUSBagging-RF	RUSBoost-RF	USBC-RF	SMOTE-RF	EasyEnsemble-RF	XGBoost
中不平衡率数据集(9<IR≤20)	glass2	0.1193	0.2	87.87±7.39	80.07±9.26	84.22±8.84	79.23±8.18	82.85±11.72	**89.35±6.63**	81.18±9.46	86.59±9.88
	ecoli0147vs56	-0.1954	0.4	98.38±0.8	97.31±2.33	97.6±1.91	96.17±2.22	97.37±1.54	**98.45±1.69**	97.72±1.78	97.72±1.41
	cleveland0vs4	-0.2261	0.4	98.44±2.71	98.44±2.71	95.62±6.85	96.47±4.15	95.31±7.49	**98.65±2.26**	96.67±4.4	97.6±3.15
	ecoli0146vs5	-0.2522	0.8	**99.42±0.79**	98.99±1.67	98.17±2.77	98.37±2.11	98.17±3.05	99.33±1.05	97.98±4.25	99.23±1.31
	shuttlec0vsc4	-0.0562	0.6	**100.0±0.0**	**100.0±0.0**	**100.0±0.0**	**100.0±0.0**	**100.0±0.0**	**100.0±0.0**	**100.0±0.0**	**100.0±0.0**
	yeast1vs7	-0.2769	0.4	83.22±5.37	80.68±7.35	80.68±6.98	82.52±9.79	84.35±3.99	83.25±1.71	81.87±7.28	**85.58±8.38**
	ecoli4	-0.2243	0.6	**99.6±0.69**	98.73±1.57	99.13±1.17	98.82±1.15	99.05±0.91	98.69±1.89	98.65±1.48	98.58±1.71
	glass4	-0.3271	0.2	97.95±4.12	97.38±4.12	98.27±2.42	96.72±3.98	96.8±3.92	**99.33±1.49**	97.77±2.22	98.5±2.26
	pageblocks13vs4	-0.1914	0.2	**100.0±0.0**	**100.0±0.0**	99.93±0.17	**100.0±0.0**	99.78±0.5	**100.0±0.0**	99.96±0.1	**100.0±0.0**
	abalone918	-0.0389	0.6	91.51±5.71	88.2±4.85	89.23±8.55	88.35±9.88	87.42±6.24	**92.81±5.49**	88.49±7.81	90.63±6.68
	glass016vs5	-0.4747	0	**100.0±0.0**	**100.0±0.0**	98.86±1.2	98.57±2.02	99.14±1.28	99.71±0.64	98.57±1.43	99.43±0.7
高不平衡率数据集(IR>20)	yeast1458vs7	-0.0356	0.6	73.75±4.05	67.5±10.47	68.83±4.1	63.74±8.27	68.5±5.35	68.04±12.15	69.25±10.43	**74.4±7.74**
	yeast2vs8	-0.0908	0.8	**93.63±6.49**	91.85±9.59	88.64±13.23	83.02±11.54	86.63±7.62	90.79±9.96	88.55±9.55	90.97±7.84
	glass5	-0.2676	0.8	**100.0±0.0**	99.15±1.34	99.51±0.67	99.27±1.09	98.17±3.17	**100.0±0.0**	98.54±2.18	99.76±0.49
	shuttlec2vsc4	-0.0073	0.2	**100.0±0.0**	**100.0±0.0**	**100.0±0.0**	**100.0±0.0**	**100.0±0.0**	**100.0±0.0**	**100.0±0.0**	**100.0±0.0**
	yeast4	0.0041	0.6	**93.66±1.21**	92.3±2.42	92.96±2.23	91.38±3.58	93.03±1.92	92.72±4.01	92.5±1.68	93.17±2.19
	yeast1289vs7	-0.0478	0.4	81.18±6.11	77.41±11.21	77.29±3.56	76.84±7.94	**81.85±7.77**	77.23±13.45	76.67±7.09	80.59±6.42
	yeast5	-0.3287	0.6	99.32±0.12	99.14±0.2	99.26±0.14	99.2±0.26	**99.35±0.12**	99.25±0.33	99.06±0.5	99.24±0.35
	yeast6	-0.0857	0.6	**95.48±4.66**	93.59±6.0	94.73±5.1	93.87±5.86	93.13±8.08	92.27±7.34	94.9±4.91	94.91±4.87
	ecoli0137vs26	0.0024	0.4	**98.72±2.37**	96.91±4.62	96.72±6.35	93.61±8.24	93.27±8.12	88.9±23.3	96.08±7.02	95.08±5.68
	abalone19	0.1791	0.8	**82.49±7.0**	74.71±8.89	79.25±11.74	76.39±10.93	76.83±10.43	79.52±7.58	78.27±9.48	80.96±8.16
平均值		—	—	**94.48**	93.10	93.13	92.62	92.58	93.63	92.84	93.88

注：每个数据集最优的结果以粗体表示。

第5章　集成学习　　　　　317

比于 EFSVM，BEBS 的表现更为优秀，但是它们都和所提的 ECUBoost-RF 存在不小的差距。

（3）ECUBoost 各部分改进实验对比分析

为了能够进一步客观分析 ECUBoost 算法中各个子部分的改进，本节在表 5-20 中以 RF 作为基准，分别对比了 CUBoost、CUBoost-RF+E_i^{cer} 和 CUBoost-RF+E_i^{cer}+E_i^{str} 在 64 个 KEEL 数据集中的平均 $MACC$。结果表明，E_i^{cer} 的引入能够明显优化 CUBoost 的性能。而 E_i^{str} 的引入虽无法大幅度提高性能，仍能使得算法在现有效果上有稳定的提升。两种信息熵的计算都是基于欧氏距离的，因此同时引入两者和计算其中一个的时间复杂度相差无几。

表5-20　64个KEEL数据集基于ECUBoost各部分改进的平均$MACC$

方法	$MACC$/%	$MACC$ 提升值	AUC/%	AUC 提升值
RF	79.99	—	91.96	—
CUBoost-RF	87.46	+7.46	93.09	+1.13
CUBoost-RF+E_i^{cer}	89.67	+9.67	94.13	+2.17
CUBoost-RF+ E_i^{cer} + E_i^{str}	**90.17**	**+10.17**	**94.48**	**+2.52**

注：1. E_i^{cer} 和 E_i^{str} 分别表示类确定度熵和结构分布熵。

2. 最优结果以粗体表示。

5.4.3.5　超参数分析和统计分析

（1）PCC 和权重系数 λ 的分析

表 5-19 中的 PCC 系数和参数 λ 都是 ECUBoost-RF 最优的 AUC 结果所对应的。PCC 在低、中、高不平衡率数据集上的绝对值均值分别为 0.3814、0.2275 和 0.1049，可以发现，相关性随着不平衡率的提高而不断降低。总体的 PCC 系数绝对值均值为 0.1696，远低于 1，因此本节认为置信度和所提两种信息熵的结合是有价值的。另外，最优权重系数 λ 根据数据集的不同有所变化，均值在低、中、高不平衡率数据集上分别为 0.32、0.39 和 0.58。这表示类确定度和结构信息随着不平衡率的增加，在数据预处理中的地位也在不断提高。

（2）贝叶斯分析

为了能够进一步对比算法和所提方法之间的表现，本节使用贝叶斯分析代替传统的无假设显著性检验方法（Null Hypothesis Significance Testing methodologies, NHST）。相比于 NHST，贝叶斯分析能够同时兼顾数量以及不确定性。图 3-7 中利用贝叶斯分析所得到的概率矩阵表示两个不同算法显著不同的概率。具体而言，第 i 行第 j 列表示第 i 个算法优于第 j 个算法的概率为 ρ。一般来说，在分类问题中通常认为两个算法的差距在 1% 以上就是不等价的，因此显著不同的阈值在 $MACC$ 中设置为 $\rho=1\%$。但是由于各算法在 AUC 标准上的差距比较小，为了能够更客观地对 AUC 结果进行分析，贝叶斯分析中的 ρ 在 AUC 标准中降低到了 0.5%。

从图 5-25 中可以得知，所提的 ECUBoost-RF 能够在 $MACC$ 上取得显著的提升，并且在 $\rho=1\%$ 的情况下能够明显胜过其他算法。此外，SMOTE-SVM 和 BEBS 同样在 $MACC$ 上取得了不俗的成绩。另外，ECUBoost-RF、SMOTE-RF 和 XGBoost 在 AUC 上的表现都不错。然而

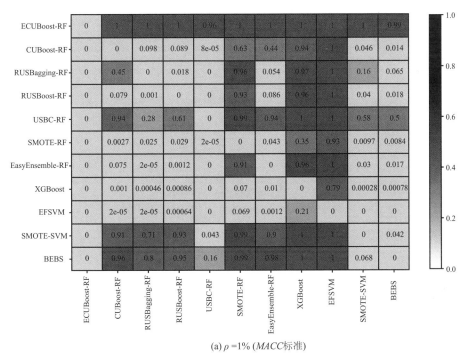

(a) $\rho=1\%$（$MACC$标准）

图 5-25

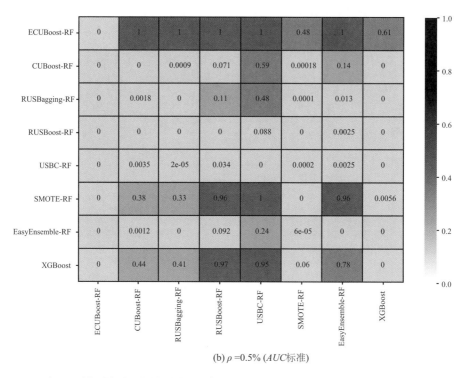

(b) ρ =0.5% (*AUC* 标准)

图 5-25　利用贝叶斯分析得到的概率矩阵（其中第 *i* 行第 *j* 列代表方法 *i* 以 ρ 在特定评价标准上超越方法 *j* 的概率）

ECUBoost-RF 仍然领先于其他两个方法。值得注意的是，没有任何比较算法能够在这些实验统计中有概率超过 ECUBoost-RF 的，即第一列均为 0%。

参考文献

[1] TSAI T L, LEE C Y. Data mining for yield improvement of photo spacer process in color filter manufacturing[J]. Procedia Manufacturing, 2017(11): 1958-1965.

[2] LEHMAN L H, MARK R G, NEMATI S. A model-based machine learning approach to probing autonomic regulation from nonstationary vital-sign time series[J]. IEEE Journal of Biomedical and Health Informatics, 2018, 22(1): 56-66.

[3] M GÖNEN, E ALPAYDIN. Multiple kernel learning algorithms[J]. Journal of Machine Learning Research, 2011, 12: 2211-2268.

[4] XU Z, JIN R, YANG H, et al. Simple and efficient multiple kernel learning by group lasso[C]//Proceedings of the 27th International Conference on Machine Learning. Omnipress, 2600, Anderson st, Madison, Wi, United States, 2010: 1175-1182.

[5] MORRISSEY R P, CZER L, SHAH P K. Chronic heart failure[J]. American Journal of Cardiovascular Drugs, 2011, 11(3): 153-171.

[6] SOLOMON S D, ANAVEKAR N, SKALI H, et al. Influence of ejection fraction on cardiovascular outcomes in a broad spectrum of heart failure patients[J]. Circulation, 2005, 112(24): 3738-3744.

[7] MEHRABI S, MAGHSOUDLOO M, ARABALIBEIK H, et al. Application of multilayer perceptron and radial basis function neural networks in differentiating between chronic obstructive pulmonary and congestive heart failure diseases[J]. Expert Systems with Applications, 2009, 36(3): 6956-6959.

[8] CHOI E, SCHUETZ A, STEWART W F, et al. Using recurrent neural network models for early detection of heart failure onset[J]. Journal of the American Medical Informatics Association, 2016, 24(2): 361-370.

[9] SARKAR S, KOEHLER J. A dynamic risk score to identify increased risk for heart failure decompensation[J]. IEEE Transactions on Biomedical Engineering, 2013, 60(1): 147-150.

[10] LI Y, WU F, NGOM A. A review on machine learning principles for multi-view biological data integration[J]. Briefings in Bioinformatics, 2016, 19(2): 325-340.

[11] WANG Q, GUO Y, WANG J, et al. Multi-view analysis dictionary learning for image classification[J]. IEEE Access, 2018, 6: 20174-20183.

[12] ROSIPAL R, GIROLAMI M, TREJO L J, et al. Kernel PCA for feature extraction and de-noising in nonlinear regression[J]. Neural Computing & Applications, 2001, 10(3): 231-243.

[13] HEARST M A, DUMAIS S T, OSUNA E, et al. Support vector machines[J]. IEEE Intelligent Systems and Their Applications, 1998, 13(4): 18-28.

[14] RAJNA G. Deep Neural Networks[J]. IEEE Transactions on Signal Processing, 2016, 1(1):1-15.

[15] ZHOU Z H. Ensemble methods: foundations and algorithms[M]. London: Chapman and Hall, 2012.

[16] LIU X Y, WU J, ZHOU Z H. Exploratory undersampling for class-imbalance learning[J]. IEEE Transactions on Systems, Man, and Cybernetics, Part B (Cybernetics), 2009, 39(2): 539-550.

[17] CHAWLA N V, LAZAREVIC A, HALL L O, et al. SMOTEBoost: improving prediction of the minority class in boosting[C]//European conference on principles of data mining and knowledge discovery. Berlin: Springer, 2003: 107-119.

[18] YEN S J, LEE Y S. Under-sampling approaches for improving prediction of the minority class in an imbalanced dataset[J]. Intelligent Control and Automation, 2006, 344(2): 731-740.

[19] ERTEKIN S, HUANG J, GILES C L. Active learning for class imbalance problem[C]// Proceedings of the 30th Annual International ACM SIGIR Conference on Research and Development in Information Retrieval. New York: ACM, 2007: 823-824.

[20] CHEN T, GUESTRIN C. Xgboost: a scalable tree boosting system[C]//Proceedings of the 22nd ACM Sigkdd International Conference on Knowledge Discovery and Data Mining. New York: ACM, 2016: 785-794.

Digital Wave
Advanced Technology of
Industrial Internet

Key Technologies and Applications
of Machine Learning

机器学习关键技术及应用

深度学习

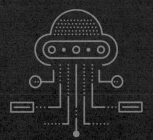

6.1
概述

　　机器视觉作为一种基于 2D 或者 3D 相机传感器的工业自动化技术，在工业视觉领域具有广泛而成熟的应用。3C、半导体、汽车等行业大量使用机器视觉技术进行异常识别、标签识别、物料定位等工作。工业自动化离不开感知技术和运动控制技术，就像人离不开眼和手。而人体所获得的信息，80% 来自视觉，因此视觉感知技术是工业自动化领域最重要的技术。

　　深度学习算法的优异性能依赖于大规模的数据样本和大量的计算能力，在解决复杂问题层面可以显著优于一般的传统机器学习算法。与特定于任务的算法不同，深度学习是基于学习数据的机器学习的子集。它的灵感来自被称为人工神经网络的功能和结构。深度学习通过学习将世界显示为更简单的概念和层次结构，以及基于不那么抽象的概念来计算更抽象的代表，从而获得巨大的灵活性和力量。目前，在深度学习的应用中，占据统治地位的是计算机视觉领域、自然语言处理领域。如图像分类任务中，因为有了 ImageNet 这样百万量级带有标注的图像集，卷积神经网络才能取得较大的成功。

　　虽然深度学习技术为工业自动化领域展现了新前景，但也存在被攻击者利用的漏洞，甚至会受到高级且难以防范的威胁攻击。例如，攻击者可以通过一些简单的方式绕过基于深度学习的检测工具，注入某些不易察觉的噪声使得工厂语音控制系统被恶意调用，或者在交通指示牌或车辆上进行涂写使得基于深度学习的自动驾驶系统出现误判。在高价值与高风险并存的工业生产过程中，假如系统被恶意攻击，可能会导致设备故障，甚至威胁人员安全。深度学习有可能受到的攻击分为 5 种，即投毒攻击、模型逆向攻击、模型提取攻击、物理攻击、对抗攻击，这些攻击主要发生在模型训练阶段和模型预测阶段。虽然得到充分训练的深度神经网络能够正确地处理干净的输入样本，但是针对神经网络的特定攻击——对抗攻击，给神经网络的发展和应用带来了严峻挑战。研究者们发现，对抗攻击能够有效地破坏干净的数据样本，从而改变并操纵神经网络的输出结果，在图像领域，受到对抗攻击的数据样本甚至无法被人眼所发现。因此，如何防御针对神经网络的对抗攻击成了深度学习领域的重要问题。

在现实生活中，一张图像中通常会包含多个类别的对象。目前，多标签图像分类在行业和现实生活中有着广泛的业务需求和应用场景。一个好的多标签图像分类算法可以判断图像中是否包含多个类别的对象，从而解决更加现实的问题。作为一项重要的数据分析技术，多标签图像分类在图像处理、生物信息学学习、手写字符识别等工业大数据的许多领域都发挥着重要作用。

在多标签图像发展的早期，由于缺乏图像处理方法，常见的方法是通过人工处理进行特征提取，并使用传统的分类方法进行标签预测。在此期间，优秀的传统分类算法不断涌现并应用于多标签领域，这些方法大致可以分为两类。一类是将多标签分类问题转化为单标签分类问题，如双类分类、标签排序、多类分类。另一类是算法自适应的方法，如排序支持向量机、多标签 k 近邻等。然而，随着 ImageNet、MS COCO、PASCAL VOC、ML-Images 等大规模人工标注数据集的快速发展，基于深度网络的图像分类模型的性能得到了迅速提高。在计算机视觉的各种任务中，已经有许多深度模型被提出，被用于图像字幕和目标检测等领域。

在早期 CNN 应用于图像多标签分类领域时，最简单的方法是利用传统的深度学习模型直接预测标签。Yang 等人将每个图像划分为多个实例，并将所有实例视为一个包。该方法采用选择性搜索的方法提取对象建议，并结合真值边界框标注生成标签视图，最后，结合标签视图和特征视图对标签进行预测。Wei 等人提出了一个提取假设框模型，从每幅图像中提取数千个对象建议，并将它们添加到共享的 CNN 中，以获得每个假设区域的类别得分。然后，通过最大池化层，该模型可以获得图像中所有类别的得分作为最后的多标签预测。

与提取假设框不同，注意机制已被广泛应用于机器翻译、图像字幕、视觉问答等领域。注意机制可以动态地为图像的不同区域分配不同的权重，能够更好地拟合不规则物体。因此，注意机制可以达到类似人眼聚焦的效果。Wang 等人设计了空间变换层来代替假设对象的方法，可以从卷积特征映射中定位注意区域。由于设计了空间变换层，模型可以隐式使用标签的语义信息，从而有效提高了网络的预测精度。Zhu 等人提出了一种空间正则化网络，用于为所有标签生成注意图，并通过可学习卷积捕获标签之间的潜在关系。Lyu 等人提出了一种依靠动态注意机制限制模型聚焦于图像中感兴趣区域的方法，然后引入 RNNs 网络对标签依赖关系进行编码，并按顺序预测标签。Guo 等人提出了一种分支网络，以保证图像在特殊情况下仍能保持视觉注意区域的一致性，从而提高了多标签图像分类的准确性。Luo 等人提出了一种新的双流神经网络，将传统的分类模型与显著性预测模型相结合，提高了多标签图像的分类性能。

除了网络上对模型的改进，近年来还有许多研究显示了多标签学习算法对网络分类性能的提高。这些多标签学习算法大多是为了优化现有的多标签学习损失而提出的。例如，Dembczyński 等人证明了估计单标签和多标签后验分布的方法分别是针对汉明损失和子集精度量身定制的。比如二分类相关方法优化了汉明损失，而 Nam 等人则优化了子集精度。同时，Li 等人优化了标签的排序损失，而 Decubber 等人对 F1 值进行了函数优化。

为了解决单幅图像中同时包含多个标签类别的分类难题，一个新的分类子问题——多标签分类问题作为一个新的研究领域被提出。鉴于深度神经网络在单标签图像识别任务中的巨大成功，人们尝试将其引入多标签领域中作为一种新的思路。虽然研究结果表明基于深度学习的多标签分类方法具有良好的性能，但其仍存在一些问题需要进一步讨论。首先，与单标签图像相比，多标签图像通常包含多个待分类对象。因此，单标签图像和多标签图像中关于待分类对象的数量和其在图像上的姿态等存在显著差异。而深度模型的预训练通常是在单标签数据集上执行的。因此，经过预先训练的深度神经网络可能更倾向于识别单个对象。此外，在单标签图像中，待识别对象通常是图像的主体对象，其目标对象清晰可见。但在多标签图像中，其内容通常是多样复杂并且对象表现模糊。此外，多标签图像中的单个标签有时不仅描述单个对象，还可能同时表述多个对象，甚至可以涵盖整幅图的内容。这一实际因素大大增加了多标签图像中图像标签的识别难度。

6.2
基于扰动的助推器网络驱动协同训练模型

6.2.1 归纳式半监督的方法

现代计算机视觉的应用系统都依赖于大容量深度神经网络和大规模人工标注的标签数据来学习有效的表示，例如在人脸识别、人脸对比和人脸活体检测等领域，越来越大规模的人脸数据集被不断地收集和标记，这些领域的相关应用和解决方案虽然已经取得了令人印象深刻的成果，但是现阶段系统的效果提升开始变得越来越困难，在每零点一百分比的精确率的提升背后，都有千万级别的人工标记成本和时间被消耗。另外，研究者越来越难继续扩大当前数据集的标记规模。更严重的问题在于，现阶段几乎所有先进的大规模视觉数据集都受到人工注释带来的高噪声影响，这开始使研究者尝试不再拘泥于继续扩大困难而昂贵的标签数据规模，转而关注如何利用海量的无标签数据来提升模型性能。

因此，本节提出了一种归纳式半监督学习方法来更好地利用大量无标签数据，称为基于扰动的助推器网络驱动协同训练模型（BDCT）。BDCT通过设计并引入一个"助推器"模块来扩展协同训练，该模块用于汇总多视图信息，防止协同网络相互碰撞以及与现有协同训练方法并行地构建更好的目标。助推器模块是指将一个网络视为协同训练的助推器，帮助训练另外两个协同训练的"航天器"网络学习。此外，BDCT将强制平滑集成到其设计的快速反馈回路中，以确保训练的有效性和鲁棒性。同时，利用对抗样本来维持在低维流形上被学习为平滑的网络之间的多样性。6.2.3节中的实验结果证明，与最新的深度半监督学习方法相比，BDCT方法展现出了优异的性能，消融实验同样验证了所提助推器模块的有效性。

本节的创新点与主要贡献可归纳如下：

① 通过将半监督学习中基于扰动的协同训练思想扩展到更为广泛的

领域，提出了一种基于扰动的助推器网络驱动协同训练模型（BDCT），所提 BDCT 通过更好地聚集视图信息和施加网络差异约束，实现了半监督场景下更优的分类性能。BDCT 具体由两个模块组成：助推器模块和航天器模块。它的一个显著的优点是可以通过助推器模块阻止两个强制一致性训练的网络相互崩溃，这是深度神经网络一致性训练中具有挑战性的问题。

② 所提 BDCT 将强制平滑方法作为隐式信息集成到其设计的快速反馈回路中，这种策略确保了 BDCT 能够高效地产生更精确的模型并维持一个鲁棒的训练过程。

③ 所提 BDCT 探索并优化了协同训练的内在约束问题。通过优化组织大规模数据的方式提高了协同训练效率，引入詹森 - 香农散度假设来建模协同训练过程，使用快速梯度符号攻击施加的对抗攻击来生成对抗样本，以鼓励视图的多样化，使深度神经网络在低维流形空间上实现平滑输出。

6.2.2 BDCT 模型

6.2.2.1 BDCT 总体框架

基于不一致的协同训练可以通过最小化两个协同分类器做出预测结果之间的一致性来降低分类错误率，以实现优异的分类性能，尤其是当协同训练中两个分类器的视图充分冗余且独立时，这种强制一致性的训练方法会不再受制于数据假设、损失函数的非凸性和数据规模，但是这种对数据视图的极端要求几乎不可能实现。本节将协同训练扩展至协同训练范式，提出了一种基于扰动的助推器网络驱动协同训练模型 BDCT。

具体来说，BDCT 将协同训练思想扩展至更多的交互式分类器并设计了鲁棒的训练流程。交互式分类器分为两个模块：指导和维持训练过程的"助推器网络"模块和实现更好性能的"航天器网络"模块。

BDCT 通过引入詹森 - 香农散度来模拟协同训练并组织大量无标签数据以提高训练效率，将平滑方法 Output Smearing 和 Exponential Moving Average（EMA）集成到训练回路中，使网络在低维流形空间上实现平滑输出。之后伪标记无标签样本，通过选择最大网络输出类的伪标签使激活进入饱和区域来对一致性训练的神经网络进行正则化，同时使网络学习到更抽象的不变性和表示的鲁棒性。为了解决两个协同训练网络趋于相似并相互碰撞的问题，使用快速梯度符号攻击施加的对抗攻击来生成对抗样本，以鼓励视图的差异来阻止网络碰撞。

BDCT 的总体框架如图 6-1 所示，在 BDCT 的框架中，F1 网络被设计成助推器网络来指导 F2 网络和 F3 网络进行训练。具体来说，助推器 F1 网络依次与航天器 F2 网络和 F3 网络进行一致性训练，并通过图 6-1(a)、(b) 中的指数移动平均方法 EMA 生成更好的教师模型 F2 网络和 F3 网络。F2 网络和 F3 网络完成图 6-1(c)、(d) 所示的一致性训练后，通过反向 EMA 维持 F1 网络的分类性能。重复上述步骤直到 F1 网络完成辅助训练任务并最终与 F2 网络和 F3 网络分离，之后 F2 和 F3 在网络差异约束下继续执行强制一致性训练，如图 6-1(e) 和 (f) 所示。

所提方法主要包括詹森 - 香农散度假设建模、教师模型生成、网络差异性约束和助推器网络分离，后续章节会对这些内容进行详细介绍。

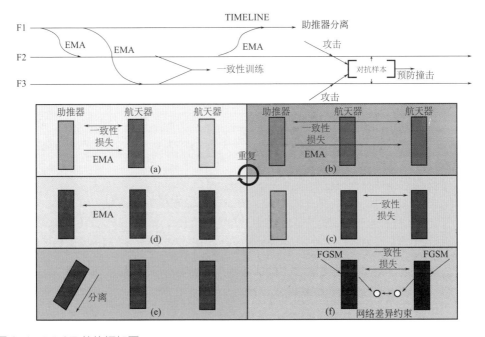

图 6-1　BDCT 总体框架图

6.2.2.2 詹森－香农散度假设建模

在半监督学习场景下，将少量的有标签数据样本定义为 $\{(x_s, y_s)\}_{s=1}^{m_s} \sim S$，大量的无标签数据样本定义为 $\{(x_u)\}_{u=1}^{m_u} \sim U$，所有的有标签数据样本和无标签数据样本组成样本集，按照一般过程，半监督学习场景下基于扰动的协同训练首先分别初始化构造并训练两个分类器。在每个时间步骤，执行协同训练的分类器标记无标签数据样本构成的子集，为每个无标签的数据样本选取其具有最大网络输出的类别，这意味着暂时将赋予无标签数据样本的伪标签视作真实标签。因此，伪标签数据集和有标签数据集被同时用来更新协同训练的另一个分类器。

然而，考虑到无标签数据样本的数据规模，上述在每个时期迭代更新每个分类器一次的训练方法过于低效。无标记的数据样本越多，分类器的更新时间就越长，模型的训练效率受到极大限制。本节通过詹森－香农散度和标准交叉熵损失来建模协同训练框架并实现协同训练过程，该方法基于伪标签样本实现可靠的反向传播来减小类别损失以收敛训练。

为协同训练，需要对存在确认偏差的伪标签样本学习其判别表示，然而获取这样的表示并不容易，因为由协同训练分类器生成的伪标签很可能是错误的。如果伪标签不能总是百分之百正确地反映数据样本的真实标签，那么一旦伪标签数据样本具有错误的类别，就极有可能阻止新信息的学习。因此，为协同训练进行建模的关键是平衡有标签数据样本和伪标签数据样本之间的权重。随着分类器网络的不断优化，要更新伪标签数据样本所占据的权重，以使网络的训练朝着正确的方向收敛，因此总体的目标函数设置为：

$$\min_\theta J = J_{\mathrm{BDCT_{sup}}}(\theta) + \alpha(t) J_{\mathrm{BDCT_{usup}}}(\theta) \tag{6-1}$$

式中，$\alpha(t)$ 为平衡目标函数的超参数。

本节使用伪标签的目的是使激活进入饱和区域，以此来规范网络的学习，这个过程相当于熵正则化，并且同时促进了半监督场景下协同训练网络学习过程中表示的不变性和鲁棒性。另外，无标签数据样本的伪标签也有助于实现类之间的低密度分离。之后利用詹森－香农散度假设来改进一般协同训练方法的训练过程，首先在监督数据集上使用标准交叉熵损失：

$$\min_\theta J_{\mathrm{BDCT}_{\sup}}(\theta) = \mathop{E}_{x,y \in L} \mathop{E}_{\hat{x} \sim q(\hat{x}|x)} \left[p_\theta \left(y | \hat{x} \right) \right] \qquad (6\text{-}2)$$

式中，$q(\hat{x}|x)$ 为数据增强转换；$p_\theta(y|\hat{x})$ 为输出分布。

更具体地，在一致性增强要求下协同训练的两个分类 F1 网络和 F2 网络的目标函数定义如下：

$$L_{\sup}(x,y) = H\left(y, F_1\left(v_1(x) \right) \right) + H\left(y, F_2\left(v_2(x) \right) \right) \qquad (6\text{-}3)$$

式中，$H(p,q)$ 为分布 p 和 q 之间的标准交叉熵；y 为输入分布 x 的标签；$v_1(x)$ 和 $v_2(x)$ 为有标签数据样本的两个不同视图，视图通过不同的噪声和数据增强得到了扩充。

在标准交叉熵损失下，有标签数据集构成监督学习部分，在无监督学习部分，对于无标签数据集合中的样本 x，最小化两个协同训练网络预测分布之间的詹森 - 香农散度，将其定义如下：

$$\min_\theta J_{\mathrm{BDCT}_{\mathrm{unsup}}}(\theta) = \mathop{E}_{x \in U} \mathop{E}_{\hat{x} \sim q(\hat{x}|x)} \left[D_{\mathrm{JS}} \left(p_{\theta_i}(\hat{y}|\hat{x}) \,\|\, p_{\theta_j}(\hat{y}|\hat{x}) \right) \right] \qquad (6\text{-}4)$$

式中，$D_{\mathrm{JS}}\left(p_{\theta_i}(\hat{y}|\hat{x}) \,\|\, p_{\theta_j}(\hat{y}|\hat{x}) \right)$ 是詹森 - 香农散度，用于度量两个分类网络之间的相似性，从而约束两个分类网络对相同的数据样本做出一致性的预测，这样可以同时提升协同训练 F1 网络和 F2 网络的性能。詹森 - 香农散度目标定义如下：

$$D_{\mathrm{JS}}(x) = H\left(\frac{1}{2}\left(F_1(x) + F_2(x) \right) \right) - \frac{1}{2}\left(H\left(F_1(x) \right) + H\left(F_2(x) \right) \right) \qquad (6\text{-}5)$$

但是，直接使用詹森 - 香农散度假设建模的协同训练过程不足以使协同训练网络得到足够令人满意的精确分类结果。

在接下来的章节中，将通过在训练网络的过程中优化模型的生成方式来构建更好的目标表示。

6.2.2.3 教师模型生成

通过在两个协同训练的网络之间直接进行强制一致性训练，虽然在视图层面增加了多样性，但是两个网络会输出相似的结果，由于训练的目标是以高精度标记无标签数据样本，本节给协同训练的网络分配了不同的角色。在 BDCT 所设计的三个分类器网络中，EMA 在它们之间的交替训练过程中起着重要的作用。引入 EMA 的一个好处是它带来的隐式自集成，每个分类模型对样本的预测都集成并整合了不同时期下模型学习到的不同信息，这种隐式的自集成提高了模型预测的质量。本节给 BDCT 中的三个分类器网络分配了两个角色，即助推器网络和航天器网络，在训练阶段赋予航天器网络的权重为助推器网络权重的 EMA 值，具体定义为：

$$\theta'_t = \alpha\theta'_{t-1} + (1-\alpha)\theta_t \tag{6-6}$$

式中，θ'_t 为航天器网络的权重参数；θ_t 为助推器网络的权重参数；α 为平滑系数的超参数。如上所述，通过模型不同的角色分配，在几乎不需要额外计算成本的情况下就可以使模型生成更精确的目标标签。这还意味着只需要一个助推器网络，就可以构建两个更好的航天器网络。因此，本节在整个训练流程中使用这种策略，在每一轮训练周期中都生成更好的教师模型。具体来说，在训练的初始阶段，对 F1 网络和 F2 网络执行詹森 - 香农散度假设下的一致性训练，然后正常更新 F1 网络参数并将 F1 网络参数的 EMA 值赋给 F2 网络，同样对 F1 网络和 F3 网络重复此步骤。同时，Output Smearing 被集成到整个动态的训练过程中，以确保模型的平滑输出和泛化性能。

6.2.2.4 网络差异性约束

通过詹森 - 香农散度建模协同训练和教师模型的生成，首先得到了两个精确的分类器 F2 网络和 F3 网络。然而，为了更好地指导这两个航天器网络的学习，必须考虑到的问题是 F2 网络和 F3 网络会在训练过程中越来越趋于相似。首先是因为它们都是由相同的数据样本训练得到的，其次，作为教师模型，它们都来源于学生模型 F1 网络，这启发了 BDCT 的下一步训练。为了防止 F2 网络和 F3 网络在训练过程中不断接近而导致网络碰撞，本节建立了网络差异约束来解决这个问题。深度神经网络中一个显著的缺点是使用欧几里得距离空间来近似感知距离，这带来了一个问题，由于极其小的图像感知距离可能对应于网络表示中完全不同的类别，因此很小的近似感知偏移也会导致灾难性的错误分类结果。本节利用这一特点，通过快速梯度符号法来生成原始数据样本的对抗样本，并利用对抗样本来推动 F2 网络和 F3 网络分开。神经网络易受对抗性扰动影响的主要原因是它自身所具有的线性性质，因此高维空间中的线性行为就足以完成对抗样本的生成。本节利用该线性性质作为生成模型来生成对抗样本。对于一个原始数据样本，它的对抗样本是通过对原始数据样本施加小的扰动而形成的：

$$\max_\delta l(x+\delta, y, \theta), \|\delta\|_p \leqslant \varepsilon \tag{6-7}$$

式中，θ 为模型的参数；y 为输入数据样本 x 的标签或伪标签；δ 为最坏情况下的扰动；$\|\delta\|_p$ 为 ℓ_p 范数距离度量 δ。之后计算生成对抗样本：

$$x' = x + \varepsilon \cdot \mathrm{sign}\left(\nabla_x l(x, y, \theta)\right) \tag{6-8}$$

式中，$l(x,y,\theta)$ 为损失函数，将扰动添加到梯度中并沿着梯度进行反向传播，以可靠地生成网络差异约束所需的对抗样本。这些生成的对抗样本与原始数据样本非常接近，人眼无法区分，但神经网络会对其所属类别做出完全错误的判断。

在快速梯度符号攻击的情况下，需要为每个原始数据样本构造对抗样本。接下来，本节使用一种方法来避免协同训练中两个分类器网络相互干扰。具体而言，本节将训练一个分类器网络，使其可以对抗另一个分类器网络的对抗样本。这是通过最小化 $F_2(v_2(x))$ 和 $F_3(v_3(G_2(x)))$、$F_3(v_3(x))$ 和 $F_2(v_2(G_3(x)))$ 之间的交叉熵来实现的：

$$H(F_2(v_2(x)),\ F_3(v_3(G_2(x)))) + H(F_3(v_3(x)),\ F_2(v_2(G_3(x)))) \tag{6-9}$$

式中，$G_2(x)$ 为 F2 网络的对抗样本；$G_3(x)$ 为 F3 网络的对抗样本。训练期望 F2 网络和 F3 网络向抵抗对方对抗样本的方向收敛，即 F2 网络和 F3 网络被要求对原始数据样本做出相同的正确预测，而尽可能对于对抗样本做出不同的错误预测，如图 6-2 所示。

6.2.2.5　助推器网络分离

本节所提 BDCT 方法的核心在于助推器网络 F1，旨在指导航天器网络 F2 和 F3 实现更好的分类性能。首先，本节使用了多种方法来更好

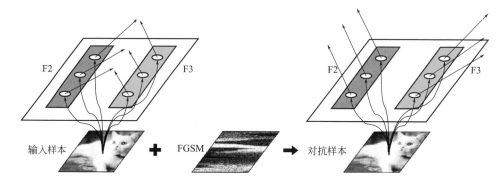

图 6-2　网络差异性约束

地挖掘数据信息中的抽象不变性和多样性，包括通过一个额外的 F1 网络来帮助聚集更多的视图信息，以实现视图的充分性与多样性。此外，在本节的训练框架中，F1 网络与 F2 网络和 F3 网络交替进行强制一致性训练，隐式地调整训练收敛趋势，防止航天器网络 F2 和 F3 相互碰撞，F1 网络起到了分离另外两个网络的作用。最后，F1 网络利用 EMA 策略来指导 F2 网络和 F3 网络的训练，并得到更好的教师网络模型。但是，使用这种训练策略的一个限制是上述训练过程无法被长期维持，助推器网络 F1 在分类精度方面会逐渐无法与它的教师模型 F2 网络和 F3 网络相比，并开始拖累训练。为了克服这个限制，本节设计了一个鲁棒的反馈回路，F1 网络没有在与 F2 网络和 F3 网络完成强制一致性训练后立即开始下一次训练迭代，而是反向接受 F2 网络的 EMA 权重，这种基于回馈思想的策略成功地维持了 F1 网络的分类精度不会与航天器网络 F2 和 F3 拉开太多，从而使模型框架能够稳定而有效地学习。

如上所述，本节暂时缓解了 F1 网络无法跟上训练收敛趋势的问题，然而这不是一个长期的解决方案，在实验中发现，F1 网络依然只能维持训练一段时间。最后随着训练的进行，它仍然会干扰训练向正确的方向收敛并导致 F2 网络和 F3 网络的分类准确性不再提升。这时，助推器网络 F1 已经完成了它的推进工作，我们停止训练 F1 网络并将其丢弃，只在网络差异性约束下进行 F2 网络和 F3 网络的一致性训练。

BDCT 的完整训练概述如图 6-3 所示。

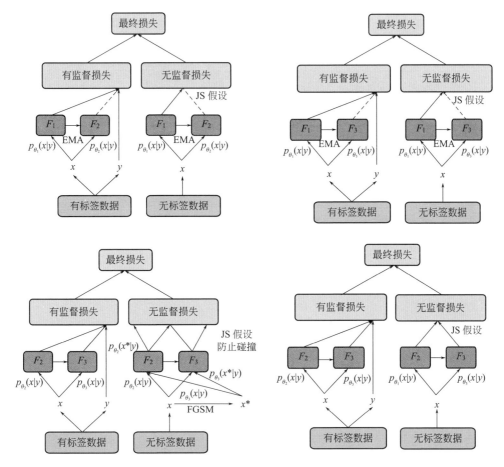

图 6-3　BDCT 算法训练概述

6.2.3　实验与分析

6.2.3.1　数据集描述与实验设置

本节设计了一系列实验来评估所提 BDCT 方法的性能,在 4 个半监督学习领域广泛使用的基准数据集 MNIST、SVHN、CIFAR-10 和 CIFAR-100 上将所提 BDCT 与几种最先进的半监督学习方法进行了比较,并报告了使用不同随机种子进行 10 次实验的平均结果。本节首先介绍数据集和实验所用到的网络体系架构。

MNIST 数据集包含 60000 张训练图像样本和 10000 张测试图像样本。MNIST 数据集中图像样本的固定大小为 28×28 像素，图像样本内容为 0 ~ 9 之间的手写数字。SVHN 数据集同样是真实的图像数据集，它从谷歌道路图像中的门牌号码中收集得到。与 MNIST 数据集的图像样式相似，SVHN 数据集包含的图像样本也是小的裁剪阿拉伯数字。SVHN 数据集包含 73257 张内容为数字的图像样本，大小为 32×32 像素。本节在 73257 张训练图像样本中使用 72257 张无标记图像样本和 1000 张有标记图像样本进行训练。在测试阶段则使用完整的测试集，即共 26032 张图像样本进行测试。CIFAR-10 数据集中包含 60000 张彩色图像样本，每张图像的尺寸为 32×32 像素，一共包括 10 个不同的类别。每个类别有 6000 张图像样本，其中训练集和测试集按照 5∶1 的方式进行划分。CIFAR-100 数据集是 CIFAR-10 数据集的进阶版，包含高达 100 个不同的类别。每个类别包含 600 张图像样本，训练集和测试集的划分方式与 CIFAR-10 数据集保持一致。在本节的实验中，为 CIFAR-10 数据集设计的半监督场景只使用 4000 张有标记图像样本。对于 CIFAR-100 数据集，在 50000 张训练图像样本中只使用 10000 张有标记图像样本。在测试阶段，全部的测试图像样本都被用于测试。

为了进行公平的比较，实验采用了 Laine 和 Aila 提出的通用网络体系架构进行实验。该网络框架是深度半监督学习领域中被广泛使用的 13 层卷积神经网络框架。与所提 BDCT 方法相比，其他最先进的深度半监督学习方法对这个网络体系架构进行了或多或少的调整，以实现更高的性能，包括设置了不同大小的卷积核、不同的残差块和变化的网络深度等，以期在其模块之间获得更多的多样性。本节所提 BDCT 方法不会像其他先进的半监督学习方法那样优化这个网络体系架构。

在本节的实验中，协同训练的最大训练轮次 T_{max} 在 SVHN 数据集、CIFAR-10 和 CIFAR-100 数据集上都设置为 600，在 MNIST 数据集上设置为 100。在最初的 80 轮训练中，对目标函数的平衡系数进行了预热。具体来说，在训练阶段逐渐增加整体目标损失函数的无监督部分平衡系数，具体形式为 $\alpha(t)=\alpha(t)_{max}\exp(-5(1-T/80)^2)$，其中 $\alpha(t)_{max}=10$。对于 SVHN 数据集和 CIFAR-10 数据集，当丢弃助推器网络的训练轮次 $T_{dis}=300$（在

MNIST 数据集中为 60）时，BDCT 丢弃助推器网络 F1 效果显著。对于 CIFAR-100 数据集而言，T_{dis}=400 时实验效果最佳。另外，所提 BDCT 方法对 T_{dis} 并不敏感。对于 SVHN 数据集和 CIFAR-10 数据集，将 T_{dis} 从 200 改变到 500 不会显著改变实验结果。在模型训练中，使用动量为 0.9 且权重衰减为 0.0001 的随机梯度下降（SGD）。对于学习率，考虑对每个批次进行余弦退火，具体方法如下所示：

$$\eta_t = \eta_{min^i} + \frac{1}{2}\left(\eta_{max^i} - \eta_{min^i}\right)\left(1 + \cos\left(\frac{T_{cur}}{T_i}\pi\right)\right) \tag{6-10}$$

其中，在每个训练时期 T，η_t=0.05×(1.0+cos((T−1)×π/600))。另外，实验还使用了批量正则化和随机失活。实验同时考虑了输入图像的随机平移和水平翻转等扩充操作，并在数据集的输入层上注入了噪声。其他方面，将批量大小设置为 100。

6.2.3.2 半监督分类任务上的实验结果

为了与其他先进的对比方法进行公平的比较，本节中的实验结果仅报告模型的平均性能，即使在整个训练过程中产生了更好的模型输出结果，它也不会被集成到所提方法的模型中。另外，本节也不使用任何预训练模型。所提 BDCT 与深度半监督学习领域现有的先进方法进行了比较，使用的先进对比方法包括：Ladder network、GAN、GoodSemiBadGan、CatGan、Improved GAN、Triple GAN、Πmodel、Π+SNTG、Temporal ensembling、Mean teacher、Stochastic Transformations 和基于 VAT 的方法。表 6-1 展示了在 MNIST、SVHN 和 CIFAR-10 三个数据集上的实验结果。从表 6-1 中可以看出，所提 BDCT 方法显著优于其他代表性的先进方法。在标记了 1000 张图像数据的 SVHN 数据集上，BDCT 的错误率仅有 3.66%，在标记了 4000 张图像数据的 CIFAR-10 数据集上，其错误率仅有 10.69%。具体来说，以 Supervised-only 为基准，Ladder network 的表现并不突出，它在相对简单的 MNIST 数据集上的错误率为 0.89%，这是可以接受的，但是在深度半监督领域最广泛使用的 CIFAR-10 数据集上的错误率达到 20.40%，相对于 Supervised-only 基准的 20.66% 仅仅提

表6-1　BDCT方法在MNIST、SVHN和CIFAR-10上的错误率　　　　%

方法	MNIST	SVHN	CIFAR-10
Supervised-only	—	12.32±0.95	20.66±0.57
Ladder network	0.89±0.50	—	20.40±0.47
GAN	—	8.11±1.30	18.63±2.32
GoodSemiBadGAN	0.795±0.098	4.25±0.03	14.41±0.03
CatGAN	1.39±0.28	—	19.58±0.58
Improved GAN	0.93±0.065	8.11±1.30	18.63±2.32
Triple GAN	0.91±0.58	5.77±0.17	16.99±0.36
Π model	0.89±0.15	4.82±0.17	12.36±0.31
Π+SNTG	0.66±0.07	3.82±0.25	11.00±0.13
Temporal ensembling	—	4.42±0.16	12.16±0.24
Mean teacher	—	3.95±0.19	12.31±0.28
Stochastic Transformations	—	—	11.29±0.24
VAT	1.36	5.77	14.82
VAT+EntMin		4.28	13.15
VAT+Ent+SNTG	—	4.02±0.20	12.49±0.36
BDCT	**0.60±0.16**	**3.66±0.03**	**10.69±0.12**

升了 0.26%，这种改进是微不足道的。以 GAN 为基础的一系列方法同样表现不佳，不同于 Ladder network，这是由于基于生成对抗网络的方法没有很好地解决半监督领域无标签数据的利用问题。相对来说，GoodSemiBadGAN 展现出了较好的分类性能，它在使用 4000 个标签数据的 CIFAR-10 上分类错误率为 14.41%，在所有 5 个基于 GAN 的方法中排名第一。Π model、Temporal ensembling 和 Mean teacher 方法是深度半监督学习领域最具代表性的基于扰动的方法，它们的主要思想在于强制平滑输出。在所有的对比方法中，基于扰动的方法取得了突出的分类结果，Π model 在 CIFAR-10 上的错误率低至 12.36%，Temporal ensembling 和 Mean teacher 在 CIFAR-10 上的错误率分别为 12.16% 和 12.31%，这远远优于基于 GAN 的方法中表现最好的 GoodSemiBadGan。

VAT 方法在不局限于图像的许多任务中被证明具有优异的效果，在半监督条件下，它在 SVHN 上的错误率为 5.77%，在 CIFAR-10 上的错误率为 14.82%，这在所有对比方法中的表现并不突出，但是 VAT 的集成方法展现出了卓越的性能，VAT + EntMin 在 CIFAR-10 上的错误率为 13.15%，VAT+Ent+SNTG 为 12.49%，在所有不是基于扰动的方法中的排名为第三、第四。BDCT 相比其他对比算法在分类错误率方面有了明显的改善。通过更复杂的预训练、网络框架的微调和输入数据扩充方法，BDCT 可以展示出更好的分类性能。这些结果证明了本节所提方法的有效性。

6.2.3.3 消融实验

为了评估所提 BDCT 方法中各个组成模块的重要性与其所带来的增益，本节设计了 3 个消融实验进行研究与验证。3 个消融实验分别移除了反向 EMA 模块、网络差异性约束模块和助推器网络 F1 分离模块。在使用 4000 个标签数据的 CIFAR-10 数据集上进行了相关实验，每次只改变当前消融实验相关的超参数，同时保持其他参数不变。在所有的消融实验中，强制一致性训练下的网络碰撞并非每次都会发生，但是即使协同训练的网络不发生碰撞，性能也会大大下降。本节将实验中最典型的情况进行了可视化处理。

图 6-4 展示了消融实验下的分类测试精度曲线。如图 6-4(a) 所示，如果移除反向 EMA 模块，所有网络的学习速度都显著地放缓，F1 网络的分类测试精度曲线出现明显波动。F1 网络分离后，与图 6-4(b) 所示移除网络差异性约束模块的消融实验中的现象几乎完全相同，这证实了维持并指导 F1 网络训练方向的反向 EMA 有稳定训练过程的作用。

对于移除网络差异性约束模块的消融实验，为了学习到更好的模型输出，BDCT 引入旨在产生更精确输出的教师模型。但是，当生成教师模型时，一个重要的问题是两个教师模型是从相同的源模型生成得到的。通过网络差异性约束，BDCT 方法可以防止两个一致性训练的网络相互碰撞，因为训练两个相同的网络毫无益处，这对于维持鲁棒的训练非常有益。图 6-4(b) 展示了移除网络差异性约束模块的结果。可以看到，

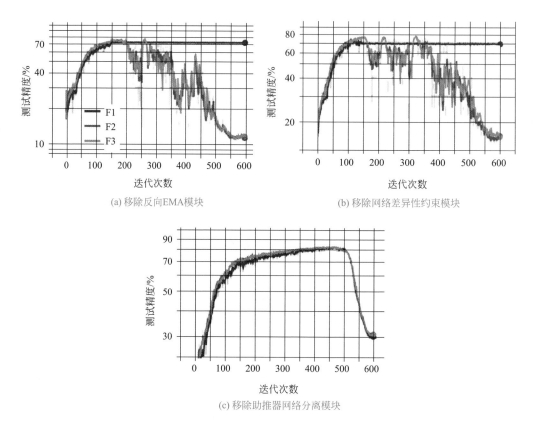

(a) 移除反向EMA模块   (b) 移除网络差异性约束模块

(c) 移除助推器网络分离模块

图 6-4　BDCT 消融实验下的分类测试精度曲线

当移除网络差异性约束模块时，模型在初始训练阶段表现良好，但是很快其精度在助推器网络分离时间附近突然下降。这是由于随着模型的训练，F2 网络和 F3 网络在强制一致性训练下逐渐变得相似，并在 F1 网络分离后相互碰撞，这也证明了 F1 网络与 F2 网络和 F3 网络交替训练也可以增加它们的多样性。上述实验结果意味着网络差异性约束模块为BDCT 的优异性能做出了有效贡献。相应的损失曲线如图 6-5(a) 所示，其中蓝色线代表有监督训练，黑色线代表无监督训练，可以看到损失曲线在相应位置的明显波动，网络差异性约束模块确实有利于维持训练的鲁棒进行。

对于移除助推器网络分离模块的消融实验，所提 BDCT 方法的核心在于助推器网络 F1。F1 网络可以指导训练并防止两个航天器网络的相互碰撞。但是在实验中，发现由 F1 网络指导形成的 F2 网络和 F3 网络在经过强制一致性训练后将具有更好的目标表示，从而导致 F1 网络的分类正确率无法跟上训练。尽管引入了反向 EMA 来克服这个限制，但在一般情况下，最终训练结果依然不理想。为了更好地利用助推器网络 F1，有必要在 F1 网络干扰训练之前将其丢弃。移除助推器网络分离模块的分类测试精度曲线如图 6-4(c) 所示，损失函数曲线如图 6-5(b) 所示。从实验结果中可以看到，助推器网络 F1 的分类正确率始终落后于其他两个航天器网络。它们的精度差距在大约第 200 轮训练时达到最大值，然后开始缩小，这是因为 F1 网络已经开始干扰训练并且学习速度较慢。另外还观察到分类正确率下降了大约 500 轮。这一现象应该更早出现，但是大量的训练数据推迟了这种糟糕现象的发生，这同样支持了本节的观点，助推器网络 F1 必须在训练中分离。所有消融实验结果如表 6-2 和表 6-3 所示，w/o refueling 代表移除反向 EMA 模块，w/o collision prevention 代表移除网络差异性约束模块，w/o separation 代表移除助推器网络分离模块。所有不同组合的消融实验导致了模型性能的下滑，完整的 BDCT 模型在 F2、F3 上取得了最低的错误率，在 F1 上取得了第二低的错误率，这证明了 BDCT 方法从所有的组成模块中收益。

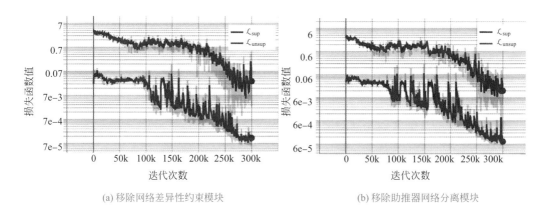

(a) 移除网络差异性约束模块　　　　　　　　　(b) 移除助推器网络分离模块

图 6-5　BDCT 消融实验的损失函数曲线

表6-2　1000个标签数据SVHN的消融实验下网络F1、F2、F3的最佳错误率　%

方法	消融策略			错误率		
	w/o refueling	w/o collision prevention	w/o separation	F1	F2	F3
BDCT	√			14.39	8.19	7.08
BDCT		√		18.60	10.63	10.94
BDCT			√	**8.92**	6.73	6.85
BDCT	√	√		15.37	10.09	11.43
BDCT		√	√	17.96	14.10	13.87
BDCT	√		√	13.64	11.36	11.20
BDCT	√	√	√	35.52	27.53	26.97
BDCT（本节所提方法）				12.61	**3.64**	**3.60**

表6-3　4000个标签数据CIFAR-10的消融实验下网络F1、F2、F3的最佳错误率
%

方法	消融策略			错误率		
	w/o refueling	w/o collision prevention	w/o separation	F1	F2	F3
BDCT	√			26.34	13.25	13.01
BDCT		√		27.05	14.39	15.67
BDCT			√	**18.50**	15.43	13.69
BDCT	√	√		27.69	24.32	22.08
BDCT		√	√	26.34	25.87	24.91
BDCT	√		√	20.77	18.60	18.53
BDCT	√	√	√	28.94	27.63	27.37
BDCT（本节所提方法）				25.30	**10.62**	**10.58**

　　在本节的实验中还进行了关于消融研究的进一步讨论，实验发现所提 BDCT 方法似乎对一些特定的超参数比较敏感，这些超参数通常会导致一些训练的问题，从而使模型性能下降，因此本节对平衡系数和衰减系数进行了实验研究，实验结果如图 6-6 和图 6-7 所示。BDCT 同时训练有标签数据和无标签数据，因此首先考虑平衡系数 $\alpha(t)$。本节使用的方案是不平等的权重分配，首先为伪标签数据分配较低的权重，在训练

的早期阶段，有标签数据占据指导训练的主导地位。随着训练的进行，模型分类正确率不断提升，伪标签样本的权重也逐渐增加。

为了更好地对模型的超参数敏感性进行研究，本节更改平衡系数 $\alpha(t)$ 的最大值。通过图 6-6 可以看到，有标签数据和伪标签数据之间的训练平衡对网络性能至关重要。$\alpha(t)$ 取值太大或太小都会影响训练。另

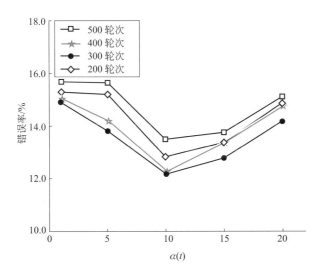

图 6-6　每个平衡系数在 4000 个有标签数据的 CIFAR-10 上运行 4 次的错误率

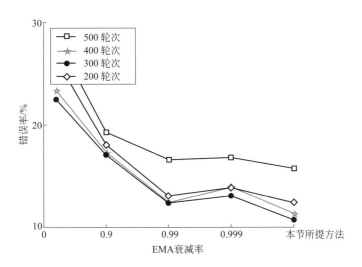

图 6-7　每个衰减系数在 4000 个有标签数据的 CIFAR-10 上运行 4 次的错误率

外，EMA 在 BDCT 中用于生成更精确的教师模型。

为了更好地进行比较，本节进行了多个具有不同 EMA 衰减的实验，以验证所提 BDCT 方法对该参数值的敏感程度。图 6-7 所示的实验结果表明，对 EMA 进行衰减有益于得到更好的性能，而不仅仅是提供边际效应。本节设计 EMA 衰减方案的初衷是希望初始模型将数据样本的分布理解为均匀分布，在训练的初始阶段，模型中的每个数据点都是新的，BDCT 期望模型首先会快速对数据分布进行修正，之后网络从更长的学习时间中收益。

6.2.3.4 算法敏感性与鲁棒性验证

所提 BDCT 方法依赖助推器网络 F1 的分离来维持训练过程。为了探索合适的分离时机，本节设计了一个分离实验来验证训练策略是否对分离时间敏感。在每次实验中，仅改变助推器网络分离的训练时期，并计算每个分离时期设置下的 5 次运行平均值。结果显示在图 6-6 和图 6-7 中。可以看到，在每个分离时期的设置下，相对较好的实验结果大约跨越 100 个训练轮次，超过此范围模型性能将显著下降。BDCT 方法在一定程度上展示了较高的鲁棒性。另外，有很多不同的分析方法可以验证神经网络的稳定性，对于本节来说，当对训练网络使用不同的初始化时，它们可能非常不稳定，但经过适当的训练和学习之后，网络会在足够的迭代轮次之后趋于稳定。另外，在分离了助推器网络 F1 之后，其余的航天器网络也仍然不会相互碰撞。这是因为分离前设计的交互训练迭代为两个航天器网络积累了足够的多样性。还应注意的是，通常认为更多的有标签训练数据会给模型带来更好的性能和更高的稳定性。但是这种假设并不总是成立，通常是适用于具有更多类别的数据集。在传统的协同训练环境中，两个在强制一致性训练下的网络会相互引导，导致错误的累积。因此，对于更多类别的任务，分类将更加困难。在 BDCT 中，模型的稳定性与数据集的类别没有强相关性。相反，本节所提方法似乎在具有更多类别的数据集上表现得更好。

参考 CIFAR-100 数据集上的实验结果，与本节所用其他数据集相比，CIFAR-100 数据集是深度半监督学习领域中一个公认的困难数据集，其包含 100 个类别的图像样本，在只使用 10000 张标签图像半监督场景下，CIFAR-100 数据集通常被认为是半监督学习任务中更严格的基准。表 6-4 报告了所提 BDCT 方法在 10000 个有标签数据样本的 CIFAR-100 数据集上 4 次运行的平均错误率，CIFAR-100+ 和 CIFAR-100 分别表示模型在有和没有使用数据增强的情况下进行训练，与 CIFAR-100 上其他先进的深度半监督学习方法相比，BDCT 方法实现了更显著的分类正确率改进，在使用数据增强的情况下错误率仅有 37.96%。对于该实验结果，这是因为 BDCT 网络体系结构的不断交互维持了模块之间的多样性，从而在训练过程中学习到了更充分的信息，使模型能够很好地处理多类别大规模数据集。

表6-4　BDCT方法在10000个有标签数据样本的CIFAR-100数据集上4次运行的平均错误率　　　　　　　　　　　　　　　　　　　　　　　　　%

方法	CIFAR-100	CIFAR-100+
Π model	43.43 ± 0.54	39.19 ± 0.36
Temporal ensembling	—	38.65 ± 0.51
BDCT	$\mathbf{41.52\pm0.49}$	$\mathbf{37.96\pm0.31}$

6.3
强制平滑的投影梯度下降对抗训练模型

6.3.1　防御对抗攻击的方法

随着深度神经网络在计算机视觉、自然语言处理和语音识别等领域的突破性应用，深度神经网络开始应用于大量关键系统并发挥着重要决策作用，主要应用包括自动驾驶、金融安防、面部识别、疾病诊断甚至在公安和军事领域都有应用，这些发展使得神经网络的安全性变得越来越重要。然而，神经网络的黑盒特性导致其很容易受到恶意的攻击。L-BFGS 攻击第一次引入了攻击深度神经网络的对抗样本，FGSM 攻击通过加入与损失函数梯度元素符号相同的小向量来攻击输入样本。BIM 攻击和 ILLC

攻击通过运行多次迭代的优化来扩展 FGSM 攻击。此外还有许多针对神经网络的强大攻击，例如 JMSA 攻击、PGD 攻击、DeepFool 攻击和 CW 攻击等。这些攻击都可以对深度神经网络模型的安全产生严重威胁。

正则项可以等价地看作是反映先验知识的先验分布，这直观地意味着一个好的模型的输出分布应该是不敏感和平滑的，并且因为正则化的执行大多是通过添加正则化项来引入附加信息来实现的，所以可以将防御对抗攻击的对抗训练方法视为添加对抗信息的正则化。对抗样本被定义为对抗攻击产生的样本，这些对抗样本与干净样本几乎无法区分，但可以攻击并欺骗神经网络模型。本节研究的主题集中在将对抗样本纳入神经网络的训练过程，这称为对抗训练。这是一种直观的训练方法，模型通过在平滑对抗方向上平滑模型来防御对抗攻击。大量研究也证实了对抗训练的优异效果。通常，利用对抗样本来平滑对抗训练的输出分布是普遍的，但是其缺点也很明显。对抗训练的一个主要缺点是产生对抗样本的计算开销非常高。当生成对抗样本时，需要执行多个梯度计算，从而带来了较大的时间成本。此外，简单的对抗样本与干净样本混合训练往往使混合决策边界变得异常敏感。

为了解决上述问题，研究者提出了许多替代方案。然而，同时解决不匹配的类分布和沉重的计算成本仍然存在两个主要问题需要解决。第一个问题是如何使对抗更新与梯度计算解耦和平滑增强协同工作。第二个问题是如何控制训练的趋势，帮助模型提高分类能力和鲁棒性。为此，本节提出了一种强制平滑的投影梯度下降对抗训练（SEAT）方法。该方法设计了一个鲁棒的反馈训练回路，将强制平滑方法集成到对抗训练框架中，从而实现两者的协同工作。该方法将随机初始化和输出拖尾功能集成到训练过程中，以优化类不匹配问题并得到了更好的泛化性能。此外，引入时间集成作为对抗信息的隐式自集成，施加平滑度约束以强制平滑，使 SEAT 从更长的学习时间中收益并得到平滑的输出。在真实的图像数据集上进行的攻击和防御实验证明了 SEAT 是一种高效的防御对抗攻击的方法。此外，本节为了验证所提方法的鲁棒性及可解释性，进一步设计了实验与分析，验证了所提 SEAT 方法的鲁棒性，揭示了对抗训练的内在机理。

总体来说，本章所提 SEAT 的主要贡献如下：

① SEAT 通过结合平滑增强和梯度信息回收方法，在投影梯度下降对抗训练框架中实现并集成了平滑增强。通过这种方法，SEAT 可以维持强制平滑和对抗训练的协同工作，大大提高了 SEAT 的鲁棒性并消除了计算开销。

② SEAT 在训练过程中引入时间集成，增强了通过更长的时间记忆获得的对抗信息。时间集成训练输出分布在局部对抗扰动周围的低维流形上是平滑的，丰富了对抗样本的表达并实现了健壮的反馈训练回路。

③ SEAT 通过引入强制平滑方法、随机初始化和输出拖尾，使决策边界的生成趋势对原始样本和对抗样本的差异不敏感，从而施加了平滑度约束，有效地在分类结果上显示出平滑的特征。

6.3.2 SEAT 模型

6.3.2.1 SEAT 模型框架

对抗训练本质上依赖于通过对抗攻击生成的成本昂贵的对抗样本。因此，SEAT 对训练做出一些假设，以近似对抗样本的生成过程。SEAT 将训练建模成一个噪声近似问题，并通过平滑度增强来求解每个周期的最佳噪声。通过这种折中，SEAT 的第一个目标函数由下式给出：

$$\min_{\theta} J_{\mathrm{adv}}(x,\theta) := \mathop{E}_{x,y \in L}\Big[D\big[q(y \mid x), p(y \mid x+\delta_{\mathrm{adv}}, \theta)\big]\Big] \qquad (6\text{-}11)$$

式中，$D[q, p]$ 为交叉熵，旨在度量给定输入的两个条件标签分布 q 和 p 之间的距离；$p(y \mid x+\delta_{\mathrm{adv}},\theta)$ 为由 θ 参数化的有噪声输入的概率分布。损失函数期望鼓励模型预测在添加对抗性扰动后与原结果一致。δ_{adv} 即为对抗性扰动，其定义为：

$$\delta_{\mathrm{adv}} := \mathop{\arg\max}_{\delta;\|\delta\|\le\varepsilon} D\big[q(y \mid x), p(y \mid x+\delta, \theta)\big] \qquad (6\text{-}12)$$

SEAT 通过复用更新模型反向传播的梯度作为对抗样本生成的梯度，实现了共享相对于网络的梯度和相对于输入样本的梯度。因此，给定用于更新网络参数的梯度，这也意味着可以获得相对于输入的梯度。而且，网络在进行梯度计算后不断更新，对于即使是任意复杂的对抗信息，SEAT 执行的重复增强编码可确保该信息不会丢失。更重要的是，SEAT 假设输出是平滑的，平滑性假设促使模型做出关于条件输入平滑的条件输出分布。

6.3.2.2 对抗训练数学建模

首先考虑一个在样本 $x \in \mathbb{R}^d$ 和其对应标签 $y \in Q$ 上具有潜在的数据分布 D 的对抗训练任务，其中 d 是输入维度，$x_i \in X$，Q 是所有标签的空间。之后假设 J 是预定义的损失函数，例如交叉熵损失函数。本节的目标是通过解决一个目标函数的优化问题 $E_{(x,y) \sim D}[J(x, y, \theta)]$ 来学习由模型参数 $\theta \in \mathbb{R}^p$ 控制的函数 $f: X \rightarrow [0,1]^Q$。

对抗训练将对抗攻击生成的对抗样本纳入训练样本中，通过同时训练原始样本和对抗样本实现防御对抗攻击的鲁棒神经网络。因此，本节首先引入两种最相关的对抗攻击，对抗攻击会产生对抗样本，因为神经网络利用欧氏距离来度量和近似感知空间距离。当将图像样本映射到高维空间时，会存在一些特殊的方向，在这些方向上，会出现一种现象：极其微小的偏移对应着分类任务中完全不同的类别。基于此，快速梯度符号攻击通过下述计算方法获得无限范数下的最佳扰动：

$$x_{\mathrm{adv}} = x + \varepsilon \mathrm{sign}\left(\nabla_x J(x, y, \theta)\right) \tag{6-13}$$

本节在训练中应用了上述对抗攻击方法的转换版本，相比于梯度攻击，PGD 是一种更具有威胁的多步变体对抗攻击，而不仅仅是单次攻击，它的计算方法如下：

$$x^{t+1} = \Pi_{x+S}\left(x^t + \alpha \mathrm{sign}\left(\nabla_x J(\theta, x, y)\right)\right) \tag{6-14}$$

这种攻击策略被认为是对抗攻击中最强大的一阶攻击，本节将利用该攻击来测试模型的防御性能。基于上述对抗攻击，可以推导对抗训练中的自然鞍点问题：

$$\min_\theta \rho(\theta), \rho(\theta) = E_{(x,y) \sim D}\left[\max_{(x_{\mathrm{adv}}, x) \in S} J(\theta, x_{\mathrm{adv}}, y)\right] \tag{6-15}$$

其中，对扰动的约束 $(x_{\mathrm{adv}}, x) \in S$ 等价于 $\|x_{\mathrm{adv}}, x\|_p \leqslant \varepsilon$，我们通常无法获得扰动 δ 的闭合形式。快速梯度符号攻击方法在无穷范数处给出一个

近似值 $\delta \approx \varepsilon \text{sign}(\nabla_x J(x, y, \theta))$，鞍点公式内循环的目标是找到边界内的最大扰动 $\delta_{\max}$。另外，公式外循环的目的是在扰动情况下最小化损失函数。总而言之，对抗训练通过内部计算梯度以生成对抗样本，并在外部使用随机梯度下降（SGD）来更新网络参数，实现处理非凸外部最小化和非凹内部最大化的鞍点问题。

6.3.2.3 对抗样本生成

在使用对抗攻击生成对抗样本之前，首先对原始数据样本进行多样性增强。由于 Randomizing Outputs 是增强平滑度的一种简单方法，本章所提 SEAT 方法应用 Randomizing Outputs 中的 Output Smearing 方法来构建不同的多样训练集，噪声标签的构建方法如下：

$$\hat{y} = y + ReLU(z \times std) \tag{6-16}$$

式中，z 独立于标准正态分布进行采样；std 为标准偏差，以正则化 y。通过这种方法，SEAT 从初始的源训练数据集中构建了三个不同的训练数据集。之后通过攻击原始样本来生成对抗样本。通常，当沿着负梯度方向计算损失函数时，可以获得最快的模型优化速率，因此将梯度方向定义为对抗方向。对抗方向极为敏感，它可以最大程度地降低正确标记的可能性。本节依据此生成对抗样本：

$$\delta = \delta + \varepsilon \text{sign}(\nabla_x J(x, y, \theta)) \tag{6-17}$$

式中，$\nabla_x J(x, y, \theta)$ 为模型的梯度。

6.3.2.4 梯度计算与复用

与之前引入的 x_{adv} 不同，梯度 $\nabla_x J(x, y, \theta)$ 可以通过复用梯度 $\nabla_\theta J(x, y, \theta)$ 来高效且简洁地获得。之后 SEAT 通过独立于标准正态分布进行采样来初始化扰动。在这个步骤中，此前的对抗训练工作分别在生成对抗样本和拟合对抗样本两个阶段进行两次梯度下降。而本节所提 SEAT 方法不再生成对抗样本，取而代之的是循环复用计算得到的梯度信息，SEAT 直接利用反向传播更新网络参数时相对于网络的梯度。详细的梯度复用定义如下：

$$\nabla_x J(x+\delta, y, \theta) \leftarrow \nabla_\theta J(x+\delta, y, \theta) \qquad (6\text{-}18)$$

6.3.2.5 时间集成与偏差矫正

式 (6-18) 的一个问题是由于信息分布未知导致的训练难以评估。 实际上，对于原始样本和对抗样本的混合训练，并没有关于混合输入样本的直接信息，这可能导致由对每个小批次的数据样本执行重播操作而引起的泛化性错误。SEAT 通过维持每个小批次 δ 值的指数移动平均值并惩罚较大数值的偏移量的时间集成方法来解决上述问题。首先介绍基于指数移动平均值的时间集成，它是训练网络不同时期的不同输入下，从扰动中学习到的信息的整合。所提 SEAT 为每个小批次数据样本计算梯度信息 $\nabla_x J(x, y, \theta)$ 并将其映射到 δ，然后在训练过程中不断累积每个时间周期的 δ 以进行更新。时间集成方法具体定义如下：

$$\delta_t = \alpha \delta_{t-1} + (1-\alpha)\delta_t \qquad (6\text{-}19)$$

式中，α 为集成动量系数，用于控制模型从多长的历史训练时间中进行学习。该权重控制了在单个时间周期内学习到的信息对总信息的贡献。使用时间集成的一个优势是它的可控性。另外，本节统一控制更新模型参数的时间跨度，将学习到的信息纳入整个训练过程，产生更好的 δ。另外，在计算模型训练权重时还需要对初始偏差进行有效矫正，具体矫正形式为：

$$\delta = \delta / \left(1 - \alpha^m\right) \qquad (6\text{-}20)$$

式中，m 为当前训练轮次。通过时间集成，SEAT 构造了一个受益于漫长时间训练记忆的 δ。一旦计算了 δ，所提 SEAT 方法就变成了计算分布 $q(y|x)$ 和 $p(y|x+\delta_{\text{adv}}, \theta)$ 之间的差值。但是这同时带来了一个问题，即在训练过程中几乎无法控制时间集成和梯度复用的效果。在强制平滑、时间集成、梯度复用和重播操作中的扰动信息的计算值是不可靠的，甚至是错误的，并且这些不正确的数值可能严重影响模型性能。因此，本节基于平滑度假设进一步细化这些值来解决这个问题。出于不增加额外计算成本考虑，所提 SEAT 方法采用了 clip 操作，它同时考虑了相邻时间周期的计算值和整体时间周期的计算值。因为重播和时间集成都将导

致 δ 的异常波动，所以对于每个重播时期和每个时间集成时期，clip 都被用来约束 δ 的突变。如果 $\delta>\varepsilon$ 或 $\delta<-\varepsilon$，则认为这一轮次计算的 δ 是不稳定的。这时，SEAT 约束它们等于正或负扰动边界的数值。所提 SEAT 方法的整体算法流程如表 6-5 所示。

表6-5　SEAT算法流程

输入：具有已知标签 L 的训练数据样本 X 的训练输入索引集、集成动量系数 α、扰动边界 ε、迭代次数 T、学习率 λ。

输出：网络参数 θ、噪声数据 $\tilde{X}$。

1. 通过独立于标准正态分布的采样生成 δ。
2. 初始化网络参数 θ 并置 $\delta_{inter} \leftarrow 0$。
3. 基于式 (6-16) 使用输出拖尾 Output Smearing 生成训练集。

for m in [1,num_epochs] **do**：
　　for each minibatch B **do**:
　　for t in [1, T] **do**:
　　　　使用从训练集 L 中挑选的小批次数据通过随机梯度下降训练网络；
　　　　基于式 (6-18) 实现梯度的复用；
　　　　使用梯度下降更新网络参数 θ；
　　　　基于式 (6-14) 施加对抗攻击；
　　　　基于式 (6-17) 计算 δ；
　　　　施加约束 $\delta \leftarrow \mathrm{clip}(\delta, \varepsilon)$；
　　　　基于式 (6-15) 完成鞍点训练；
　　end for；
　　　基于式 (6-19) 实现时间集成聚集信息；
　　　基于式 (6-20) 实现初始偏差矫正；
　　　再次施加约束 $\delta \leftarrow \mathrm{clip}(\delta, \varepsilon)$；
　　end for；
　　end for；
4. 返回网络参数 θ 与噪声数据 $\tilde{X}$。

6.3.3　实验与分析

6.3.3.1　实验设置

本节在 MNIST、CIFAR-10 和 CIFAR-100 数据集上进行相关实验，如 6.2.3 节数据集有关介绍，MNIST 数据集总共包含 60000 张训练图像样本和 10000 张测试图像样本；CIFAR-10 数据集由 10 类总计 60000 张图像样本组成；CIFAR-100 数据集则包含有高达 100 个类别，每个类别有 600 张图像样本。不同于 6.2.3 节中的实验策略，本节实验使用了所有的训练样本数据和测试样本数据。

为了与其他先进的对比算法进行公平比较，本节采用了 Madry 提出的通用神经网络架构。另外，在本节的实验中，对于 CIFAR-10 数据集和 CIFAR-100 数据集，在无穷范数意义下扰动边界 ε 设置为 8/255。对于 MNIST 数据集，将扰动边界 ε 设置为 0.3。在所有的实验中，模型训练的最大学习轮次被设置为 26。测试时，执行步长为 2/255 且 $\varepsilon=8$ 的多步 PGD 攻击。对于 CW 攻击，本章在 CIFAR-10 和 CIFAR-100 数据集和 MNIST 数据集中设置了学习率 $lr=1e-2$。实验使用动量系数为 0.9、权重衰减为 5e-4 的 SGD。学习速率从初始化时的 0.1 开始，在第 12 个训练轮次和第 22 个训练轮次之间除以 10，在第 22 个训练轮次之后设置为 0.01，批量大小被统一设置为 128。所有相关实验在 NVIDIA Tesla P40 GPUs 上进行。

6.3.3.2 MNIST、CIFAR-10 和 CIFAR-100 数据集上自然精度和鲁棒性精度实验结果

本节在广泛使用的基准数据集 MNIST 数据集、CIFAR-10 数据集和 CIFAR-100 数据集上将所提 SEAT 方法与其他最先进的对抗训练方法进行了比较。其中 PGD(Project Gradient Descent) 是一种迭代攻击，K-PGD 中的 K 代表迭代次数；YOPO(You Only Propagate Once) 算法针对 PGD 算法的效率问题进行了改进，YOPO-m-n 中的 m、n 代表完成了 $m \times n$ 次梯度下降；Free 算法对训练速度实现了进一步优化，为了保证速度，整体 epoch 会除以 m；Nature 代表自然场景下的方法。所有报告的结果都是使用不同随机种子进行重复实验的结果。表 6-6 ～ 表 6-8 中的实验结果表明，SEAT 在防御各种强大对抗攻击的实验中获得了最先进的鲁棒性。在表 6-7 和表 6-8 中，SEAT 在具有较少类别的 CIFAR-10 数据集上的自然精度和鲁棒性精度均优于具有较多类别的 CIFAR-100 数据集的实验结果。因此可以很明显地看出，在对抗攻击针对类别更多的数据集进行攻击的场景下，使分类器进行防御是更具挑战性的任务。总体

而言，SEAT 在所有数据集上的鲁棒性精度度量中均排名第一。详细来说，从表 6-6 中可以看出，重播 10 次的 SEAT 方法在针对 PGD-40 攻击时的鲁棒性分类精度为 97.21%，同样针对 MNIST 数据集的 CW 攻击的鲁棒性分类精度为 93.73%，在所有对比方法中都排名第一。此外，6 次重播的 SEAT 方法在 CIFAR-10 数据集防御 PGD-20 攻击时达到 49.22% 的最佳鲁棒性精度，7 次重播的 SEAT 方法在 CIFAR-100 数据集上针对 PGD-20 攻击的最佳鲁棒性精度达到 27.85%，表现均显著优于其他的先进方法。

表6-6　各种方法对MNIST数据集进行鲁棒训练的结果

训练方法	自然图像	PGD-40 攻击	CW 攻击
自然场景	**99.50%**	0.00%	0.00%
5-PGD	99.43%	42.39%	77.04%
10-PGD	99.53%	77.00%	82.00%
40-PGD	99.49%	96.56%	93.52%
YOPO-5-10	99.46%	96.27%	93.56%
SEAT-8（本节所提方法）	99.26%	96.44%	92.91%
SEAT-10（本节所提方法）	99.12%	**97.21%**	**93.73%**

此外，所提 SEAT 方法在 CIFAR-10 数据集上防御强大的 PGD-100 攻击时，最佳鲁棒性精度高达 48.80%，这比 10-PGD 对抗训练方法高出了 2.04%。所提 SEAT 方法在防御 CIFAR-10 数据集和 MNIST 数据集上的 CW 攻击的结果也同样优于其他先进方法。关于防御对抗攻击的大量实验证明，在有限时间上进行对抗训练并提高模型鲁棒性精度是一项困难的工作，但是所提 SEAT 也实现了竞争性的计算成本与时间开销。显然，由于 SEAT 不生成对抗样本的训练策略，时间成本和计算被大大削减。同样应该注意的是，现存某些先进方法的计算开销很小，但是它们在防御强大的对抗攻击时无法达到与 SEAT 相当的鲁棒性精度。而相比之下，SEAT 可以在当前基础上继续通过减少重播次数来有效地减少时间成本，这是因为 SEAT 实现良好结果的重播参数值跨越了较大的取值范围。

表6-7　各种方法对CIFAR-100数据集进行鲁棒训练的结果

训练方法	自然图像	PGD-20 攻击	PGD-100 攻击	训练时间 /min
自然场景	**78.84%**	0.00%	0.00%	811
2-PGD	67.94%	17.08%	16.50%	2065
7-PGD	59.87%	22.76%	22.52%	5082
Free m=2	69.20%	15.37%	14.86%	816
Free m=4	65.28%	20.64%	20.15%	767
Free m=6	64.87%	23.68%	23.18%	791
Free m=8	62.13%	25.88%	25.58%	780
Free m=10	59.27%	25.15%	24.88%	776
SEAT-4（本节所提方法）	63.99%	21.76%	21.40%	**419**
SEAT-5（本节所提方法）	63.74%	26.24%	26.21%	528
SEAT-6（本节所提方法）	62.23%	26.86%	26.50%	635
SEAT-7（本节所提方法）	60.95%	**27.85%**	**27.64%**	736
SEAT-8（本节所提方法）	60.87%	27.83%	26.93%	840

　　SEAT 在鲁棒性精度方面比其他方法好得多，它在没有攻击下的自然精度上获得了可接受的结果。由于鲁棒性精度和自然精度之间的基本平衡性，在防御强大攻击时鲁棒性精度显著提升的情况下，在自然精度上的小折中是可以接受的。另外，与对抗训练中的其他先进方法相同，SEAT 中也应用了重播技术。本节连续 t 次在相同的小批量上训练模型，由于重播参数可以不受限制地选择，本节仅报告实现了良好性能的重播参数取值的实验结果。在实际实验结果中，良好的重播参数取值小于10，并且在该范围之外，过多的重播次数会导致模型性能显著下降。

　　从表 6-6 ～表 6-8 所示的实验结果中可以看到，当重播参数在 4 ～ 8 之间时会得到优异的实验结果。此外，随着重播参数取值的增加，模型通过多次重播学习到更多的信息，模型的鲁棒性也会逐步提高，这当然也会导致没有攻击场景下自然准确性的下降。通过这种折中，实验得到了最佳重播参数取值范围。从表 6-7 和表 6-8 中可以看出，当重播参数在最佳范围内时，鲁棒性精度和自然精度之间的相关性减弱，这表明了所提 SEAT 方法的稳定性和有效性。

表6-8　各种方法对CIFAR-10数据集进行鲁棒训练的结果

训练方法	自然图像	PGD-20 攻击	PGD-100 攻击	CW-100 攻击	训练时间 /min
自然场景	**95.01%**	0.00%	0.00%	0.00%	792
3-PGD	90.07%	39.18%	38.56%	40.01%	1165
5-PGD	89.65%	43.85%	43.47%	43.98%	1602
7-PGD	87.25%	45.84%	45.29%	46.52%	2036
10-PGD	87.30%	47.04%	46.76%	46.78%	2698
Free *m*=2	91.45%	33.92%	33.20%	34.57%	816
Free *m*=4	87.83%	41.15%	40.35%	41.96%	800
Free *m*=8	85.96%	46.82%	46.19%	46.60%	785
Free *m*=10	83.94%	46.31%	45.79%	45.86%	785
YOPO-3-5	87.27%	43.04%	—	—	**299**
YOPO-5-3	86.70%	47.98%	—	—	476
SEAT-4（本节所提方法）	87.56%	47.44%	46.91%	46.34%	415
SEAT-5（本节所提方法）	85.35%	49.21%	**48.80%**	**49.46%**	523
SEAT-6（本节所提方法）	84.14%	**49.22%**	48.73%	49.09%	629
SEAT-7（本节所提方法）	83.04%	49.09%	48.67%	48.92%	733
SEAT-8（本节所提方法）	82.12%	49.11%	48.77%	49.35%	836

6.3.3.3　扰动边界和重播参数分析

为了进一步直观地展示所提 SEAT 在不同指标上的表现，本节将 SEAT 与对抗训练中著名的代表性方法 Adversarial Training for Free 进行了全方位比较。为了公平比较，设置了相同的实验参数，并在完全对应的重播取值下进行比较。图 6-8 展示了所提 SEAT 和 Adversarial Training for Free 在不同数据集中防御不同攻击的性能对比。为了更直观地进行比较，雷达图表在不同的指标上使用不同的刻度比例。可以看出，相比之下，所提 SEAT 方法在鲁棒性精度上具有巨大优势，并且在几乎所有重播参数取值下均有相对优秀的表现。另外应该注意的是，与 Adversarial Training for Free 相比，SEAT 的表现相对较差，在 CIFAR-10 数据集上防御 PGD-20 攻击和 PGD-100 攻击的鲁棒性精度分别为 31.75% 和 30.97%。

Adversarial Training for Free 的相应鲁棒性精度分别为 33.92% 和 33.20%，这似乎表明 SEAT 很难在有限的重播参数下获得较好的结果。其实这种表现实际上说明了 SEAT 中时间集成模块的有效性。在小批量上的重播次数不足导致了时间集成发挥的作用有限。显然，两次重播下的时间集成与多次重播下在多个训练周期中学习的时间集成相比，只能学习非常有限的信息。另外，SEAT 在时间成本指标上的表现也很出色。在获得

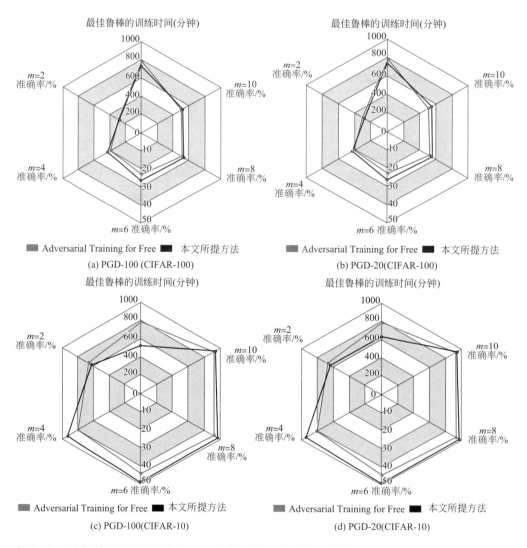

图6-8　对比所提 SEAT 与 Adversarial Training for Free 方法

更好的鲁棒性精度的基础上，时间开销成本仍然领先于以高效著称的 Adversarial Training for Free。

为了进一步研究 SEAT 的鲁棒性，本节还研究了不同扰动边界参数和不同重播参数对模型防御不同攻击时性能的影响，并将这两个参数结合起来分析模型性能和参数之间的关系。为了进行分析，实验使用了训练模型期间使用的对应 ε，并在 CIFAR-10 数据集上进行了相关实验。在所有数据集中，CIFAR-10 数据集上鲁棒性精度的变化是最为直观的。

如图 6-9 所示，对于重播参数 k，可以看到当 k 是一个较大的值时，

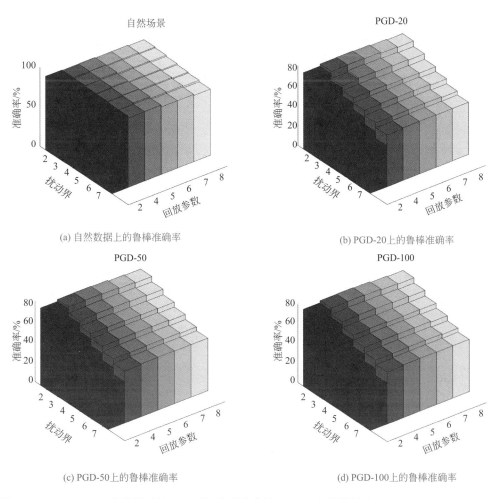

(a) 自然数据上的鲁棒准确率

(b) PGD-20上的鲁棒准确率

(c) PGD-50上的鲁棒准确率

(d) PGD-100上的鲁棒准确率

图 6-9　CIFAR-10 上随扰动边界和重播参数变化的 SEAT 鲁棒性精度

鲁棒性精度的变化随着扰动边界值的变化是相对稳定的，这意味着在实现了具有最佳防御性能的参数设置下，SEAT 表现出了令人满意的稳定性。当扰动边界值增加时，对应不同 k 值的鲁棒性精度存在波动。这种现象在被攻击的攻击组中很明显，包括 PGD-100、PGD-50 和 PGD-20 攻击。

实验结果表明，虽然在鲁棒性精度和自然精度之间有一个基本的折中，但 SEAT 在自然精度上仍取得了可接受的结果，同时显著提高了鲁棒性。

6.3.3.4　消融实验与可视化

为了评估所提 SEAT 中各组成模块的重要性，本节设计了几项消融实验进行相关验证与研究，所有消融实验中都设置扰动 $\varepsilon=8$。在实验中，可以发现 clip 操作对实验结果有重要影响，由于训练过程中两次使用 clip，将其分别称为 1-th clip 和 2-th clip。本节设计了 4 个消融实验：移除 1-th clip；移除 2-th clip；移除时间集成和 2-th clip；同时移除 1-th clip、时间集成和 2-th clip。相关实验结果如表 6-9 和表 6-10 所示。具体来说，"w/o 1, 2-th clip"是指没有执行 1-th clip 和 2-th clip 操作的 SEAT，"w/o 2-th clip and TE"是指没有执行 2-th clip 和时间集成的 SEAT，"w/o 1,2-th clip and TE"是指没有执行 1-th clip、2-th clip 和时间集成的 SEAT。

表 6-9 和表 6-10 比较了所提 SEAT 方法在不同条件的 CIFAR-10 和 CIFAR-100 数据集上防御 PGD-20 攻击的不同组合消融实验策略的鲁棒性精度，其中在鲁棒准确率上消融了不同的重播参数，实验结果表明当 SEAT 的所有组成模块都被采用时，模型具有最佳的防御性能。其中明显可以明显看到，时间集成大大提高了 SEAT 的鲁棒性，2-th clip 通过不变性约束进一步优化了防御结果。如表 6-9 所示，当使用 PGD-20 攻击 CIFAR-10 数据集时，移除 2-th clip 模块时，模型的鲁棒性精度为 48.52%、48.20%、48.43%、48.67%，SEAT 完整模型的鲁棒性精度为 49.21%、49.22%、49.09%、49.11%。如表 6-10 所示，当使用 PGD-20 攻击 CIFAR-100 数据集时，移除 2-th clip 模块时，模型的鲁棒性精度为

表6-9 CIFAR-10上的剪辑和时间集成对PGD-20攻击的有效性

方法	消融策略			鲁棒准确率/%				时间/min
	w/o 1-th clip	w/o 2-th clip	w/o TE	=5	=6	=7	=8	=5
Shafahi(Free)PGD 预训练				42.34	44.62	45.71	46.82	790
SEAT	√			41.97	44.03	45.84	45.92	1574
SEAT		√		28.10	27.06	27.32	27.41	522
SEAT		√	√	48.52	48.20	48.43	48.67	522
SEAT	√	√	√	46.20	46.24	45.97	46.18	522
SEAT			√	10.00	10.00	10.00	10.00	522
SEAT（本节所提方法）				**49.21**	**49.22**	**49.09**	**49.11**	**522**

表6-10 CIFAR-100上的剪辑和时间集成对PGD-20攻击的有效性

方法	消融策略			鲁棒准确率/%				时间/min
	w/o 1-th clip	w/o 2-th clip	w/o TE	=5	=6	=7	=8	=5
Shafahi(Free) PGD 预训练				21.44	44.62	45.71	25.88	781
SEAT	√			20.47	44.03	45.84	22.82	3844
SEAT		√		15.25	14.97	15.34	15.45	528
SEAT		√	√	25.09	24.80	25.03	25.17	528
SEAT	√	√	√	24.55	23.98	24.62	24.78	528
SEAT			√	1.00	1.00	1.00	1.00	528
SEAT（本节所提方法）				**26.24**	**26.86**	**27.85**	**27.83**	**528**

25.09%、24.80%、25.03%、25.17%，而 SEAT 完整模型的鲁棒性精度为 26.24%、26.86%、27.85%、27.83%。可以看出，2-th clip 不能实现对方法鲁棒性的显著改进，但它在不增加额外计算复杂性的情况下提高了模型的稳定性和不敏感性。而且从实验结果中可以发现，对于 SEAT 来说，clip 操作是非常必要的。移除 1-th clip 会导致方法的鲁棒精确度显著下降。这种现象是因为没有执行 clip 的多次重播会导致 δ 丢失大量信息且只留下少数异常值。同样，SEAT 方法并非始终都能实现优异的性能。图 6-10 总结了自然数据在 CIFAR-10 和 CIFAR-100 数据集上的分类结果，时间集成和 clip 也为 SEAT 带来了在自然准确性上的折中与妥协。

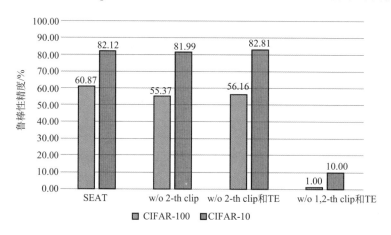

图 6-10　CIFAR-10 和 CIFAR-100 上自然数据的消融实验

从可视化的角度来看，本节在图 6-11 和图 6-12 中对 CIFAR-10 数据集每个时期强制平滑下的输入和扰动输入进行了可视化，从而清晰地展示了本节所提 SEAT 方法的可解释性。

为了避免摘樱桃（人为挑选最好结果）的行为，本节在训练集上展示了第一批次的前 16 张图像。为了简化梯度过程的表示，只显示了训练过程的前 6 轮和后 6 轮在强制平滑下的扰动输入。第 1 行显示干净的输入，第 2～7 行是在前 6 个训练轮次强制平滑下的扰动输入，第 8～13 行是后 6 个训练轮次强制平滑下的扰动输入。与对抗样本不同，本节所提 SEAT 方法将噪声注入输入样本中，这导致了肉眼可区分的图像差异。可以看出，当 $\varepsilon=8$ 时，人眼可以清楚地区分强制平滑下的扰动输入。此外，

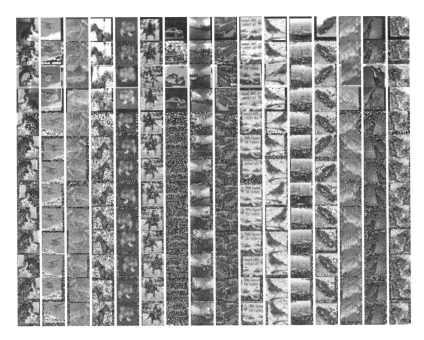

图 6-11　ε =8 时强制平滑下的输入和扰动输入的可视化

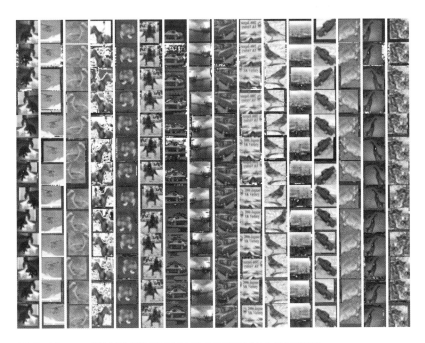

图 6-12　ε =30 时强制平滑下的输入和扰动输入的可视化

即使在 $\varepsilon=30$ 的极端情况下，在强制平滑下的扰动输入仍然是可区分的。正如可视化结果所展示的，通过平滑局部对抗扰动周围的低维流形上的输出分布会使得对抗训练模型变得鲁棒性更强。

6.4
面向多标签图像分类的融合先验信息的语义补充模型

6.4.1　多标签图像分类的方法

近年来，由于多标签图像中待识别对象的多样化及客观存在的识别难度等因素，科研人员通常更重视如何通过对对象进行提取而得到更好更全的对象信息，而忽略了全连通层后的语义信息对图像分类的影响。但是，由于多标签图像中存在部分对象光照不足、物体被局部遮掩、复杂的背景干扰等现实原因，单纯地对图像进行识别分类难以做到完全准确的识别。而本节可以通过对图像本身的语义信息进行深度探索，实现在语义层面对待识别对象的信息补充，从而增强了待识别对象的信息表达能力，进而提高了模型的识别准确率。

本节所设计的语义补充模块可以根据高层语义信息，对与当前标签高度相关的潜在标签的语义信息进行增强。也就是说，语义补充模块可以为高级语义信息生成相关的语义补充信息。更详细地说，语义补充信息表示具有相似语义相关概念的标签之间的潜在联系，例如棒球棒标签和棒球标签之间的隐式标签依赖关系。针对上述信息，所设计的语义补充模块可以增强标签之间的语义依赖，进而提高分类的准确性。融合先验信息的语义补充（SSNP）的简要说明见图 6-13。在 CNN 网络提取出一张图片的图像特征后，其分类器判断图片中只包含了 person、baseball bat 和 chair 标签。然而，当图像经过语义补充模块后，在 CNN 网络得到的初始特征获得了更多的语义信息，进而提高了每个标签之间的潜在语义联系，从而确定了更多的正确标签（baseball glove, bench），而这在之前的 CNN 网络中是难以识别的。

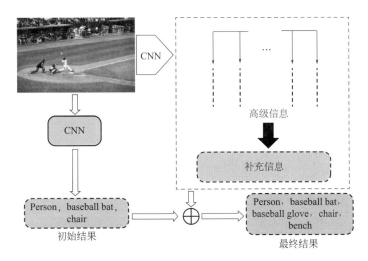

图 6-13 融合先验信息的语义补充网络 (SSNP) 的简要说明

所提模型框架如图 6-14 所示。该模型首先通过 CNN 提取图像特征，再将其输入先验信息网络和全连接层中，分别获得了先验信息和高级语义特征。然后，将先验信息和高级语义特征同时输入语义补充模块，从而生成高级语义特征的补充信息。利用语义补充后的高级语义信息作为当前步骤的输出，并输入先验信息网络作为历史输出信息。最后通过最大池化层来融合所有输出作为最终的预测。该模型在当前流行的多标签

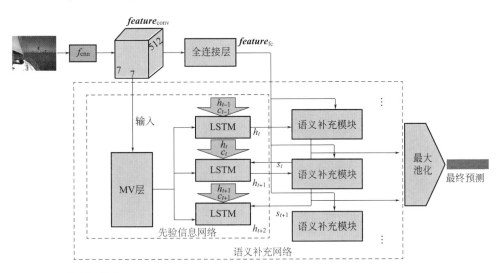

图 6-14 所提模型框架

数据集，即 Pascal VOC 2007、MS COCO 和 NUS-WIDE 上进行了评估。实验结果表明，该方法比目前几种最先进的多标签分类方法具有更好的分类性能。

本节设计了一种融合先验信息的语义补充模型（SSNP）用于多标签图像分类。具体来说，SSNP 的贡献可以分为以下几点：

① 所设计的模型侧重于在全连接层之后的高级语义信息对结果的影响。模型所设计的模块可以根据当前高级语义信息生成与当前预测结果高度相关的潜在标签语义信息，并作为当前高级语义信息的补充信息。因此，该模块可以通过语义补充信息对已有语义信息进行语义补充，进而有效利用标签之间的依赖关系，优化图像预测结果。

② 该模型通过所设计的多视图层输出的多视图特征来增强先验信息网络的空间细节信息。此外，先验信息网络还将最新的语义补充模型的输出作为新的输入进入 LSTM 模块中，从而使得模型特征能够有效地结合当前特征的上下文信息，然后作为语义补充模块的先验信息输入语义补充模块。

③ 所提出的模型在每一次预测中都将输出所有可能的预测标签。因此，该方法不需要额外的搜索算法就可以利用 RNNs 和语义补充模块来建立对应标签的依赖关系，减少了计算成本。

6.4.2 融合先验信息的语义补充模型（SSNP）

6.4.2.1 SSNP 总体框架

给定一组标记的图像 $X=\{x_1,x_2,\cdots,x_L\}$，其中 L 是集合的长度，多标签学习试图学习预测 X 中每一幅图像所有可能的标签，作为第 i 幅图像 x_i，将对应的标签表示为 $Y_i = \left[y_i^1, y_i^2, \cdots, y_i^C\right]^{\mathrm{T}}$，其中 y^l 是二元判别指示。设 I 表示一个带有真值标签的输入图像，如果图像 I 带有标签 l，则 $y^l=1$，否则 $y^l=0$。另外，假定 C 为数据集中所有可能标签的个数。

本节将探讨高级语义特征和先验信息对网络识别的影响。首先将一幅图像输入 CNN 网络中，经过多层卷积得到 *feature*$_{\mathrm{conv}}$。将 *feature*$_{\mathrm{conv}}$ 输入先验信息网络和全连接层，模型将分别获得先验信息和高级语义特征。随后通过所设计的语义补充模块，该模块将生成一个新的语义特征作为当前预测输出，再作为上下文信息输入先验信息网络中。

如图 6-14 所示，总体架构遵循编码器 - 解码器模型，其中有两个重要特征需要详细解释。命名的第一个特征参数是 *feature*$_{conv}$，它是从预训练的 VGG-16 模型的最后一个卷积层中提取得到的。*feature*$_{conv}$ 包含原始图像的所有特征，因此被用于发送到先验信息网络中获取先验信息，并在经过全连接层后作为语义补充模块的输入。第二个命名参数 *feature*$_{fc}$ 是从最后一个全连接层中提取的 2048 维向量，其特征包含全连接层后的高级语义信息。通过先验信息和 *feature*$_{fc}$，所设计的语义补充模块可以生成语义补充信息，并将得到补充的高级语义信息作为新的分类结果输出。

综上所述，本节提出了一种用于多标签图像分类的融合先验信息的语义补充网络。网络可以分为两部分：一部分是先验信息网络，该网络通过设计的 MV 层能够增强特征的空间细节信息，并通过 LSTM 模块有效地将历史输出结合起来，进而充分利用已有特征的上下文信息，然后将其作为语义补充模块的先验信息输入下一个模块中；另一部分是语义补充模块，它可以生成已有特征的语义补充信息，增强标签之间的语义依赖，从而召回图像的潜在标签，提高网络分类的准确性。

6.4.2.2 先验信息网络

先验信息网络可以提供先验信息作为下一个语义补充模块的场景理解信息，其中 MV 层负责提供高级语义信息，并将其输入 LSTM 生成先验信息。

首先，将 *f*$_{cnn}$ 网络（VGG-16 预训练网络）的输出 *feature*$_{conv}$ 作为先验信息网络的输入，其形状为 $7 \times 7 \times 512$。具体而言，*feature*$_{conv}$ 首先输入到 MV 层，其网络包括一个自适应池化层和一个全连接层，详细网络结构如图 6-15 所示。为了获得不同视角的特征，使用自适应池化层对 *feature*$_{conv}$ 进行处理。需要注意的是，每个自适应池化的大小是不同的，例如 1×1 卷积核和 $n \times n$ 卷积核。由于所设计的自适应池化的大小不同，得到了不同大小的特征图，如 $1 \times 1 \times 512$ 和 $5 \times 5 \times 512$ 等。所以该网络精心设计的自适应池化层可以获得来自 $feature_{conv}$ 不同视图的多个特征图。经过 MV 层后，模型输出了 M 个特征图。通过将它们发送到全连接层中，将获得新的特征向量 $feature_{pri,t}$，它包含了来自 $feature_{conv}$ 的不同视角下的语义信息。索引下标 t 的大小可以是 $1,2,\cdots,M$，这一数字决定上述向量依次输入 LSTM 中的顺序。通过将上述特征 $feature_{pri,t}$ 依次输入到 LSTM 中，先验信息网络将依次输出先验信息作为下一次语义补充模块的输入。

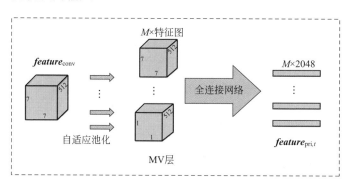

图 6-15　特征在 MV 层中的处理流程

值得注意的是，LSTM 的实现与 Zaremba 等人提出的方法非常相似。与 RNNs 相比，LSTM 增加了三个额外的门：输入门负责控制数据的输入；遗忘门负责控制前一状态的保留；输出门控制数据的输出。与传统的 LSTM 方法不同，Zaremba 等人将 dropout 算子仅应用于非递归连接，解决了 RNN 网络频繁过拟合和 dropout 难以在 LSTM 上使用的问题，而这一点在先验信息网络中起着重要作用。因为传统的 LSTM 网络在迭代过程中会不断放大先验信息中的噪声信息，而带有 dropout 算子的 LSTM 会不断淘汰其噪声信息，从而使先验信息能够保留更多的关键信息。

为了充分利用上下文信息，s_t 和 $feature_{pri,t}$ 需要一起输入 LSTM 中，而输出将再次输入到语义补充模块中作为下一次的先验信息。因此，LSTM 在每一次模型预测过程中同时接受三个特征向量作为输入：上一次的隐状态（h, c）、上一次的语义补充模块的输出 s_t 和先验信息 $feature_{pri,t}$。更详细的模块说明如图 6-16 所示。这个步骤可被如下公式定义：

$$g_t = \tanh\left(W_{hc}h_{t-1} + W_{sc}s_{t-1} + W_{fc}\, feature_{\text{pri},t} + b_c\right) \qquad (6\text{-}21)$$

$$i_t = \sigma\left(W_{hi}h_{t-1} + W_{si}s_{t-1} + W_{fi}\, feature_{\text{pri},t} + b_i\right) \qquad (6\text{-}22)$$

$$f_t = \sigma\left(W_{hf}h_{t-1} + W_{sf}s_{t-1} + W_{ff}\, feature_{\text{pri},t} + b_f\right) \qquad (6\text{-}23)$$

$$o_t = \sigma\left(W_{ho}h_{t-1} + W_{so}s_{t-1} + W_{fo}\, feature_{\text{pri},t} + b_o\right) \qquad (6\text{-}24)$$

$$c_t = f_t \odot c_{t-1} + i_t \odot g_t \qquad (6\text{-}25)$$

$$h_t = o_t \odot \tanh\left(c_t\right) \qquad (6\text{-}26)$$

式中，W 为可训练权值；σ 为 Sigmoid 激活函数；$\odot$ 为元素间乘法。Yang 等人认为注意机制在一般顺序学习中可能缺乏全局建模能力。因此，LSTM 的初始态将设置为 $feature_{\text{fc}}$，这一行为同时也确保了 LSTM 是全局可控的。

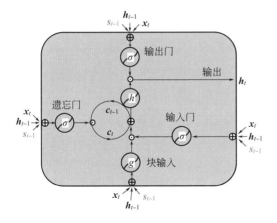

图 6-16　基于 LSTM 的改进结构

6.4.2.3　语义补充模块

语义补充模块负责为已有高级语义信息提供补充信息，增强了潜在对象之间的语义表达，使神经网络能够更准确地识别图像。换句话说，语义补充模块可以增强与当前标签高度相关的潜在标签的语义信息。因此，该模块可以加强潜在标签之间的语义依赖，并排除一些信息干扰，从而提高分类准确率。

值得注意的是，该模块可以生成新的向量 s_t 作为分类输出和下一个 LSTM 的输入。其模块结构如图 6-17 所示，该模块首先从全连通层的最后一层获取高层语义信息特征 $feature_{fc}$，并从 LSTM 中获取先验信息 h_t。然后将它们一同输入语义补充模块中，得到分布概率 p_i。这表明先验信息 h_t 为 $feature_{fc}$ 提供了一个先验的场景信息，借由该先验场景信息 h_t，语义补充模块生成了一个可能的语义信息分布概率 p_i。因此，语义补充信息的分布概率 p_i 由前一个隐藏状态 h_t、高层语义信息特征 $feature_{fc}$ 和多层感知器生成的 f_{sup} 计算得到。p_i 的具体计算方法如下：

$$p_i = \sigma\left(f_{sup}\left(feature_{fc}, h_t\right)\right) \tag{6-27}$$

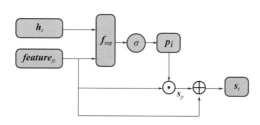

图 6-17　语义补充模块结构图

然后将语义分布概率 p_i 与原高层语义信息特征在元素层级相乘，可以得到向量 s_p 作为 $feature_{fc}$ 的补充信息，用以对高层语义信息 $feature_{fc}$ 中的部分潜在语义信息的强化。通过将其添加到 $feature_{fc}$ 中，将得到最终的输出 s_t。具体来说，s_p 和 s_t 的计算如下：

$$s_p = p_i \odot feature_{fc} \tag{6-28}$$

$$s_t = s_p + feature_{fc} \tag{6-29}$$

需要注意的是，随着 LSTM 输出的变化，语义补充网络每一步的输入也会发生变化。同样的原因，对应的语义补充 s_p 也会以同样的方式有所不同。因此，每个步骤中需要补充语义信息的部分是不同的。换句话说，网络在每次迭代中都有不同的关注点。

6.4.2.4　最大池化层和损失函数

为了找出所有可能的标签，也为了抑制在特定时间步长可能的噪声干扰，采用分类最大池将输出融合为一个最终输出。与平均池化等其他池化方法相比，最大池化方法更适合于消除可能的预测噪声。令 s_{ti} 为语义补充模块的输出（$t=1,\cdots,M$），s_{ti} 表示第 t 步时 s_t 的第 1 个可能的标号，所以最终的输出可以写成：

$$\boldsymbol{y}_i^f = \left\{ \max\left(\boldsymbol{s}_{11},\cdots,\boldsymbol{s}_{M1}\right), \max\left(\boldsymbol{s}_{12},\cdots,\boldsymbol{s}_{M2}\right),\cdots, \max\left(\boldsymbol{s}_{1C},\cdots,\boldsymbol{s}_{MC}\right) \right\} \quad (6\text{-}30)$$

Sigmoid 交叉熵损失被用来度量网络的预测损失。其定义如下：

$$\boldsymbol{L} = -\frac{1}{n}\sum_{i=1}^{n}\left[\boldsymbol{y}_i\log_2\hat{\boldsymbol{y}}_i + \left(1-\boldsymbol{y}_i\right)\log_2\left(1-\hat{\boldsymbol{y}}_i\right)\right] \quad (6\text{-}31)$$

式中，n 为训练集图像数量；$\boldsymbol{y}_i \in R^C$ 为训练集中第 i 个图像中的标签；$\hat{\boldsymbol{y}}_i$ 定义为 $\hat{\boldsymbol{y}}_i = \sigma\left(\boldsymbol{y}_i^f\right)$；$\sigma$ 为 Sigmoid 激活函数。

已知上述损失函数，使用带随机梯度下降（SGD）的反向传播（BP）算法学习网络参数。然后，采用链式规则和 BP 算法对网络参数进行更新。

6.4.2.5 SSNP 模型预定义

采用 ImageNet 2012 分类挑战数据集上预先训练的 VGG-16 作为基模型。同时，为了保持与网络中 LSTM 相同的矢量长度，将最后一层全连接层更改为 2048 维，称其为 FC-2048。

6.4.3 实验结果与分析

6.4.3.1 模型实验细节介绍

为了保持先验信息的完整性，可将其输入语义补充模块中，统一将 LSTM 的输入和输出设为 2048 维。索引 t 的取值范围可以是 $1,\cdots,M$。根据在实验数据上的表现（在 PASCAL VOC 2007 中），发现 M 的值对结果存在一定的影响。为了统一变量，在实验中将 M 设为 4。t 的取值与性能的关系。此外，使用 SGD 对网络进行训练，学习率为 0.01，批处理尺寸为 16，权重衰减率为 0.0001，动量系数为 0.9，所有层的衰减率为 0.5。然后对训练样本进行随机水平翻转和随机裁剪，共进行 60 轮训练，每 10 轮学习后将学习速率降低到当前速度的十分之一。

此外，为了验证单个组件对所提模型的影响，还部署了没有先验信息网络的 SSN（语义补充网络）和 CNP（具有先验信息的卷积网络）作为比较。其次还将 SSN 模型与其他算法进行了比较，验证了方法的有效性。

6.4.3.2 SSNP 主要对比算法

Multi-VGG ：这是一个标准的 CNN 模型，没有任何额外的修改。该模型使用 VGGNet 对多标签图像进行分类。它还在 ImageNet 上进行了预训练，用于参数初始化，然后在基准数据集上进行微调。为了将该模型应用于多标签分类，将最后一层全连接层改变为基准数据集的类别数。与其他多标签模型类似，Multi-VGG 用交叉熵损失代替损失函数。

Attend and Imagine ：该模型的结构与 SSNP 相似，且同样采样了 VGG-16 作为其基模型，但只使用 RNNs 作为递归条件，以保证动态注意机制的实现，从而构建基于视觉注意图像的图像识别网络。

6.4.3.3 SSNP 在 PASCAL VOC 2007 数据集上的实验结果与分析

首先，在 PASCAL VOC 2007 数据集上对 SSNP 方法进行了评估，在数据集上计算了每个类的个体精度以及所有类别的识别总精度。除两种基线方法外，还将本方法与其他常用方法如 RLSD、INRIA、AGS、AMM、HCP-1000C/HCP-2000C、CNN-RNN 进行比较。RLSD 可以通过提取高度依赖于标签的区域来识别对象。INRIA 提出了一种结合目标定位和分类的方法。AGS 引入了子类别感知的对象分类框架，在标签层级上提高了对象的分类性能。AMM 则通过相互输入其他任务的结果来提高模型性能。HCP-1000C/HCP-2000C 倾向于在图像中提取候选区域，然后对每个候选区域进行单独识别分类，最后利用池化层融合所有候选区域分类，得到整个图像的标签。与上述方法不同，CNN-RNN 则擅长于学习联合嵌入表征方法来表达标签依赖和图像标签的相关性。表 6-11 显示了所提方法与其他对比方法在 PASCAL VOC 2007 数据集上的比较结果。

表 6-11 显示了所提方法可以达到目前最优结果：CNP 模型性能为 86.5%，SSN 模型达到 87.0%，而 SSNP 更是达到了 87.8%。同时，基模型 Multi-VGG 的性能为 83.0%，其他方法如 HCP-2000C、Attend and Imagine

表6-11 所提方法与其他对比方法在PASCAL VOC 2007数据集上的实验结果比较

数据集	INRIA	AGS	AMM	Multi-VGG	CNN-RNN	HCP-1000C	HCP-2000C	Attend and Imagine	RLSD	CNP（本节所提方法）	SSN（本节所提方法）	SSNP（本节所提方法）
plane	77.2	82.2	84.5	95.8	96.7	95.1	96.0	97.0	95.3	96.9	96.8	**97.1**
bike	69.3	83.0	81.5	88.7	83.1	90.1	92.1	92.5	92.4	91.9	93.5	**94.0**
bird	56.2	58.4	65.0	93.2	94.2	92.8	93.7	93.8	91.2	95.2	95.3	**95.4**
boat	66.6	76.1	71.4	91.1	92.8	89.9	93.4	93.3	92.1	92.8	**94.0**	93.7
bottle	45.5	56.4	52.2	51.5	61.2	51.5	58.7	59.3	71.9	56.6	58.8	59.6
bus	68.1	77.5	76.2	82.1	82.1	80.0	84.0	82.6	**91.1**	84.6	86.7	88.2
car	83.4	88.8	87.2	89.5	89.1	91.7	93.4	90.6	93.3	93.8	94.3	**94.4**
cat	53.6	69.1	68.5	91.8	94.2	91.6	92.0	92.0	94.8	94.2	94.6	**94.9**
chair	58.3	62.2	63.8	68.3	64.2	57.7	62.8	73.4	**74.9**	71.0	70.9	71.7
cow	51.1	61.8	55.8	80.2	83.6	77.8	**89.1**	82.4	86.1	84.9	83.2	85.3
table	62.2	64.2	65.8	75.7	70.0	70.9	76.3	76.6	70.4	80.3	79.8	81.9
dog	45.2	51.3	55.6	91.4	92.4	89.3	91.4	92.4	93.3	92.7	93.8	**94.1**
horse	78.4	85.4	84.8	92.6	91.7	89.3	95.0	94.2	**95.6**	94.3	95.3	95.4
motor	69.7	80.2	77.0	88.7	84.2	85.2	87.8	91.4	89.7	91.1	91.2	**91.7**
person	86.1	91.1	91.1	92.8	93.7	93.0	93.1	95.3	**98.0**	97.1	97.4	97.4
plant	52.4	48.1	55.2	61.2	59.8	64.0	69.9	67.9	66.8	72.9	72.3	**74.8**
sheep	54.4	61.7	60.0	82.9	**93.2**	85.7	90.3	88.6	89.4	86.6	85.3	87.1
sofa	54.3	67.7	69.7	68.0	75.3	62.7	68.0	70.1	75.7	75.9	75.4	**78.7**
train	75.8	86.3	83.6	96.2	**99.7**	94.4	96.8	96.8	96.6	96.4	97.3	96.9
tv	62.1	70.9	77.0	78.0	78.6	78.3	80.6	81.5	**85.9**	81.2	83.7	84.0
mAP	63.5	71.1	71.3	83.0	84.0	81.5	85.2	85.6	87.3	86.5	87.0	**87.8**

的性能优于 Multi-VGG，但仍然不如所提方法。值得注意的是，RLSD 算法的性能要优于其他对比方法。RLSD 算法能够通过全卷积定位层定位可能包含多个对象的区域，并从这些区域中提取候选区域。因此，它可以聚焦于局部信息，并有效地预测小物体和视觉概念，进而提高 RLSD 的识别精度。但其平均识别准确率仍低于 SSNP。由于语义补充模块的存在，SSNP 的优势体现在全局语义依赖上，先验信息也为特征提供了多视图的空间细节信息。因此，尽管没有使用额外的位置层来获取不同的输入，本节提出的方法仍然在分类方面取得了最先进的性能，并在具有高度标签依赖性的标签（如猫、汽车和自行车）上取得了最佳的准确性。

6.4.3.4 SSNP 在 MS COCO 数据集上的实验结果与分析

本节还在 MS COCO 数据集上对所提方法进行了实验。结果见表 6-12，其中，O-P、O-R、O-F1 为所有类的平均准确率、召回率和 F1，C-P、C-R、C-F1 为每个类的平均准确率、召回率和 F，分类精度和召回率如图 6-18 所示。除了基线模型，还比较了所提方法与 CNN-RNN 和 WARP，其中 WARP 可以结合卷积架构和传统的标签排序方法来优化结果。

结果表明，CNP、SSN 和 SSNP 方法在精度方面都取得了较好的性能。SSNP 方法得到的 mAP 效果最好，比其他方法好得多，也优于未经微调 +RPN 的 RLSD 方法。从表 6-12 中可以看出，C-P 和 O-P 的召回评

表6-12　所提方法在MS COCO数据集上的TOP-3标签分类实验结果比较　　　%

方法	C-P	C-R	C-F1	O-P	O-R	O-F1	mAP
CNN-RNN	66.0	<u>55.6</u>	60.4	69.2	<u>66.4</u>	**67.8**	61.2
WARP	59.3	52.5	55.7	59.8	61.4	60.7	—
Multi-CNN	54.8	51.4	53.1	56.7	58.6	57.6	60.4
Attend and Imagine	—	—	—	59.1	**71.9**	64.9	64.7
RLSD	67.7	**56.4**	**61.5**	70.5	59.9	64.8	<u>67.4</u>
CNP（本节所提方法）	75.7	48.9	59.4	82.2	54.7	65.7	66.6
SSN（本节所提方法）	**76.0**	49.5	60.0	**82.6**	55.0	66.0	67.3
SSNP（本节所提方法）	<u>75.2</u>	50.6	<u>60.5</u>	<u>82.0</u>	55.6	<u>66.3</u>	**67.7**

注：最优结果以粗体表示，次优结果加下划线表示。

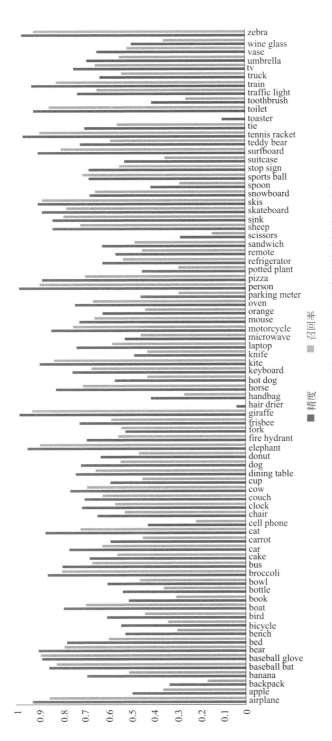

图6-18 MS COCO 数据集上 SSNP 模型（所提方法）的分类精度和召回率

价方法（CNP、SSN 和 SSNP）均比第二名的方法 RLSD 好很多，但所提方法的召回评价得分略低于其他方法。产生这个结果的一个原因可能是：语义补充模块可以加强可能标签之间的依赖关系。例如，如果图像有一个人的标签，那么 SSNP 更倾向于增强人相关标签（如棒球棒、网球拍、滑板）的语义信息。因此，标签之间的依赖关系可以在一定程度上消除干扰标签，提高分类的准确性。然而，这在某种程度上也可以在过滤可能的标签方面发挥作用。对于不依赖于其他标签的可能标签，网络在一定程度上倾向于忽略它们。例如，当"人"在场时，这种模式可能会减少"胡萝卜"和"苹果"标签的可能性，从而导致召回率较低。

为了更好地比较 SSNP 和 RLSD 的差异，本节仔细分析了它们在分类过程中的差异，其可视化结果如图 6-19 所示。如图 6-19(a) 所示，左边的图像是所提方法的基础模型的输出。在此基础上，所提方法增加了额外的先验信息网络和语义补充模块，增强了潜在标签之间的语义表达，以识别不容易识别的标签。相比之下，如图 6-19(b) 所示，RLSD 设计了一层局部卷积层，用来产生感兴趣的空间区域，然后发送到区域

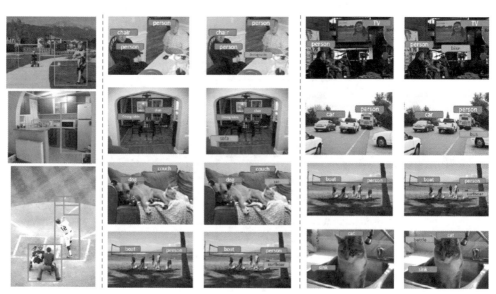

(a) RLSD定位层可视效果图　　　　　　(b) 基模型(左侧)和SSNP(右侧)分类效果图

图 6-19　多标签分类结果示例

LSTM 产生在目标数据集上的可能概率分布。与之相比，SSNP 则更关注于全局图像识别方法，而 RLSD 倾向于识别局部信息。通过对实验结果的分析，也可以得出结论，SSNP 对于标签依赖丰富的场景具有更好的性能，而 RLSD 则在识别小物体方面更有优势。

6.4.3.5 SSNP 在 NUS-WIDE 数据集上的实验结果分析

表 6-13 展示了本节提出的方法与其他对比方法在 NUS-WIDE 数据集上的比较结果。除了前面提到的对比方法，所提方法也与 KNN、softmax、ResNet-SRN 和 Li et al. 2018 进行了比较，其中 ResNet-SRN 通过可学习的卷积来捕捉标签之间的潜在关系并生成注意力图，而 Li et al. 2018 则可以学习区分特征表示同时对标签关系建模。

表6-13　所提方法在NUS-WIDE数据集上的TOP-3标签分类实验结果比较　%

方法	C-P	C-R	C-F1	O-P	O-R	O-F1	mAP
KNN	32.6	19.3	24.3	42.9	53.4	47.6	—
softmax	31.7	31.2	31.4	47.8	59.5	53.0	—
WARP	31.7	35.6	33.5	48.6	60.5	53.9	—
CNN-RNN	40.5	30.4	34.7	49.9	61.7	55.2	—
Li et al. 2018	44.2	49.3	46.6	53.9	68.7	60.4	—
ResNet-SRN	48.2	**58.9**	48.9	56.2	**69.6**	62.2	—
Multi-CNN	40.2	42.8	41.5	53.4	66.4	59.2	47.1
RLSD	44.4	49.6	46.9	54.4	67.6	60.3	54.1
CNP（本节所提方法）	62.6	39.4	48.4	**76.2**	60.4	67.4	53.8
SSN（本节所提方法）	63.8	40.7	49.7	76.0	61.5	67.7	55.0
SSNP（本节所提方法）	**64.2**	41.3	**50.3**	76.0	61.2	**67.8**	**55.3**

注：最优结果以粗体表示，次优结果加下划线表示。

如表 6-13 所示，所提方法 SSNP 优于所有方法，SSN 则为第二优，CNP 也取得了较好的性能。与其他方法相比，SSNP 精度有了很大的提高。这与 MS COCO 数据集上的验证结果一致。这充分说明了所提方法可以有效地模拟标签的依赖性，消除不相关标签的干扰，提高待识别标签的准确性。同时，注意到 SSNP 的召回率优于 CNN-RNN 和其他没有图像定位层的模型。这说明 SSNP 的召回率仍然有一定的提高，只是低于 RLSD 等使用图像定位层的方法。此外，通过对 SSN 和 SSNP 的比较发现，先验信息也提高了网络的分类性能，这证明了所提方法的两个子模型促进了网络获得更好的性能。

6.4.3.6 SSNP 的复杂度分析

除了关注模型的分类性能外，所提方法还关注了算法的复杂性。为了将算法的复杂度限制在可以接受的范围内，将模型的全连通层的维数由 4096-D 修改为 2048-D。表 6-14 给出了 SSNP 的运行时间和比较算法。为了保证对比测试的可靠性，本节为每种算法配置了相同的实验环境。对基准测试数据集的测试表明，所提模型的运行时间与其他模型的运行时间处于同一级别。值得注意的是，SSNP 和 Attend and Imagine 方法在多个数据集上的性能非常相似，这表明模型的时间复杂度仍然可以与主流算法相媲美。因此，该模型可以在保证分类性能的同时，将复杂度降低到可接受的范围。

表6-14　SSNP与对比算法在时间复杂度上的对比

算法	PASCAL VOC 2007	MS COCO	NUS-WIDE
VGG-16	45s	525s	1096s
CNN-RNN	47s	609s	1173s
Attend and Imagine	51s	705s	1287s
SSNP（本节所提方法）	54s	717s	1305s

参考文献

[1] FUKUNAGA K. Introduction to statistical pattern recognition[M]. Amsterda: Elsevier, 2013.

[2] 周志华 . 机器学习 [M]. 北京 : 清华大学出版社，2016.

[3] CHERRY K M, QIAN L. Scaling up molecular pattern recognition with DNA-based winnertake-all neural networks[J]. Nature, 2018, 559(7714): 370.

[4] ZHU X, GOLDBERG A B. Introduction to semi-supervised learning[J]. Synthesis Lectures on Artificial Intelligence and Machine Learning, 2009, 3(1): 1-130.

[5] VAPNIK V N. An overview of statistical learning theory. IEEE Transactions on Neural Networks[J], 1999, 10(5):988-999.

[6] ZHANG K, LAN L, KWOK J T, et al. Scaling up graph-based semisupervised learning via prototype vector machines[J]. IEEE Transactions on Neural Networks and Learning Systems, 2014, 26(3):444-457.

[7] ZHU Y, WANG Z, ZHA H, et al. Boundaryeliminated pseudoinverse linear discriminant for imbalanced problems[J]. IEEE transactions on neural networks and learning systems, 2018, 29(6):2581-2594.

[8] KINGMA D P, MOHAMED S, REZENDE D J, et al. Semi-supervised learning with deep generative models[C]//Advances in Neural Information Processing Systems. Montreal, Quebec, Canada, 2014: 3581-3589.

[9] MAALØE L, SØNDERBY C K, SØNDERBY S K, et al. Auxiliary deep generative models[C]//Proceedings of the 33rd International Conference on Machine Learning. New York, NY, USA, 2016: 1445-1454.

[10] TU Z. Learning generative models via discriminative approaches[C]//IEEE Conference on Computer Vision and Pattern Recognition. Minneapolis, Minnesota, USA,2007: 1-8.

[11] LUO Y, ZHU J, LI M, et al. Smooth neighbors on teacher graphs for semi-supervised learning[C]//Proceedings of the IEEE Conference on Computer Vision and Pattern Recognition. Salt Lake City, UT, USA, 2018: 8896-8905.

[12] SARELA J, VALPOLA H. Denoising source separation[J]. Journal of Machine Learning Research. 2005, 6(2): 233-272.

[13] ARDEHALY E M, CULOTTA A. Co-training for demographic classification using deep learning from label proportions[C]//IEEE International Conference on Data Mining. Las Vegas, Nevada, USA, 2017: 1017-1024.

[14] QIAO S, SHEN W, ZHANG Z, et al. Deep co-training for semi-supervised image recognition[C]//Proceedings of the European Conference on Computer Vision. Munich, Germany, 2018: 135-152.

[15] MOPURI K R, GANESHAN A, RADHAKRISHNAN V B. Generalizable data-free objective for crafting universal adversarial perturbations[J]. IEEE Transactions on Pattern Analysis and Machine Intelligence, 2019, 41(10): 2452-2465.

[16] YIN Z, WANG F, LIU W, et al. Sparse feature attacks in adversarial learning[J]. IEEE Transactions on Knowledge and Data Engineering, 2018, 30(6): 1164-1177.

[17] RADKE R J, ANDRA S, AL-KOFAHI O, et al. Image change detection algorithms: a systematic survey[J]. IEEE Transactions on Image Processing, 2005, 14(3): 294-307.

[18] GOPINATH D, KATZ G, PASAREANU C S, et al. Deepsafe: a data-driven approach for checking adversarial robustness in neural networks[J]. arXiv preprint arXiv: 1710.00486, 2017.

[19] WANG G, YE J C, MUELLER K, et al. Image reconstruction is a new frontier of machine learning[J]. IEEE Transactions on Medical Imaging, 2018, 37(6): 1289-1296.

[20] PAPERNOT N, MCDANIEL P, WU X, et al. Distillation as a defense to adversarial

perturbations against deep neural networks[C]//IEEE Symposium on Security and Privacy. SAN JOSE, CA, 2016: 582-597.

[21] GOODFELLOW I J, SHLENS J, SZEGEDY C. Explaining and harnessing adversarial examples[C]//International Conference on Learning Representations. San Diego, USA, 2015.

[22] JAKUBOVITZ D, GIRYES R. Improving dnn robustness to adversarial attacks using jacobian regularization[C]//Proceedings of the European Conference on Computer Vision. Munich, Germany, 2018: 514-529.

[23] SHAFAHI A, NAJIBI M, GHIASI A, et al. Adversarial training for free[C]//Advances in Neural Information Processing Systems. Vancouver, BC, Canada, 2019.

[24] KURAKIN A, GOODFELLOW I, BENGIO S. Adversarial examples in the physical world[C]//International Conference on Learning Representations. Toulon, France, 2017.

[25] MOOSAVI-DEZFOOLI S M, FAWZI A, FROSSARD P. Deepfool: a simple and accurate method to fool deep neural networks[C]//Proceedings of the IEEE Conference on Computer Vision and Pattern Recognition. Las Vegas, NV, USA, 2016: 2574-2582.

[26] GOODFELLOW I, POUGET-ABADIE J, MIRZA M, et al. Generative adversarial nets[C]// Advances in Neural Information Processing Systems. Montreal, Quebec, Canada, 2014: 2672- 2680.

[27] HAFEMANN L G, SABOURIN R, OLIVEIRA L S. Characterizing and evaluating adversarial examples for offline handwritten signature verification[J]. IEEE Transactions on Information Forensics and Security, 2019, 14(8): 2153-2166.

[28] HUANG X, KWIATKOWSKA M, WANG S, et al. Safety verification of deep neural networks[C]//International Conference on Computer Aided Verification. Heidelberg, Germany, 2017: 3-29.

[29] WANG F, JIANG M, QIAN C, et al. Residual attention network for image classification[C]//Proceedings of the IEEE Conference on Computer Vision and Pattern Recognition. Honolulu, HI, USA, 2017: 3156-3164.

[30] SHIN H C, ROTH H R, GAO M, et al. Deep convolutional neural networks for computer-aided detection: CNN architectures, dataset characteristics and transfer learning[J]. IEEE Transactions on Medical Imaging, 2016, 35(5): 1285-1298.

[31] FÜRNKRANZ J, HÜLLERMEIER E, MENCÍA E L, et al. Multilabel classification via calibrated label ranking[J]. Machine Learning, 2008, 73(2): 133-153.

Digital Wave
Advanced Technology of
Industrial Internet

Key Technologies and Applications
of Machine Learning

机器学习关键技术及应用

第 7 章

应用案例

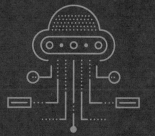

7.1
脑电信号自动情感识别

7.1.1 脑电情感识别算法的应用与发展

　　人工智能旨在探索如何使智能设备实现与人类相似的感知、思维与行为功能，这也成为了近年国内外学者研究的热点。实现人工智能的其中一个重要环节是情感计算技术。有文献提出基于人的表情、语音、动作反应，能够判断其情感状态变化。为提高情感识别准确率，还增加了心脏跳动频率、呼吸频率等辅助条件。为进一步帮助识别人类情感，研究学者提出将脑电信号引入其中，实验证明了该方法的有效性。

　　例如有一种根据玩家当前情绪来调整游戏难度的新方法。来自 14 个玩俄罗斯方块游戏的玩家的 EEG 信号分别在三个不同的级别（容易、中等和困难）上进行了区分，分别与无聊、参与和焦虑情绪有关。对于每个电极，使用傅里叶变换计算出 θ（$4 \sim 8\mathrm{Hz}$）、α（$8 \sim 13\mathrm{Hz}$）和 β（$14 \sim 30\mathrm{Hz}$）不同频带的能量。此外，对所有电极定义 EEG 的频带表示为 EEG_W，如下所示。

$$EEG_W = \log_2 \frac{\sum \beta_i}{\sum \theta_i + \alpha_i} \tag{7-1}$$

　　不同的分类器经历了不同的特征选择方法。通过使用方差分析（ANOVA）作为特征选择方法并使用线性判别分析（LDA）作为分类器，可获得最高的准确率，为 56%。简而言之，研究人员提出了各种方法来从原始 EEG 信号中提取不同的特征，并将不同类型的分类器应用于提取的特征以识别情绪。然而随着深度学习算法的发展，越来越多的神经网络算法被用于脑电情感识别的自动建模中，这也与神经网络建模技术在多个领域的应用和发展有关。

7.1.2 脑电信号的类别与特点

　　人类经过百万年的漫长进化过程，逐渐发展出了独立思考和高级认知的能力，这使得人类与其他动物产生了显著的差别。作为人类身体中最为重要的器官之一，大脑由于其复杂的结构和功能被划分为不同的区域。每个区域都承载着独特的任务，共同协作以实现人类的智慧与行为表现。首先，脑干部分是大脑的最底部，主要控制着基本的生理活动，包括呼吸、心跳、运动和睡眠等。这些生命活动对我们的生存至关重要，脑干充当着调节和控制这些基本活动的中枢。其次，脑边缘系统承担着情绪、记忆和运动等高级功能，并且还掌控着体温、血压和血糖等生理指标。它是连接感觉器官与大脑皮层之间的桥梁，起到传递和整合信息的作用。同时，脑边缘系统与情绪的产生、记忆的存储和执行复杂运动等活动密切相关。而大脑皮层则被认为是最为重要的部分，它位于大脑的最外层。大脑皮层具有高级认知和情绪功能，是人类智慧的中心。大脑的左半球和右半球分别控制着不同的区域，如运动区、体感区、视觉区、听觉区和联合区。每个区域都具备特定的功能。例如，运动区负责协调身体的运动，体感区则主要负责感知身体各部位的触觉反馈，视觉区负责处理视觉信息，听觉区负责处理耳朵接收到的声音信号，而联合区则在解决问题和管理记忆中发挥重要作用。此外，大脑表面有许多深浅不一的沟壑和隆起部分，被称为脑回。脑回的增多和复杂度被认为与智力水平的提高有关。而连接两个半球的第三脑室前端的终板则通过传递信息来促使左右半球的正常协同工作。所有这些不同区域和结构之间的协同作用，构建起了人类独特的思维机制和行为表现。人们将大脑分为额叶、顶叶、颞叶、枕叶，如图 7-1 所示。

如今，提取大脑信号的技术变得更加成熟，神经成像技术，如脑电图（EEG）和磁共振成像（MRI）等技术的进步使得我们能够更加深入地了解人脑的运作和功能。此外，脑机接口分析软件如 OpenViBE 和 BCILAB 等也应运而生。这些软件平台提供了丰富的工具和方法，帮助研究人员处理和分析大脑信号，进而加深对大脑活动的理解。

大脑信号的提取方式多种多样，根据提取方式的不同，这些脑电信号可以被进一步区分。人类在进行行为活动时会刺激大脑，使大脑中的血流和电信号产生变化。神经成像就是指从这些变化中将信号提取出

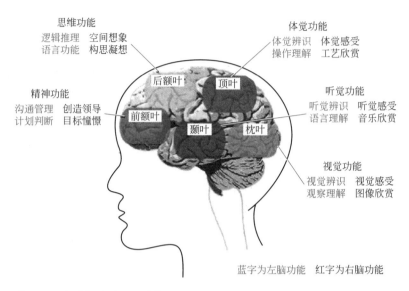

思维功能
逻辑推理　空间想象
语言功能　构思凝想

体觉功能
体觉辨识　体觉感受
操作理解　工艺欣赏

精神功能
沟通管理　创造领导
计划判断　目标憧憬

听觉功能
听觉辨识　听觉感受
语言理解　音乐欣赏

后额叶　顶叶
前额叶　颞叶　枕叶

视觉功能
视觉辨识　视觉感受
观察理解　图像欣赏

蓝字为左脑功能　红字为右脑功能

图 7-1　大脑各个分区和功能

来。本节内容主要展现多种常见的神经成像方式，此外还阐明了利用脑
电描记法提取脑电信号的优势所在。

正电子发射型计算机断层显像（PET）主要利用了湮没辐射和正电
子准直技术，其机制是从体外测定显像剂在人体内的空间分布、数量及
一些其他动态变化，从而能够基于分子水平得到显像剂与靶点相互作用
所产生的功能代谢等一系列变化的影像信息。功能性磁共振成像（MRI）
的原理是利用磁振造影对神经元活动所触发的血液动力变化进行测量，
实际应用于人脑信号提取，则是通过检验血流进入脑细胞的磁场变化，
从而实现脑功能成像。脑电描记法（EEG）是将电极置于头皮，采集大
脑凸面表层中一些神经细胞的电位活动，利用脑电活动的频率、波幅、
波形等信息，能够做出相关判断。除上述提到的几种方法之外，还有许
多其他的医学手段用于提取人脑信号。

在诸多提取人脑信号的方法当中，脑电描记法因其安全性高、易于
操作、采集信号良好等优点脱颖而出，成为目前大脑信号识别中研究的
热门方向。常见的 EEG 信号有五种：

① 稳态诱发电位（SSEP）是一种由周期性刺激引发的信号，诱发

电位可以是视觉、听觉或触觉电位三种形式。

②P300是一种事件相关电位，与期待、辨认和注意等因素存在相关性。当人脑接收到罕见相关事件的刺激时，我们会在脑电信号中观察到一个潜伏期约为300ms的正向波峰，这就是P300名称的由来。

③慢皮层电位（SCP）是大脑皮层脑电信号中最慢的频率部分，能反应皮层的兴奋性。在不同的意识之下，人脑电中的不同节律呈现出各异的活动状态。

④事件相关去同步（ERD），人脑在参与一项意识活动期间，特定的大脑皮层区域会产生脑电信号。在这些相关信号当中，α波和β波的低频部分的振幅会呈现减弱状态，如表7-1所示。

⑤事件相关同步化（ERS），与④相对应，这里指的是大脑皮层某区域在没有受到外界影响的时候，其脑电信号中的α波和β波振幅都呈现增加的现象。

表7-1 脑电信号的频率划分

名称	频率范围/Hz
δ波	0.5～3
θ波	4～8
α波	8～13
μ波	7.5～12.5
SMR波	12.5～15.5
β波	14～30
γ波	30～100

频域分析是处理脑电信号中非常重要的方法之一，临床上通常将脑电信号分为5个波段：δ（0.5～3Hz）、θ（4～8Hz）、α（8～13Hz）、β（14～30Hz）以及γ（30～100Hz）。

δ波：频率在0.5～3Hz之间，振幅为10～20μV，主要位于大脑额叶和顶叶之间。该波段通常在人平静、困乏时信号较强，能够被轻易发现。

θ波：频率在4～8Hz之间，振幅为20～40μV，主要位于颞叶和顶叶。该波段通常与记忆、处理事务能力等方面相关，当人从清醒转变为困乏时，能够观测到该波段。

α波：频率在 8 ~ 13Hz 之间，振幅为 10 ~ 100μV，在头部分布广，通常存在于成年人的脑电信号中。在人处于平静状态时，这种波形的振幅会按照一定规律先增后降。这种变化可能与放松程度、注意力水平等多种因素有关；在不安、刺激状态下，该波被抑制。由此可见，该波段能够用于识别人的情绪。

β波：频率在 14 ~ 30Hz 之间，振幅在 20μV 以下，主要位于额叶。该波段幅值比较低并且频率较高，属于一种快波。通常人在激动状态时，该波会出现明显增强，一部分 α 波会转变为该波。因此，该波段也能够用于识别人的情绪。

γ波：频率在 40 ~ 100Hz 之间，除了参与健康认知功能外，还参与处理更复杂的任务，对学习、记忆和处理非常重要。

脑电信号中的 δ 波、θ 波、α 波和 β 波的波形如图 7-2 所示。

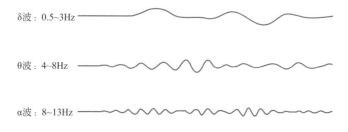

δ波：0.5~3Hz

θ波：4~8Hz

α波：8~13Hz

β波：14~30Hz

图 7-2　脑电信号各个频段波形图

脑电信号的特点可进一步详细说明如下。

（1）非平稳随机信号

脑电信号具有较强的随机性，是一种非平稳的信号，它的特点是比较容易随着外界环境的变化而变化。脑电信号本身是较微弱的，实验者在采集过程中眨眼、身体晃动等行为都可能会影响信号，从而使得采集的信号呈现不稳定的状态。随机性的特点是指目前未知影响脑电信号的规律，所以在做实验研究时需要参考之前的经验并通过大量实验统计信号的规律。

（2）噪声强

常见的噪声源可以分为三种类型：眼电干扰、肌电干扰和心电干扰。眼电干扰是由实验对象的眼睛活动所引起的电信号，为了减少由这些运动造成的电位差，可以在眼睛上方和下方各放置一个采样电极，以便充分记录和消除眼电信号对脑电信号的干扰；肌电干扰，这是由实验人员面部或颈部活动，例如皱眉、扭头等行为，肌肉细胞在人体内运动时产生的电信号；心电干扰，这是由实验人员心脏跳动时产生的电信号，该信号常被误认为脑电信号的尖波，因此需要特别注意。虽然上述的三种噪声都是比较微弱的，但是对采集的脑电信号的影响不容忽视。所以在实验时需要采取相应的措施避免噪声的产生或减弱噪声对脑电信号的影响。

（3）非线性

各变量之间的关系是非线性的，非线性关系相较于线性关系更接近于事物的本质。脑电信号具有典型的非线性特点是因为其中包含多组分信号、具有非平稳性和自适应性。

（4）频域特征比较明显

脑电信号的频率通常在 0.5 ～ 30Hz 之间，根据信号不同，波段的频率可以划分为上述 δ、θ、α、β、γ 5 个频段。由于不同频段的信号具有不同的含义，因此脑电信号的处理需要充分利用其频域特性，以便更好地分析和理解信号。

7.1.3 脑电信号自动情感识别系统

（1）数据采集方案设计

DEAP 是一种广泛使用的公共数据，它包含从 32 位受试者身上采集得到的 EEG 信号。这些受试者观看了 40 个长达一分钟的音频文件，并根据唤醒度、激动性、喜好度和支配性 4 个维度来评价自己的情绪。由此，每一个受试者都被记录了相应的多通道信号，其中包含 32 个 EEG 通道、12 个额外通道和 1 个状态通道。本节利用了官方预处理后的 python 文件。这些 EEG 信号数据被降采样到 128Hz，EOG 伪影被相应移除。另外，一个 $4.0 \sim 45.0$Hz 的带通频率滤波器被应用到了采集得到的 EEG 信号上。数据最后包括 60s 的受试者情感信号，以及 3s 的受试者静期信号，本节还基于这一静期信号对数据进行了基线移除的预处理。

DREAMER 是另外一个包含 EEG 信号的知名公开数据集，该数据集涵盖了 23 位受试者的静期信号。与 DEAP 不同的是，这些受试者并不是观赏固定长短的音频文件，而是观赏了 18 个不同长短的电影片段，并根据这些片段同样在唤醒度、激动性和支配性 3 个维度上对自己的情感表达进行打分。这些电影片段的长度从 65s 到 395s 不等，为了实验的公平性，按照数据集提出者在其论文中提出的方式，将这些情感信号裁剪到与 DEAP 同样的 60s。类似地，DREAMER 数据集也提供了受试者不观看视频的静期信号。在本节中，DREAMER 的情感信号也基于静期信号进行了基线移除的前置处理。

脑电信号的数据采集需要专业的平台，例如 ESINeuroscan 公司的 Scan4.5，它在脑电信号数据采集领域被广泛用于研究实验。Scan4.5 主要由信号放大器、信号处理器、主机和视频播放器组成。其中比较重要的是前两个部分，信号放大器用于将低频率小振幅的脑电信号放大，这一步是为后续处理做准备；信号处理器用于对采集到的信号进行一些基本的滤波处理。除此之外，实验还增设了录像机用于记录整个实验过程，便于对后续可能出现的一些问题进行复盘。实验平台如图 7-3 所示。

此外，在脑电信号的采集过程中，与之前提到的采集平台和设备配合使用的一个重要组件是脑电帽。我们选择了 Compumedics 公司推出的 Quick-Cap 系列 64 导信号采集帽。实验人员需要戴上信号采集帽，帽上有多个电极导联，研究人员在每个导联上缓慢地涂抹导电膏，以减小电阻。当导联的电阻低于一定数值（通常是 5kΩ），就表示接触良好，即可采集信号。

首先，为确保实验者进入放松状态，实验开始前会让他们闭上眼睛，专注放松自己，这个步骤持续 30s，并将得到的信号作为参考基线——静期信号。

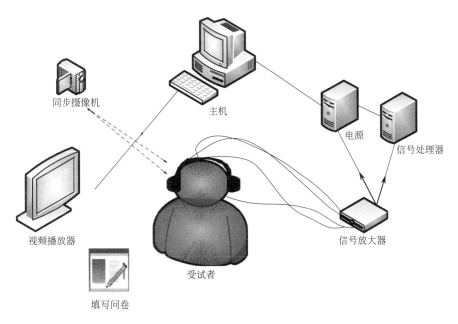

图 7-3　脑电信号采集平台

　　接着，播放具有某种情绪特征的视频片段的同时，开始采集信号。为保证信号质量，实验者需要尽可能减少肢体活动。值得注意的是，当播放到带有愉悦情绪的视频时，若实验者产生共鸣，不要产生大幅度的动作，尽量保持微笑。当视频播放结束后，将脑电信号采集设备和摄像机同时停止，以确保获取的脑电数据不受到其他因素的干扰。视频观看完毕后，实验者将填写与视频内容和自身情绪状态相关的情感自测问卷。要求填写问卷时必须真实客观地描述自己的感受和情绪变化，不能根据视频内容进行虚构，确保问卷结果准确反映自己的真实情感状态。问卷内容主要包括是否有情绪产生，如果有情绪产生，填写产生了哪种情绪，情绪强烈程度以及在视频的什么时候有情绪产生。当实验者填写情绪在何时产生时，实验设计者要将视频重新调出来回放，精确地定位到具体何时实验者产生了情绪共鸣，这样方便后续在截取数据时能够得到精确度较高的数据。

　　实验在两个照明受控的实验室进行。脑电图使用专用记录的 PC 上的 Biosemi ActiveTwo system4（奔腾 4，3.2GHz）。刺激使用专用刺激

PC（Pentium4，3.2GHz），它将同步标记直接发送到记录 PC，用于演示刺激并记录用户的评分，Neurobehavioral 的"演示文稿"软件使用 systems5。视频在 17in（1in=0.0254m）屏幕（1280×1024，60Hz）上按顺序进行播放。为了尽可能地减少眼球的运动频率，全部测试视频均以 800×600 分辨率显示的，约占屏幕的 2/3。受试者距离屏幕约 1m。实验使用飞利浦立体声扬声器并且音乐音量设置为相对较大级别，根据受试者个人调整了实验的音量，使用 512Hz 的采样率记录 EEG 32 个有源 AgCl 电极（根据国际 10-20 系统放置）。周围生理信号也被记录下来。此外，对于前 22 位受试者，正面脸部视频录制在 DV 中，使用 Sony DCR-HC27E 消费级便携式摄像机拍摄。实验者为 32 位健康成年者（男性、女性各占 50%），年龄在 19 ～ 37 周岁之间（平均年龄为 26.9 岁）。实验之前还需要做一些准备工作：参与者签署同意书并填写调查表。之后被告知实验方案以及相关量所代表的意义。受试者清楚指示后，他 / 她将被带走进入实验室。

在这个未被录制的试验中展示了一个短视频，参与者将进行自我评估：实验参与者记录生理信号，按下键盘上的按键开始实验。实验以 2min 的基线作为开端进行记录，在这个时间阶段内显示固定十字给实验参与者（在此期间，参与者被要求放松）。随后在每一个试验中均展示了一个视频，共有 40 组试验。每组试验包括以下步骤：

① 2s 的屏幕显示当前的实验编号，以告知受试者其进展情况。

② 5s 的基线记录（交叉注视）。

③ 音乐视频显示 1min。

④ 自我评估情绪。

值得一提的是，在每次实验结束时，受试者对他们的评价值、唤醒度、喜好度和支配性这四个心理情绪进行自测。自我评估人体模型（SAM）是用于可视化情绪的刻度指标。每一个情绪图形下面印有表示程度的数字 1 ～ 9。受试者匹配其情绪感受，然后单击这些图片以自我评估其级别。该自测模型如图 7-4 所示。

（2）数据预处理流程（基线去除、数据清洗、矩阵化）

神经网络算法接收矩阵型数据作为数据输入，无论是 3D 张量还是

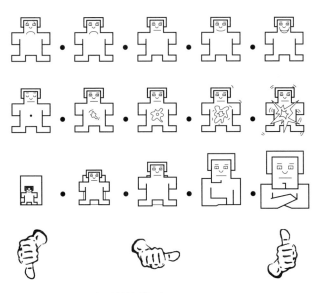

图 7-4　SAM 自测情绪模型

4D 张量，都需要对采集得到的脑电信号数据进行相应的预处理。在本节中，我们将介绍如何对采集得到的电流信号进行相应的预处理，以得到矩阵型数据。如图 7-5 所示，整个过程通过这一流程图进行了展示，在之后的段落中，我们会逐步介绍这些步骤。

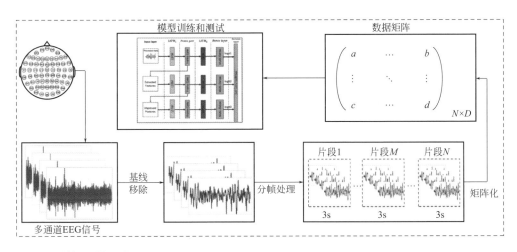

图 7-5　数据预处理流程

由于人脑活动的复杂性，即使人脑没有强烈的情绪反应，在非刺激期，人脑电信号也会产生活动信号，因此在数据采集时，研究者往往需要记录一定时长的脑电信号，作为对象的基线（Baseline）。因此如图7-5所示，采集得到的刺激期 EEG 信号首先需要减去其对应的基线信号完成基线移除；再进一步，这些多通道 EEG 信号被进行分帧处理，每一段信号都是长为 3s 的多通道 EEG 信号。举例来说，如果一个全长的 EEG 信号有 x s，这个 EEG 信号会被分解为 $x/3$ 段，这些段被我们称作一个"帧"，可以被表示为 F_t。换句话说，全长的 EEG 信号会被分段为多帧表示，即 $<F_1, F_2, \cdots, F_N>$，其中 N 表示所有帧的数量。

然而，每一段 EEG 信号仍旧是多通道的，这不利于所设计神经网络的后续分类和处理。因此，需要更加进一步地对每一帧的多通道 EEG 信号进行处理。虽然学界有许多综合多通信号的方法，出于时间性能的考虑，我们使用了最简单的扁平化（Flatten）预处理方法。也就是说，每一帧的信号按照通道编号，顺次连接成一维向量，拼接后的向量其维度为 D。最后，我们可以获得 N 段维度为 D 的特征向量，这些特征向量通过纵向排列，最终形成 $N \times D$ 的矩阵，完成矩阵化处理。换句话说，如果将样本数 S 考虑在内，通过数据预处理，整个 EEG 信号被最终处理成了 $S \times N \times D$ 的 3D 张量，用以后续模型的训练和测试。

这种预处理的好处是，处理得到的数据同时包含了多通道信息和帧间信息，并且大大缩短了原始信号的长度，每一帧的长度被固定在 3s，神经网络可以基于不同的帧来给出综合的决策结果。与此同时，这样的预处理也与本节所提方法 FLDNet 存在着对应关系，这些分帧处理后的信号使得对原始信号帧间联系的挖掘成为可能。每一帧 F_t 表达了人脑行为的多态性，而这些信号之间的联系，更表现了一种上下文关系，这使得提取特征有着更强的表达能力。

（3）脑电信号的分析方法

脑电信号作为一种时间序列信号，我们很难直观地看出它的原始图形中蕴含的信息，因此需要借助其他的分析方法来对信号的采集情况和特征数量进行相应的评估。常见的脑电信号处理方法有以下三种。

① 时域分析法　脑电信号实际上是一种时间序列信号，常使用的

几种特征有均值、方差、高阶统计量等。本节主要介绍四种重要的时域特征：脑电信号的均值、标准差、一阶差绝对值均值以及二阶差绝对值均值。首先设 x_i 为采集到的信号中第 i 个采样点的值（$i=1, 2, \cdots, N$），其中 N 表示截取的信号中共有多少个采样点，那么我们可以根据以下公式得到四种时域特征：

a. 脑电信号的均值：

$$\mu_x = \frac{1}{n}\sum_{i=1}^{n} x_i \tag{7-2}$$

b. 脑电信号的标准差：

$$\delta_x = \left(\frac{1}{n-1}\sum_{i=1}^{n}\left(x_i - \mu_x\right)^2\right)^{1/2} \tag{7-3}$$

c. 脑电信号的一阶差绝对值均值：

$$\delta_x = \frac{1}{n-1}\sum_{i=1}^{n-1}\left|x_{i+1} - x_i\right| \tag{7-4}$$

d. 脑电信号的二阶差绝对值均值：

$$\gamma_x = \frac{1}{n-2}\sum_{i=1}^{n-2}\left|x_{i+2} - x_i\right| \tag{7-5}$$

② 频域分析法　在对脑电信号进行处理时，通常截取 10s 长度的信号来进行特征提取，以保证数据量充足并且易于处理。当前频域特征的获取主要还是通过求信号的能量谱，方法是首先对截取的波形进行 Hanning 窗处理，这一步的目的是降低傅里叶变换后造成的频谱损失，然后利用傅里叶变换获得几种不同的傅里叶系数，最后将系数与不同波段信号相对应，便可以得到信号的频谱。

③ 时频域分析法　时频域分析法顾名思义是①和②方法的结合，利用时频域分析法能够得到 EEG 信号在不同时间以及频率上的能量密度。通常用到的时频域分析方法是小波变换，具体而言是先将信号分解成不同的层，每一层对应着脑电信号的不同波段，然后重构出各个频段的信号，而这些信号又分别对应不同的情绪，因此该方法可以帮助研究脑电

信号与情绪之间的关系。

之前提到了几种对脑电信号进行线性分析的方法，也说明了脑电信号是一种非线性、非平稳的随机信号，所以线性分析的方法显然不足以让研究人员得到精确的结果，还需要一些非线性方法的帮助，例如下面将要介绍的近似熵、赫斯特指数和分型维数。

S.M.Pincus 在 1991 年提出了近似熵的概念，近似熵常用来描述信号的规律以及各种可能性，可以用少量数据估算出时间过程的复杂性。近似熵能够更好地抵抗各种干扰源，此外，还具有更高的计算效率以及更加广泛的信号类型适用性。赫斯特指数用于测量分形时间序列的光滑程度，Knanathal 等人也曾用赫斯特指数来描述脑电信号的非平稳性。分形维数是分形的研究领域中最为重要的部分，说明了一个分形对于某一个空间填充的程度，这一特征被广泛地用于脑电信号的研究上。

（4）算法评价指标（ACC）

表 7-2 所示是二分类问题的混淆矩阵。基于上面的混淆矩阵，可以获得以下一些指标：

$$Recall = \frac{TP}{TP + FN} \times 100\% \tag{7-6}$$

$$TNR = \frac{TN}{TN + FP} \times 100\% \tag{7-7}$$

$$AA = \frac{1}{2}\left(Recall + TNR\right) \times 100\% \tag{7-8}$$

$$ACC = \frac{TP}{TP + FP} \times 100\% \tag{7-9}$$

$$F_1 = 2\frac{Recall \times precision}{recall + precision} \times 100\% \tag{7-10}$$

表 7-2　二分类问题的混淆矩阵

真实情况	网络预测为正	网络预测为负
正例	真正例（TP）	伪负例（FN）
负例	伪正例（FP）	真负例（TN）

后续的实验将基于这些指标和对比算法进行，更具体地说，这些指标可以说明如下：

① 召回率（*Recall*）：该指标也称为真正例率，即估计有多少死于心力衰竭的患者被算法发现。

② 真阴性率（*TNR*）：该指标也称为真负例率，评价了算法对存活病人的检出情况。

③ 平均精度（*AA*）：该指标平衡了召回率和真阴性率，从一个均衡的角度去评价算法的性能。

④ 精度（*ACC*）：即预测结果中标签正确的比率。

⑤ 综合评价指标（F_1）：F_1是一种常用的医用统计分析评价指标。

本节将基于上述评价指标继续开展后面的实验。整个实验采用网格搜索策略（Grid-Search）寻找各个算法的最优参数。

（5）模型调优与训练

在深度学习模型中，常见的参数如下。

学习率（Learning Rate）：学习率是决定模型收敛速度和准确性的重要参数之一。

小批量大小（Mini-batch）：小批量大小决定了每个 epoch 应该训练多少样本，这也影响模型的最终精度。

随机失活比率（Drop Out Ratio）：随机失活是防止过度拟合的模式识别方法之一，随机失活比率决定了在训练时应该冻结多少神经元。

损失函数：损失函数决定了梯度的计算方式。

最大训练轮数（max epoch）：最大训练轮数决定了训练模型的迭代次数。

在深度学习模型中，优化算法的种类也多种多样，其中包括：

① 自适应矩估计（Adam）算法：与传统的随机梯度下降算法存在着一些不同之处，在该算法中，并不是所有的权重都使用相同的学习率（alpha）进行更新，而是得到梯度的一阶矩估计和二阶矩估计，为各个参数分别设计了具有自适应性的学习率。

② 适应性梯度（AdaGrad）算法：该算法为每个参数保留一个学习

率，以适应不同参数在训练过程中的梯度变化情况。这种自适应性的学习率可以使得在稀疏梯度问题上的训练更加高效。

③ 均方根传播（RMSProp）算法：通过基于最近梯度量级的均值来自适应地保留每个参数的学习率。这种方法能够更好地适应参数的变化，并且在非稳态和在线场景下表现出卓越的性能。

Adam 算法是一种综合了 AdaGrad 算法和 RMSProp 算法优势的算法。除了利用一阶矩均值来计算具有一定自适应性的学习率之外，还进一步利用了二阶矩均值。Adam 算法是通过计算梯度的指数移动均值来进行优化的，值得注意的是，调节相关的超参数可以达到控制移动均值的衰减速率的目的。超参数的初值设定在 1 附近，因此矩估计的偏差很小。另外，可以通过先计算带偏差的估计值，然后再计算偏差修正后的估计值的方式来进一步优化算法。

因此，在本节中，Adam 算法被用作训练所需优化器，模型将一系列样本作为其输入，并将分类结果作为输出，每个样本及其标签可以成对表示为 (X_i, y_i)，其中 X_i 表示输入样本特征向量，y_i 表示第 i 个样本标签。

（6）双层长短时记忆网络模型

也被称为双层 LSTM 网络模型，如图 7-6 所示，模型由多个基础网络层构成。该方法利用 LSTM 层作为特征提取层，将分帧后的时序数据进行更抽象的特征提取，以此将输入的原始数据编码成蕴涵上下文信息的多个隐状态，形成抽象特征，这些抽象特征之后再通过另外一个 LSTM 网络来进行逆编码。与第一个 LSTM 不同的是，该 LSTM 只取最后一个隐状态作为特征向量。最后，一个多层神经网络被用于对提取得到的特征向量进行分类。

该方法的优势在于，它利用到了两个 LSTM 网络，每一个网络是基于不同层次的特征进行训练的。如图 7-6 所示，每一个 LSTM 网络都会有其自己的输入和输出。

下面将进一步介绍双层 LSTM 模型。在图 7-6 中，两个 LSTM 层被引入，然而这两个 LSTM 扮演着不同的角色。第一个 LSTM 网络被作为编码层，它将输入的原始数据编码成隐状态，该过程可以表示为：

$$\langle h_1, h_2, \cdots, h_N \rangle = LSTM_1\left(\langle F_1, F_2, \cdots, F_N \rangle\right) \tag{7-11}$$

式中，F 为在数据预处理后得到的特征序列；h_N 为 LSTM 输出的第 N 个隐状态。这些隐状态随后被输入 Dropout 层中去，该层对 LSTM 的输出进行随机失活，提高了模型的泛化性能。

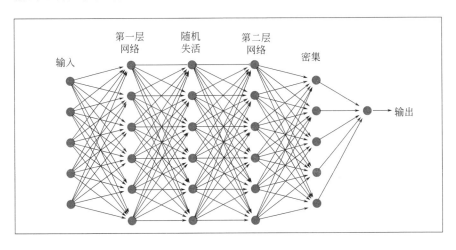

图 7-6　双层 LSTM 模型

随后，第二个 LSTM 被引入进来。这是由于门控单元的输出包含了 N 个特征向量，这不利于后续的分类，因此，需要一个解码网络将复杂特征进一步归并和整合，第二个 LSTM 就起到了这样的作用。换句话说，第二个 LSTM 和第一个 LSTM 的不同之处在于，第二个 LSTM 只取最后一个隐状态作为分类特征向量，也就是说：

$$h_{\text{last}} = LSTM_2\left(\langle O_1, O_2, \cdots, O_N \rangle\right) \tag{7-12}$$

最后，一个多层神经网络用来对提取得到的特征向量进行分类。如图 7-6 所示，该多层神经网络包含三个全连接层，其神经元数量分别为 32、16 以及相应的分类类别数。该多层神经网络最后输出输入样本的独热编码（One-hot）分类概率 p，即：

$$p = softmax\left(multidense\left(h_{\text{last}}\right)\right) \tag{7-13}$$

（7）帧级特征蒸馏网络（FLDNet）

帧级蒸馏网络（FLDNet）是一个新颖的脑电情感识别网络，如图 7-7

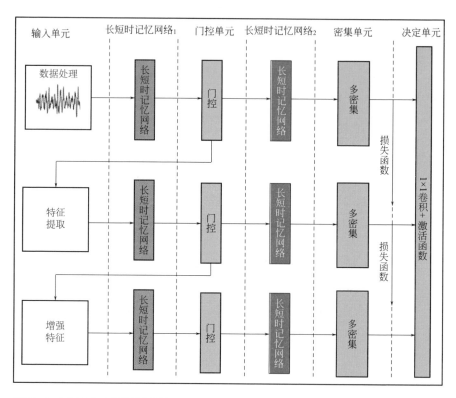

图 7-7　FLDNet 完整框架图

所示，模型由三个基础网络及一个 1×1 独立卷积层构成。该方法利用 LSTM 层作为特征提取层，将分帧后的时序数据进行更抽象的特征提取，以此将输入的原始数据编码成蕴涵上下文信息的多个隐状态。这些隐状态随后被输入特征门控单元中，相应的注意力权重由所设计的特征门控单元进行计算。不同帧的数据会根据计算得到的注意力权重重新加权组合形成新的抽象特征。这些抽象特征之后再通过另外一个 LSTM 网络来进行逆编码。与第一个 LSTM 不同的是，该 LSTM 只取最后一个隐状态作为特征向量。最后，一个多层神经网络被用于对提取得到的特征向量进行分类。另外，教师-学生框架被引入，每一个基础网络都会对输入的特征进行抽象，输出更高一层的特征到下一个网络，而下一个网络会做进一步的特征抽象，从而不断改善提取特征。最后，这三个网络将被逐一训练。然而，对这些基础网络的预测结果仅仅进行投票是不明智的。因此，一个独立的卷积神经层被用来形成最后的决策。

该方法的优势在于利用了包含不同参数、相似但不同的三个基础网络，每一个网络是基于不同层次的特征进行训练的。如图 7-7 所示，每一个基础网络的特征门控单元会输出其提取特征至两个不同的方向，一个传给分类网络，一个传给下一个网络作为输入。这意味着网络作为一个强力的特征提取算子不仅给出了分类的结果，还"教导"了一个学生网络。

从以上分析中可以清晰地发现，这一过程实际上可以迭代多次，学生可以根据实际需求对这一过程的迭代次数进行相应的实验。事实上，随着学生网络数量的增强，所提取的特征抽象程度变得更"深"了。这样一种横向的方式解构了常见的深度神经网络，以达到深层网络同样的效果。越往后的学生网络由于基于特征提取进行了再训练，可以挖掘特征中更多与标签相关的信息。但这并不意味着这些挖掘到的信息一定能指导网络给出最好的决策精度。因此，所提方法额外利用了一个 1×1 卷积层来将所有网络的决策结果进行融合，这些机制都改进了网络对时序数据的预测精度。

下面进一步介绍算法中的特征门控单元，在图 7-8 中，两个 LSTM 层被引入了 FLDNet 中，然而这两个 LSTM 扮演着不同的角色。第一个 LSTM 网络被作为编码层，它将输入的原始数据编码成隐状态，该过程可以表示为：

$$\langle h_1, h_2, \cdots, h_N \rangle = LSTM_1\left(\langle F_1, F_2, \cdots, F_N \rangle\right) \tag{7-14}$$

式中，F 为在数据预处理后得到的特征序列；h_N 为 LSTM 输出的第 N 个隐状态。这些隐状态随后被输入特征门控单元中去。该门控单元旨在形成注意力矩阵 A，其中的矩阵元素 $\alpha_{t,t'} \in A$，$\alpha_{t,t'}$ 计算了隐状态 h_t 与 $h_{t'}$ 之间的相似性，注意隐状态 h_t、$h_{t'}$ 分别对应了 F_t 以及 $F_{t'}$，其中 t、t' 对应时序数据中的不同时域。特征门控单元的计算方法可以表示为：

$$g_{t,t'} = \tanh(W_g h_t + W_{g'} h_{t'} + b_g) \tag{7-15}$$

$$e_{t,t'} = \sigma(W_e g_{t,t'} + b_e) \tag{7-16}$$

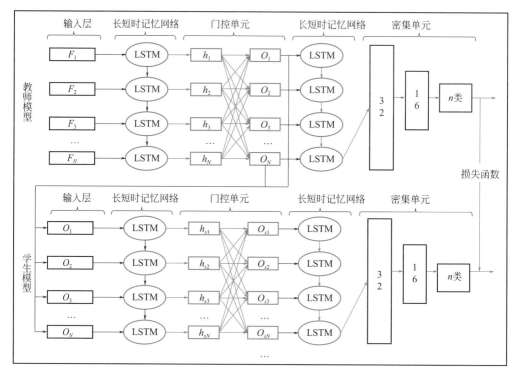

图 7-8 FLDNet 网络细节

式中，W_g、$W_{g'}$ 以及 W_e 为神经网络中相对于隐状态 h_t、$h_{t'}$ 的权重变量；b_g、b_e 为网络的偏置。这些网络参数都可以由训练和学习得到，之后通过激活函数 tanh 可以得到中间变量 $g_{t,t'}$。而 $g_{t,t'}$ 会再一次被乘以权重变量 W_e，并通过 *sigmoid* 归一化得到隐变量 $e_{t,t'}$。假设输入数据有 N 帧，LSTM 网络会对应编码出 N 个隐状态，每一个隐状态 h_t 会经过计算得到一系列的隐变量 $e_{t,t'}$。换句话说，每一个隐状态 h_t 会计算 N 次，得到隐向量 e_t：

$$e_t = \langle e_{t,1}, e_{t,2}, \cdots, e_{t,N} \rangle \tag{7-17}$$

其中，每一个元素都由当前隐状态 h_t 与其他隐状态计算得到。之后，对整个向量 e_t 进行 *softmax* 归一化：

$$a_t = softmax(e_t) \tag{7-18}$$

最后，可以由此得到注意力矩阵 A：

$$A_{N \times N} = \langle a_1, a_2, a_3, \cdots, a_N \rangle \tag{7-19}$$

可以发现，注意力矩阵 A 的形状是 $N \times N$，而隐状态也可以表达为一个向量形式，也就是 $H = \langle h_1, h_2, \cdots, h_N \rangle$。因此，可以最终得到特征门控单元的输出 O：

$$O = A_{N \times N} H^{\mathrm{T}} \tag{7-20}$$

为了更清晰，可以单独给出输出矩阵 O 中每一个元素的计算方式，即 $o_t \in O$ 可以由以下公式得到：

$$o_t = \sum_{t'} a_{t,t'} h_{t'}, \ a_{t,t'} \in a_t \tag{7-21}$$

由此，完成了对特征门控单元的推导。可以发现，以上公式取自 LSTM 的门控形式，这也是称其为门控单元的原因。另外，特征门控单元的本质是对输入的隐状态进行加权和，通过这种方式，可以对输入的不同帧赋予相应的权重，通过网络学习，最终可以得到一系列高权区域。这也是算法的设计初衷，也就是长时间序列中对分类起贡献的是一部分时域。再一次观察这一公式推导过程，可以发现，每一个输入 o_t 是根据所有的隐状态计算得到的，也就是特征门控单元的输出是对原始特征的一种组合与提取，这也是为什么可以将特征门控单元的输出给予学生网络学习的原因。

随后，第二个 LSTM 被引入进来。这是由于门控单元的输出包含了 N 个特征向量，这不利于后续的分类，因此，需要一个解码网络将复杂特征进一步归并和整合，第二个 LSTM 就起到了这样的作用。换句话说，第二个 LSTM 和第一个 LSTM 的不同之处在于，第二个 LSTM 只取最后一个隐状态作为分类特征向量，即：

$$h_{\text{last}} = LSTM_2\left(\langle O_1, O_2, \cdots, O_N \rangle\right) \tag{7-22}$$

最后，用一个多层神经网络来对提取得到的特征向量进行分类。如图 7-10 所示，该多层神经网络包含三个全连接层，其神经元数量分别为 32、16 以及相应的分类类别数。该多层神经网络最后输出输入样本的独热编码（One-hot）分类概率为 p，即：

$$p = softmax\left(multidense\left(h_{\text{last}}\right)\right) \tag{7-23}$$

此外，图 7-8 绘制了两个完全相同的网络，这两个网络的不同点在于它们接受不同的输入和损失函数。第一个网络被称为教师网络，第二个网络被称为学生网络。当一个包含 LSTM 编码 - 解码结构、特征门控单元的基础网络经过训练后，其特征门控单元中存留了相应的权重变量，该层的输出也就蕴含着相应的帧间信息。之后，新的基础网络被初始化，该网络作为学生网络不再接收原始数据的输入，而接收教师网络门控单元的输出。该操作成立的条件来自特征门控单元的维度不变性，如前面的推导及图 7-8 所示，教师网络接收 $S×N×D$ 的 3D 张量作为输入，而特征门控单元的输出有着同维性，即输出同样是 $S×N×D$ 的三维张量，只是该三维张量由门控单元进行了高维映射和带权组合，使得同样结构的学生网络可以接收教师网络的门控输出。形象地说，教师网络将它学习后的特征矩阵作为输入，"教导"给了学生网络。

更重要的是，该操作可以被不断地迭代下去，也就是可以不断地初始化网络，并将网络提取得到的特征矩阵传递下去，直到迭代终止。而每一次迭代实际上是对原始特征的一次提取，通过这样的方式，可以将"深度"的神经网络转化为一种"广度"上的神经网络，特征在网络间被不断地蒸馏了。这一过程可以表示为：

$$O_{\text{teacher}}, p_{\text{teacher}} = net_{\text{teacher}}\left(F\right) \tag{7-24}$$

$$O_{\text{student}}, p_{\text{student}} = net_{\text{student}}\left(O_{\text{teacher}}\right) \tag{7-25}$$

式中，F 为输入的帧级三维张量数据。O、p 可分别由上式得到。事实上，所提方法会更进一步利用到教师网络的预测结果 p，用来修正学生网络应当学习的损失函数。该损失函数的设计借鉴了知识蒸馏损失，表示为：

$$KDloss = \lambda L\left(r, softmax\left(z\right)\right) + \left(1 - \lambda\right) L\left(softmax\left(\frac{p}{T}\right), softmax\left(\frac{z}{T}\right)\right) \tag{7-26}$$

式中，r 为预测样本的真实标签；p 为网络预测输出；T 为温度系数，用来作为软标签的系数；λ 为前后两项的平衡项；L 为交叉熵损失。通过这种方式，学生模型从教师模型的预测标签中也得到了更进一步的信息，因此，这被叫作"标签蒸馏"。

FLDNet 的训练流程可以被进一步总结，为了迭代训练网络，多个基础网络顺次地基于真实标签和预测标签优化目标函数。具体为，算法首先初始化 M 个具有编码 - 解码结构、特征门控单元、多层分类网络的基础网络。对第一个网络，利用交叉熵损失进行初步学习，而后输出对应的提取特征给学生网络，后续的学生网络则基于提取特征和预测标签进一步优化目标函数。最后，一个 $conv_{1 \times 1}$ 会被引入，并基于真实标签训练 $conv_{1 \times 1}$ 网络中的权重变量。在固定了权重变量后，基于该网络，将聚合标签矩阵 $\boldsymbol{P}_{S \times M}$ 转化为概率向量 $\boldsymbol{p}_{\text{ensemble}}$，从而给出最终的决策结果。本节在模型中使用了 Adam 优化器，并引入了正则化，出于时间和性能考虑，网络数量 M 被设置为 3，对于所有的 LSTM 层，其隐变量数都与输入维度一致，用于分类的全连接网络的神经元数目分别为 32、16 及类别数。FLDNet 算法流程如表 7-3 所示。

表7-3　FLDNet算法流程

输入：预处理后的 S 个 $N \times D$ 数据矩阵 $\boldsymbol{F}_{N \times D}$、真实标签 r、网络数 M。
输出：分类概率向量 $\boldsymbol{p}_{\text{ensemble}}$。

---

1. 初始化 M 个基础网络。
2. A. 训练神经网络：
对 i=1：
　　模型 i 输入 = $F_{N \times D}$；
　　基于真实标签 r 训练模型 i；
　　计算提取特征 O_i；
　　生成模型 i 的预测标签 p_i。
对 i=2 $\sim$ M：
　　模型 i 输入 = O_{i-1}；
　　训练模型 i；
　　计算提取特征 O_i；
　　生成模型 i 的预测标签 p_i；
结束对 i 的迭代。
聚合所有的预测标签得到样本标签矩阵 $\boldsymbol{P}_{S \times M}$=<$p_1, p_2, \cdots, p_M$>。
B. 训练集成模型 $conv_{1 \times 1}$：
　　集成模型 c 输入 = $\boldsymbol{P}_{S \times M}$；
　　及真实标签 r 训练模型 c；
　　形成最终决策 $\boldsymbol{p}_{\text{ensemble}}$=$conv_{1 \times 1}$ ($\boldsymbol{P}$)。
3. 返回 $\boldsymbol{p}_{\text{ensemble}}$。

（8）自动情感识别预期实验结果与可视化分析

在本部分，独立于对象的 EEG 情感识别实验被用于评价本节中众多实验模型算法的分类性能。独立于对象的情感识别指的是在训练机器学习模型时，基于不同对象的情感信号进行训练，并在新对象的情感上预测和测试。具体来说，所提方法 FLDNet 基于五轮交叉验证（5-fold CV）对 32 位受试者的情感数据进行训练和测试，由于受试者观赏了40 个不同的视频，每个视频都对应可以得到一个预测标签，而后所提方法的平均准确率和对应的方差会在这 40 个视频对应的信号上计算得到。为了说明本节所提方法 FLDNet 的有效性，5 种前沿的算法被引入参考算法组。它们是 CLSTM、DNN、CNN、LSTM 及 Attention-LSTM。DEAP 的数据进行了相应的预处理，也就是说，从 EEG 信号中移除了3s 的基线，此外数据被分割和组装成矩阵型张量。

如表 7-4 和图 7-9 所示，本节对 DEAP 数据集的 EEG 脑电情感识别准确率和方差进行了总结。预测目标包含了 4 种二分类任务以及 1 个多类分类任务，具体来说，对于唤醒度、激动性、喜好度和支配性这 4 个维度，可以根据受试者的打分情况（0 ~ 9），将对应的情绪标签转化为高 / 低唤醒、高 / 低激动性、高 / 低喜好度、高 / 低支配性的二元形式。此外，对于唤醒度和激动性这两个维度，可以将其转化为四元形式，表示为低唤醒低激动性、低唤醒高激动性、高唤醒低激动性、高唤醒高激动性。这种表示方法是脑电信号情感领域最常见和权威的标签表示方法。

从表 7-4 中可以得到一些重要的结论。首先，在所有算法中，不论是哪一个预测目标，本节所提的算法 FLDNet 都有着最高的平均识别精度，其余算法在这些任务上都或多或少有些缺陷。这证明了所提算法FLDNet 的优越性。其次，相比于主流的基于 LSTM 的算法，如 CLSTM，本节所提算法 FLDNet 有着显著的提升，这证明了特征门控的有效性。图 7-9 是所有算法在 40 个不同的视频上的分类精度箱形图，可以看到，在唤醒度、激动性这两个预测任务上，所提算法 FLDNet 的箱型图面积较小，且中位线都处于所有算法中的最高位，这进一步说明了所提算法FLDNet 的分类精度和鲁棒性。换句话说，所提算法 FLDNet 有着最高的分类精度和最小的方差，这一现象有力地证明了所提算法 FLDNet 的

表7-4 基于DEAP数据集的EEG脑电情感识别各算法平均精度及方差比较

%

预测目标	DNN	CNN	LSTM	CLSTM	Attention-LSTM	FLDNet
激动性	72.39%±17.46	78.84%±14.57	73.52%±8.46	79.21%±14.17	76.77%±10.71	**83.85%±11.34**
唤醒度	60.90%±9.74	67.13%±11.15	72.61%±7.01	68.85%±9.61	70.71%±8.88	**78.22%±10.14**
支配性	62.25%±16.21	66.85%±15.06	73.17%±8.49	68.81%±13.58	72.06%±9.79	**77.52%±10.30**
喜好度	72.16%±15.52	76.19%±14.27	74.72%±10.34	77.55%±12.13	76.48%±9.06	**82.42%±9.56**
唤醒-激动	44.52%±13.54	56.29%±13.61	45.99%±10.24	56.69%±13.31	48.43%±9.56	**59.07%±13.95**

注：每个任务上的最好结果都已使用粗体标出。

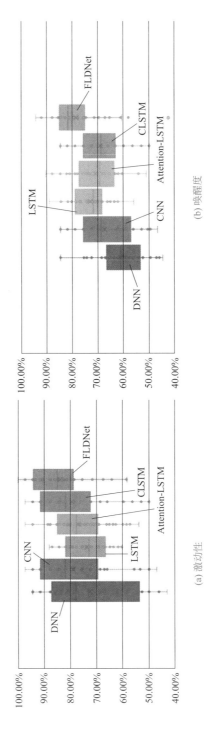

(a) 激动性

(b) 唤醒度

图7-9 所有算法在激动性及唤醒度上的箱形图

性能出众。

　　更进一步，由于在 DEAP 数据集上的实验有多个预测任务，需要一种统计学方法来说明不同算法的综合性能。贝叶斯分析就是这样的一种方法，该方法基于实验结果的统计学分布来估计一种算法的性能优于另一种算法的概率，这样可以基于有限的实验结果推理算法在广泛数据集上的性能排序。贝叶斯分析首先假设两种算法在某一评价指标上的差异性服从正态分布，并估计分布的概率密度函数，来给出某一种算法比另一种算法在特定评价指标上高出 $q\%$ 的概率，其中 q 表示一种显著性水平。在模式识别中，往往认定如果两个算法的性能平均差异低于 1%，则这两种算法为等性能算法。因此，本节中的显著性水平 q 被定为 1，图 7-10 给出了对应的贝叶斯分析结果。

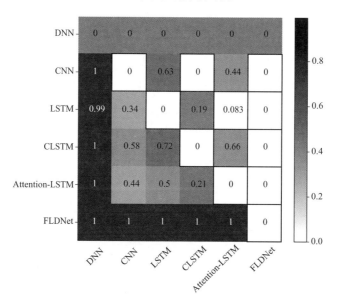

图 7-10　通过贝叶斯分析得到的 DEAP 概率矩阵

　　如图 7-10 所示，贝叶斯分析的结果可以表示为一张热力图，该热力图有 N 行 N 列，其中 N 表示比较算法的数量。热力图的第 i 行第 j 列所在单元格表示第 i 个算法（纵轴）优于第 j 个算法（横轴）的概率。为理解方便，该热力图可以以一种简单的方式进行理解，那就是每一行的暗色格越多，该算法的性能越好。从图 7-10 中可以发现，所提算法

FLDNet 除了自身外，优于其他算法的概率都是 1，这更进一步说明了所提算法 FLDNet 的鲁棒性和分类性能。总而言之，所提算法 FLDNet 有着优越的算法性能。

此外，将通过可视化分析，基于实验的中间结果，进一步讨论系统中算法 FLDNet 的性能，并揭示脑电情感分类中的关键点。一如前述，算法中的特征门控单元计算了基于不同帧间关系的权值变量矩阵 A，该矩阵实际上可以通过可视化方法，得到训练后的帧间权值。而那些获得更高权值的帧，也就是一条 60s 脑电信号中对情绪识别起到决定性作用的关键帧，可以更进一步挖掘这些关键帧的特点，来阐述究竟是什么样的信号对脑电信号识别起到了决定性的作用。具体来说，权值矩阵 $A_{N \times N}=<a_1,a_2,a_3,\cdots,a_N>$，其中每一个 a_i 为一个 $1 \times N$ 的列向量，可以累和该列向量，从而得到对应于一个样本的帧重要性权值向量，即 $W=<w_1,w_2,w_3,\cdots,w_N>$，其中每一个 w_i 为一个标量，表示在经过训练后第 i 帧对于情感识别的贡献度。该权值矩阵 A 由此可以如图 7-11 所示可视化为一个权值热力图（上半部分），而权值向量 W 可以表示为图 7-11 中的折线图（下半部分）。

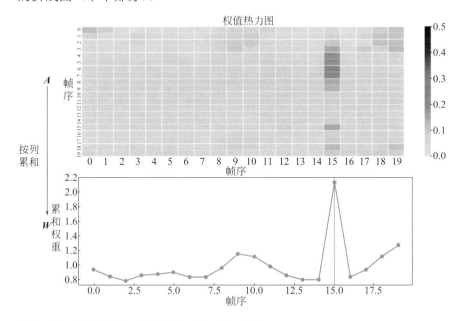

图 7-11 对权值矩阵 A 及权值向量 W 的可视化

权值热力图中的暗色部分表示高权值元素，60s 的长信号被分割为 3s 的独立帧，即权值矩阵 A 有 0 ~ 19 标识的 20 帧。图 7-11 为某一个样本输入训练好的神经网络后，FLDNet 最后一个子网络特征门控单元对该样本计算得到的权值变量矩阵 A 的可视化热力图。从图 7-11 中可以看到，训练好的 FLDNet 对于该输入样本，将其"注意力"集中在了第 15 帧上（0 ~ 19 标识），这也说明该帧是对情绪识别起到决定性作用的关键帧。这一现象验证了所提方法 FLDNet 的动机，即对于脑电情感识别中，60s 的长序列信号过于冗长。该现象也能够通过一种形象的方式进行解释。对于人类来说，当观赏或者听取一段视频并评价自己在这一过程中的情感时，往往是根据视频中记忆最深刻的一小段来进行的，这也是 FLDNet 在性能上相较于其他算法有着显著提升的原因。这也证明了设计带"注意力机制"的神经网络对脑电情感识别的重要性。

更进一步地，既然所设计的神经网络已经学习到了"关键帧"，不妨去研究这些关键帧的共性，来更进一步挖掘脑电信号识别的关键特征。因此，基于权值向量 W，截断每一个样本中有最高权值的 3s 长信号，作为一个样本的关键帧，并将它们整理成一个新的数据子集。该子集由 40×32 个样本组成（32 个受试者观看 40 个视频），每一个样本长度为 3s。之后，本节通过引入无监督的聚类算法 DBSCAN 挖掘有着高相似性的关键帧，并利用 TSNE 进行降维可视化。

图 7-12 展示了激动性这一情感的可视化结果，然而聚类结果并不十分理想，仍然有着大量的杂簇存在。考虑到所设计算法的先验动机，本节将包含多数样本的簇视作目标簇，并挑选其中部分进行可视化，其结果如图 7-12 所示。本节基于前述的方法报告了针对某些情绪状态的相似信号，可以看出，积极情绪的信号与消极情绪的信号在关键帧上有着显著不同。此外，关于激动性和唤醒度上的信号在偏度和峰度上有着显著的差异，这或许表示可以从这两个特征出发，设计关注于波形这种特征的神经网络，以更进一步提高分类的准确率。

如图 7-12 所示，所有样本首先根据其真实标签进行分类，然后对这些关键帧进行聚类，以挖掘不同类别情感的特点。总之，通过可视化，进一步验证了所提方法 FLDNet 的动机，即通过注意力机制将更多的权

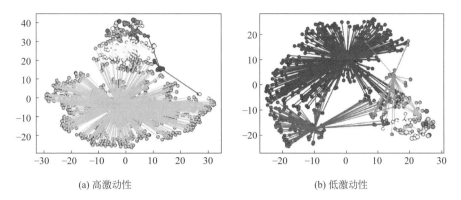

| (a) 高激动性 | (b) 低激动性 |

图 7-12　DBSCAN 聚类结果

重放在这些关键帧上。而且，通过可视化方法解释了这些关键帧有着提高分类准确率的原因，这是因为这些信号有着肉眼可见的典型性。这一结果也表明，长度为 60s 的 EEG 信号对于识别某种情绪有着冗余性；该结果还表明了所提方法 FLDNet 自动特征表示的优越性。

此外，实验也将在 DREAMER 数据集上进行，以进一步验证算法 FLDNet 的鲁棒性。也就是说，所提算法 FLDNet 的性能不会随着数据集的变化产生劣化。如前所述，由于 DREAMER 数据集包含变长的脑电信号，本节将采集信号最后 60s 截断以进行训练和测试。其他设置与 DEAP 数据集上的实验相似，即移除相应的基线，在不同视频上取分类平均值，数据将如方法中所述的那样进行相应的预处理。DREAMER 数据集上的 EEG 情绪识别结果如表 7-5 和图 7-13 所示。实验结果包含 3 个二分类目标，即包括情感的 3 个维度，激动性、唤醒度、支配性。从表 7-5 中可以观察到与 DEAP 数据集相似的结果。在所有方法中，提出的 FLDNet 可以在所有预测目标中实现最佳的平均识别精度。具体而言，所提出的 FLDNet 方法具有比其他 5 种方法更高的分类精度，其中激动性的分类精度高达 89.91%，唤醒度的分类精度高达 87.67%，支配性的分类精度高达 90.28%。图 7-14 所示的箱形图显示了所有算法在 32 个对象上的预测方差分布，同样可以发现，所提方法 FLDNet 有着最窄的上下界分布，这一实验结果有力地证明了所提方法的优越性。同样，可以再次基于贝叶斯分析来评估所提算法在 DREAMER 数据集上的结果。如

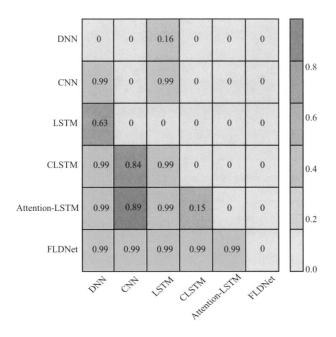

图 7-13 通过贝叶斯分析得到的 DREAMER 概率矩阵

图 7-13 所示,所提出的 FLDNet 具有最高预测性能的概率胜过其他算法,该结果证明了所提方法的鲁棒性。换句话说,当面对不同的 EEG 数据库时,所提方法 FLDNet 的性能不会发生太大变化。总体而言,所提的 FLDNet 是一种出色的方法,其性能优于在 DEAP 数据集和 DREAMER 数据集上的主流神经网络算法。

7.1.4 总结

近年来,情绪识别已成为脑机接口和情感交互等领域备受关注的前沿课题。研究人员利用先进的信号处理技术,将个体的情绪状态转化为更高级别的认知信息。相关领域的发展为创造更智能化的人机交互系统提供了潜在的机会。但是如何提取情绪脑电的特征,以及更好地对其进行分类是未来深层次研究的基础。对于情感实验而言,设计可靠以及高效的情感刺激至关重要。目前常见的情感刺激有图像、音乐和视频等,同图像、音乐等相比较,视频刺激(例如电影)有代入感强、易于

表7-5　基于DREAMER数据集的EEG脑电情感识别各算法的平均精度及方差比较　%

预测目标	DNN	CNN	LSTM	CLSTM	Attention-LSTM	FLDNet
激动性	77.72%±20.56	81.59%±17.61	75.28%±11.80	83.72%±14.60	83.19%±14.97	**89.91%±12.51**
唤醒度	70.09%±21.90	80.91%±13.21	74.20%±12.02	81.41%±12.92	83.19%±14.97	**87.67%±10.02**
支配性	75.17%±15.27	82.39%±13.17	78.35%±8.95	85.32%±9.58	86.67%±11.29	**90.28%±6.06**

注：每个任务上的最好结果都已使用粗体标出。

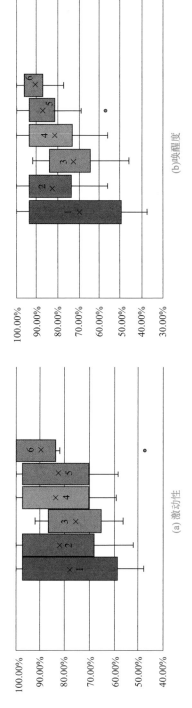

(a) 激动性

(b)唤醒度

图7-14　所有算法在DREAMER数据集激动性及唤醒度上的箱形图
1—DNN；2—CNN；3—LSTM；4—CLSTM；5—Attention-LSTM；6—FLDNet

触发情感变化等明显优点，所以在本节将采用电影片段作为情感的刺激因素。实验选择有多个类别情感评价的情感电影片段公开数据库 DEAP 和 DREAMER 来帮助诱发受试者的情绪。情感状态的变化是一瞬间完成的，故而很难利用数据捕捉到。当前一些研究结果显示，某些生理信号指标是对人体所处的特定唤醒水平的反应，这些指标可以呈现出多种不同的情感状态。这就对应用的情绪识别算法带来了挑战，找到合适的情绪识别算法成为在情绪识别系统中的重要手段。本节重点提供 SVM、双层 LSTM、FLDNet 这三种神经网络算法，并提供 DNN、CNN、CLSTM 等对比算法。近年来，对生理信号［例如脑电图（EEG）、肌电图（EMG）和心电图（ECG）］的研究已成为情感识别中最激动人心的新方向。研究者认为情感计算技术在医学领域有着巨大的应用前景，例如病患临床情绪检测技术可以帮助医生感知无法表达情感的病患的精神需求，改善他们的医疗看护效果。

在早期，脑电情感的特征往往是手工设计的，研究者基于这些手工特征，结合决策树、支持向量机等算法对脑电情感进行分类。随着深度学习算法的兴起，从 2013 年开始，情绪识别领域的研究者开始逐渐利用深度学习算法对脑电情绪信号进行建模，研究者利用手工提取特征形成脑电信号数据集，利用多层感知机（MLP）等简单神经网络对全长脑电信号进行情绪分类。研究者发现将脑电信号基于通道空间分布拓展为二维表示可以大大提高卷积神经网络（Multichannel-CNNs）在脑电情绪分类任务上的识别性能。近年来，研究者更关注于信号内部的联系，开始对脑电信号片段之间的关系进行研究，双层长短时记忆网络（LSTM）成为脑电情绪分类领域最常用的算法之一。

因此在上述研究的基础上，本节还详细探究了各种关于脑电信号的其他内容，包括使用支持向量机、双层长短时神经网络、帧级特征蒸馏网络来对脑电情绪 EEG 进行特征提取与分类建模。本节通过利用公开数据集 DEAP 和 DREAMER，采用非线性动力学分析法中分类效果较好的分形维数分析法，提取脑电信号的特征，然后运用支持向量机作为分类器，对传统的网格搜索法分类效率低的问题进行了改进，得到分类效果较好的最优参数。本节还采用了双层 LSTM 算法，对预处理后的脑电信号进行建模分类，说明了神经网络算法在该任务上的优势。最后本节拓展了一个新颖的 **FLDNet** 算法，来对脑电信号的分类进行更进一步的准确率提升与鲁棒性证明。本节中介绍的几种算法，使学生对脑电信号建模有了更好的认识，能与最新颖的人工智能应用产生接触，帮助他们对这一任务进行理解和动手操作。

本节在脑电信号和情绪识别方面的工作已经有了一些进展，但还存在一些关键性问题亟待解决，并且这些问题对于进一步提升识别能力至关重要。因此，未来将从以下几个方面展开更深入的工作：

① 关于脑电信号的采集，建议选用更加精密的仪器，从而降低噪声的干扰性，得到更为纯净的脑电信号，便于后续进行数据处理。

② 关于脑电信号的情绪特征值选取，可以尝试加入弱信号处理算法，这样将脑电信号处理之后通常能获得一些更为直观、准确的特征，从而帮助更好地探索特征参数与脑电信号之间的关系。

③ 关于分类器的挑选，需要考虑选择多个不同的分类器，并且在多种情绪需要分类时，可以考虑研究如何在之前的二分类基础上提高多分类的识别率。

总之，本节立足于脑电自动情感识别任务进行人工智能算法应用流程的讲解演示，基于脑电信号分类领域的算法 SVM、双层 LSTM 网络、FLDNet，结合图文说明与公式推导，深入剖析算法及其背后特征表示思想的意义，通过对神经网络在前沿研究任务上应用的流程，形成紧跟研究前沿的应用。

7.2
基于语音的生物认证系统

7.2.1　语音生物认证技术的研究背景

说话人识别又称声纹识别，是通过对说话人语音信号进行分析处理，得到具体说话人类别的一项技术，其背后结合了信号处理、模式识别、人工智能、语言学、语音学等多学科知识。语音数据包含了丰富的信息，而说话人识别技术主要关注于语音数据中发声个人的信息，其研究目标在于分析出语音的发声者是谁。说话人识别技术可被划分成辨别和确认两类，它们专注于不同的应用场景和目标。其中，辨别指的是判断待测语音属于目标说话人集合中的哪一个，是一个多分类问题；确认指的是确定待测语音是否来自当前说话人，是一对一的二分类问题。说话人识别技术也可以按照语音数据的文本内容分为：文本无关、文本相关和文本提示三大类。文本无关指的是语音数据之间的内容可以是不尽相同的，即对语言内容不做要求；文本相关指的是在语音录制过程中，每个说话人要按照指定的文本内容进行发音；文本提示是上述两类的结合，首先确定固定词汇的文本库，随后让说话人随机选取一些字词组合，以其为语言内容进行发音。本节的研究重点是关于文本无关的说话人分辨问题。说话人识别本质上可以归类为模式识别问题，主要分为两个阶段：模型训练和数据分类。模型训练时，系统将会匹配用于训练的语音数据和相应的说话人模型。接着将所有训练模型整合成系统的模型库；在数据分类阶段，系统将待测语音数据输入模型库中，得到相似性得分，最终取得分最高的那个模型为目标说话人。

7.2.2 基于多网络集成的声纹识别系统描述

（1）语音数据库描述

本节数据库选用的是普通话情感语音语料库（Mandarin Affective Speech Corpus，MASC）。该数据集是当前主流的中文情感语音数据集，已被语言数据联盟（Linguistic Data Consortium, LDC）所收录，目录编号为LDC2007S09。MASC采集了包含不同情感状态的普通话语音，涵盖了多种语音风格和情感表达方式，为情感识别、情感合成、情感智能等领域的研究和开发提供了丰富的资源和基准。语音数据采用奥林巴斯DM-20等专业设备采集和录制，数据的采样率为8kHz。整个数据库一共包含了68名说话人的语音数据，每条语音数据都有说话人的ID标签，其中男性45名，女性23名，被采集者的年龄处于20～40岁之间。

这些记录由 3 个部分组成：时长较短的话语（1s 以下）、时间长度适中的短句（1～3s 之间）和持续时间较长的段落（15s 以上）。其中，短句的数据量最为丰富，大多数实验都是取其中部分用于研究。不同于一般的声纹识别数据库，MASC 数据库不仅按不同话语者进行了分类，还对不同情感类别标签下的语音进行了分类。具体而言，该数据库一共包含中性、生气、开心、痛苦和悲伤 5 种情感语音数据。时长较长的段落仅有中性部分，每个说话人有 2 段话，共有 136 段话。对于话语和短句，5 种情感都存在其中，不同的是，话语中每个说话人在每种情感状态下说 5 句话，而在短句中每个说话人在每种情感状态下说 20 句话，同样的每句话都重复 3 次。因此，话语文件中每个人有 75 句话，短句文件中每个人有 300 句语音数据。总体概括，数据库中话语部分共有 5100 个话语，对应为 68 个说话人，每个说话人 5 种情感状态，每个说话人在每种情感状态下有 15 句语音数据，其中有 5 句不同的话语重复了 3 遍。短句部分共有 20400 个短句，对应为 68 个参与录制的人员，记录每位参与者的 5 种情感状态，每位参与者在各情感状态下录制了 60 条音频文件，其中有 20 句不同的话语重复了 3 遍。

因为 MASC 中有话语、短句、段落 3 种语音数据，考虑到短句的数据量最多，且语音时长较为合理，所以本节都使用短句作为实验数据集。数据集的具体设置如表 7-6 所示，本节取后 18 个人的全部数据用于训练模型和测试分类结果。具体地，每个人每种情感的前 70% 用于训练模型，剩余的后 30% 用于测试。这样，训练语音共有 3780 句，测试语音共有 1620 句。因为模型采用帧级特征作为输入，所以每句语音中帧的具体数量与语音的具体时长相关，但远多于当前数量。

表7-6　MASC数据集实验设置

训练集	测试集
短句数：$18 \times 5 \times 60 \times 0.7 = 3780$ 说话人数：18 取前 70%	短句数：$18 \times 5 \times 60 \times 0.3 = 1620$ 说话人数：18 取后 30%

（2）模型参数选择

首先是帧级特征的维度大小，在提取 Fbank 特征的过程中，采用的是一组 26 个的滤波器组，所以最终得到的帧级特征维度为 26，即输入大小为 26×1。多网络集成的 DNN 和 CNN 网络结构分别如表 7-7、表 7-8 所示，DNN 神经网络整体使用了 8 层全连接网络层，每一层的网络节点数分别为 64、128、256、512、1024、512、256、128，网络中的每一层隐藏层都采用非线性激活函数 *ReLU*。此外，为了防止过拟合等问题，还添加了批归一化层和 dropout 随机失活层，其系数设置为 0.3。CNN 神经网络首先使用 2 层卷积核大小为 1×1 的卷积层网络，卷积核数量分别为 64、128，移动步长设置为 1。接着是 4 层全连接网络层，节点个数分别设置为 1024，512，256，128。同样地，网络中隐藏层都采用 *ReLU* 激活函数进行非线性操作，批归一化层和 dropout 随机失活层同样加入其中，dropout 的节点失活系数设置为 0.3。此外，在每个卷

表7-7　DNN的网络结构

网络层	节点数
FC1	64
FC2	128
FC3	256
FC4	512
FC5	1024
FC6	512
FC7	256
FC8	128

表7-8　CNN的网络结构

网络层	核数量 / 节点数	大小	步长
Conv1	64	1×1	1
Conv2	128	1×1	1
FC1	1024	—	—
FC2	512	—	—
FC3	256	—	—
FC4	128	—	—

积层之后接上最大池化层。模型训练优化器采用的是 Adam，初始学习率设置为 0.002。由于采用帧级特征作为输入，训练的数据量呈指数级增加，数据的维度也下降了许多，所以训练过程中的批训练大小设置为 12800，总共执行了 300 轮迭代。

（3）算法评价指标

在评估模型性能时，通常需要使用合理的评价指标对其好坏进行衡量。本节将重点介绍在说话人识别领域中主流的两个评价指标——准确率（Accuracy, ACC）以及等错误率（Equal Error Rate, EER），这两个指标有助于研究人员客观地评估模型的性能和表现。

① 基于 ACC 值的评价方法　首先，用一个二分类模型来定义真实数据标签与预测数据标签的关系。定义正类为 P，对应的负类为 N。正确预测正类则为 TP，正确预测负类为 TN，错误地将正类预测成负类为 FN，错误地将负类预测成正类则为 FP。于是，可以将准确率定义为：

$$ACC = \frac{TP + TN}{TP + TN + FP + FN}$$

(7-27)

式 (7-27) 表示预测正确的结果占总样本的百分比。但这个指标本身有一个不容忽视的弊端，就是在面对样本不平衡的情形时，它不再具备有效性。例如在一个样本集合中，正样本占 99%，负样本占 1%，这是一个高度不平衡的数据集。如果分类器将之全部预测为正样本就可以得到 99% 的高准确率，但其实该模型的性能存在很大问题。于是，声纹识别中也经常会用到另外一个评价指标——EER。

② 基于 EER 值的评价方法　已知 TP、TN、FP 和 FN，不仅要考虑分类正确的情况，同时还要考虑分类错误的情况。于是定义错误拒绝率（False Rejection Rate, FRR）表示不该拒绝的样本中拒绝的比例，声纹识别中表示将目标说话人的语音预测成其他的语音数据。错误接受率（False Acceptance Rate, FAR）表示不该接受的样本中接受的比例，声纹识别中表示将非目标说话人的语音数据预测成目标说话人的样本标签。FRR 和 FAR 分别表示为：

$$FRR = \frac{FN}{FN + TP}$$

(7-28)

$$FAR - \frac{FP}{FP + TN} \qquad (7\text{-}29)$$

当一个系统的 *FAR* 值很高时，表明系统的便捷性很高，认证比较容易通过。而当 *FRR* 值很高时，对应的系统安全性很高，各类欺诈、伪样本并不容易通过。于是，*EER* 值定义为 *FAR* 和 *FRR* 值相等时的值。这样，衡量该系统的性能既考察了安全性，又考虑了方便性，既关注目标说话人样本被错分成非目标说话人的情况，又考虑了非目标说话人被错分成目标说话人的情况。*EER* 值可用检测错误权衡（Detection Error Tradeoff, DET）曲线图来表示，图 7-15 给出了 DET 曲线图的直观解释。DET 图的横坐标表示错误接受率，纵坐标表示错误拒绝率，图 7-15 中虚线是斜率为 1 的直线，这是便于划分出 *EER* 值所在的位置，分类曲线与其交点即为 *EER* 代表的点。此外，很容易发现，图 7-15 中还有两个点被标注了出来，分别注释为高安全性和高易用性。高安全性的点所表示的是错误接受率比较低，而错误拒绝率比较高，也就是说采用该标准的系统宁愿降低错误接受的可能性，以此来保障系统的安全，但这会给用户带来不便。而高易用性的点表示的是错误接受率比较高，错误拒绝率比较低，也就是说该类系统适当地提高错误接受率，使得用户比较方便地使用系统，但这会带来安全问题。由此可见，*EER* 值是一个比较合

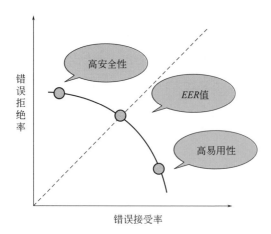

图 7-15　DET 曲线图

理的分类评价指标，它既考虑了系统的安全可靠性，又能使用户在使用过程中体验到便捷易用的特性。

（4）模型测试与网络改进

本小节关于实验结果部分，首先对所提多网络集成的端到端方法与现有的多个方法进行比较，并对所提的每一点改进做有效性分析。所用到的对比方法有采用话语级输入的端到端识别方法、采用帧级特征输入的两阶段方法。为了尽可能全面地衡量识别模型的分类性能，实验采用了 ACC 值和 EER 值两项评价指标。接着，由于是采用帧级特征作为输入，帧级数据是和每段语音数据的时长有直接关系的，每帧数据时长一致，但每段语音数据时长是不一致的，两者之间的关系如何，值得进行进一步的讨论与分析。

① 所提模型实验结果的评估与分析　本小节将基于方法所提的几点改进分别来验证实验效果，实验数据集 MASC 的具体划分、模型参数的选择已经在前面有了详尽的描述。首先，比较单模型结构下，采用帧级特征输入的端到端方法与现有的采用话语级特征输入的方法、采用两阶段方法的性能差别。各模型都采用的是性能更佳的 CNN 模型结构，两阶段法的后验分类模型使用 Cosine 余弦距离公式。接着，比较 MNS 采用的联合训练方式和简单的模型堆叠的区别，以验证 MNS 系统的优越性。最后，在 MNS 的基础上，计算帧级特征的权重系数，以此来验证权重系数的必要性，考察帧级数据对情感说话人识别研究的重要性。

表 7-9 给出了在 MASC 数据集下不同方法关于 ACC 值和 EER 值的实验结果。表格中表示模型的第一行 CNN 为采用语谱图话语级特征输

表7-9　不同方法在MASC数据集下关于ACC值和EER值的实验结果

方法	ACC	EER
CNN（话语级特征）	95.12	3.40
CNN-Cosine（两阶段）	96.05	3.35
CNN（帧级端到端）	96.67	1.73
DNN+CNN	96.98	1.92
DNN-CNN（MNS 联合训练）	**97.35**	**1.31**

入的方法；第二行 CNN-Cosine 表示采用 CNN 进行高维特征提取，用 Cosine 进行后验分类的两阶段方法；第三行 CNN 表示本节所提的基于帧级特征的端到端方法；下一行的 DNN+CNN 表示两个模型的分类结果线性叠加，该实验是为了比较 MNS 方法的作用；最后一行 DNN-CNN 为 MNS 联合训练方式。根据表中的 *ACC* 值结果显示，所提的基于帧级特征的端到端方法的值高于现有的两阶段法和采用话语级特征输入的方法，这些比较体现了所提方式的优越性，验证了之前的猜想。紧接着，在此基础上，要验证模型充分挖掘语音数据中的情感因素，体现 MNS 模型的创新性。将 MNS 模型与 DNN+CNN 线性堆叠的方式相比较，发现所提的 MNS 方法的 *ACC* 值是高于 DNN+CNN 方法的，当然，也高于之前所提的 CNN 方法。这就说明了对 MNS 方法的改进是有效的。

在 *EER* 值评估方法性能方面，首先根据上述测试数据给出了各模型的 DET 图，模型类别在上述已有所介绍。如图 7-16 所示，可以看到，现有的基于话语级特征输入的方法和两阶段法的 DET 曲线位于所有曲线的最上方，这也就意味着这两类方法的实验性能较差。本节所提的基

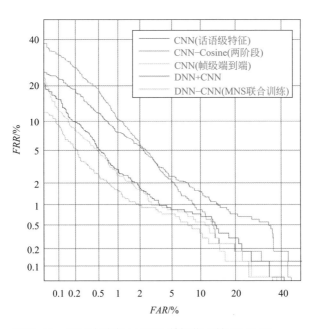

图 7-16　不同方法在 MASC 数据集下的 DET 图

于帧级特征的端到端方法、联合训练的 MNS 方法依次位于下端，而这些也验证了改进方法的意义，模型在 *EER* 值上的表现与在 *ACC* 值上的数值体现大体相似。除此之外，在 DNN+CNN 上的表现出现了些许不同，DNN+CNN 的方法在 *EER* 上的数值是大于所提的基于帧级特征的端到端方法的，这区别于 *ACC* 值上的表现，这也是实验要采用不同评价指标的原因所在。但大体上，模型的优势都是存在的，所提的改进方法都是有意义的，可用于实际的情感说话人识别研究，可以保证系统既有高安全性又有高易用性。另外，表 7-9 给出了不同方法在 MASC 测试集上的具体 *EER* 值，所提的基于帧级特征的端到端方法取得了 1.73 的优秀表现，该值低于基于话语级特征输入方法的 3.40 和采用 CNN-Cosine 两阶段法的 3.35。而融合训练模型 MNS 的 EER 值 1.31 则在 3.40 的基础上下降了许多。由此可见，MNS 方法的提出是有必要且具有实际意义的。当然，与该方法比较的 DNN+CNN 结果线性叠加的方法取得的 1.92 的性能表现，并不如 MNS 方法，这说明了采用模型集成的方式才能更大程度上发挥各模型的优势。综上所述，针对现有方法所提的 MNS 方法是有效果的，模型的各点改进也是有意义的，有利于解决情感说话人识别研究的实际问题。

针对帧级特征权重系数的改进，本节做了三组对比试验，分别使用文中提出的采用帧级特征输入的端到端 CNN 方法、DNN-CNN 方法以及 MNS 联合训练的方法。三种方法关于 *ACC* 值的实验结果如表 7-10 所示，如表 7-10 所示，在任意一种模型下，添加权重系数计算都可以

表7-10　不同方法添加/未添加权重计算的*ACC*值和*EER*值结果

Methods	*ACC*	*EER*
CNN	96.67	**1.73**
CNN+Weight	**96.70**	**1.73**
DNN+CNN	96.98	1.92
DNN+CNN+Weight	**96.99**	**1.86**
MNS	97.35	1.31
MNS+Weight	**97.36**	**1.23**

取得更为满意的结果。相较于 CNN 模型 96.67% 的识别准确率，在添加权重计算后提升到了 96.70%。DNN+CNN 混合模型由 96.98% 提升到了 96.99%。MNS 联合训练模型由 97.35% 提升到了 97.36% 的识别准确率。

而在 *EER* 值评价指标上，权重计算的优势显得更为明显。图 7-17 给出了上述方法在权重计算前后的曲线对比图。如图 7-17 所示，无论在

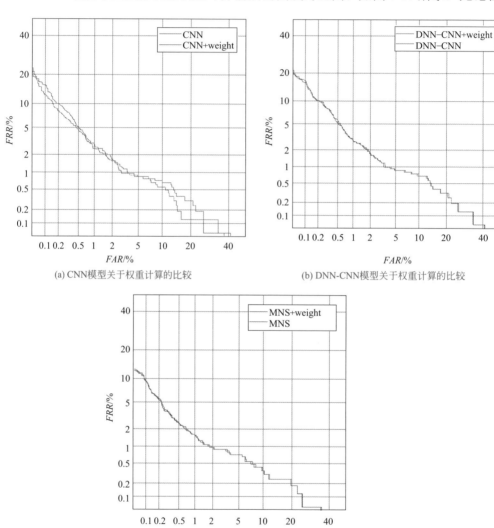

(a) CNN模型关于权重计算的比较　　　　　　(b) DNN-CNN模型关于权重计算的比较

（c）MNS模型关于权重计算的比较

图 7-17　不同方法在有无权重计算下的 DET 图

哪种模型方法下，添加了权重计算的模型的曲线总是位于下方，也就表示模型获得了更低的 *EER* 值，具有更高效的识别性能。表 7-10 给出了具体的 *EER* 数值。如表 7-10 所示，在所提出的 MNS 模型上，权重系数的计算帮助方法十分明显地提升了性能，由之前的 1.31 等错误率下降到了 1.23 的等错误率。这些都验证了所提出的基于帧级数据计算权重系数的方案是切实有效的。

② 对语音特征帧长关系的研究与讨论　由于本节采用帧级特征作为输入，而相较于现有的采用话语级特征作为输入，帧级特征有着长度一致的特点，能够有效地保证数据的完整性和有效性。进一步地，帧级特征的长度与原始语音数据的时长有着怎样的关系，如何选取合适的帧级特征的大小，这是需要讨论的问题。

首先统计在当前帧长大小下各方法的预测错误情况。该讨论是为了明确所提方法 MNS 在长语音、短语音下的性能差异。如图 7-18 所示，根据各时间段长度的不同，语音数据分为四个部分：语音时长小于1500ms 的短时语音数据、语音时长处于 1500 ～ 2000ms 之间的语音数据、语音时长处于 2000 ～ 2500ms 之间和语音时长大于 2500ms 的长时语音数据。之所以这样选取是因为各语音段之间间隔相等，且与测试集中的数据分布基本一致。实验数据显示，CNN（话语级特征）预测错误79 句，CNN-Cosine（两阶段）预测错误 64 句，CNN（帧级端到端）预测错误 54 句，MNS+Weight 预测错误 43 句，各时间段语音的错误情况如图 7-18 所示。无论是在哪类时长下，所提方法 MNS 都取得了相对更佳的性能表现。此外，在长语音测试数据下所提方法 MNS 取得了更为优异的结果，其预测错误数减少得更为明显，在 2000 ～ 2500ms 的语音中只有 9 句错误，在大于 2500ms 的语音中只有 2 句错误。为了更为明显地显示所提方法 MNS 在长语音数据上的优越性，图 7-19 给出了各方法在不同时长下的预测错误比例饼状图。MNS+Weight 方法对长语音数据预测错误的比例仅为 21%、5%，合计 26%，远低于其他方法的比例。至此，可以发现当语音数据越长时，所提模型在该数据集上能够获得更好的性能表现。

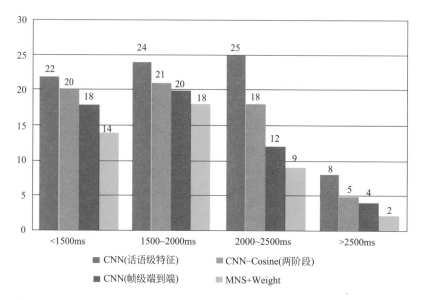

图 7-18   不同方法对不同语音时长预测错误柱状统计图

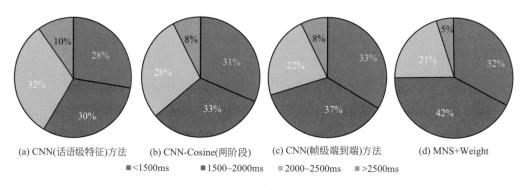

(a) CNN(话语级特征)方法   (b) CNN-Cosine(两阶段)   (c) CNN(帧级端到端)方法   (d) MNS+Weight

■<1500ms   ■1500~2000ms   ■2000~2500ms   ■>2500ms

图 7-19   不同方法对不同语音时长预测错误比例饼状图

针对前面发现的所提模型 MNS 在 MASC 数据集的长语音数据上能够获得更好的性能表现这一现象，分析不同帧长对模型的影响。本节帧长分别设置为 10ms、15ms、20ms、25ms 和 30ms，模型使用 MNS 方法，结合了权重计算。模型在不同帧长下的 ACC 值、EER 值的性能表现如图 7-20、图 7-21 所示。可以发现，随着语音帧变长，模型的 ACC 值不断上升，EER 值不断下降，说明模型的性能不断加强。这也说明在该数据集下，适当增加语音帧的时长可以提升模型的识别效果。

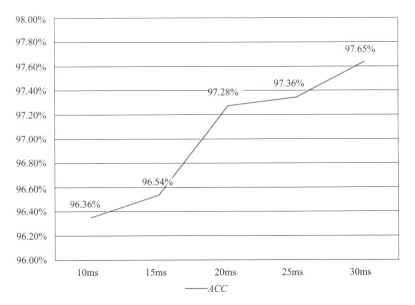

图 7-20 MNS+Weight 方法在不同帧长下的 ACC 值折线图

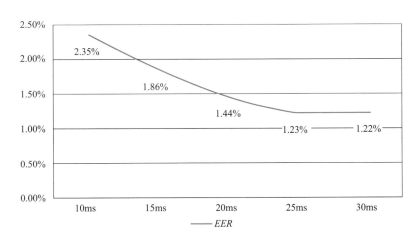

图 7-21 MNS 方法在不同帧长下的 EER 值折线图

　　根据上述实验，所提 MNS 模型对 MASC 数据集长语音数据有着更好的识别效果，由此进一步提升语音帧长度有助于取得更好的识别结果。具体分析，如果语音数据很短，那么分帧的效果并不明显，因为每帧数据在该段语音数据中所占比例很大，这会降低帧级特征的作用。而在同样时长的语音数据下，适当地提升语音帧的长度，会让帧级特征获取到更多的语音信息，提升帧级特征的作用。当然语音帧也不可以过长，否则分帧这步操作就没有意义了。因此在实验过程中，应当选取合适的帧长，当数据库中的语音数据多为长语音数据时，应适当提高帧级特征的时长，以此保证模型的识别效果。

7.2.3　总结

说话人识别研究受多种因素的影响，情感因素会极大降低说话人识别系统的鲁棒性，本节关注于情感说话人识别方法。针对情感说话人识别研究中出现的模型未考虑到情感因素这类问题，本节提出了基于 MNS 的端到端情感说话人识别方法，这两种方法都有各自的优势，分别能解决上述对应的问题，有较强的实验鲁棒性和较为实用的应用价值。为了解决目前主流说话人识别方法对情感因素考虑不足的问题，本节提出了 MNS 的端到端方法，首先采用帧级特征输入的端到端方法弥补了现有方法的不足。帧级特征输入保持了数据的完整性、真实性，并且端到端的方法化繁为简，减少了计算成本。采用的 MNS 方法可以增强网络模型的数据挖掘能力，充分有效利用语音数据中的情感信息。相比于简单的模型联合方式，MNS 方法采用联合训练、共同优化的方式，可以取得更好的实验效果。此外，通过计算每帧语音数据的权重系数，可以进一步地考虑数据情感的影响，针对不同帧级数据的情感比重不同，分配不同的权重比例，以此更好地保证系统的可靠性。在 MASC 语音数据库上的实验也验证了之前的思路，解决了当前的问题。

7.3
面向图像分类的半监督学习系统

7.3.1　图像分类技术发展

随着信息技术的不断发展，信息传播变得极其迅速，各类数据渗透着我们的生活，它们以指数级的速度增长，并开始蔓延到社会的各行各业。同样地，在对计算机视觉任务的研究过程中，除模型、算法之外，数据也是其中一个重要因素，并且随着研究的深入，学者们发现其作用愈加明显。当数据量充足时，我们可以利用最简单的模型以及算法得到较好的分类、检测结果。鉴于数据对算法的重要性，在本节我们将简要介绍图像分类和物体检测任务使用的主流数据库，如表 7-11 所示。

早期的图像分类研究主要集中在一些相对简单的特定任务上，比如光学字符识别（OCR）、形状分类等。特别是在 OCR 的数字手写识别一直是备受关注的研究领域，其中最著名的数据集之一就是 MNIST。MNIST 数据集由手写数字组成，每张图像的尺寸为 28×28 像素。需要注意的是，MNIST 数据集并不能涵盖更复杂和多样化的实际应用场景，因此，需要考虑更多的挑战和要求。

CIFAR-10 是一个物体识别任务常用的数据集，是 Tiny images 数据集的子集，包含了 10 个不同类别的图片。每个类别中有 6000 张尺寸为 32×32 的彩色图像，共计 60000 张图像。该数据集中包含了常见的物体，如飞机、汽车、鸟、猫、狗等。

表7-11　主流图像分类与识别数据库

数据库	图像数目	类别数目	每类样本数目	图像大小 / 像素	难度
MNIST	60000	10	6000	28×28	容易
CIFAR-10	60000	10	6000	32×32	中等
MPEG-7	1400	70	20	256×256 ～ 650×600	中等
15 Scenes	4485	15	200~400	约 300×250	容易
Caltech-101	9146	101	40~800	约 300×200	中等
Caltech-256	30607	256	80+	约 300×200	较难
PASCAL VOC 2007	9963	20	96~2008	约 470×380	很难
SUN397	108754	397	100+	约 500×300	很难
SUN2012	16873	8	2000	约 500×300	很难
Tiny Images	7900 万	75062	—	32×32	很难
ImageNet-1000	120 万	1000	—	约 500×400	较难
ImageNet	1400 万	2.2 万	—	约 500×400	很难

Caltech-101 被广泛用于图像识别和分类任务。该数据集包含 101 个不同类别的图像，每个类别包含大约 40～800 张图片，共约 9000 张图像。这些图像涵盖了各种常见的物体，包括动物、家居用品、电子设备、交通工具等。该数据集中的图像具有不同的大小和分辨率，有些图像被裁剪或缩放，这使得数据集的识别和分类具有一定的挑战性。此外，图像的背景、角度、光照和物体之间的遮挡也会产生多样性。

15 Scenes 是一个用于场景分类的图像数据集，它包含了 15 种不同的自然以及室内场景。在每个场景类别中，有 200～400 张图像，共计 4485 张图像，这些图片的平均尺寸为 300×250 像素。数据集中场景涵盖了森林、海滩、建筑物、办公室、山脉等，主要的图片来源是 COREL 集合、谷歌图片搜索和个人照片。

PASCAL VOC 是一个著名的计算机视觉挑战赛。许多优秀的图像分类、定位、检测、分割、识别模型都是基于 PASCAL VOC 挑战赛及其数据集上推出的，PASCAL VOC 数据集的容量以及种类也在逐年增加和改善。其中，比较常用的两个是 PASCAL VOC 2007 数据集与 PASCAL VOC 2012 数据集。PASCAL VOC 2007 数据集中包含 9963 张带标签的图像，分成训练集、验证集以及测试集三部分，共标注出 24640 个物体。而 PASCAL VOC 2012 数据集总共包括了 20 类物体，训练集和验证集中有 11530 张图片，共有 27450 个目标检测标签和 6929 个分割标签。

随着大数据时代的兴起，构建更大规模的数据库势在必行。ImageNet 是大规模数据集的代表，其中包含了数百万张高分辨率的图片，并对这些图片进行了详细的注释和标记，以便于研究人员在其上进行分类、检测、分割等研究工作。ImageNet 图像类别丰富多样，覆盖了各种自然和人造环境。ImageNet 对深度学习和计算机视觉领域的发展起到了重要的推动作用，因此成为许多算法和模型的基准数据集。

SUN 数据集是一个大规模的场景数据集，被用于研究各种与场景相关的任务。SUN 数据集中包含了两个评测集，其中的图像都从互联网收集而来，因此具有更广泛的视角和视觉特征。正是由于其多样性和规模可观的特点，SUN 数据集成为场景识别和物体检测任务的重要基准之一。

Tiny images 数据集包含了 7900 万张尺寸大小为 32×32 像素大小的彩色图片。这些图片涵盖了各种各样的主题，包括动物、建筑、风景等。该数据集被广泛用于图像分类、特征提取和模式识别等计算机视觉任务的研究和评估。

通过对表 7-11 进行分析，我们可以清晰地发现图像分类领域相关数据集的发展脉络。最初，研究人员主要关注针对解决某些特定问题的图像分类，如手写数字识别 MNIST 和形状分类 MPEG-7。随后，他们开始关注更广泛的一般目标分类与检测，这一阶段的代表数据库有 15Scenes、PASCAL VOC 2007 等。随着大数据时代的到来，研究人员重点关注更大规模的数据库，包括 SUN 数据库、ImageNet 等。这些数据库的构建方式从简单到复杂、从特殊到一般，为图像分类领域的发展打下了重要的基础。

图像分类任务是计算机视觉中的核心任务，其目的是根据图像信息中所反映的不同特征，区分出不同类别的图像。而图像分类算法通常分为两个步骤：首要步骤是通过特征学习完成对图像的整体刻画，接着，使用分类器对图像进行分类，以判断目标物体是否在图像中显现。物体检测任务同样也是计算机视觉中的经典任务，其目的是用框标出图像中某物体的位置，并判别出物体的类别。因此，在完成物体检测任务时，不仅需要描述图像特征，还需要得出物体结构，这一点使得物体检测区别于图像分类。图像分类任务的主要挑战在于如何学习出高质量的特征表达，以便对图像进行分类；物体检测任务更加关注如何学习图像结构，以准确检测目标的位置以及尺度信息，二者都是图像领域中的重要问题。在本节，我们首先介绍经典的分类检测模型，包括计算方法以及计算过程，随后通过国际视觉算法竞赛 PASCAL VOC（包含 ImageNet）历年来的最好成绩来展示图像分类和物体检测算法的发展历程。

7.3.2 基于半监督学习的图像分类系统

（1）多核半监督学习系统的背景
核方法是处理线性不可分问题的方式之一，其关键是选择适合该问题的核函数，合适的核函数能够提高核方法的泛化性能。核函数的采用可以避免在特征空间中进行复杂的内积计算，例如利用核函数可以很容易将线性的 SVM 推广到非线性的 SVM。核 SVM 的成功促进了核方法的发展，例如 Scho lkopf 等人提出了核主成分分析（Kernel Principal Component Analysis, KPCA），Baudat 等人提出了核判别分析（Kernel Discriminant Analysis, KDA）。

每个核函数都有其各自的特点与优点，如果在一个模型中同时结合多个不同核函数可能产生有益效果，因此多核模型被提出了。多核学习（Multiple Kernel Learning, MKL）是根据数据将多核核函数或者核矩阵进行最优组合。例如近年来出现的简单多核学习（Simple MKL）。多核学习通过将多个基本核函数以线性或者非线性的方式进行组合形成新的核函数，充分利用不同核函数的优势，从特定的训练数据中学习最优的组合核函数，使数据充分保留类别信息，从而提高机器学习模型的分类效果。

多核学习虽然能够很好地应对异构数据，在不同的场景都能够取得较好的分类性能。但是其本质还是属于隐性核学习，即直接计算样本在特征空间的内积形式，这就限制了多核学习的推广性。为了突破这个限制，研究人员提出了经验核学习的方法，在特征空间中计算出样本的具体表示形式，使核方法能够与现有的任何分类器结合。多经验核学习（Multiple Empirical Kernel Learning, MEKL）就是利用多个核函数或者核矩阵的最优凸组合，目的是获得多核学习的优点。MEKL 通过组合多个核函数或核矩阵来分类异构数据，已被证明是非常有效的。利用核技巧可以将样本隐式地映射到特征空间中，从而避免复杂的数学计算，但是核技巧也限制了核方法与一般分类模型的结合。多经验核学习可以准确地定义样本到核空间的映射形式，因此其具有很强的灵活性，可以与现有的任何分类模型结合，本节所提的模型是基于经验核的。目前存在的多经验核学习主要基于监督学习，这意味着在训练模型前，要事先标记所有训练样本。由于标签数据的成本较高，实际只有少部分标签数据可用。因此，使用大量的无标签样本来提高 MEKL 的性能是非常有意义的。

现有的 MEKL 要求其训练数据的标签全部事先标注好，如果有的数据没有标注类别，那么现有的 MEKL 将无法从这些数据中学习到任何信息。为了充分利用无标签数据，我们通常将其与半监督学习相结合。在半监督学习中，训练样本包括两个部分，分别是少量有标签样本和大量无标签样本。将半监督学习（Semi-Supervised Learning, SSL）引入 MEKL 的做法能够有效利用无标签数据集的空间分布信息，进而提高 MEKL 在分类任务中的性能。

MEKL 和 SSL 的组合可以在利用部分无标签样本的同时，很好地处理线性不可分离问题。但是，这种简单的组合仍然有很多问题：首先，从样本的空间分布角度，空间分布接近的样本的类别具有很强的相似性，但是 MEKL 和 SSL 的简单组合只能单独地从有标签数据和无标签数据进行学习，不能利用无标签样本与有标签样本之间的相对关系来提高分类性能；其次，从多核协同学习的角度，多核可以将异构数据分别通过最合适的单个函数进行映射，但是多核之间的学习仍然是独立进行的，MEKL 和 SSL 的简单组合没有使用多核之间的协同作用，多各核之间不能相互进行优化从而提高多核的总体表现。

为了解决上述问题我们做了如下工作：首先，为了利用多核之间的协同工作，设计了针对无标签样本的伪经验损失，在模型的优化过程中，利用多个核为部分无标签样本赋予伪标签，将伪标签模拟为无标签样本的真实标签进行监督性学习。其次，为了充分利用无标签样本与近邻有标签样本之间的相似性关系，我们设计了样本相似度损失，目的是约束无标签样本的输出与其近邻的有标签样本的真实标签具有一致性。实验部分在 6 个人工数据集和 4 个真实数据集的应用证明了本节所提 SSMEKL 具有很好的分类性能。本节将半监督学习引入多经验核学习，提出了基于伪经验损失和相似性正则化的半监督多经验核学习模型（Semi-Supervised Multiple Empirical Kernel Learning, SSMEKL），如图 7-22 所示。

（2）半监督学习图像分类系统的功能

本节所提 SSMEKL 的主要创新点如下：

① SSMEKL 利用多个经验核为无标签样本分配伪标签，并在模型

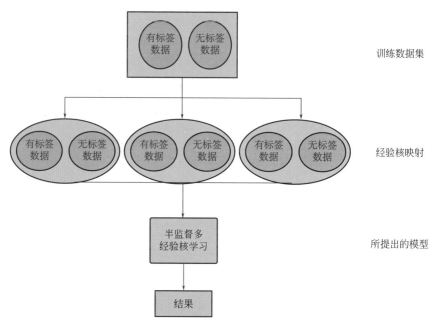

图 7-22　所提 SSMEKL 算法的总体框架

的迭代过程中更新伪标签，利用伪标签设计伪经验损失，将模型对无标签样本的学习转化为监督学习，以充分学习到无标签样本的信息。

② SSMEKL 根据无标签样本和有标签样本之间的相似性针对无标签样本设计了样本相似性损失，以充分利用无标签样本和近邻有标签样本之间的空间结构信息，限制无标签样本与近邻有标签样本的真实标签的输出一致性，以提高模型的分类性能。

③ SSMEKL 将半监督学习的思想引入多经验核学习中，提出了一种新的基于半监督思想的多经验核学习方法，使用大量无标签样本提高多经验核模型的分类性能。在实验中将所提算法与同类对比算法进行了详细的比较和讨论。

（3）多经验核映射

在这个部分，我们设计了一种新的基于半监督的多经验核学习算法，它的训练集不仅包含有标签的样本 $\{(x_i,y_i)\}_{i=1,\cdots,L}$，而且包含大量无标签的样本 $\{(x_j)\}_{j=L+1,\cdots,L+U}$，其中，$L$ 为有标签样本的数量，U 为无标签样本的数量。所提 SSMEKL 的总体流程如图 7-22 所示，主要流程包括：使用多经验核映射将样本映射到多个核空间；在多个核空间中对基分类器进行联合优化，并且利用无标签样本包含的空间结构信息对基分类器进行迭代优化；最终利用训练得到的基分类器对新的未知样本的结果进行投票得到模型的预测结果。首先，我们详细介绍了使用高斯核进行经验核映射的方法。其次，介绍了针对无标签样本的伪经验损失，利用多核之间的协同工作在训练过程中为无标记样本分配可能的伪标签，并且在模型的优化过程中迭代更新其伪标签，利用伪标签将模型对无标签样本的学习转换成监督学习问题。之后我们先介绍了计算无标签样本与有标签样本的相似度的方法，然后介绍了本节针对无标签样本设计的样本间相似度损失，充分利用无标签样本与其近邻有标签样本之间的相对关系，目的是使基分类器对无标签样本的输出值与近邻有标签样本的真实标签一致。最后，我们介绍了新提出的基于半监督的多经验核学习算法的目标函数与决策函数，以及目标函数的优化算法。

假设有 N 个样本 $\{(x_i)\}_{i=1,\cdots,N}$，$x_i \in \mathbb{R}^d$，$\phi(x_i)$ 是样本 x_i 在核空间的表达形式，$\boldsymbol{K}_{N \times N}$ 是样本在对应核空间的核矩阵，使用核函数 $K(x_i, x_j)=\phi(x_i)\phi(x_j)$ 得到核矩阵 $\boldsymbol{K}_{N \times N}$，

$$\boldsymbol{K}_{N \times N} = \left\{ \phi(x_i)\phi(x_j)_{i=1,\cdots,N \ \ j=1,\cdots,N} \right\} \tag{7-30}$$

对于给定的 N 个样本，可以使用高斯核函数将样本从原始特征空间映射到高维核空间中：

$$K(x_i, x_j) = \exp\left(-\frac{\|x_i - x_j\|^2}{2\sigma^2} \right) \tag{7-31}$$

式中，σ 为核参数。假设 $\boldsymbol{K}_{N \times N}$ 的秩为 R，那么核矩阵 $\boldsymbol{K}_{N \times N}$ 可以分解成下面的形式：

$$\boldsymbol{K}_{N \times N} = \boldsymbol{Q}_{N \times R}\boldsymbol{\Lambda}_{R \times R}\boldsymbol{Q}_{N \times R}^{\mathrm{T}} \tag{7-32}$$

式中，$\boldsymbol{\Lambda}_{R \times R}$ 是一个对角矩阵，是由特征值组成的；$\boldsymbol{Q}_{N \times R}$ 也是一个矩阵，由特征向量构成。由式 (7-30) 和式 (7-32) 可以得到，经验核映射函数如下：

$$\phi(x) = \boldsymbol{\Lambda}_{R \times R}^{-1/2}\boldsymbol{Q}_{N \times R}^{\mathrm{T}}\left[K(x, x_1), \cdots, K(x, x_N) \right]_{1 \times N}^{\mathrm{T}} \tag{7-33}$$

（4）伪经验损失正则化项

由有标签样本和无标签样本组成的训练集分别映射到 m 个核空间中，每个核空间中产生一个基分类器，一共有 m 个基分类器。在模型的迭代优化过程中，利用多核之间的协同工作在训练过程为无标签样本分配可能的伪标签。对于无标签样本 (x^u)，如果 m 个基分类器都将其判别为正类，则赋予其正类的伪标签 $(x^u,+1)$，如果 m 个基分类器都将其判别为负类，则赋予其负类的伪标签 $(x^u,-1)$，即对于无标签样本 (x^u)，其伪标签的确定方式如下：

$$\begin{cases} y^u = +1, f_1(x^u) = +1, \cdots, f_m(x^u) = +1 \\ y^u = -1, f_1(x^u) = -1, \cdots, f_m(x^u) = -1 \end{cases} \tag{7-34}$$

式中，$f(x)=\text{sign}([\phi(x),1]^\circ w)$ 为基分类器。将伪标签当成样本的真实标签继续训练，构造针对无标签样本的伪经验损失正则化项：

$$\boldsymbol{R}_{\text{sm}} = \left(X^{u'}w - Y^{u'}\right)^{\text{T}} \left(X^{u'}w - Y^{u'}\right) \tag{7-35}$$

式中，$X^{u'}$ 为拥有伪标签的无标签样本集合；$Y^{u'}$ 为其对应的伪标签。具体地，在模型的迭代优化过程中，充分利用多核之间的协同工作，根据基分类器对无标签样本的判别结果使部分无标签的样本拥有伪标签，构造伪经验损失，再利用所构造的伪经验损失优化基分类器，使多个基模型在训练过程中相互合作，优化模型的输出。

（5）样本相似度正则化项

模型训练集包含有标签样本和无标签样本：前者带有标记信息，可以用于监督学习，而后者没有标记信息，但因其空间结构和与有标签样本之间的相对近邻关系，使其仍具有一定的价值。我们若想利用无标签样本的空间分布信息以及其与近邻有标签样本的相对关系，如图 7-23 所示，首先需要计算无标签样本与近邻样本在原始特征空间的相似度。定义无标签样本 x^u 与有标签样本 x^l 的相似度为 $s(x^u, x^l)$，其计算方式如下：

$$s\left(x^u, x^l\right) = \exp\left(-\gamma\|x^u - x^l\|^2\right) \tag{7-36}$$

对于所有无标签样本，计算每个无标签样本与周围 k 邻域样本的相似性，并可获得无标签样本与有标签样本之间的相似性矩阵 $\boldsymbol{S}_{U \times L}$。

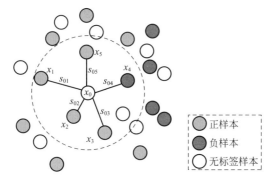

图7-23 样本相似性正则化项

在核特征空间中，我们希望无标签样本和有标签样本仍然能保持与标签相关的空间分布信息，即基分类器对无标签样本的输出应该与其近邻有标签样本的真实标签尽可能相似，因此我们设计了针对无标签样本的相似度正则化项：

$$\boldsymbol{R}_{\mathrm{pel}} = \left(X^u w - \boldsymbol{S}_{U \times L} \circ \hat{Y}^l \right) \tag{7-37}$$

式中，X^u 数据集不包含标签信息；$\hat{Y}^l$ 为有标签样本集的真实标签。具体地，首先使用有标签样本初始化基分类器，然后利用相似度正则化项约束基分类器，使其能够学习到无标签样本与其近邻有标签样本之间的相对关系。

（6）基于半监督学习的图像分类系统的算法流程

所提 SSMEKL 的详细过程如图 7-24 所示，假设将样本分别映射到 m 个核空间，对于所有核空间中的样本，我们设计了如下目标函数：

$$L(f_l) = \sum_{l=1}^{m} \left[\boldsymbol{R}_{\mathrm{emp}}(f_l) + c_1 \boldsymbol{R}_{\mathrm{pel}}(f_l) + c_2 \boldsymbol{R}_{\mathrm{sl}}(f_l) + c_3 \boldsymbol{R}_{\mathrm{reg}}(f_l) \right] + \lambda \boldsymbol{R}_{\mathrm{IFSL}}(F) \tag{7-38}$$

式中，$\boldsymbol{R}_{\mathrm{emp}}$ 为经验损失。$\boldsymbol{R}_{\mathrm{emp}}$ 的具体形式如下：

$$\boldsymbol{R}_{\mathrm{emp}}(f_l) = \left(X_l^L w_l - 1_{|L| \times 1} - b_{|L| \times 1} \right)^t \left(X_l^L w_l - 1_{|L| \times 1} - b_{|L| \times 1} \right) \tag{7-39}$$

式中，$X_l^L = \left[y_1 \left(\boldsymbol{\phi}_1^l \right)^{\mathrm{T}}, \cdots, y_i \left(\boldsymbol{\phi}_i^l \right), \cdots, y_N \left(\boldsymbol{\phi}_N^l \right)^{\mathrm{T}} \right]$，且 $\boldsymbol{\phi}_i^l = \left[\boldsymbol{\phi}^l(x_i), \mathbf{1} \right]$；$y_i$ 是有标签样本 x_i 的标签；$\boldsymbol{\phi}^l(x_i)$ 是样本 x_i 在第 l 个核空间中的经验核映

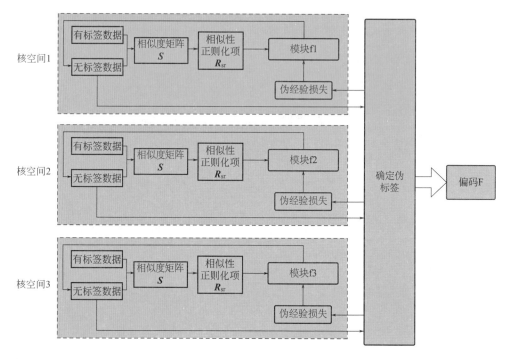

图 7-24 SSMEKL 的详细过程

射后的形式；$\boldsymbol{w}_l$ 和 $\hat{\boldsymbol{w}}_l$ 是第 l 个核空间中基分类器的增广权向量和权向量，且 $\boldsymbol{w}_l = [\hat{\boldsymbol{w}}_l, \boldsymbol{1}]$。

式 (7-38) 中，$\boldsymbol{R}_{\text{pel}}$ 为伪经验损失。$\boldsymbol{R}_{\text{pel}}$ 的具体形式如下：

$$\boldsymbol{R}_{\text{pel}}(f) = \left(\boldsymbol{X}_l^{U'}\boldsymbol{w}_l - \boldsymbol{Y}_l^{U'}\right)^t \left(\boldsymbol{X}_l^{U'}\boldsymbol{w}_l - \boldsymbol{Y}_l^{U'}\right) \tag{7-40}$$

式中，$X^{U'}$ 为拥有伪标签的无标签样本集合；$Y^{U'}$ 为其对应的伪标签。

式 (7-38) 中，$\boldsymbol{R}_{\text{sl}}$ 是样本相似性正则化项，且 $\boldsymbol{R}_{\text{sl}}$ 的具体表达形式如下：

$$\boldsymbol{R}_{\text{sr}}(f) = \left(\boldsymbol{X}_l^{U}\boldsymbol{w}_l - \boldsymbol{S}_{|U|\times|L|}\boldsymbol{Y}^{L}\right)^t \left(\boldsymbol{X}_l^{U}\boldsymbol{w}_l - \boldsymbol{S}_{|U|\times|L|}\boldsymbol{Y}^{L}\right) \tag{7-41}$$

式中，X^U 为无标签样本；$\boldsymbol{S}_{|U|\times|L|}$ 为无标签样本与有标签样本之间的相似度矩阵；Y^L 为有标签样本的真实标签。

式 (7-38) 中，$\boldsymbol{R}_{\text{reg}}$ 是 L_2 正则化项，目的是防止模型过拟合：

$$\boldsymbol{R}_{\text{reg}}(f) = \tilde{\boldsymbol{w}}_l^t \tilde{\boldsymbol{w}}_l \tag{7-42}$$

式 (7-38) 中，$\boldsymbol{R}_{\mathrm{IFSL}}$ 是函数间相似性损失，$\boldsymbol{R}_{\mathrm{IFSL}}$ 的具体表达形式如下：

$$\boldsymbol{R}_{\mathrm{IFSL}}(F) = \sum_{l=1}^{m} \left(X_l^{L+U} \boldsymbol{w}_l - \frac{1}{m} \sum_{j=1}^{m} X_j^{L+U} \boldsymbol{w}_j \right)^t \left(X_l^{L+U} \boldsymbol{w}_l - \frac{1}{m} \sum_{j=1}^{m} X_j^{L+U} \boldsymbol{w}_j \right)$$

$$(7\text{-}43)$$

式中，X_l^{L+U} 为第 l 个核空间中的无标签样本和有标签样本集。此项的目的是期望不同基分类器的相同样本的输出尽可能相似，以减少模型的方差。

式 (7-38) 中，c_1、c_2、c_3、λ 是模型的超参数，用于调整上述项目的权重。将式 (7-38) 的目标函数完全展开，如式 (7-44) 所示。

$$L(\boldsymbol{w}_l) = \sum_{l=1}^{m} \left[\left(X_l^L \boldsymbol{w}_l - 1_{|L|\times 1} - b_l \right)^t \left(X_l^L \boldsymbol{w}_l - 1_{|L|\times 1} - b_l \right) + \right.$$

$$c_1 \left(X_l^{U'} \boldsymbol{w}_l - Y_l^{U'} \right)^t \left(X_l^{U'} \boldsymbol{w}_l - Y_l^{U'} \right) +$$

$$c_2 \left(X_l^U \boldsymbol{w}_l - \boldsymbol{S}_{|U|\times|L|} Y^L \right)^t \left(X_l^U \boldsymbol{w}_l - \boldsymbol{S}_{|U|\times|L|} Y^L \right) + c_3 \boldsymbol{w}_l^t \boldsymbol{w}_l \right] + \qquad (7\text{-}44)$$

$$\lambda \sum_{l=1}^{m} \left(X_l \boldsymbol{w}_l - \frac{1}{m} \sum_{j=1}^{m} X_j \boldsymbol{w}_j \right)^t \left(X_l \boldsymbol{w}_l - \frac{1}{m} \sum_{j=1}^{m} X_j \boldsymbol{w}_j \right)$$

为了最小化目标函数，按以下方式求出目标函数对 $\boldsymbol{w}_l$ 的偏导数并将偏导数设置为零，如式 (7-45) 所示。

$$\left(X_l^{L^t} X_l^L + c_1 X_l^{U^{'t}} X_l^{U'} + c_2 X_l^{U^t} X_l^U + c_3 I + \lambda \frac{m-1}{m} X_l^{L+U^t} X_l^{L+U} \right) \boldsymbol{w}_l$$

$$- X_l^{L^t} \left(b_l + 1_{|L|\times 1} \right) - c_1 X_l^{U^{'t}} Y^{U'} - c_2 X_l^{U^t} \boldsymbol{S} Y^L - X^{L+U^t} \frac{\lambda}{m} \sum_{j=1, j \neq l}^{m} X_j^{L+U} \boldsymbol{w}_j = 0$$

$$(7\text{-}45)$$

我们可以得到：

$$\boldsymbol{w}_l = \left(X_l^{L^t} X_l^L + c_1 X_l^{U^t} X_l^{U'} + c_2 X_l^{U^t} X_l^U + c_3 \boldsymbol{I} + \lambda \frac{m-1}{m} X_l^{L+U^t} X_l^{L+U} \right)^{-1}$$

$$\left[X_l^{L^t} \left(b_l + 1_{|L|\times 1} \right) + c_1 X_l^{U^{'t}} Y^{U'} + c_2 X_l^{U^t} \boldsymbol{S} Y^L + X^{L+U^t} \frac{\lambda}{m} \sum_{j=1, j \neq l}^{m} X_j^{L+U} \boldsymbol{w}_j \right] \qquad (7\text{-}46)$$

对目标函数求 b_l 的偏导，并引入误差向量 e_l：

$$e_l = X_l w_l - 1 - b_l \tag{7-47}$$

使用启发式梯度下降算法来更新 b_l，

$$\begin{cases} b_l^1 \geqslant 0 \\ b_l^{t+1} = b_l^t + \eta \left(e_l^t + \left| e_l^t \right| \right) \end{cases} \tag{7-48}$$

式中，参数 t 为梯度下降方法的迭代轮次；η 为学习率。在第 t 轮迭代中，b_l^t 根据式 (7-48) 获得，w_l^t 根据式 (7-46) 获得，e_l^t 根据式 (7-47) 获得，并在 $t+1$ 轮持续循环的迭代，直到 $|L^{t+1} - L^t| \leqslant \delta$ 停止迭代。其中，$\delta(>0)$ 为终止迭代条件。SSMEKL 算法的详细过程见表 7-12。

表7-12　所提SSMEKL算法

输入：有标签样本集 X^L，无标签样本集 X^U，近邻个数 k，核空间个数 m，超参数 c_1、c_2、c_3、λ；
输出：增广权量向量 w_l；

1. 根据式 (7-34) 计算无标签样本与 k 最近邻有标签样本之间的相似性矩阵 $S_{U \times L}$；
2. 根据式 (7-33) 映射 X^L 和 X^U 到 m 个核空间；
3. 初始化 w_l；
4. 将伪标签示例集合 $X^{u'}$ 初始化为空；
5. 初始化迭代 $t=1$；
6. 根据式 (7-48) 计算 b_l^t；
7. 根据式 (7-46) 计算 w_l^t；
8. 根据式 (7-36) 更新无标签样本的伪标签并更新 $X^{u'}$；
9. 根据式 (7-47) 计算 e_l^t；
10. 如果 $|L^{t+1} - L^t| > \delta$，则 $t=t+1$，并且跳转到步骤 5；否则跳转到步骤 11；
11. 返回 w_l。

最后，对于测试样本，所提算法 SSMEKL 的判别函数如下：

$$F(x) = \text{sign} \left(\sum_{l=1}^{m} \left[\phi_l(x), 1 \right] w_l \right) \tag{7-49}$$

7.3.3　总结

本节将半监督学习的概念引入 MEKL，并提出了一种新型的基于伪经验损失和相似性正则化的半监督多经验核学习模型（SSMEKL）。所提的 SSMEKL 可以通过使用大量无标签数据来提高多经验核分类器的性能，从而提高 MEKL 的分类性能。首先，利用多核之间的协同工作为无标签样本赋予伪标签，并在模型的优化过程中迭代更新伪标签，根据无标签样本的伪标签将模型对无标签样本的学习转化为监督学习，其次，利用无标签样本与有标签样本的空间结构信息提高分类器的鲁棒性。SSMEKL 的分类性能在 2 个公开的图像数据集上进行了验证。

我们增加了样本分布对分类器精度的影响的实验，并且将分类边界进行可视化展示，如图 7-25 展示了样本分布对模型分类性能的影响，数据集为随机生成的人工数据集，正类样本 80 个，负类样本 80 个，有标签和无标签样本的比例为 4:6。其中，图 7-25(a)、(b) 是符合线性分布的数据集。对于图 7-25(a)，类间分布很接近，类内分布较分散，模型的最终分类精度为 99.38%；对于图 7-25(b)，类间分布距离较远，类内分

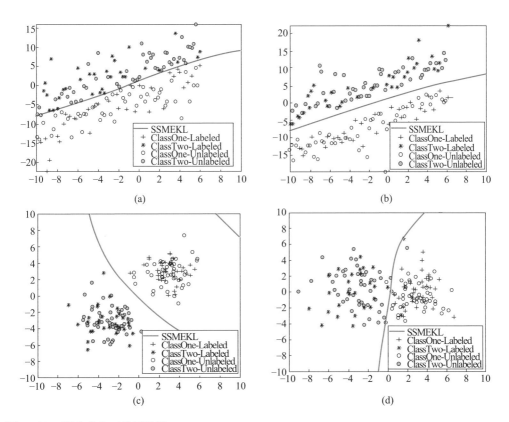

图 7-25　样本分布对模型分类

布较聚集，模型的最终分类精度为 100%；图 7-25(c)、(d) 是符合高斯分布的数据集。对于图 7-25(c)，类间分布有重叠区域，类内分布较分散，模型的最终分类精度为 95.63%；对于图 7-25(d)，类间分布距离较远，类内分布较聚集，模型的最终分类精度为 100%。实验也验证了样本的分布对分类器的精度造成的影响。

参考文献

[1] Wang Z, Chen S, Sun T. MultiK-MHKS: a novel multiple kernel learning algorithm[J]. IEEE Transactions on Pattern Analysis and Machine Intelligence, 2008, 30(2): 348-353.

[2] Meystre S M, Savova G K, Kipper-Schuler K C, et al. Extracting information from textual documents in the electronic health record: a review of recent research[J]. Yearbook of Medical Informatics, 2008, 17(01): 128-144.

[3] Shickel B, Tighe P J, Bihorac A, et al. Deep EHR: A survey of recent advances in deep learning techniques for electronic health record (EHR) analysis[J]. IEEE Journal of Biomedical and Health Informatics, 2018, 22(5): 1589-1604.

[4] Evans R S, Benuzillo J, Horne B D, et al. Automated identification and predictive tools to help identify high-risk heart failure patients: pilot evaluation[J]. Journal of the American Medical Informatics Association, 2016, 23(5): 872-878.

[5] Obot O U, Uzoka F M, Akinyokun O C, et al. A neuro-fuzzy decision support model for therapy of heart failure[J]. International Journal of Medical Engineering and Informatics, 2014, 6(4): 319-344.

[6] Panahiazar M, Taslimitehrani V, Pereira N, et al. Using EHRs and machine learning for heart failure survival analysis[J]. Studies in Health Technology and Informatics, 2015, 216: 40-44.

[7] Golas S B, Shibahara T, Agboola S, et al. A machine learning model to predict the risk of 30-day readmissions in patients with heart failure: a retrospective analysis of electronic medical records data[J]. BMC Medical Informatics and Decision Making, 2018, 18(1): 44-61.

[8] Yang M, Zhang L, Zhang D, et al. Relaxed collaborative representation for pattern classification[J]. IEEE Conference on Computer Vision and Pattern Recognition, 2012, 2224-2231.

[9] Zhou D, Wang J, Jiang B, et al. Multi-task multi-view learning based on cooperative multi-objective optimization[J]. IEEE Access, 2018, 6: 19465-19477.

[10] Cheng S, Lu F, Peng P, et al. A spatiotemporal multi-view-based learning method for short-term traffic forecasting[J]. ISPRS International Journal of Geo-Information, 2018, 7(6): 218-218.

[11] Zhu M, Xia J, Jin X, et al. Class weights random forest algorithm for processing class imbalanced medical data[J]. IEEE Access, 2018, 6: 4641-4652.

[12] Li W, Zhou B, Hu J. A kernel level composition of multiple local classifiers for nonlinear classification[C]. 2016 International Joint Conference on Neural Networks, 2016: 3845-3850.

[13] Fushiki T. Estimation of prediction error by using K-fold cross-validation[J]. Statistics and

Computing, 2011, 21(2): 137-146.

[14] Fan Q, Wang Z, Zha H, et al. MREKLM: A fast multiple empirical kernel learning machine[J]. Pattern Recognition, 2017, 61: 197-209.

[15] Hu S, Liang Y, Ma L, et al. MSMOTE: improving classification performance when training data is imbalanced[C]//Computer Science and Engineering, 2009. WCSE' 09. Second International Workshop on. IEEE, 2009, 2: 13-17.

[16] Guo H, Viktor H L. Learning from imbalanced data sets with boosting and data generation: the databoost-im approach[J]. ACM Sigkdd Explorations Newsletter, 2004, 6(1): 30-39.

[17] Fan Q, Wang Z, Gao D. One-sided dynamic undersampling No-propagation neural networks for imbalance problem[J]. Engineering Applications of Artificial Intelligence, 2016, 53: 62-73.

[18] Benavoli A, Corani G, Demšar J, et al. Time for a change: a tutorial for comparing multiple classifiers through Bayesian analysis[J]. The Journal of Machine Learning Research, 2017, 18(1): 2653-2688.